水利工程施工现场管理与 BIM 应用

主　编　王建海　孟延奎　姬广旭

副主编　徐庆学　宋　帅　李敏雪
　　　　秦　峰　刘长江

黄河水利出版社

· 郑州 ·

图书在版编目(CIP)数据

水利工程施工现场管理与 BIM 应用/王建海,孟延奎,
姬广旭主编 . —郑州:黄河水利出版社,2022.1
ISBN 978-7-5509-3228-9

Ⅰ.①水⋯　Ⅱ.①王⋯ ②孟⋯ ③姬⋯　Ⅲ.①水利工
程-施工现场-施工管理-应用软件　Ⅳ.①TV5

中国版本图书馆 CIP 数据核字(2022)第 022082 号

组稿编辑:贾会珍　电话:0371-66028027　E-mail:110885539@qq.com

出　版　社:黄河水利出版社　　　　　　　　　　　　网址:www.yrcp.com
　　　　　地址:河南省郑州市顺河路黄委会综合楼 14 层　　邮政编码:450003
发行单位:黄河水利出版社
　　　　　发行部电话:0371-66026940、66020550、66028024、66022620(传真)
　　　　　E-mail:hhslcbs@ 163. com
承印单位:河南新华印刷集团有限公司
开本:787 mm×1 092 mm　1/16
印张:21.75
字数:530 千字
版次:2022 年 1 月第 1 版　　　　　　　　　印次:2022 年 1 月第 1 次印刷

定价:86.00 元

前 言

水是生命之源、生产之要、生态之基。兴水利、除水害,事关人类生存、经济发展、社会进步,历来是治国安邦的大事。根据《中共中央、国务院关于加快水利改革发展的决定》(中发〔2011〕1 号)文件精神,水利基本建设上升到一个新的高度,水利工程建设又迎来了新的高潮,而目前建设单位水利工程专业技术人员管理和技术水平等综合能力有待进一步提高,为了提高水利工作者的安全和质量意识,作者团队结合自身多年来的一线施工管理经验并参考了相关文献编写本书。

全书共分为 12 章,主要内容包括:绪论、水利工程常用材料、地基处理、土石坝工程、渠系建筑物、施工组织设计、施工质量管理、施工成本管理、施工进度管理、施工合同管理、施工安全与环境管理、BIM 在水利工程中的应用等。

本书由山东海建水利工程有限公司组织编写,具体编写人员及编写分工如下:孟延奎编写第 1 章和第 7 章,王建海编写第 2 章,徐庆学编写第 3 章,宋帅编写第 4 章和第 12 章,李敏雪编写第 5 章和第 11 章,秦峰编写第 6 章,刘长江编写第 8 章和第 9 章,姬广旭编写第 10 章。全书由王建海、孟延奎、姬广旭担任主编,王建海负责全书统稿;由徐庆学、宋帅、李敏雪、秦峰、刘长江担任副主编。

本书在编写过程中参考了部分文献和资料,在此向相关作者表示诚挚的感谢!

由于编者水平有限、且时间仓促,书中不足之处敬请读者批评指正。

编 者

2021 年 12 月

目 录

前 言
第1章 绪 论 ……………………………………………………… (1)
　1.1 水利工程施工的任务和特点 …………………………… (1)
　1.2 水利工程施工的成就与展望 …………………………… (1)
　1.3 水利工程分类 …………………………………………… (2)
　1.4 水工建筑物的分类 ……………………………………… (4)
　1.5 水利工程的等别和水工建筑物的级别划分 …………… (5)
第2章 水利工程常用材料 ……………………………………… (9)
　2.1 混凝土外加剂 …………………………………………… (9)
　2.2 混凝土 …………………………………………………… (11)
　2.3 钢 材 …………………………………………………… (47)
　2.4 防水材料 ………………………………………………… (71)
　2.5 止水材料 ………………………………………………… (83)
第3章 地基处理 ………………………………………………… (88)
　3.1 概 述 …………………………………………………… (88)
　3.2 换土垫层法 ……………………………………………… (92)
　3.3 排水固结法 ……………………………………………… (94)
　3.4 强夯法和强夯置换法 …………………………………… (100)
　3.5 灰土(土)桩挤密桩法 …………………………………… (104)
　3.6 水泥土搅拌法 …………………………………………… (113)
　3.7 灌浆法 …………………………………………………… (118)
　3.8 特殊土地基处理 ………………………………………… (124)
第4章 土石坝工程 ……………………………………………… (131)
　4.1 土石坝概况 ……………………………………………… (131)
　4.2 土石坝的构造、材料与填筑标准、地基处理 ………… (134)
第5章 渠系建筑物 ……………………………………………… (145)
　5.1 概 述 …………………………………………………… (145)
　5.2 渠 道 …………………………………………………… (146)
　5.3 渡 槽 …………………………………………………… (151)
　5.4 倒虹吸管 ………………………………………………… (155)
　5.5 其他渠系建筑物 ………………………………………… (157)
第6章 施工组织设计 …………………………………………… (159)
　6.1 概 述 …………………………………………………… (159)
　6.2 施工进度计划 …………………………………………… (164)

6.3 施工总体布置 ……………………………………………………（169）

6.4 网络计划技术 ……………………………………………………（173）

第 7 章 施工质量管理 ……………………………………………………（188）

7.1 概 述 ……………………………………………………………（188）

7.2 质量体系建立与运行 ……………………………………………（195）

7.3 工程质量统计与分析 ……………………………………………（207）

7.4 工程质量事故的处理 ……………………………………………（211）

7.5 工程质量验收与评定 ……………………………………………（213）

第 8 章 施工成本管理 ……………………………………………………（216）

8.1 概 述 ……………………………………………………………（216）

8.2 施工项目成本控制的基本方法 …………………………………（222）

8.3 施工成本降低的措施 ……………………………………………（225）

8.4 工程价款结算与索赔 ……………………………………………（226）

第 9 章 施工进度管理 ……………………………………………………（230）

9.1 概 述 ……………………………………………………………（230）

9.2 实际工期和进度的表达 …………………………………………（232）

9.3 进度拖延原因分析及解决措施 …………………………………（237）

第 10 章 施工合同管理 ……………………………………………………（241）

10.1 概 述 …………………………………………………………（241）

10.2 工程承包企业合同管理 ………………………………………（244）

10.3 项目层次的合同管理 …………………………………………（280）

第 11 章 施工安全与环境管理 ……………………………………………（313）

11.1 施工安全管理 …………………………………………………（313）

11.2 环境安全管理 …………………………………………………（321）

第 12 章 BIM 在水利工程中的应用 ……………………………………（327）

12.1 BIM 在水电工程施工总布置设计中的应用 …………………（327）

12.2 BIM 技术在水利工程造价中的应用 …………………………（328）

12.3 BIM 在水利建设中应用实例 …………………………………（329）

参考文献 ……………………………………………………………………（339）

第 1 章　绪　论

1.1　水利工程施工的任务和特点

1.1.1　水利工程施工的主要任务

（1）依据设计、合同任务和有关部门的要求，根据工程所在地区的自然条件，当地社会经济状况，设备、材料和人力等的供应情况以及工程特点，编制切实可行的施工组织设计。

（2）按照施工组织设计，做好施工准备，加强施工管理，有计划地组织施工，保证施工质量，合理使用建设资金，多快好省地全面完成施工任务。

（3）在施工过程中开展观测、试验和研究工作，促进水利水电建设的发展。

1.1.2　水利工程施工的特点

（1）水利工程施工常在河流上进行，受水文、气象、地形、地质等因素影响很大。

（2）在河流上修建的挡水建筑物，关系着下游千百万人民的生命财产安全，因此工程施工必须保证施工质量。

（3）在河流上修建水利工程，常涉及许多部门的利益，这就必须全面规划、统筹兼顾，因而增加了施工的复杂性。

（4）水利工程一般位于交通不便的山区，施工准备工作量大，不仅要修建场内外交通道路和为施工服务的辅助企业，还要修建办公室和生活用房。因此，必须十分重视施工准备工作的组织，使之既满足施工要求又减少工程投资。

（5）水利水电枢纽工程常由许多单项工程组成，布置集中、工程量大、工种多、施工强度高，加上地形方面的限制，容易发生施工干扰。因此，需要统筹规划，重视现场施工的组织和管理，运用系统工程学的原理，因时因地地选择最优的施工方案。

（6）水利工程施工过程中的爆破作业、地下作业、水上水下作业和高空作业等，常常平行交叉进行，对施工安全很不利。因此，必须十分注意安全施工，防止事故发生。

1.2　水利工程施工的成就与展望

我国水利建设有着卓越的成就，积累了许多宝贵的施工经验。几千年来，修建了都江堰工程、黄河大堤、南北大运河以及其他许多施工技术难度大的水利工程。在抗洪斗争中，创造了平堵与立堵相结合的堵口方法，取得了草土围堰等施工经验。这些伟大的水利工程和独特的施工技术，至今仍发挥作用，有力地促进了我国水利水电建设的发展。

中华人民共和国成立后，我国水利建设事业取得了辉煌的成就。在水利建设中，江河干支流上加高、加固和修建了大量的堤防,整治江河,提高了防洪能力。修建了官厅、佛子岭、大伙房、密云、岳城、潘家口、南山、观音阁、桃林口、江垭等大型水库,为防洪、蓄水服务。修建了三门峡、青铜峡、丹江口、满拉、乌鲁瓦提等水利枢纽,是防洪、蓄水、发电等综合利用水利枢纽。这些工程中有各种形式的高坝,我国坝工技术有飞跃的发展。在灌溉工程方面,修建了人民胜利渠,是黄河下游第一个引黄灌溉渠,还修建了潽史灌区、内蒙古引黄灌区、林县红旗渠、陕甘宁盐环定扬黄灌区、宁夏扬黄灌区等。在跨流域引水工程方面修建了东港供水、引滦入津、南水北调东线一期、引黄济青、万家寨引黄入晋等工程。我国取水、输水、灌溉技术达到国际水平。

在防洪方面,修建和加高、加固大江大河堤防,兴建水库,控制了常遇洪水。中华人民共和国成立后,战胜了历次大洪水和严重的干旱灾害,黄河年年安澜。1998 年大洪水,长江堤防保持安澜,松花江、嫩江主要城市和河段保证了安全。

在农田水利方面,灌溉面积发展到 8 亿亩,灌区生产的粮食占全国总产量的 75%,棉花和蔬菜产量的 90%。

在供水水源方面,兴建了大量蓄水工程、引水工程、扬水工程,抽用地下水,农业灌溉和城市工业供水水源已经初具规模,乡镇供水发展迅速,水利工程年供水能力达 5 800 亿 m^3。修建各种农村饮水工程 315 万处,解决了 2 亿多人口和 1.3 亿头牲畜的饮水问题。

在水资源调配方面,兴建了一批流域控制性工程,以及跨流域调水工程,初步解决了区域水资源分布和城乡工农业用水的矛盾,缓解了国民经济和社会发展用水的需要。三峡工程和小浪底工程建成后,得到进一步缓解。

在水电建设中,修建了狮子滩、新安江、刘家峡、新丰江、六郎洞、葛洲坝、白山、东江、龙羊峡、李家峡、鲁布革、天生桥、二滩等各种类型的大型水电站,还修建了数以万计的中小型水电站。大型水电站供应了工业和城市用电,支持灌溉用量。中小型水电站供应全国 1/3 的县、45%陆域国土面积和 70%贫困山区的用电。三峡工程建成后水电装机容量大幅度增加,并可联系全国电网,互相调剂。我国装机容量位居世界前列,在水电技术上达到国际水平,能修建各种类型、条件复杂的大型水电站。

施工技术也不断提高,采用了定向爆破、光面爆破、预裂爆破、岩塞爆破、喷锚支护、预应力锚索、滑模和碾压混凝土及混凝土防渗面板等新技术及新工艺。

施工机械装备能力迅速增长,使用了斗轮式挖掘机、大吨位的自卸汽车、全自动化混凝土搅拌楼、塔带机、隧洞掘进机和盾构机等。水利工程施工学科的发展,为水利水电建设事业展示了一片广阔的前景。

在取得巨大成就的同时,应认识到我国施工水平与先进国家相比,尚有较大差距。如新技术及新工艺研究、推广、使用不够普遍;施工机械还比较落后、配套不齐、利用率不充分,施工组织管理水平不高。这些和我国水电建设事业的发展是不相适应的,这就要求我们必须认真总结过去的经验和教训,努力学习和引进国外先进的技术及科学的管理方法,走出一条适合我国国情的水利水电工程建设新路。

1.3　水利工程分类

水利工程按其所承担的任务可分为以下几种。

1.3.1 河道整治与防洪工程

河道整治主要是通过整治建筑物和其他措施,防止河道冲蚀、改道和淤积,使河流的外形和演变过程都能满足防洪与兴利等各方面的要求。一般防治洪水的措施是"上拦下排,两岸分滞"的工程体系。"上拦"是防洪的根本措施,不仅可以有效防治洪水,而且可以综合地开发利用水土资源。就是在山地丘陵地区进行水土保持,拦截水土,有效地减少地面径流;在干、支流的中上游兴建水库拦蓄洪水,调节下泄流量不超过下游河道的过流能力。

1.3.2 农田水利工程

农业是国民经济的基础,通过建闸修渠等工程措施,形成良好的灌、排系统,来调节和改变农田水分状态和地区水利条件,使之符合农业生产发展的需要。农田水利工程一般包括以下几种:

(1)取水工程。从河流、湖泊、水库、地下水等水源适时适量地引取水量,用于农田灌溉的工程称为取水工程。在河流中引水灌溉时,取水工程一般包括抬高水位的拦河坝(闸)、控制引水的进水闸,大排沙用的冲沙闸、沉沙池等。当河流流量较大、水位较高能满足引水灌溉要求时,可以不修建拦河坝(闸)。当河流水位较低又不宜修建坝(闸)时,可建提灌站,提水灌溉。

(2)输水配水工程。将一定流量的水流输送并配置到田间的建筑物的综合体称为输水配水工程。如各级固定渠道系统及渠道上的涵洞、渡槽、交通桥、分水闸等。

(3)排水工程。各级排水沟及沟道上的建筑物称为排水工程。其作用是将农田内多余的水分排泄到一定范围以外,使农田水分保持适宜状态,满足通气、养料和热状况的要求,以适应农作物的正常生长,如排水沟、排水闸等。

1.3.3 水力发电工程

将具有巨大能量的水流通过水轮机转换为机械能,再通过发电机将机械能转换为电能的工程称为水力发电工程。落差和流量是水力发电的两个基本要素。为了有效地利用天然河道的水能,常采取工程措施,修建能集中落差和流量的水工建筑物,使水流符合水力发电工程的要求。在山区常用的水能开发方式是拦河筑坝,形成水库,它既可以调节径流又可以集中落差。在坡度很陡或有瀑布、急滩、弯道的河段,而上游又不允许淹没时,可以沿河岸修建引水建筑物(渠道、隧洞)来集中落差和流量,开发水能。

1.3.4 供水工程和排水工程

供水是将水从天然水源中取出,经过净化、加压,用管网供给城市、工矿企业等用水部门;排水是排除工矿企业及城市废水、污水和地面雨水。城市供水对水质、水量及供水可靠性要求很高;排水必须符合国家规定的污水排放标准。我国水源不足,现有供、排水能力与科技和生产发展以及人民物质文化生活水平的不断提高不相适应,特别是城市供水与排水的要求愈来愈高;水质污染问题也加剧了水资源的供需矛盾,而且恶化环境,破坏生态。

1.3.5　航运工程

航运包括船运与筏运(木、竹浮运)。内河航运有天然水道(河流、湖泊等)和人工水道(运河、河网、水库、闸化河流等)两种。利用天然水道通航,必须进行疏浚、河床整治、改善河流的弯曲情况、设立航道标志,以建立稳定的航道。当河道通航深度不足时,可以通过拦河建闸、坝的措施抬高河道水位;或利用水库进行径流调节,改善水库下游的通航条件。人工水道是人们为了改善航运条件,开挖人工运河、河网及渠化河流,以节省航程,节约人力、物力、财力。

1.3.6　水利枢纽

为了综合利用水资源,达到防洪、灌溉、发电、供水、航运等目的,需要修建几种不同类型的建筑物,以控制和支配水流,满足国民经济发展的需要,这些建筑物通称为水工建筑物,而由不同水工建筑物组成的综合体称为水利枢纽。水利枢纽的作用可以是单一的,但多数是综合利用的水利枢纽;枢纽正常运行中各部门之间对水的要求有所不同。如防洪部门希望汛前降低水位来加大防洪库容,而兴利部门则希望扩大兴利库容而不愿汛前过多地降低水位;水力发电只是利用水的能量而不消耗水量,发电后的水仍可用于农业灌溉或工业供水,但发电、灌溉和供水的用水时间不一定一致。因此,在设计水利枢纽时,应使上述矛盾能得到合理解决,以做到降低工程造价,满足国民经济各部门的需要。

1.4　水工建筑物的分类

1.4.1　按建筑物的用途分类

(1)挡水建筑物。用以拦截江河,形成水库或壅高水位,如各种坝和闸,以及为抗御洪水或挡潮,沿江河海岸修建的堤防、海塘等。

(2)泄水建筑物。用以宣泄在各种情况下特别是洪水期的多余入库水量,以确保大坝和其他建筑物的安全,如溢流坝、溢洪道、泄洪洞等。

(3)输水建筑物。为灌溉、发电和供水的需要从上游向下游输水用的建筑物,如输水洞、引水管、渠道、渡槽等。

(4)取水建筑物。输水建筑物的首部建筑,如进水闸、扬水站等。

(5)整治建筑物。用以整治河道,改善河道的水流条件,如丁坝、顺坝、导流堤、护岸等。

(6)专门建筑物。专门为灌溉、发电、供水、过坝需要而修建的建筑物,如电站厂房、沉沙池、船闸、升船机、鱼道、筏道等。

1.4.2　按建筑物使用时间分类

水工建筑物按使用时间的长短分为永久性建筑物和临时性建筑物两类。

(1)永久性建筑物。这种建筑物在运用期长期使用,根据其在整体工程中的重要性又分为主要建筑物和次要建筑物。主要建筑物是指该建筑物失事后将造成下游灾害或严重影响工程效益,如闸、坝、泄水建筑物、输水建筑物及水电站厂房等;次要建筑物是指失事后不致造成下游灾害和对工程效益影响不大且易于检修的建筑物,如挡土墙、导流墙、工作桥及护岸等。

(2)临时性建筑物。这种建筑物仅在工程施工期间使用,如围堰、导流建筑物等。

有些水工建筑物在枢纽中的作用并不是单一的,如溢流坝既能挡水,又能泄水;水闸既可挡水,又能泄水,还可做取水之用。

1.4.3 水工建筑物的特点

水工建筑物与其他土木建筑物相比,除工程量大、投资多、工期较长外,还具有以下几个方面的特点。

1.4.3.1 工作条件复杂

由于水的作用形成了水工建筑物特殊的工作条件:挡水建筑物蓄水以后,除承受一般的地震力和风压力等水平推力外,还承受很大的水压力、浪压力、冰压力、地震动水压力等水平推力,对建筑物的稳定性影响极大;通过水工建筑物和地基的渗流,对建筑物和地基产生渗透压力,还可能产生侵蚀和渗透破坏;当水流通过水工建筑物下泄时,高速水流可能引起建筑物的空蚀、振动以及对下游河床和两岸的冲刷;对于特定的地质条件,水库蓄水后可能诱发地震,进一步恶化建筑物的工作条件。

水工建筑物的地基是多种多样的。在岩基中经常遇到节理、裂隙、断层、破碎带及软弱夹层等地质构造,在土基中可能遇到粉细砂、淤泥等构成的复杂土基。为此,在设计之前必须进行周密的勘测,做出正确的判断,为建筑物的选型和地基处理提供可靠的依据。

1.4.3.2 施工条件复杂

第一,水工建筑物的兴建,需要解决好施工导流问题,要求在施工期间,在保证建筑物安全的前提下,河水应能顺利下泄,必要的通航、过木要求应能满足,这是水利工程设计和施工中的一个重要课题。第二,工程进度紧迫,工期也比较长,截流、度汛需要抢时间、争进度,否则将导致拖延工期。第三,施工技术复杂,水工建筑物的施工受气候影响较大,如大体积混凝土的温度控制和复杂的地基较难处理;填土工程要求一定的含水率和一定的压实度,雨季施工有很大的困难。第四,地下、水下工程多,排水施工难度比较大。第五,交通运输比较困难,高山峡谷地区更为突出等。

1.4.3.3 对国民经济的影响巨大

水利枢纽工程和单项的水工建筑物可以承担防洪、灌溉、发电、航运等任务,同时可以绿化环境,改良土壤植被,发展旅游,甚至建成优美的城市等,但是,如果处理不当也可能产生消极的影响。例如:水库蓄水越多,则效益越高,但淹没损失也越大,不仅导致大量移民和迁建,还可能引起库区周围地下水位的变化,直接影响工农业生产,甚至影响生态环境;库尾的泥沙淤积,可能会使航道恶化。堤坝等挡水建筑物万一失事或决口,将会给下游人民的生命财产和国家建设带来灾难性的损失。

1.5 水利工程的等别和水工建筑物的级别划分

1.5.1 水利工程的等别划分

根据《水利水电工程等级划分及洪水标准》(SL 252—2017)的规定,水利水电工程根据其工程规模、效益以及在国民经济中的重要性,划分为Ⅰ、Ⅱ、Ⅲ、Ⅳ、Ⅴ五等,适用于不同地区、不同条件下建设的防洪、灌溉、发电、供水和治涝等水利水电工程,见表 1-1。

表 1-1 水利水电工程分等指标

工程等别	工程规模	水库总库容/亿 m³	防洪			治涝	灌溉	供水		发电
			保护人口/万人	保护农田面积/万亩	保护区当量经济规模/万人	治涝面积/万亩	灌溉面积/万亩	供水对象重要性	年引水量/亿 m³	发电装机容量/MW
Ⅰ	大(1)型	≥10	≥150	≥500	≥300	≥200	≥150	特别重要	≥10	≥1 200
Ⅱ	大(2)型	≥1.0 且 <10	≥50 且 <150	≥100 且 <500	≥100 且 <300	≥60 且 <200	≥50 且 <150	重要	≥3 且 <10	≥300 且 <1 200
Ⅲ	中型	≥0.10 且 <1.0	≥20 且 <50	≥30 且 <100	≥40 且 <100	≥15 且 <60	≥5 且 <50	比较重要	≥1 且 <3	≥50 且 <300
Ⅳ	小(1)型	≥0.01 且 <0.10	≥5 且 <20	≥5 且 <30	≥10 且 <40	≥3 且 <15	≥0.5 且 <5	一般	≥0.3 且 <1	≥10 且 <50
Ⅴ	小(2)型	≥0.001 且 <0.01	<5	<5	<10	<3	<0.5		<0.3	<10

注:1.水库总库容是指水库最高水位以下的静库容;治涝面积指设计治涝面积;灌溉面积指设计灌溉面积;年引水量指供水工程渠道设计年均引(取)水量。

2.保护区当量经济规模指标仅限于城市保护区;防洪、供水中的多项指标满足 1 项即可。

3.按供水对象的重要性确定工程等别时,该工程应为供水对象的主要水源。

对于综合利用的水利水电工程,当按各分项利用项目的分等指标确定的等别不同时,其工程等别应按其中的最高等别确定。

1.5.2 水工建筑物的级别划分

水利水电工程中水工建筑物的级别,反映了工程对水工建筑物的技术要求和安全要求,应根据所属工程的等别及其在工程中的作用和重要性分析确定。

1.5.2.1 永久性水工建筑物级别

水利水电工程的永久性水工建筑物级别应根据建筑物所在工程的等别,以及建筑物的重要性确定为五级,分别为 1、2、3、4、5 级,见表 1-2。

表 1-2 永久性水工建筑物级别

工程等别	主要建筑物	次要建筑物	工程等别	主要建筑物	次要建筑物
Ⅰ	1	3	Ⅳ	4	5
Ⅱ	2	3	Ⅴ	5	5
Ⅲ	3	4			

部分水工建筑物由于失事后造成的损失较大,有必要提高其设计级别,凡符合表 1-3 提级指标的水工建筑物,经论证并报主管部门批准,可以提高一级设计。

表 1-3 部分水工建筑物的提级指标

坝的原级别	坝型	坝高/m
2	土石坝	90
	混凝土坝、浆砌石坝	130
3	土石坝	70
	混凝土坝、浆砌石坝	100

堤防工程级别取决于防护对象(如城镇、农田面积、工业区等)的防洪标准,一般应按照《防洪标准》(GB 50201—2014)确定,堤防工程的级别可由表 1-4 查得。堤防工程的防洪标准应根据防护区内防洪标准较高防护对象的防洪标准确定,并进行必要的论证。一般遭受洪灾或失事后损失巨大,影响十分严重的堤防工程,其级别可适当提高;遭受洪灾或失事后损失及影响小或使用期限较短的临时堤防工程,其级别可适当降低。采用高于或低于规定级别的堤防工程应报行业主管部门批准;当影响公共防洪安全时,还应同时报水行政主管部门批准。

表 1-4 堤防工程的级别

防洪标准/(重现期,年)	≥100	≥50 且<100	≥30 且<50	≥20 且<30	≥10 且<20
堤防工程的级别	1	2	3	4	5

另外,堤防工程上的闸、涵、泵站等建筑物及其他构筑物的设计防洪标准,不应低于堤防工程的防洪标准,并应留有适当的安全量。

1.5.2.2 临时性水工建筑物级别

临时性水工建筑物级别按表 1-5 确定。对于同时分属于不同级别的临时性水工建筑物,其级别应按照其中最高级别确定。但对于 3 级临时性水工建筑物,符合该级别规定的指标不得少于两项。

表 1-5　临时性水工建筑物级别

级别	保护对象	失事后果	使用年限/年	临时性水工建筑物规模	
				高度/m	库容/亿 m³
3	有特殊要求的 1 级永久性水工建筑物	淹没重要城镇、工矿企业、交通干线或推迟总工期及第一台(批)机组发电,造成重大灾害和损失	>3	>50	>1.0
4	1、2 级永久性水工建筑物	淹没一般城镇、工矿企业、交通干线或影响总工期及第一台(批)机组发电,造成较大经济损失	3~1.5	50~15	1.0~0.1
5	3、4 级永久性水工建筑物	淹没基坑,但对总工期及第一台(批)机组发电影响不大,经济损失较小	<1.5	<15	<0.1

第 2 章　水利工程常用材料

2.1　混凝土外加剂

混凝土外加剂是一种在混凝土搅拌之前或拌制过程中加入的,用以改善新拌混凝土和(或)硬化混凝土性能的材料。

随着科学技术的不断发展,对混凝土的各方面性能不断地提出各种新的要求。如泵送混凝土要求高的流动性,冬季施工要求高的早期强度,高层建筑及海洋结构要求高强、高耐久性等,这些性能的实现,需要应用高性能外加剂。目前,外加剂已成为除水泥、水、砂子、石子外的第五组成材料,应用越来越广泛。

混凝土外加剂种类很多,按其主要使用功能分为四类:

(1)改善混凝土拌和物流变性能的外加剂,包括各种减水剂和泵送剂等。

(2)调节混凝土凝结时间、硬化性能的外加剂,包括缓凝剂、促凝剂和早强剂等。

(3)改善混凝土耐久性的外加剂,包括引气剂、防水剂、阻锈剂等。

(4)改善混凝土其他性能的外加剂,包括膨胀剂、防冻剂、着色剂等。

2.1.1　常用外加剂

2.1.1.1　减水剂

减水剂是指在混凝土坍落度相同的条件下,能减少拌和用水量;或者在混凝土配合比和用水量均不变的情况下,能增加混凝土坍落度的外加剂。在混凝土中加入减水剂后,一般可取得以下效果:

(1)增大拌和物的流动性。在原配合比不变的条件下,可使混凝土的坍落度增大,且不影响强度。

(2)提高混凝土强度。在保持流动性和水泥用量不变时,可减少拌和用水量,从而减小水灰比,提高混凝土强度和耐久性。

(3)节约水泥。保持混凝土流动性和强度不变时,可节约水泥用量。

根据减水率大小或坍落度增加幅度分为普通减水剂和高效减水剂两大类。普通减水剂是在混凝土坍落度基本相同的条件下,能减少拌和用水量的外加剂。高效减水剂是在混凝土坍落度基本相同的条件下,能大幅度减少拌和用水量的外加剂。此外,尚有复合型减水剂,如引气减水剂,既具有减水作用,同时具有引气作用;如早强减水剂,既具有减水作用,又具有提高早期强度作用;如缓凝减水剂,同时具有延缓凝结时间的功能等。

减水剂主要用于滑模、泵送、大体积、夏季施工的混凝土中。在混凝土中掺入减水剂后,要防止混凝土拌和物出现粘罐、假凝、不凝、坍落度损失过快以及硬化后强度降低等现象。

2.1.1.2　引气剂

引气剂是一种能使混凝土在搅拌过程中引入大量均匀分布、稳定而封闭的微小气泡,从而改善其和易性与耐久性的外加剂。

在混凝土中加入引气剂后,可以起到以下作用:

(1)改善混凝土拌和物的和易性。

(2)提高混凝土的抗渗性和抗冻性。

(3)降低混凝土强度。

引气剂可用于抗渗混凝土、抗冻混凝土、抗侵蚀混凝土、泌水严重的混凝土等,但不宜用于蒸汽养护的混凝土及预应力钢筋混凝土。

近年来,使用逐渐增多的是引气型减水剂,不但能引气而且能减水,弥补了单纯使用引气剂导致混凝土强度降低的现象,节省了水泥用量。

2.1.1.3 早强剂

早强剂是指能加速混凝土早期强度发展并对后期强度无明显影响的外加剂。在混凝土中加入早强剂可起到缩短混凝土施工养护期、加快施工进度、提高模板周转率的作用。

早强剂的主要品种有氯盐(如 $CaCl_2$)、硫酸盐(如 Na_2SO_4)和有机胺三大类,但更多使用的是它们的复合早强剂。

早强剂适用于有早强要求的混凝土工程及低温、负温施工的混凝土以及有防冻要求的混凝土、预制构件、蒸汽养护等。氯盐类早强剂对混凝土耐久性有一定影响,因此 $CaCl_2$ 早强剂及氯盐复合早强剂不得在下列工程中使用:

(1)环境相对湿度大于 8%、水位升降区、露天结构或经常受水淋的结构,主要是防止泛卤。

(2)镀锌钢材或铝铁相接触部位及有外露钢筋埋件而无防护措施的结构。

(3)含有酸碱或硫酸盐侵蚀介质中使用的结构。

(4)环境温度高于 60 ℃的结构。

(5)使用冷拉钢筋或冷拔低碳钢丝的结构。

(6)给水排水构筑物、薄壁构件、中级和重级吊车、屋架、落锤或锻锤基础。

(7)预应力混凝土结构。

(8)含有活性骨料的混凝土结构。

(9)电力设施系统混凝土结构。

此外,为消除 $CaCl_2$ 对钢筋的锈蚀作用,通常要求与阻锈剂亚硝酸钠复合使用。

2.1.1.4 泵送剂

泵送剂是指能改善混凝土拌和物泵送性能的外加剂。泵送性是混凝土拌和物顺利通过输送管道,不阻塞、不离析、黏塑性良好的性能。

泵送剂加入混凝土中能大大提高混凝土拌和物的流动性,还能使新拌混凝土在 60~180 min 内保持其流动性,剩余坍落度不低于原始坍落度的 55%。

泵送剂适用于各种需要采用泵送工艺的混凝土。超缓凝泵送剂用于大体积混凝土,含防冻组分的泵送剂适用于冬期施工的混凝土。使用泵送剂的混凝土温度不宜高于 35 ℃。超掺泵送剂有可能造成堵泵现象。

2.1.1.5 养护剂

养护剂是指对刚成型的混凝土进行保湿养护的外加剂,又称养护液。养护液的保湿作用是其能在混凝土表面形成一层连续的薄膜,薄膜起到阻止混凝土内部水分蒸发的作用,可达到较长期保湿养护的效果。

养护剂代替了通过洒水及铺湿砂、湿麻布、草袋等途径对混凝土进行的保湿养护,尤其适用于在工程构筑物的里面,无法用传统办法实现的潮湿养护。

常用的养护剂有水玻璃、沥青乳剂。

2.1.1.6　速凝剂

速凝剂是能使混凝土或砂浆迅速凝结硬化的外加剂。速凝剂主要用于喷射混凝土、砂浆及堵漏抢险工程。

2.1.1.7　防冻剂

防冻剂是在规定温度下,能显著降低混凝土的冰点,使其在较低温度下不冻结或仅轻微冻结,以保证水泥的水化,并在一定时间内获得预期强度的外加剂。

目前,工程上使用较多的是复合防冻剂,即同时具有防冻、早强、引气、减水等多种性能,既可提高防冻剂的防冻效果,又不影响或降低混凝土的其他性能。

2.1.2　外加剂的选择与使用

2.1.2.1　外加剂的选择

(1)外加剂的品种应根据工程设计和施工要求选择,通过试验及技术经济条件比较确定。

(2)严禁使用对人体产生危害、对环境产生污染的外加剂。

(3)掺外加剂的混凝土所用水泥,宜采用通用水泥,并通过试验检验外加剂与水泥的适应性,对不适应因素逐个排除,找出其原因,符合要求方可使用。

(4)掺外加剂的混凝土所用材料应符合国家现行有关标准的规定。试配掺外加剂的混凝土时,应采用工程使用的原材料,检测项目应根据设计及施工要求确定,检测条件应与施工条件相同,当工程所用原材料或混凝土性能要求发生变化时,应再进行试配试验。

(5)不同品种外加剂复合使用时,应注意其相容性及对混凝土性能的影响,使用前应进行试验,满足要求方可使用。

2.1.2.2　外加剂的掺量

(1)外加剂的掺量应以胶凝材料总量的百分比表示。

(2)外加剂的掺量应按供货单位推荐掺量、使用要求、施工条件、混凝土原材料等因素通过试验确定。

(3)对含有氯离子、硫酸根等离子的外加剂应符合有关标准的规定。

(4)处于与水相接触或潮湿环境中的混凝土,当使用碱活性骨料时,由外加剂带入的碱含量不宜超过 1 kg/m³ 混凝土中的碱含量,混凝土总碱含量尚应符合有关标准的规定。

2.2　混凝土

2.2.1　混凝土的分类

混凝土可以根据特性、组成及施工方法等不同的角度进行分类。

2.2.1.1 按表观密度分类

混凝土按表观密度分类见图 2-1。

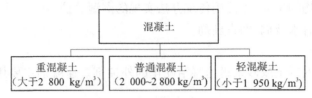

图 2-1 按表观密度分类

（1）重混凝土。指为了屏蔽各种射线的辐射，采用各种高密度骨料配制的混凝土。骨料为钢屑、重晶石、铁矿石等重骨料，水泥为钡水泥、锶水泥等重水泥。重混凝土又称防辐射混凝土，用于核能工厂的屏障结构材料。

（2）普通混凝土。骨料为天然砂、石，是土木工程中最常用的混凝土品种，简称混凝土。普通混凝土表观密度一般多在 2 400 kg/m³ 左右，用于各种建筑的承重结构材料。

（3）轻混凝土。包括轻骨料混凝土、多孔混凝土和大孔混凝土等。骨料为多孔轻质骨料，或无砂的大孔混凝土或不采用骨料而掺入加气剂或泡沫剂形成的多孔结构混凝土。主要用作轻质结构（大跨度）材料和隔热保温材料。

2.2.1.2 按胶凝材料的品种分类

混凝土按胶凝材料的品种分类见图 2-2。

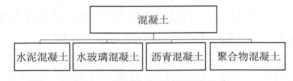

图 2-2 按胶凝材料的品种分类

2.2.1.3 按强度等级分类

混凝土按强度等级分类见图 2-3。

图 2-3 按强度等级分类

2.2.1.4 按使用功能分类

混凝土按使用功能分类见图 2-4。

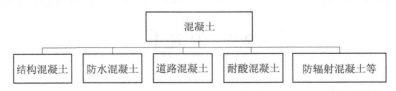

图 2-4 按使用功能分类

2.2.1.5　按生产和施工方法分类

混凝土按生产和施工方法分类见图 2-5。

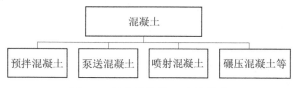

图 2-5　按生产和施工方法分类

此外,混凝土按每立方米中水泥用量(C)分为贫混凝土($C \leqslant 170 \text{ kg/m}^3$)和富混凝土($C \geqslant 230 \text{ kg/m}^3$)。混凝土按掺和料的不同分为粉煤灰混凝土、纤维混凝土、硅灰混凝土、磨细高炉矿渣混凝土等。

2.2.2　普通混凝土

普通混凝土是目前工程中使用量最大的混凝土品种,由水泥、砂子、石子和水组成,另外还常加入适量的外加剂和矿物掺和料经搅拌、浇筑成型、凝结固化而成的具有一定强度的"人工石材"。为了便于表述,本节中所述混凝土均为普通混凝土。硬化后混凝土结构如图 2-6所示。在混凝土中,砂、石子起骨架作用,称为骨料。水泥与矿物掺和料是胶凝材料,胶凝材料和水形成胶凝材料浆体,包裹在骨料表面并填充孔隙,在混凝土硬化前起润滑作用,赋予混凝土拌和物一定的流动性,以便于施工;在混凝土硬化后起胶结作用,将砂石胶结成整体,使混凝土具有一定的强度。

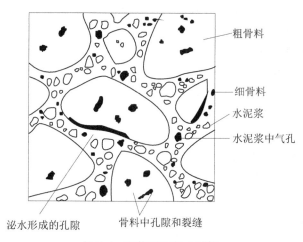

图 2-6　硬化后混凝土结构

普通混凝土具有原材料来源丰富,施工方便,抗压强度高,耐久性好等优点;同时具有自重大,抗拉强度低,收缩变形大,保温隔热性能较差,生产周期长等缺点。

普通混凝土的生产过程如下:

(1)配合比设计。生产混凝土时首先应根据工程对其和易性、强度、耐久性等要求合理选择原材料并确定其配合比例,以达到经济适用的目的。

（2）混凝土拌和物制备、运输及浇筑。指将混凝土组成材料按照配合比称量、搅拌均匀后得到尚未凝结硬化的材料并经过料斗、皮带运输机或搅拌运输车等水平运输到施工现场，再经过起吊设备垂直吊运到浇筑部位进行浇筑成型的过程。在运输过程中，应保持混凝土的均匀性，避免产生分层和离析现象；混凝土浇筑必须保证浇筑完成后混凝土的密实性。

（3）混凝土养护。浇筑成型后的混凝土需及时进行养护，保证或者加速混凝土的硬化，保证硬化后混凝土力学性能及耐久性。

混凝土品种很多，除普通混凝土外，还有其他具有特殊的性能和施工方法，适用于某一特殊领域的混凝土。

2.2.3 混凝土的进场验收

在对混凝土进行进场验收时，除检查混凝土质量证明文件外，应同时检查原材料的质量证明文件。

2.2.3.1 预拌混凝土的进场验收

预拌混凝土进场时，预拌混凝土供应单位必须随车提供预拌混凝土发货单，并向施工单位提供以下文件：预拌混凝土出厂合格证（32 d 内提供，有抗渗、抗冻等特殊要求的预拌混凝土合格证提供时间，应根据供应单位和施工单位合同中规定时间提供，一般不大于60 d）、混凝土配合比通知单、混凝土氯化物和碱总量计算书评估报告等。同时，混凝土预拌单位提供并保存如下文件，并保证文件的可追溯性：水泥出厂合格证和试（检）验报告、外加剂和掺和料产品合格证和试（检）验报告、砂和碎（卵）石试验报告、轻骨料试（检）验报告、混凝土试配记录、混凝土开盘鉴定、混凝土抗压强度报告、混凝土抗渗试验报告、混凝土坍落度测试记录和原材料有害物含量检测报告。

2.2.3.2 施工现场搅拌混凝土

对于采用施工现场搅拌混凝土方式的，施工单位应收集、整理除预拌混凝土出厂合格证、预拌混凝土运输单之外的所有文件。

2.2.4 混凝土取样

2.2.4.1 混凝土拌和物现场取样

（1）混凝土拌和物取样应具有代表性，宜采用多次取样的方法。一般在同一盘混凝土或者同一车混凝土中的1/4、1/2 和3/4 处分别取样，并搅拌均匀。第一次取样和最后一次取样时间间隔不宜超过 15 min。

（2）同一组混凝土拌和物的取样应从同一盘混凝土或者同一车混凝土中取样，取样量应多于试验所需量的 1.5 倍，且不小于 20 L。

（3）宜在取样后 5 min 内开始各项试验。混凝土交货检验取样及坍落度试验应在混凝土运到交货地点时开始算起 20 min 内完成，试件制作应在混凝土运到交货地点时开始40 min内完成。

（4）混凝土强度检验取样频率应符合下列规定：

①出厂检验时，每 100 盘相同配合比混凝土取样不应少于 1 次，每一个工作班相同配合比混凝土达不到 100 盘时应按 100 盘计，每次取样应至少进行一组试验。

②交货检验。当同配合比的混凝土一次连续超过 1 000 m³ 时,整批混凝土均按每 200 m³ 取样不应少于 1 次进行检验。

(5)取样时应填写取样记录:取样日期和时间,工程名称,结构部位,混凝土强度等级,取样方法,试样编号,试样数量,环境温度及取样的混凝土温度。

2.2.4.2　实验室混凝土拌和物试样制备

实验室内进行混凝土拌和物试验时需制备混凝土拌和物,试样制备方法依据《水工混凝土试验规程》(SL/T 352—2020)。

2.2.4.3　混凝土试件的成型及养护方法

由于不同混凝土性能试验所需标准试件尺寸及试件个数不尽相同,硬化后混凝土性能试验所需试件成型及养护方法依据《水工混凝土试验规程》(SL/T 352—2020)中的有关规定。

2.2.5　混凝土拌和物的和易性

混凝土拌和物的和易性,也称工作性,是指混凝土拌和物易于施工操作(包括拌和、运输、浇筑、振捣)并获得质量均匀、成型密实的混凝土的性质。和易性是一项综合技术性质,它包括流动性、黏聚性、保水性 3 个主要方面。

(1)流动性(稠度)。指混凝土拌和物在自重或施工振捣作用下,能产生流动并均匀密实地填满模板的性能。它是工作性中最重要的性质,反映了混凝土拌和物稀稠的程度。

(2)黏聚性。指混凝土拌和物组成材料在施工过程中相互间具有一定的黏聚力,不致产生分层和离析现象。它反映了混凝土拌和物的均匀性。

(3)保水性。指混凝土拌和物在施工过程中,具有一定的保水能力,不致产生严重的泌水现象。它反映了混凝土拌和物的稳定性。

混凝土拌和物的流动性、黏聚性、保水性 3 个方面既相互联系又相互矛盾。流动性过大,黏聚性、保水性均较差,在施工中易发生分层、离析、泌水等现象,致使混凝土硬化后产生蜂窝、麻面等缺陷;流动性不足,在施工中不易捣实,致使混凝土硬化后产生内部不密实,露筋等缺陷。因此,混凝土必须具有良好的和易性才便于施工,并能获得均匀而密实的混凝土,从而保证混凝土的强度和耐久性。

2.2.5.1　混凝土拌和物和易性评定

根据《水工混凝土试验规程》(SL/T 352—2020)规定:采用坍落度、维勃稠度和扩散度测定拌和物的流动性,与此同时,观察混凝土拌和物的黏聚性和保水性,然后综合评定混凝土拌和物的和易性。

1.流动性测定试验方法

1)坍落度

坍落度是指混凝土拌和物在自重作用下坍落的高度。混凝土拌和物坍落度的测定是将混凝土拌和物按规定方法装入坍落度筒内,垂直提起坍落度筒后,拌和物因自重而向下坍落,量出坍落的高度,如图 2-7 所示。坍落度法适用于粗骨料最大粒径小于 40 mm 且坍落度大于 10 mm 的混凝土拌和物。

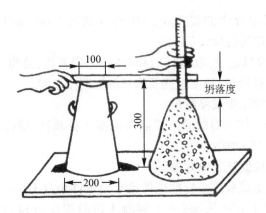

图 2-7　坍落度试验　（单位：mm）

2）维勃稠度

对于干硬性混凝土拌和物（坍落度小于 10 mm），坍落度试验测不出拌和物稠度变化情况，宜用维勃稠度表示其稠度。维勃稠度是指利用维勃调度仪（见图 2-8）来测定混凝土拌和物在机械振动力作用下坍到规定程度时的时间（s）。维勃稠度越大，混凝土拌和物越干稠，则混凝土拌和物的流动性越小。用维勃稠度表示流动性适合于粗骨料最大粒径小于 40 mm、坍落度小于 10 mm 且维勃稠度为 5~30 s 的干硬性混凝土拌和物。

3）扩散度

扩散度是指混凝土拌和物坍落后扩散的直径。扩散度试验是将坍落度筒提起后，拌和物在自重作用下逐渐扩散，当拌和物

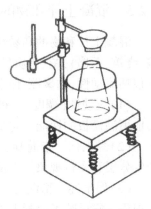

图 2-8　维勃稠度仪

不再扩散或扩散时间已到 60 s 时，用钢尺在不同方向测量扩散后的直径 2~4 个，并将其平均值作为评定拌和物流动性结果。混凝土扩散度试验适用于粗骨料最大粒径不超过 30 mm、坍落度大于 150 mm 的流态混凝土，泵送高强度混凝土和自密实混凝土。

2.黏聚性、保水性评定

黏聚性：用捣棒在已坍落的混凝土锥体一侧轻轻敲打，如果轻打后锥体渐渐下沉，表示黏聚性良好；如果锥体突然倒塌、部分崩裂或发生石子离析，则表示黏聚性不好。

保水性：观察混凝土拌和物中稀浆析出的程度，如有较多稀浆从锥体底部流出，锥体因失浆而骨料外露，则表示保水性不好。

3.混凝土拌和物和易性评定试验（坍落度法）

1）试验目的

通过试验，检验混凝土拌和物的坍落度，用以评定混凝土拌和物的和易性。

2）主要仪器设备

（1）坍落度筒：用 2~3 mm 厚的铁皮制成，筒内壁应光滑。

（2）捣棒：直径 16 mm，长度 650 mm。

3）试验步骤

（1）坍落度筒内壁及底板应润湿无明水，底板应放置在坚实的水平面上，并把坍落度筒

放在底板中心,然后用脚踩着两边的脚踏板,坍落度筒在装料时应保持在固定位置。

（2）混凝土拌和物试样应分 3 层均匀地装入坍落度筒内,每装一层混凝土拌和物,应用捣棒由边缘到中心螺旋形均匀插捣 25 次,捣实后每层混凝土拌和物试样高度约为坍落度筒高的 1/3。

（3）插捣底层时,捣棒应贯穿整个深度,插捣第二层和顶层时,捣棒应插透本层至下一层的表面。

（4）顶层混凝土拌和物装料应高出坍落度筒口,插捣过程中混凝土拌和物低于坍落度筒口时,应随时添加。

（5）顶层插捣完后,取下装料漏斗,应将多余混凝土拌和物刮去,并沿坍落度筒口抹平。

（6）清除坍落度筒边底板上的混凝土后,应垂直平稳地提起坍落度筒,并轻放于试样旁边,当试样不再继续坍落或坍落时间达 30 s 时,用钢尺测量出坍落度筒高和坍落后混凝土试体最高点之间的高度差,作为该混凝土拌和物的坍落度值,测量应精确至 1 mm,结果修约至 5 mm。

（7）用捣棒轻轻敲打混凝土锥体,观察锥体下沉及锥体底部浆体析出情况,记录黏聚性和保水性。

4）注意事项

（1）坍落度筒的提离过程应控制在 3~7 s,从开始装料到提坍落度筒的整个过程应连续进行,并应在 150 s 内完成。

（2）将坍落度筒提起后,混凝土发生一边崩坍或剪切现象时,应重新取样另行测定,第二次试验仍出现一边崩坍或剪切现象时,应予记录说明。

5）试验结果评定

当混凝土拌和物坍落度在设计范围之间,混凝土坍落度指标合格;反之不合格。在测定坍落度完成后,应观测混凝土拌和物的黏聚性和保水性。

6）试验记录表

混凝土拌和物坍落度试验检验记录见表 2-1。

表 2-1　混凝土拌和物坍落度试验检验记录

水泥品种、强度等级＿＿＿＿＿＿＿＿＿＿　　　　　　混凝土设计强度＿＿＿＿＿＿＿＿＿＿

施工稠度＿＿＿＿＿＿＿＿　　　　拌和方法＿＿＿＿＿＿　　　试验日期＿＿＿＿＿＿＿＿＿

次数	材料用量/kg						坍落度/mm	黏聚性	保水性
	水	水泥	掺和料	砂	石	外加剂			
1									
2									
3									

2.2.5.2　影响和易性的主要因素

1.原材料的用量

1）水泥浆数量

水灰比一定时,增加水泥浆数量,拌和物的流动性加大。若水泥浆用量过多,会出现严重流浆和泌水现象,使拌和物黏聚性变差,影响混凝土的强度与耐久性,同时水泥用量多也不经济。所以,水泥浆的用量应以达到所要求的流动性为准,不要任意多加,以免造成不必要的浪费。

2)水灰比

水灰比是指混凝土中水与水泥的质量之比,用 W/C 表示。

当水泥浆用量一定时,若水灰比过小,水泥浆表现干稠,拌和物流动性小;增大水灰比,水泥浆变稀,从而降低黏聚性,增大了拌和物的流动性,方便施工操作;若水灰比过大,使水泥浆的黏聚性变差,出现保水能力不足,导致严重的泌水、分层、流浆,并使混凝土强度和耐久性降低。所以,水灰比应在原材料不变的情况下,根据混凝土设计强度等级、耐久性要求和规范规定而定。

3)砂率

砂率是指混凝土中砂的质量占砂、石总质量的百分率。砂率过大,砂的总表面积增大,包裹砂子的水泥浆数量需要增大,水泥浆相对不足,流动性会减小;砂率过小,混凝土拌和物流动性会有所增加,但砂量不足,不能保证有足够的砂浆量包裹和润滑粗骨料,容易离析、分层、泌水。因此,必须通过试验确定最佳砂率,使混凝土拌和物获得最佳流动性。

最佳砂率是指在用水量及水泥用量一定时,能使混凝土拌和物获得最大流动性,且黏聚性及保水性良好的砂率值,如图 2-9(a)所示。当采用最佳砂率时,能在拌和物获得所要求的流动性及良好的黏聚性与保水性的条件下,使水泥用量最少,如图 2-9(b)所示。

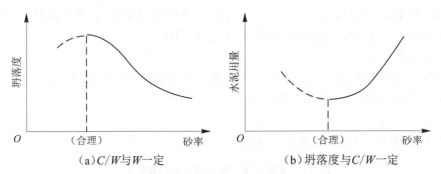

（a）C/W 与 W 一定   （b）坍落度与 C/W 一定

图 2-9　砂率与坍落度和水泥用量的关系

2.原材料的品种及性质

1)水泥品种及细度

不同的水泥品种,其标准稠度需水量不同,对混凝土的流动性有一定的影响。如火山灰质硅酸盐水泥的需水量大于普通硅酸盐水泥的需水量,在用水量和水灰比相同的条件下,火山灰质硅酸盐水泥的流动性相应就小。另外,不同的水泥品种,其特性上的差异也导致混凝土和易性的差异。例如,在相同的条件下矿渣硅酸盐水泥的保水性较差,而火山灰质硅酸盐水泥的保水性和黏聚性好,但流动性小。

2)骨料的性质

骨料的性质是指混凝土所用骨料的品种、级配、粒形、粗细程度、杂质含量、表面状态等。级配良好的骨料空隙率小,在水泥浆一定的情况下,包裹骨料表面的水泥浆层较厚,其拌和物流动性较大,黏聚性和保水性较好;表面光滑的骨料,其拌和物流动性较大。若杂质含量多,针片状颗粒含量多,则其流动性变差;细砂比表面积较大,用细砂拌制的混凝土拌和物的流动性较差,但黏聚性和保水性较好。

3) 外加剂和掺和料

外加剂是掺入混凝土中改善混凝土性能的化学物质。在拌制混凝土时,加入某些外加剂,如引气剂、减水剂等,能使混凝土拌和物在不增加水量的条件下,增大流动性,改善黏聚性,降低泌水性,获得很好的和易性。

矿物掺和料加入混凝土拌和物中,可节约水泥用量,减少用水量,改善混凝土拌和物的和易性。

3.施工方面

(1)施工中温度升高会使混凝土拌和物的坍落度减小,如图 2-10 所示。因为温度升高会加速胶凝材料的水化反应,同时可以增加水分的蒸发速度。

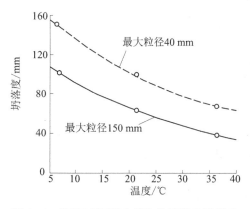

图 2-10　温度对混凝土拌和物坍落度的影响

(2)拌和物的流动性随着时间的延长而逐渐减小,如图 2-11 所示。工程上将这种随着拌和时间的延长,拌和物坍落度逐渐减小的现象称为坍落度损失。产生坍落度损失的主要原因是拌和物中部分水参与了胶凝材料的水化反应,部分水被骨料吸收,还有部分水蒸发,综合作用的结果是混凝土拌和物的流动性降低。

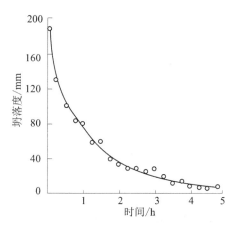

图 2-11　时间对混凝土拌和物坍落度的影响

(3)施工工艺不同,坍落度会有所不同。如采用机械拌和的混凝土所获得的坍落度比用人工拌和的混凝土坍落度大。

2.2.5.3 混凝土拌和物流动性(坍落度)的选择

混凝土拌和物坍落度应根据结构构件界面尺寸的大小、配筋的疏密、施工捣实方法和环境温度来确定。当构件截面尺寸较小或钢筋较密,或者采用人工捣碎时,坍落度可以选择大些;反之,当构件截面尺寸较大或钢筋较疏,或者采用振动器振捣时,坍落度可选择小些。混凝土拌和物的坍落度如表 2-2 所示。

表 2-2 混凝土拌和物的坍落度

结构种类	坍落度/mm
基础或地面等的垫层、无配筋的大体积结构(挡土墙、基础等)或配筋稀疏结构	10~30
板、梁和大型及中型截面的柱子等	30~50
配筋密列的结构(薄壁、斗仓、筒仓、细柱等)	50~70
配筋特密结构	70~90

2.2.6 混凝土力学性能及检测

混凝土的力学性能是混凝土在抵抗各种作用力破坏时的性质和承受荷载时的变形性质,即强度和变形,是判断硬化后混凝土质量的重要标准。

2.2.6.1 混凝土强度

混凝土强度是工程施工中控制和评定混凝土质量的主要指标,包括抗压强度、抗拉强度、抗剪强度、抗弯强度以及钢筋与混凝土的黏结强度等。混凝土抗压强度最大,抗拉强度最小,因此在结构工程中混凝土主要承受压力。工程中提到的混凝土强度一般指的是混凝土的抗压强度。

1.混凝土抗压强度

根据受压混凝土试件尺寸不同,混凝土抗压强度(f)主要有立方体抗压强度和轴心抗压强度。混凝土抗压强度计算式如下:

$$f = \frac{P}{A} \tag{2-1}$$

式中 f——混凝土抗压强度,MPa;

P——破坏荷载,N;

A——受压面积,mm^2。

1)混凝土立方体抗压强度与强度等级

混凝土立方体抗压强度是以边长 150 mm 的立方体标准试件,在温度(20±2)℃、相对湿度95%以上的标准条件下,养护到 28 d 龄期,用标准试验方法测得的抗压强度值,用 f_{cu} 表示。

在实际工作中测定混凝土立方体抗压强度也可以采用非标准尺寸的试件。当混凝土强度等级小于 C60 时,采用非标准试件测得的抗压强度值均应乘以尺寸换算系数,其值见表 2-3。混凝土强度等级大于 C60 时,宜采用标准试件。

表 2-3　混凝土试件尺寸及强度换算系数

骨料最大粒径/mm	试件尺寸/mm×mm×mm	强度的尺寸换算系数
≤31.5	100×100×100	0.95
≤40	150×150×150	1.00
≤63	200×200×200	1.05

混凝土立方体抗压强度标准值是指在立方体抗压强度中,具有 95%的保证率(强度低于该值的百分率不超过 5%)的抗压强度值,用 $f_{cu,k}$ 表示。

混凝土强度等级是根据立方体抗压强度标准值划分的,用符号"C"与立方体抗压强度标准值表示,单位为 N/mm² 或 MPa。例如,C30 表示 28 d 混凝土立方体抗压强度的标准值是 30 MPa,在该等级的混凝土,立方体抗压强度大于 30 MPa 的占 95%以上。现行规范《混凝土质量控制标准》(GB 50164—2011)规定,普通混凝土按其立方体抗压强度标准值共划分为 19 个强度等级,依次为 C10、C15、C20、C25、C30、C35、C40、C45、C50、C55、C60、C65、C70、C75、C80、C85、C90、C95、C100。

混凝土强度等级是混凝土结构设计时强度计算取值的依据,是混凝土施工中的质量控制和工程验收时的重要依据。

2)轴心抗压强度(f_{cp})

将 150 mm×150 mm×300 mm 的棱柱体作为标准试件,采用标准试验方法测得的抗压强度称为轴心抗压强度,用 f_{cp} 表示。混凝土轴心抗压强度比同截面的立方体抗压强度要小,当立方体抗压强度在 10~50 MPa 时,二者的比值(f_{cp}/f_{cu})为 0.7~0.8。

在混凝土结构设计中,计算轴心抗压构件(如柱子)时,都采用轴心抗压强度作为计算依据。

2.混凝土抗拉强度(f_{ts})

混凝土抗拉强度一般用立方体或圆柱体试件的劈裂抗拉强度(f_{ts})来表示。劈裂抗拉是将边长为 150 mm 的立方体试件从中间劈裂,测得破坏荷载并计算得到混凝土劈裂抗拉强度。混凝土劈裂抗拉强度计算公式如下:

$$f_{ts} = \frac{2P}{\pi A} = 0.637 \frac{P}{A} \tag{2-2}$$

式中　f_{ts}——混凝土劈裂抗拉强度,MPa;

　　　P——破坏荷载,N;

　　　A——试件劈裂面积,mm²。

混凝土作为一种典型的脆性材料,抗拉强度远低于其抗压强度,混凝土的抗拉强度只有抗压强度的 1/10~1/20,且随着混凝土强度等级的提高其比值有所降低,即抗拉强度的增加不及抗压强度增加得快。因此,混凝土在工作时一般不依靠其抗拉强度,而是由钢筋承受拉力。但混凝土的抗拉强度对抵抗裂缝的产生有着重要意义,在结构计算中抗拉强度是确定混凝土抗裂度的重要指标。

3.影响混凝土强度的因素

普通混凝土受力破坏一般出现在骨料和水泥石的分界面上,这就是常见的黏结面破坏形式。另外,当水泥石强度较低时,水泥石本身破坏也是常见的破坏形式。影响凝土强度的主要因素如下。

1)水泥的强度等级和水灰比

水泥的强度等级和水灰比是决定混凝土强度的主要因素。在混凝土配合比相同的条件下,所用的水泥强度等级越高,制成的混凝土强度也越高。当水泥强度等级相同时,混凝土的强度主要取决于水灰比,水灰比愈小,水泥石的强度愈高,与骨料黏结力也愈大,混凝土的强度就愈高。但应说明:如果加水太少(水灰比太小),拌和物过于干硬,在一定的捣实成型条件下,无法保证浇筑质量,混凝土中将出现较多的蜂窝、孔洞,强度也将下降。试验证明,混凝土强度随水灰比的增大而降低,呈曲线关系。强度与水灰比的关系如图 2-12 所示。

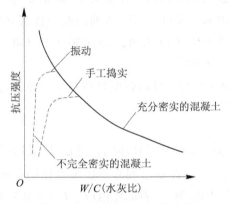

图 2-12　强度与水灰比的关系

混凝土强度与灰水比、水泥强度之间的关系可用经验公式(鲍罗米公式)表示:

$$f_{cu} = \alpha_a f_{ce}(C/W - \alpha_b) \tag{2-3}$$

式中　f_{cu}——混凝土 28 d 龄期的抗压强度,MPa;

　　　W——每立方米混凝土所需水量,kg;

　　　C——每立方米混凝土所需水泥量,kg;

　　　α_a、α_b——与粗骨料有关的回归系数;

　　　f_{ce}——水泥的实际强度,MPa。

水泥的实际强度通常高于其强度等级的标准值($f_{ce,g}$)。$f_{ce} = \gamma_c f_{ce,g}$,其中 γ_c 为水泥强度等级标准值的富余系数。

当采用碎石配制混凝土时,可取 $\alpha_a = 0.53$、$\alpha_b = 0.20$;当采用卵石配制混凝土时,可取 $\alpha_a = 0.49$、$\alpha_b = 0.13$。

利用混凝土强度计算公式,可初步解决两个问题:

(1)当水泥强度等级已经选定,配制某一强度的混凝土时,计算出应用的水灰比近似值。

(2)当已知水泥强度等级及选定水灰比时,可以计算出该混凝土 28 d 可能达到的强度。

2）骨料

骨料的品质、种类、级配、砂率的大小等因素也会对混凝土强度产生影响。骨料在混凝土中起稳定和骨架作用,骨料本身的强度一般都比水泥石的强度高(轻骨料除外),所以不直接影响混凝土的强度,但若骨料经风化等作用而强度降低,则用其配制的混凝土强度也较低;若骨料表面粗糙,则与水泥石黏结力较大,故用碎石配制的混凝土比用卵石配制的混凝土强度要高。通常,只有骨料本身的强度较高、有害杂质含量少,且级配良好时,才能形成坚强密实的骨架。

3）养护条件

混凝土的硬化时间较长,需要在一定的湿度和温度下进行养护。如果温湿度控制不好,就会影响混凝土强度的增长。

(1)温度。通常在 4~40 ℃的温度范围内,温度高,水泥水化速度加快,混凝土强度增长就快。当温度低于 0 ℃,水泥水化基本停止,混凝土强度停止增长,并且因水结冰膨胀,混凝土容易冻坏,冬季施工时,要特别注意保温,以免混凝土早期受冻。养护温度对混凝土强度的影响,如图 2-13 所示。

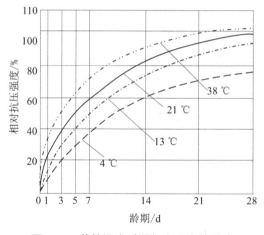

图 2-13　养护温度对混凝土强度的影响

(2)湿度。环境湿度是保证混凝土正常水化的一个重要条件,如果湿度不够,水泥停止水化,严重影响混凝土强度,并容易形成干裂缝影响混凝土的耐久性。

为了使混凝土正常硬化,必须在成型后一定时间内维持一定的温度和湿度,施工现场多采用自然养护的方式,自然养护的湿度受环境温湿度变化的影响,为保持自然状态,在混凝土凝结以后,一般 12 h 以后对混凝土加以覆盖并保持潮湿养护,对于硅酸盐水泥、普通硅酸盐水泥配制的混凝土,养护时间不得少于 7 d;对于矿渣硅酸盐水泥和火山灰质硅酸盐水泥配制的混凝土或在施工中加缓凝型外加剂,或有抗渗要求的混凝土,养护时间不得少于 14 d。

4）龄期

龄期是混凝土自加水搅拌开始所经历的时间,按天或小时计。混凝土在正常养护条件下,强度将随龄期的增长而提高,最初 3~7 d 强度提高速度较快,可达到 28 d 设计强度的70%左右,28 d 达到设计强度,28 d 以后逐渐变缓,可以延续多年。混凝土强度与保湿养护时间的关系,如图 2-14 所示。

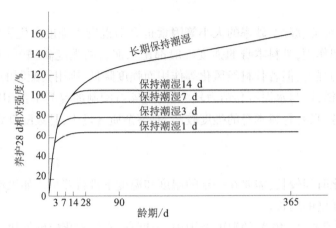

图 2-14　混凝土强度与保湿养护时间的关系

普通硅酸盐水泥制成的混凝土,在标准条件养护下,混凝土强度的发展大致与其龄期的对数成正比关系(龄期不小于 3 d),可用以下经验公式描述:

$$\frac{f_n}{f_{28}} = \frac{\lg n}{\lg 28} \tag{2-4}$$

式中　f_n——n 天龄期混凝土的抗压强度,MPa;

　　　　f_{28}——28 d 龄期混凝土的抗压强度,MPa;

　　　　n——养护龄期($n \geqslant 3$),d。

5)施工工艺

混凝土施工工艺包括配料、拌和、运输、浇筑、振捣、养护等工作。每一道工序对混凝土质量都有影响。若配料不准确误差过大,搅拌不均匀,拌和物运输过程中产生离析,振捣不密实,养护不充分等均会降低混凝土强度。因此,在混凝土施工过程中一定要严格遵守施工规范,确保混凝土强度。

6)试验条件

在试验过程中,试件的尺寸、形状、表面状态、含水程度及加荷速度都对混凝土的强度值产生一定的影响。

同样形状而不同尺寸的试件,尺寸越小,测得的强度越高。同样截面尺寸,不同形状的试件其高宽(或径)比值大,试验测得的强度偏低。

加荷速度对所测混凝土强度值也有影响,通常加荷速度越快,强度测值越高。试验中应严格遵循规定的加荷速度。

试件表面光滑平整,压力测值小,当试件表面有油脂类润滑剂时,压力测值偏低。我国规定的标准试验方法是不涂润滑剂,而且试验前必须把试件表面的湿存水擦干。

4.提高混凝土强度的措施

1)采用高强度等级的水泥

提高水泥的强度等级可有效增加混凝土的强度,但由于水泥强度等级的提高受到原料、生产工艺以及成本的制约,故单纯依靠提高水泥强度等级来达到提高混凝土强度的目的,往往不太经济和现实。

2）降低水灰比

降低水灰比是提高混凝土强度的有效措施。随着混凝土拌和物的水灰比降低，硬化混凝土的孔隙率也随之降低，从而也就增加了水泥和骨料间的黏结力，使强度提高。但降低水灰比，又会使混凝土拌和物的工作性降低。因此，必须有相应的技术措施一起配合，如采用加强机械振捣、掺加提高和易性的外加剂等。

3）采用级配良好的碎石

碎石可以增大骨料与胶凝材料浆体间的黏结面积，增大黏结强度。

4）掺加外加剂和掺和料

掺加外加剂是提高混凝土强度的有效方法之一，减水剂和早强剂都对混凝土的强度发展起到明显的作用。尤其是在高强混凝土（强度等级大于C60）的设计中，采用高效减水剂已成为配制高强混凝土的一项关键技术措施。而掺入高活性的超细粉煤灰、硅灰、磨细矿渣粉等掺和料，可以增加胶凝性产物的含量，使混凝土的密实度增大，强度进一步提高。

5）改进施工工艺

当采用机械搅拌和强力振捣时，都可使混凝土拌和物在低水灰比的情况下更加均匀、密实地浇筑，从而获得更高的强度。近年来，国外研制的高速搅拌法、二次投料搅拌法及高频振捣法等新的施工工艺在国内的工程中应用，都取得了较好的效果。

6）湿热养护

常用的混凝土湿热养护包括蒸汽养护和蒸压养护。

蒸汽养护是在常压下，将浇筑完毕的混凝土构件经1~3 h预养护后，在90%以上的相对湿度、60 ℃以上的饱和水蒸汽中进行的养护。

蒸压养护又称高压蒸汽养护，是指将浇筑好的混凝土构件静停8~10 h后，放入175 ℃和8个大气压的蒸压釜内进行的饱和水蒸汽养护。

蒸汽养护和蒸压养护都是在足够的温湿条件下进行的养护，较高的温度加快了水泥的水化和硬化的速度，混凝土的强度得到提高。但不同品种的水泥配制的混凝土其蒸汽适应性不同，硅酸盐水泥或普通硅酸盐水泥配制的混凝土一般在60~80 ℃条件下，恒湿养护5~8 h；矿渣硅酸盐水泥、火山灰质硅酸盐水泥、粉煤灰水泥配制的混凝土，蒸汽适应性好，一般蒸养温度达90 ℃、蒸养时间不宜超过12 h。

5．混凝土立方体抗压强度试验

1）试验目的

测定混凝土立方体抗压强度。

2）主要仪器设备

压力试验机。

3）试验步骤

（1）试件成型后拆模进行标准养护，达到试验龄期时从养护室取出试件，并用湿布覆盖试件至试验。

（2）将试件表面与上下承压板面擦干净，测量尺寸，检查其外观，当试件有严重缺陷时，应废弃。试件尺寸测量精确至1 mm，并据此计算试件的承压面积。如实测尺寸与公称尺寸之差不超过1 mm，可按公称尺寸计算，试件承压面的不平整度误差不得超过边长0.05%，承压面与相邻面的不垂直度不应超过±1%。

（3）将试件放在压力机下压板中心位置，上下压板与试件之间宜垫以钢垫板，试件承压面与成型时的顶面相垂直。开动压力机，当上垫板与上压板即将接触时如有明显偏斜，应调整球座，使试件受压均匀。

（4）加荷，混凝土强度等级<C30 时，以 0.3~0.5 MPa/s 的加荷速度连续均匀加荷；混凝土强度等级≥C30 且<C60 时，以 0.5~0.8 MPa/s 的加荷速度连续均匀加荷；混凝土强度等级≥C60 时，以 0.8~1.0 MPa/s 的加荷速度连续均匀加荷。当试件接近破坏而开始迅速变形时，应停止调整油门，直至试件破坏，记录破坏荷载。

4）试验结果评定

混凝土立方体抗压强度（精确至 0.1 MPa）计算公式为

$$f_{cc} = \frac{F}{A} \tag{2-5}$$

式中　f_{cc}——混凝土立方体试件抗压强度，MPa；

　　　F——试件破坏荷载，N；

　　　A——试件承压面积，mm^2。

以 3 个试件测值的平均值作为该组试件的抗压强度试验结果。3 个测值中的最大值或最小值中如有 1 个与中间值的差值超过中间值的 15%，取中间值作为该组试件的抗压强度代表值。3 个测值中最大值和最小值与中间值的差均超过中间值的 15%，则该组时间的试验结果无效。

6.试验记录表格

混凝土立方体抗压强度试验检验记录见表 2-4。

表 2-4　混凝土立方体抗压强度试验检验记录

设计强度等级：＿＿＿＿＿＿　　　　　　　试件成型日期：＿＿＿＿＿＿

养护条件：＿＿＿＿＿＿　　　　　　　　　试件试验日期：＿＿＿＿＿＿

试验编号	试件编号	龄期/d	试件尺寸/（mm×mm×mm）	换算系数	破坏荷载/kN	强度/MPa	强度代表值/MPa	达到设计强度的百分数/%

2.2.6.2　混凝土变形

混凝土在硬化和使用中，因受各种因素的影响会产生变形，主要包括非荷载作用下的变形和荷载作用下的变形两种。这些变形是产生裂缝的重要原因之一，从而影响混凝土的强度与耐久性。

1.非荷载作用下的变形

1）化学收缩

由于混凝土中的水泥水化后生成物的体积比反应前物质的总体积小，而使混凝土收缩，这种收缩称为化学收缩。化学收缩是不能恢复的，其收缩量随硬化龄期的延长而增加，一般在成型后 40 多 d 内增加较快,以后就渐趋稳定,由于收缩率很小,不会对结构物产生破坏作用,但会在混凝土内部产生细微裂纹,影响混凝土的耐久性。

2)干缩湿胀

干湿变形取决于周围环境的湿度变化。混凝土在干燥过程中,首先发生气孔水和毛细水的蒸发。气孔水的蒸发并不引起混凝土的收缩,毛细水的蒸发,使毛细孔中形成负压,随着空气湿度的降低负压逐渐增大,产生收缩力,导致混凝土收缩。当毛细孔中的水蒸发完,如继续干燥,则凝胶体颗粒的吸附水也发生部分蒸发,由于分子引力的作用,粒子间距离变小,使凝胶体紧缩。混凝土的这种收缩在重新吸水以后大部分可以恢复。当混凝土在水中硬化时,体积不变,甚至轻微膨胀,这是由于凝胶体的吸附水膜增厚,胶体粒子间的距离增大。膨胀值远比收缩值小,一般没有负作用。收缩受到约束时往往引起混凝土开裂,故施工时应予以注意。减少混凝土的收缩量,应该尽量减少水泥用量,砂、石骨料要洗干净,尽可能采用振捣器捣实和加强养护等。

3)温度变形

混凝土与其他材料一样,也具有热胀冷缩的性质。混凝土的温度膨胀系数为 $10\times10^{-6}\sim14\times10^{-6}/℃$。温度变形对大体积混凝土及大面积混凝土工程极为不利。在混凝土硬化初期,水泥水化放出较多的热量,混凝土又是热的不良导体,散热较慢,因此在大体积混凝土内部的温度较外部高,有时可达 $50\sim70$ ℃。这将使内部混凝土的体积产生较大的膨胀,外部混凝土却随气温降低而收缩。内部膨胀和外部收缩互相制约,在外部混凝土中将产生很大的拉应力,严重时使混凝土产生裂缝。因此,对大体积混凝土工程,必须尽量设法减少混凝土发热量,如采用低热水泥,减少水泥用量,采取人工降温等措施。一般对于沿纵向过长的钢筋混凝土结构物,应采取每隔一段长度设置温度伸缩缝以及在结构物中设置温度钢筋等措施,以减少温度变形引起的混凝土质量缺陷。

4)碳化收缩

混凝土的碳化是指当空气中的二氧化碳气体渗透到潮湿混凝土内时,与水泥石中的氢氧化钙起化学反应而引起的混凝土体积收缩。碳化收缩的程度与空气的相对湿度有关,当相对湿度为 30%~50% 时,收缩值最大。碳化收缩会导致混凝土产生微细裂缝。

2.荷载作用下的变形

1)混凝土的弹塑性变形

混凝土内部结构中含有砂石骨料、水泥石(水泥石中又存在着凝胶体和未水化的水泥颗粒)、游离水分和气泡,这就决定了混凝土本身的不均质性。它不是一种完全的弹性体,而是一种弹塑性体。它在受力时,既会产生可以恢复的弹性变形,又会产生不可恢复的塑性变形,其应力与应变之间的关系不是直线而是曲线。

在静力试验的加荷过程中,若加荷至一定点,然后将荷载逐渐卸去,则卸荷后能恢复的应变 $\varepsilon_{弹}$ 是由混凝土的弹性作用引起的,称为弹性应变;剩余的不能恢复的应变 $\varepsilon_{塑}$ 则是由混凝土的塑性作用引起的,称为塑性应变。若所加应力在 $(0.5\sim0.7)f_c$ 以上重复,随着重复次数的增加,塑性应变逐渐增加,将导致混凝土疲劳破坏。

2)徐变

混凝土在长期荷载作用下,沿着作用力方向的变形会随时间不断增长,即荷载不变而变形仍随时间增大,一般要延续 2~3 年才逐渐趋于稳定。这种在长期荷载作用下产生的变形,称为混凝土的徐变。混凝土的徐变与时间的关系如图 2-15 所示。

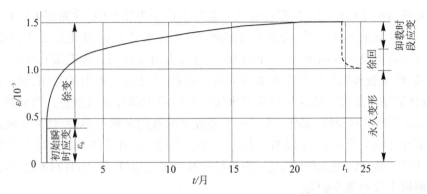

图 2-15　混凝土的徐变与时间的关系

　　混凝土徐变和许多因素有关。混凝土的水灰比较小或混凝土在水中养护时,同龄期的水泥石中未填满的孔隙较少,故徐变较小。水灰比相同的混凝土,其水泥用量愈多,即水泥石相对含量愈大,其徐变愈大。混凝土所用骨料弹性模量较大时,徐变较小。此外,徐变与混凝土的弹性模量也有密切关系,一般弹性模量大者,徐变小;混凝土不论是受压、受拉或受弯,均有徐变现象。

　　混凝土徐变对钢筋混凝土构件的影响有利也有弊。有利方面:徐变可消除混凝土结构内部的应力集中,通过应力重新分布而使结构物的整体承载能力提高,也可避免因局部集中应力而造成的逐渐破坏;对大体积混凝土结构,徐变还能消除一部分由于温度变形所产生的破坏应力。不利方面:由于徐变变形而使预应力钢筋混凝土中钢筋的预应力损失。

2.2.7　混凝土耐久性及检测

　　混凝土抵抗介质作用并长期保持其良好的使用性能和外观完整性,从而维持混凝土结构的安全、正常使用的能力称为混凝土的耐久性。混凝土耐久性是一个综合性指标,包括抗渗性、抗冻性、抗侵蚀性、抗碳化性、抗碱-骨料反应等性能。

2.2.7.1　混凝土的抗渗性及检测

1.混凝土的抗渗性

　　抗渗性是指混凝土抵抗压力水渗透作用的能力,用抗渗等级 P(水工混凝土用 W)来表示。混凝土抗渗等级是根据 28 d 龄期的标准试件,采用标准试验方法,以每组 6 个试件中 4 个未出现渗水时的最大水压表示,分为 P4、P6、P8、P10、P12 等 5 级,相应表示混凝土能抵抗 0.4 MPa、0.6 MPa、0.8 MPa、1.0 MPa、1.2 MPa 的压力水而不渗水。

　　混凝土渗水的主要原因是内部的孔隙形成连通的渗水通道,这些渗水通道主要来源于水泥浆中多余水分蒸发而留下的气孔和泌水后留下的毛细管道,以及粗骨料下缘界面聚集的水隙。另外,在混凝土施工中振捣不密实及硬化后因干缩、热胀等变形造成的裂隙也会产生渗水通道。影响混凝土抗渗性的因素有水灰比、水泥品种、骨料的最大粒径、养护方法、外加剂及掺和料等。

因此,要提高混凝土的抗渗性,可以采取提高混凝土的密实度和改善混凝土中的孔隙结构特征,以减少连通孔隙。也可掺加引气剂或减水剂,减少水灰比,选择致密、干净、级配良好的骨料,精心施工、加强养护等措施。

2.混凝土抗渗性试验(逐级加压法)

1)试验目的

用于测定混凝土的抗渗等级,是评定混凝土质量的指标之一。

2)检测依据

《水工混凝土试验规程》(SL/T 352—2020)。

3)主要仪器设备

(1)混凝土抗渗仪。

(2)试模:规格为上口直径 175 mm、下口直径 185 mm、高 150 mm 的截头圆锥体。

(3)密封材料:石蜡加松香、水泥加黄油等。

(4)螺旋加压器、烘箱、电炉、瓷盘、钢丝刷等。

4)试验步骤

(1)将达到试验龄期(抗渗试验龄期宜为 28 d)前 1 d 的试件从养护室取出,擦试干净。待表面晾干后,进行试件密封。用石蜡密封时,在试件侧面滚涂一层熔化的石蜡(内加少量松香)。然后用螺旋加压器将试件压入经过烘箱或电炉预热过的试模中(试验预热温度,以石蜡接触试模,即缓缓熔化,但不流淌为宜),使试件与试模底平齐。试模变冷后才可解除压力;用水泥加黄油密封时,其用量比为(2.5~3):1。试件表面晾干后,用三角刀将密封材料均匀地刮涂在试件侧面上,厚 1~2 mm。套上试模压入,使试件与试模底平齐。

(2)启动抗渗仪,开通 6 个试位下的阀门,使水从 6 孔中渗出,充满试位坑。关闭抗渗仪,将密封好的试件安装在抗渗仪上。

(3)试验时,水压从 0.1 MPa 开始,以后每隔 8 h 增加 0.1 MPa 水压,并随时注意观察试件端面情况。当 6 个试件中有 3 个试件表面出现渗水时,或加至规定压力(设计抗渗等级)在 8 h 内 6 个试件中表面渗水试件少于 3 个时,即可停止试验,并记下此时的水压力。在试验过程中,如发现水从试件周边渗出,表明密封不好,应重新按上述步骤密封。

5)试验结果处理

混凝土的抗渗等级,以每组 6 个试件中有 4 个未出现渗水时的最大水压力乘以 10 来表示。混凝土抗渗等级计算公式为

$$P = 10H - 1 \qquad (2-6)$$

式中　P——混凝土抗渗等级;

　　　H——6 个试件中有 3 个渗水时的水压力,MPa。

若压力加至规定数值,在 8 h 内 6 个试件中表面渗水的试件少于 2 个,则试件的抗渗等级大于规定值,混凝土抗渗等级合格;反之不合格。

6)试验记录表格

混凝土抗渗性试验检验记录见表 2-5。

表 2-5　混凝土抗渗性试验检验记录

设计抗渗等级 ＿＿＿＿＿＿＿　　　　　　　　　　　试件成型日期 ＿＿＿＿＿＿＿

养护条件 ＿＿＿＿＿＿＿　　　　　　　　　　　　试件试验日期 ＿＿＿＿＿＿＿

试验编号	加压时间			水压/MPa	透水情况记录						试验结果	备注
	月	日	时		1	2	3	4	5	6		

2.2.7.2　混凝土的抗冻性及检测

1.混凝土的抗冻性

抗冻性是指材料在含水饱和状态下,经受多次冻融循环而不破坏,保持原有性能的能力,常用抗冻等级 F 来表示。

混凝土的抗冻等级是以 28 d 龄期的标准试件,在浸水饱和状态下,承受反复冻融循环,以抗压强度下降不超过 25%,且质量损失不超过 5%时,所承受的最大冻融循环次数来确定的。混凝土抗冻等级共分为 F50、F100、F150、F200、F250、F300 、F350、F400、>F400 等 9 个等级,其中数字表示混凝土所能承受的最大冻融循环次数。

提高混凝土抗冻性的有效方法是提高混凝土的密实度和改善孔结构,尤其要防止混凝土早期受冻。具体可以通过减少水灰比、提高水泥强度等级,以及加入引气剂、减水剂和防冻剂等方法来提高混凝土的抗冻性。

2.混凝土抗冻性试验

1)试验目的

检验混凝土抗冻性,确定混凝土抗冻等级。

2)检测依据

《水工混凝土试验规程》(SL/T 352—2020)。

3)主要仪器设备

冻融循环试验机。

4)试验步骤

(1)将达到试验龄期(一般为 90 d)前 4 d 的试件在(20±3)℃的水中浸泡 4 d。

(2)取出试件,擦去表面水分,称初始质量,并测量初始自振频率。

(3)将试件装入试件盒中,注入淡水,水面应浸没试件顶面 20 mm。

(4)启动冻融试验机,设置参数。通常每做 25 次冻融循环对试件检测一次,也可根据混凝土抗冻性的高低来确定检测的时间和次数,测试时,小心将试件从盒中取出,冲洗干净,擦去表面水分,称量和测定自振频率,并做必要的外观描述或照相。每次测试完毕后,应将试件调头重新装入试件盒,注入淡水,继续试验。在测试中应防止试件失水,待测试件须用湿布覆盖。

(5)当试件中止试验取出后,应另用试件填充空位,如无正式试件,可用废试件填充。

(6)试件因故中断,应将试件在受冻状态下保存。

(7)冻融试验出现以下三种情况之一者即可停止:①冻融至预定的循环次数;②相对动弹性模量下降至初始值的 60%;③质量损失率达 5%。

5)试验结果处理

(1)相对动弹性模量以 3 个试件试验结果平均值为测定值,计算式如下:

$$P_n = \frac{f_n^2}{f_0^2} \times 100 \tag{2-7}$$

式中　P_n——n 次冻融循环后试件相对动弹性模量(%);

　　　f_0——试件冻融循环前的自振频率,Hz;

　　　f_n——试件冻融 n 次循环后的自振频率,Hz。

(2)质量损失率以 3 个试件试验结果的平均值为测定值,计算式如下:

$$W_n = \frac{G_0 - G_n}{G_0} \times 100 \tag{2-8}$$

式中　W_n——n 次冻融循环后试件质量损失率(%);

　　　G_0——试件冻融循环前的质量,g;

　　　G_n——试件冻融 n 次循环后的质量,g。

6)试验结果评定

(1)相对动弹性模量下降至初始值的 60% 或质量损失率达 5% 时,即可认为试件已达到破坏,并以相应的冻融循环次数作为该混凝土的抗冻等级(以 F 表示)。

(2)若冻融至预定的循环次数,而相对动弹性模量或质量损失率均未达到上述指标,可认为试验的混凝土抗冻性已满足设计要求。

2.2.7.3　混凝土的抗侵蚀性

当混凝土所处环境中含有侵蚀性介质时,混凝土便会遭受侵蚀。通常有软水侵蚀、硫酸盐侵蚀、镁盐侵蚀、碳酸侵蚀、一般酸侵蚀与强碱侵蚀等。

混凝土的抗侵蚀性与所用水泥的品种、混凝土的密实程度和孔隙特征有关。密实和孔隙封闭的混凝土,环境水不易侵入,故其抗侵蚀性较强。所以,提高混凝土抗侵蚀性的措施,主要是合理选择水泥品种、降低水灰比、提高混凝土的密实度和改善孔隙结构。

用于地下工程、海岸、海洋工程等恶劣环境中的混凝土,对抗侵蚀性有着更高的要求。

2.2.7.4　混凝土的碳化

混凝土的碳化是指当空气中的二氧化碳气体渗透到潮湿混凝土内,与水泥石中的氢氧化钙起化学反应后生成碳酸钙和水,使混凝土碱度降低的过程。由于碳化使混凝土的碱度降低,减弱了对钢筋的保护作用,已引起钢筋生锈;碳化作用还会引起混凝土收缩,引起微细裂缝,降低混凝土耐久性;碳化作用也可使混凝土抗压强度增大,引起混凝土表面强度和内部强度的差异,故在进行混凝土强度回弹检测时,应进行碳化修正,否则易造成混凝土结构强度值的误判。

提高混凝土抗碳化的主要方法有:合理选择水泥品种、降低水灰比、加减水剂、保证混凝土保护层的质量和厚度,充分湿养护等。

2.2.7.5 碱-骨料反应

碱-骨料反应是指在有水的条件下,水泥中过量的碱性氧化物(氧化钠和氧化钾)与骨料中的活性二氧化硅之间发生的反应。

碱-骨料反应的速度很慢,在混凝土浇筑成型后若干年逐渐反应,反应生成的碱-硅酸凝胶,能从周围介质中吸收水分而产生 3 倍以上体积膨胀,严重影响混凝土的耐久性。

1.碱-骨料反必须具备的条件

(1)水泥中含有较高的碱量,总碱量(按 $Na_2O+0.658K_2O$ 计)大于 0.6% 时,才会与活性骨料发生碱-骨料反应。

(2)骨料中含有活性 SiO_2 并超过一定数量,它们常存在于流纹岩、安山岩、凝灰岩等天然岩石中。

(3)存在水分。在干燥状态下碱-骨料反应不会造成危害。

2.抑制碱-骨料反应的措施

(1)条件许可时选择非活性骨料。

(2)当不可能采用完全没有活性的骨料时,则应严格控制混凝土中总的碱量,符合现行有关标准的规定。

(3)掺用活性混合材料,如硅粉、粉煤灰(高钙高碱粉煤灰除外),对碱-骨料反应有明显的抑制效果,因活性混合材料可与混凝土中的碱(Na^+、K^+)起反应,从而降低了混凝土中的含碱量,抑制了碱-骨料反应。同样道理,采用矿渣含量较高的矿渣水泥也是抑制碱-骨料反应的有效措施。

(4)碱-骨料反应要有水分,如果没有水分,碱-骨料反应就会大为减慢乃至完全停止。因此,防止外界水分渗入混凝土或者使混凝土变干可减轻碱-骨料反应的危害程度。

2.2.7.6 提高混凝土耐久性的措施

(1)严格控制水灰比,保证足够的水泥用量。

(2)合理选择水泥品种。适当控制混凝土的水灰比及水泥用量,水灰比的大小是决定混凝土密实性的主要因素,它不但影响混凝土的强度,而且也严重影响其耐久性,故必须严格控制水灰比。

(3)选用较好的砂、石骨料,并尽量采用合理砂率,质量良好、技术条件合格的砂、石骨料是保证混凝土耐久性的重要条件。

(4)掺引气剂、减水剂等外加剂,改善混凝土内部的孔隙率和孔隙结构,提高混凝土耐久性。

(5)掺入高效活性矿物掺料。大量研究表明了掺粉煤灰、矿渣、硅粉等掺和料能有效改善混凝土的性能,填充内部孔隙,改善孔隙结构,提高密度,高掺量混凝土还能抑制碱-骨料反应。因而混凝土掺混和料,是提高混凝土耐久性的有效措施。

(6)在混凝土施工中,应搅拌均匀、振捣密实、加强养护,增加混凝土密实度,提高混凝土质量。

2.2.8　混凝土配合比设计

混凝土配合比设计是根据工程所需的混凝土各项性能要求,确定混凝土中各组成材料数量之间的比例关系。这种比例关系常用两种方式表示:一种是以 1 m³ 混凝土中各组成材料的用量来表示,例如 1 m³ 混凝土各项材料的用量为:胶凝材料 310 kg,水 155 kg,砂 750 kg,石子 1 116 kg;另一种是以混凝土各项材料的质量比来表示,将上例换算成质量比即为胶凝材料:水:砂:石子 = 1:0.5:2.4:3.6。

2.2.8.1　配合比设计的要求

配合比设计的基本要求是使所配制的混凝土在比较经济的情况下,保证混凝土工程质量。具体要求如下:

(1)满足施工要求的混凝土拌和物的和易性。

(2)满足混凝土结构设计所要求的强度等级。

(3)满足混凝土的耐久性(如抗冻等级、抗渗等级)。

(4)在满足上述 3 个条件的前提下,做到节约水泥、降低混凝土成本。

2.2.8.2　配合比设计的技术资料

在进行混凝土配合比设计之前,必须详细掌握下列基本资料。

1.工程的具体情况

(1)结构或构件的设计强度等级,以便确定混凝土配制强度。

(2)结构或构件的形状及尺寸、钢筋的最小净距,以便确定粗骨料的最大粒径。

(3)混凝土工程的设计使用年限和所处的环境对混凝土可能造成的危害,即对混凝土耐久性的要求,以便于确定所配制混凝土的最大水灰比和最小水泥用量。

2.原材料的情况

(1)水泥的品种、实际强度、密度。

(2)粗细骨料的品种、级配、表观密度、堆积密度、含水率,石子的最大粒径、压碎指标。

(3)拌和用水的水质以及来源。

(4)外加剂的品种、性能、掺量以及与水泥的相容性和掺入方法。

3.施工条件及施工水平

提供包括搅拌和振捣方式、要求的坍落度、施工单位的施工及管理水平等资料。

2.2.8.3　配合比设计中的 3 个重要参数

1.水胶比

水胶比指水与胶凝材料用量的比值。它是影响混凝土强度和耐久性的主要因素。

2.砂率

砂率指混凝土中砂子质量占砂石总质量的百分率。它是影响混凝土拌和物和易性的重要指标。

3.单位用水量

单位用水量指 1 m³ 混凝土的用水量。它反映混凝土拌和物中胶凝材料浆与骨料之间的比例关系,影响混凝土的和易性及强度。

2.2.8.4　配合比设计的步骤及方法

1.配合比设计的步骤

混凝土配合比设计是个复杂的过程,分以下 4 个步骤进行,需确定 4 个配合比:

(1)按原材料性能及对混凝土的技术要求进行初步计算,得出初步计算配合比。

(2)在初步计算配合比的基础上,经试拌、检验、调整到和易性满足要求时,得出满足和易性要求的基准配合比。

(3)经强度和耐久性检验,定出满足设计和施工要求并且比较经济合理的设计配合比(实验室配合比)。

(4)根据现场砂、石的实际含水情况,修正实验室配合比从而得出施工配合比。

2.配合比设计的方法

1)初步计算配合比

A.确定混凝土配制强度($f_{cu,0}$)

在实际施工中,各种影响因素均会导致混凝土强度有所波动,为使混凝土的强度保证率能满足规范要求,在设计混凝土配合比时,必须使混凝土的配制强度高于设计强度等级。

当混凝土的设计强度等级小于 C60 时,配制强度 $f_{cu,0}$ 计算式为式(2-9);当混凝土的设计强度等级不小于 C60 时,配制强度计算式为式(2-10):

$$f_{cu,0} \geq f_{cu,k} + 1.645\sigma \tag{2-9}$$
$$f_{cu,0} \geq 1.15f_{cu,k} \tag{2-10}$$

式中　$f_{cu,0}$——混凝土配制强度,MPa;

　　　$f_{cu,k}$——混凝土设计强度等级,MPa;

　　　σ——混凝土强度标准差,MPa。

混凝土抗压强度标准差 σ 的确定:强度标准差 σ 的大小表示施工单位的管理水平的高低,σ 越小,说明混凝土施工质量越稳定。

(1)当生产或施工单位具有近 1~3 个月的同一品种、同一强度等级混凝土的强度资料时,σ 可按式(2-11)求得。

$$\sigma = \sqrt{\frac{\sum_{i=1}^{n} f_{cu,i}^2 - nm_{f_{cu}}^2}{n-1}} \tag{2-11}$$

式中　$f_{cu,i}$——第 i 组的试件强度,MPa;

　　　$m_{f_{cu}}$——n 组试件的强度平均值,MPa;

　　　n——试件组数,n 值应大于或等于 30。

对于强度等级不大于 C30 的混凝土,当 σ 计算值不小于 3.0 MPa 时,应按照计算结果取值;当 σ 计算值小于 3.0 MPa 时,σ 应取 3.0 MPa。

对于强度等级大于 C30 且不大于 C60 的混凝土,当 σ 计算值不小于 4.0 MPa 时,应按照计算结果取值;当 σ 计算值小于 4.0 MPa 时,σ 应取 4.0 MPa。

(2)当没有近期的同一品种、同一强度等级混凝土强度资料时,其强度标准差 σ 可按表 2-6 取值。在采用表 2-6 时,施工单位可根据实际情况,对 σ 做适当调整。

表 2-6　σ 取值　　　　　　　　　　　　　　　单位:MPa

混凝土强度标准值	≤C20	C25~C45	C50~C55
σ	4.0	5.0	6.0

B.确定水胶比(W/B)

(1)按强度计算水胶比。

混凝土强度等级不大于 C60 时,混凝土水胶比计算式如下:

$$W/B = \frac{\alpha_a f_b}{f_{cu,0} + \alpha_a \alpha_b f_b} \qquad (2\text{-}12)$$

式中　W/B——混凝土水胶比;

α_a、α_b——回归系数,根据工程所使用的原材料,通过试验建立的水胶比与混凝土强度关系式来确定,当不具备上述试验统计资料时,可按表 2-7 规定选用;

f_b——胶凝材料 28 d 胶砂强度实测值,MPa,当无实测值时,可按式(2-13)计算

$$f_b = \gamma_f \gamma_s f_{ce} \qquad (2\text{-}13)$$

式中　γ_f、γ_s——粉煤灰影响系数和粒化高炉矿渣粉影响系数,可按表 2-8 选用;

f_{ce}——水泥 28 d 胶砂抗压强度,MPa,可实测,也可按式(2-14)计算

$$f_{ce} = \gamma_c f_{ce,g} \qquad (2\text{-}14)$$

式中　$f_{ce,g}$——水泥强度等级值,MPa;

γ_c——水泥强度等级值的富余系数,可按实际统计资料确定,当缺乏实际统计资料时,也可按表 2-9 选用。

表 2-7　回归系数 α_a、α_b 选用

系数	粗骨料品种	
	碎石	卵石
α_a	0.53	0.49
α_b	0.20	0.13

表 2-8　粉煤灰影响系数 γ_f 和粒化高炉矿渣粉影响系数 γ_s

掺量/%	种类	
	粉煤灰影响系数 γ_f	粒化高炉矿渣粉影响系数 γ_s
0	1.00	1.00
10	0.85~0.95	1.00
20	0.75~0.85	0.95~1.00
30	0.65~0.75	0.90~1.00
40	0.55~0.65	0.80~0.90
50	—	0.70~0.85

注:1.宜采用 Ⅰ 级或 Ⅱ 级粉煤灰;采用 Ⅰ 级粉煤灰宜取上限值,采用 Ⅱ 级粉煤灰宜取下限值。

2.采用 S75 级粒化高炉矿渣粉宜取下限值,采用 S95 级粒化高炉矿渣粉宜取上限值,采用 S105 级粒化高炉矿渣粉可取上限值加 0.05。

3.当超出表中的掺量时,粉煤灰和粒化高炉矿渣粉影响系数应经试验确定。

表 2-9 水泥强度等级值的富余系数

水泥强度等级值	32.5 级	42.5 级	52.5 级
富余系数	1.12	1.16	1.10

（2）按耐久性校核水胶比。

对于设计年限大于 50 年的混凝土结构，根据国家标准《混凝土结构设计规范》（GB 50010—2010）规定，应按表 2-10~表 2-12 规定的最大水胶比进行耐久性校核。水工混凝土按表 2-13 进行耐久性校核。

表 2-10 普通混凝土最大水胶比

环境类别	条件	最大水胶比
一	室内干燥环境； 无侵蚀性静水浸没环境	0.60
二 a	室内潮湿环境； 非严寒和非寒冷地区的露天环境、与无侵蚀性的水或土壤直接接触的环境； 严寒和寒冷地区的冰冻线以下与无侵蚀性的水或土壤直接接触的环境	0.55
二 b	干湿交替环境； 水位频繁变动环境； 严寒和寒冷地区的露天环境、冰冻线以上与无侵蚀性的水或土壤直接接触的环境	0.50
三 a	严寒和寒冷地区冬季水位变动区环境； 受除冰盐影响环境； 海风环境	0.45
三 b	盐渍土环境； 受除冰盐作用环境； 海岸环境	0.40
四	海水环境	—
五	受人为或自然的侵蚀性物质影响的环境	—

表 2-11 抗渗混凝土最大水灰比

抗渗等级	最大水灰比	
	C20~C30 混凝土	C30 以上混凝土
P6	0.60	0.55
P8~P12	0.55	0.50
P12 以上	0.50	0.45

注：有抗渗要求的混凝土配合比，试配时要求抗渗水压值应比设计值提高 0.2 MPa。

表 2-12 抗冻混凝土的最大水灰比

抗冻等级	无引气剂时	掺引气剂时
F50	0.55	0.60
F100	0.50	0.55
F150 及以上	—	0.50

注:最终确定水灰比时,必须同时满足强度、抗渗、抗冻及规范等要求,故应选其中最小的水灰比。

表 2-13 水工混凝土水胶比最大允许值

部位	严寒地区	寒冷地区	温和地区
上、下游水位以上(坝体外部)	0.50	0.55	0.60
上、下游水位变化区(坝体外部)	0.45	0.50	0.55
上、下游最低水位以下(坝体外部)	0.50	0.55	0.60
基础	0.50	0.55	0.60
内部	0.60	0.65	0.65
受水流冲刷部位	0.45	0.50	0.50

注:在有环境水侵蚀情况下,水位变化区外部及水下混凝土最大允许水胶比(或水胶比)应减小 0.05。

C.确定单位用水量(m_{w0})

(1)干硬性混凝土和塑性混凝土用水量的确定。

①当水灰比在 0.40~0.80 范围时,根据粗骨料的品种、粒径及施工要求的混凝土拌和物稠度,其用水量干硬性混凝土按表 2-14 选取,塑性混凝土按表 2-15(或表 2-16)选取。

②水灰比小于 0.40 的混凝土以及采用特殊成型工艺的混凝土用水量应通过试验确定。

表 2-14 干硬性混凝土单位用水量选用 单位:kg/m³

项目	指标	卵石最大粒径/mm			碎石最大粒径/mm		
		10	20	40	16	20	40
维勃稠度/s	16~20	175	160	145	180	170	155
	11~15	180	165	150	185	175	160
	5~10	185	170	155	190	180	165

表 2-15 塑性混凝土单位用水量选用 单位:kg/m³

拌和物稠度		卵石最大粒径/mm				碎石最大粒径/mm			
项目	指标	10	20	31.5	40	16	20	31.5	40
坍落度/mm	10~30	190	170	160	150	200	185	175	165
	35~50	200	180	170	160	210	195	185	175
	55~70	210	190	180	170	220	205	195	185
	75~90	215	195	185	175	230	215	205	195

注:1.本表用水量是采用中砂时的平均取值,如采用细砂,每立方米混凝土用水量可增加 5~10 kg,采用粗砂则可减少 5~10 kg。

2.掺用各种外加剂或掺和料时,可相应增减用水量。

表 2-16　水工常态(普通)混凝土初选用水量　　　　单位:kg/m³

混凝土坍落度	卵石最大粒径				碎石最大粒径			
	20 mm	40 mm	80 mm	150 mm	20 mm	40 mm	80 mm	150 mm
10~30 mm	160	140	120	105	175	155	135	120
30~50 mm	165	145	125	110	180	160	140	125
50~70 mm	170	150	130	115	185	165	145	130
70~90 mm	175	155	135	120	190	170	150	135

注:1.本表适用于细度模数 2.6~2.8 的天然中砂。当使用细砂或粗砂时,用水量需增加或减少 3~5 kg/m³。

2.采用人工砂,用水量增加 5~10 kg/m³。

3.掺入火山灰质掺和料时,用水量需增加 10~20 kg/m³;采用Ⅰ级粉煤灰时,用水量可减少 5~10 kg/m³。

4.采用外加剂时,用水量应根据外加剂的减水率做适当调整,外加剂的减水率应通过试验确定。

5.本表适用于骨料含水状态为饱和面干状态。

(2)流动性和大流动性混凝土用水量的确定。

①以表 2-15 中的坍落度 90 mm 的用水量为基础,按坍落度每增大 20 mm,用水量增加 5 kg,计算出未掺外加剂时的混凝土用水量。

②掺外加剂时的用水量可按下式计算:

$$m_{w0} = m'_{w0}(1 - \beta) \qquad (2-15)$$

式中　m_{w0}——每立方米混凝土的用水量,kg/m³;

m'_{w0}——未掺外加剂每立方米混凝土的用水量,kg/m³;

β——外加剂的减水率,应经混凝土试验确定。

D.确定胶凝材料用量、矿物掺和料、水泥用量及外加剂掺量

(1)计算胶凝材料用量。

每立方米混凝土的胶凝材料用量(m_{b0})应按式(2-16)计算,并应进行试拌调整,在拌和物性能满足的情况下,取经济合理的胶凝材料用量。

$$m_{b0} = \frac{m_{w0}}{W/B} \qquad (2-16)$$

式中　m_{b0}——每立方米混凝土中胶凝材料用量,kg/m³。

(2)按耐久性要求校核胶凝材料用量。

对于设计强度大于 50 年的混凝土结构,根据国家标准《混凝土结构设计规范》(GB 50010—2010)的规定,应按表 2-17 进行混凝土的最小胶凝材料用量校核。

表 2-17　混凝土的最小胶凝材料用量

最大水胶比	最小胶凝材料用量/(kg/m³)		
	素混凝土	钢筋混凝土	预应力混凝土
0.60	250	280	300
0.55	280	300	300
0.50	320		
≤0.45	330		

注:配制 C15 及其以下等级的混凝土,可不受本表限制。

（3）矿物掺和料用量（m_{f0}）

每立方米混凝土的矿物掺和料用量计算应按下式计算：

$$m_{f0} = m_{b0}\beta_f \tag{2-17}$$

式中　m_{f0}——计算配合比每立方米混凝土中矿物掺和料用量，kg/m^3；

　　　β_f——矿物掺和料掺量，%，应经试验确定。

（4）水泥用量（m_{c0}）。

每立方米混凝土中水泥用量应按式（2-18）计算：

$$m_{c0} = m_{b0} - m_{f0} \tag{2-18}$$

式中　m_{c0}——每立方米混凝土中水泥用量，kg/m^3。

（5）外加剂用量（m_{a0}）。

每立方米混凝土中外加剂用量应按式（2-19）计算：

$$m_{a0} = m_{b0}\beta_a \tag{2-19}$$

式中　m_{a0}——每立方米混凝土中外加剂用量，kg/m^3；

　　　β_a——外加剂掺量，%，应经混凝土试验确定。

E.确定砂率（β_s）

砂率（β_s）应根据骨料的技术指标、混凝土拌和物性能和施工要求，参考既有历史资料确定。当缺乏砂率的历史资料时，混凝土砂率的确定应符合下列规定：

坍落度小于 10 mm 的混凝土，其砂率应经试验确定；坍落度为 10~60 mm 的混凝土，其砂率可根据粗骨料品种、最大公称粒径及水胶比按表 2-18（或表 2-19）选取；坍落度大于 60 mm 的混凝土，其砂率可经试验确定，也可在表 2-18 的基础上，按坍落度每增大 20 mm、砂率增大 1% 的幅度予以调整。

表 2-18　混凝土的砂率　　　　　　　　　　　　　　　　　　%

水胶比 (W/B)	卵石最大公称粒径/mm			碎石最大粒径/mm		
	10	20	40	16	20	40
0.40	26~32	25~31	24~30	30~35	29~34	27~32
0.50	30~35	29~34	28~33	33~38	32~37	30~35
0.60	33~38	32~37	31~36	36~41	35~40	33~38
0.70	36~41	35~40	34~39	39~44	38~43	36~41

注：1.本表数值是中砂的选用砂率，对细砂或粗砂，可相应地减少或增大砂率。

　　2.采用人工砂配制混凝土时，砂率可适当增大。

　　3.只用一个单粒级粗骨料配制混凝土时，砂率应适当增大。

　　4.对薄壁构件，砂率宜取偏大值。

F.石子级配的选择

石子最佳级配应通过试验确定，一般以紧致堆积密度最大、用水量较小的级配为宜。无试验资料时按表 2-20 初选。

表 2-19　水工常态混凝土砂率初选　　　　　　　%

骨料最大粒径/mm	水胶比			
	0.40	0.50	0.60	0.70
20	36~38	38~40	40~42	42~44
40	30~32	32~34	34~36	36~38
80	24~26	26~28	28~30	30~32
150	20~22	22~24	24~26	26~28

注:1.本表适用于卵石,细度模数为 2.6~2.8 天然中砂拌制的混凝土。

2.砂的细度模数每增减 0.1,砂率相应增减 0.5%~1.0%。

3.使用碎石时,砂率需增加 3%~5%。

4.使用人工砂时,砂率需增加 2%~3%。

5.掺用引气剂时,砂率可减小 2%~3%。掺粉煤灰时,砂率可减小 1%~2%。

表 2-20　石子级配比初选

混凝土种类	级配	石子最大粒径/mm	卵石(小:中:大:特大)	碎石(小:中:大:特大)
常态混凝土	二	40	40:60:0:0	40:60:0:0
	三	80	30:30:40:0	30:30:40:0
	四	150	20:20:30:30	25:25:20:30
碾压混凝土	二	40	50:50:0:0	50:50:0:0
	三	80	30:40:30:0	20:40:30:0

注:表中比例为质量比。

G.计算粗、细骨料的用量(m_{s0} 、 m_{g0})

确定粗、细骨料用量的方法一般采用质量法和体积法。

(1)质量法(假定表观密度法)。

质量法又称假定表观密度法。1 m³ 混凝土拌和物的质量(表观密度)等于 1 m³ 混凝土各组成材料的质量之和。当原材料性能比较稳定时,拌和物的表观密度将接近一个固定值,这样就可先假设一个 1 m³ 混凝土拌和物的质量值(表观密度)。列出式(2-20)。根据已知的砂率及定义列出式(2-21),解联立关系式,便可求出粗、细骨料的用量。

$$m_{f0} + m_{c0} + m_{w0} + m_{s0} + m_{g0} = m_{cp} \tag{2-20}$$

$$\beta_s = \frac{m_{s0}}{m_{g0} + m_{s0}} \times 100\% \tag{2-21}$$

式中　m_{cp} ——每立方米混凝土的假定质量,kg,可取 2 350~2 450 kg;

其他符号意义同前。

(2)体积法。

1 m³(1 000 L)混凝土体积等于各组成材料所占的体积与所含空气体积之和。据此可列出式(2-22)。解关系式,便可求出粗、细骨料的用量。

$$\left.\begin{array}{l} \dfrac{m_{f0}}{\rho_f} + \dfrac{m_{c0}}{\rho_c} + \dfrac{m_{g0}}{\rho_{0g}} + \dfrac{m_{s0}}{\rho_{0s}} + \dfrac{m_{w0}}{\rho_w} + 0.01\alpha = 1 \\[3mm] \beta_s = \dfrac{m_{s0}}{m_{g0} + m_{s0}} \times 100\% \end{array}\right\} \tag{2-22}$$

式中　ρ_c——水泥密度,kg/m³,可取 2 900~3 100 kg/m³;

ρ_f——矿物掺和料的密度,kg/m³;

ρ_{0g}——粗骨料的表观密度,kg/m³;

ρ_{0s}——细骨料的表观密度,kg/m³;

ρ_w——水的密度,kg/m³,可取 1 000 kg/m³;

α——混凝土的含气量百分数,在不使用引气剂或引气型外加剂时,α 可取为 1。

通过以上步骤,可将水泥、水、砂、石子的用量求出,得出初步计算配合比:$m_{c0}:m_{f0}:m_{w0}:m_{s0}:m_{g0}$。

应注意的是:以上混凝土配合比计算,均以干燥状态骨料为基准(干燥状态骨料是指含水率小于 0.5%的细骨料或含水率小于 0.2%的粗骨料),如需以饱和面干骨料为基准进行计算,则应做相应修改。

2)确定基准配合比

由于计算初步配合比的过程中,使用了一些经验公式和经验数据,其计算结果不一定能完全符合混凝土性能的要求,为此必须通过试配混凝土,检验其和易性、强度、耐久性,并进行必要的调整,经过试配调整和易性符合要求的混凝土配合比为基准配合比。

A.试配混凝土拌和物

根据《普通混凝土配合比设计规程》(JGJ 55—2011)的规定,按计算的初步配合比试配混凝土拌和物时,应满足表 2-21 要求。

表 2-21　混凝土配合比适配要求

序号	项目	要求		备注
1	设备及工艺	采用强制式搅拌机,搅拌方法与施工时相同		搅拌量不应小于搅拌机容量的 1/4,且不大于搅拌机的公称容量
2	原材料	采用工程中实际使用的原材料		
3	试配最小搅拌量	骨料最大公称粒径/mm	拌和物最小搅拌量/L	
		≤31.5	20	
		40	25	

B.检验和易性,调整并确定基准配合比

混凝土搅拌均匀后检验拌和物的和易性,若不符合要求,则要保持初步配合比的水胶比不变,进行其他有关材料的调整,具体可参考表 2-22 的方法进行调整,直到符合要求。然后提出供检验混凝土强度和耐久性用的基准配合比:$m_{cj}:m_{fj}:m_{wj}:m_{sj}:m_{gj}$。

表 2-22　混凝土拌和物和易性的调整参考方法

不能满足要求情况	调整参考方法
坍落度小于要求,黏聚性和保水性合适	保持水胶比不变,增加水胶浆量。相应减少砂石用量(砂率不变)
坍落度大于要求,黏聚性和保水性合适	保持水胶比不变,减少水胶浆量。相应增加砂石用量(砂率不变)
坍落度合适,黏聚性和保水性不好	增加砂率(保持砂石总量不变,提高砂用量,减少石子用量)

3)确定实验室配合比

在基准配合比的基础上,强度、耐久性均符合要求的配合比为实验室配合比,即混凝土的设计配合比。

得出基准配合比后,水胶比值选择不一定恰当,其强度和耐久性可能会不符合要求,故应至少采用 3 个不同的配合比验证强度和耐久性。其中一种为基准配合比,另外两种配合比的水胶比值,宜较基准配合比分别增加或减少 0.05,用水量应与基准配合比相同,砂率可分别增加或减少 1%。在制作混凝土试验试件时,应检验混凝土拌和物的坍落度或维勃稠度、黏聚性、保水性及拌和物的表观密度,并以此结果作为代表相应配合比的混凝土拌和物的性能。

(1)根据试验得出的混凝土强度与相应的胶水比关系,用作图法(胶水比与强度的关系直线)或计算法求出与混凝土配制强度($f_{cu,0}$)相对应的胶水比,并按下列原则确定每立方米混凝土的材料用量:

①用水量和外加剂的用量。取基准配合比的用水量和外加剂的用量,或在基准配合比用水量的基础上,根据制作强度试件时测得的坍落度或维勃稠度进行调整确定。

②胶凝材料用量。应以用水量乘以选定出来的胶水比计算确定。

③粗骨料和细骨料用量。取基准配合比的粗骨料和细骨料的用量,或在基准配合比的粗骨料和细骨料用量的基础上,按选定的灰水比进行调整后确定。

(2)调整后的混凝土配合比的校正。

配合比经试配、调整确定后,还需根据实测的混凝土表观密度 $\rho_{c,t}$ 做必要的校正,具体步骤如下:

①计算混凝土的表观密度值($\rho_{c,c}$)。

$$\rho_{c,c} = m_c + m_f + m_g + m_s + m_w \tag{2-23}$$

式中　$\rho_{c,c}$——混凝土表观密度计算值,kg/m³;

m_c、m_f、m_g、m_s、m_w——每立方米混凝土中水泥、掺和料、石子、砂及水的用量,kg。

②计算混凝土配合比的校正系数 δ。

$$\delta = \frac{\rho_{c,t}}{\rho_{c,c}} \tag{2-24}$$

式中　$\rho_{c,t}$——混凝土表观密度实测值,kg/m³。

③当 $\rho_{c,t}$ 与 $\rho_{c,c}$ 之差的绝对值不超过 $\rho_{c,c}$ 的 2% 时,由以上定出的配合比即为确定的设计配合比;若两者之差超过 2%,则须将已定出的混凝土配合比中每项材料用量均乘以校正系数 δ,即为最终定出的设计配合比:$m_c:m_f:m_w:m_s:m_g$。

4)确定施工配合比

设计配合比是以干燥材料为基准的,并且所用骨料粗细程度、级配比例与施工现场均有一定的差异,应根据现场原材料的实际情况及混凝土质量检验的结果予以调整,调整后的配合比叫作施工配合比。假定其他条件相同,仅骨料含水率不同,施工现场测出砂的含水率为 $a\%$,石子的含水率为 $b\%$,则将上述设计配合比换算为施工配合比,其材料的称量应为

$$\left.\begin{aligned} m'_c &= m_c \\ m'_f &= m_f \\ m'_s &= m_s(1 + a\%) \\ m'_g &= m_g(1 + b\%) \\ m'_w &= m_w - m_s \cdot a\% - m_g \cdot b\% \end{aligned}\right\} \qquad (2\text{-}25)$$

式中　m'_c、m'_w、m'_s、m'_g——1 m³ 混凝土拌和物中,施工时用的水泥、水、砂、石、矿物掺和料的质量,kg。

2.2.9　混凝土质量控制及强度评定

混凝土质量控制是工程建设的重要方面,控制的目的在于使所生产的混凝土能满足设计和使用的要求。

混凝土的质量控制包括以下 3 个过程:一是施工前质量控制,包括人员配备、设备调试、原材料进场检验及配合比的确定与调整等内容;二是施工过程控制,包括控制称量、搅拌、运输、浇筑、捣实及养护等内容;三是混凝土合格性控制,包括批量划分,确定取样批数,确定检测方法和验收范围。以下简述主要控制内容。

2.2.9.1　施工前的质量控制

1.原材料的质量控制

混凝土中的各种原材料,应经检验合格后方可使用。

2.配合比的控制

1)配合比设计

普通混凝土的配合比设计,应按规范规定,根据混凝土强度等级、耐久性和和易性等要求进行设计。对有特殊要求的混凝土,其配合比设计尚应符合国家现行有效标准的专门规定。

2)开盘鉴定

首次使用的混凝土配合比应进行开盘鉴定,其和易性应满足设计配合比的要求。开始生产时应至少留一组标准养护试件,作为验证配合比的依据。

3)施工配合比

混凝土拌制前,应测定砂、石含水率,并根据测试结果调整材料用量,提出施工配合比。当遇雨天或含水率有显著变化时,应增加含水率检测次数,并及时调整材料用量。

4)称量允许偏差

水泥、砂、石、混合材料的配合比要采用质量法计量,每盘称量的允许偏差为:胶凝材料为±2%,粗、细骨料为±3%,水、外加剂为±1%。每工作班抽查不应少于一次。

2.2.9.2　生产过程中的质量控制

生产过程中的质量控制包括混凝土施工工艺各环节的控制。

1.搅拌时间控制

混凝土的搅拌应采用强制式搅拌机搅拌,搅拌时间应随时检查,最短搅拌时间见表 2-23。

表 2-23 混凝土搅拌的最短时间

混凝土的坍落度/mm	搅拌机机型	不同搅拌机出料量(L)的最短时间/s		
		<250	250~500	>500
≤40	强制式	60	90	120
>40 且<100	强制式	60	60	90
≥100	强制式	60		

2.浇筑完毕时间的控制

为防止拌和物从搅拌机中卸出长时间未完成浇筑而导致混凝土流动性降低、浇筑不密实等现象,要控制混凝土从搅拌机卸出到浇筑完毕的延续时间不宜超过表 2-24 的规定。

表 2-24 混凝土从搅拌机卸出到浇筑完毕的延续时间　　　　单位:min

混凝土生产地点	气温	
	≤25 ℃	>25 ℃
预拌混凝土搅拌站	150	120
施工现场	120	90
混凝土制品厂	90	60

3.流动性控制

检查混凝土拌和物在拌制地点和浇筑地点的程度,每一工作班至少 2 次。评定时应以浇筑地点的检测值为准,若混凝土从出料口至浇筑入模时间不超过 15 min,其稠度可以只在搅拌地点取样检查。

4.养护

根据结构、构件或制品情况、环境条件、原材料情况及混凝土性能的要求等,制定施工养护方案或生产养护制度,养护过程中应严格控制温度、湿度和养护时间。

(1)混凝土施工现场养护一般有下列规定:

①应在浇筑完毕的 12 h 以内对混凝土加以覆盖并保湿养护。

②混凝土浇水养护的时间:对采用硅酸盐水泥、普通硅酸盐水泥或矿渣硅酸盐水泥拌制的混凝土,不得少于 7 d;对掺用缓凝剂或有抗渗要求的混凝土,不得少于 14 d。

③浇水次数应能保持混凝土处于湿润状态;混凝土养护用水应与拌制用水相同。当日平均气温低于 5 ℃时,不得浇水。

④采用塑料布覆盖养护的混凝土,其敞露的全部表面应覆盖严密,并应保持塑料布内有凝结水。

⑤混凝土强度达到 1.2 N/mm² 前,不得在其上踩踏或安装模板及支架。

（2）混凝土试件养护一般有标准养护和同条件养护。

①确定混凝土强度等级或进行材料性能研究时应采用标准养护。即在温度为（20±2）℃、相对湿度大于或等于95%的养护室中或在温度为（20±2）℃的不流动的氢氧化钙饱和溶液中养护。

②在施工过程中，作为检测混凝土构件实际强度的试件应采用同条件养护。即混凝土试件与结构混凝土的养护条件相同，可较好地反映结构混凝土的强度。

由于同条件养护的温度、湿度与标准养护条件存在差异，故等效养护龄期并不等于28 d。

通常等效养护龄期的确定，一是以逐日累计养护温度达到 600 ℃·d（当气温为 0 ℃及以下时，不计入等效养护龄期）且养护龄期不少于 14 d。二是逐日累计养护温度未达到 600 ℃·d 而养护龄期已达到 60 d。以优先达到两个条件之一的龄期作为有效养护龄期。

同条件养护试件检验时，可将同组试件的强度代表值乘以折算系数 1.10 后，按现行国家标准评定。

5.拆模

混凝土必须养护至表面强度达到 1.2 MPa 以上，方可准许在其上行人或安装模板和支架。施工中要按规范要求，根据构件的种类和尺寸等要求，在达到规定的强度条件下方可拆模。混凝土在自然养护下强度达到 1.2 MPa 的时间可按表2-25估计。

表 2-25　混凝土强度达到 1.2 MPa 的时间估计

水泥品种	不同外界温度（℃）下的时间估计/h			
	1~5	5~10	10~15	15 以上
硅酸盐水泥、普通硅酸盐质水泥	46	36	26	20
矿渣硅酸盐水泥、粉煤灰水泥、火山灰质硅酸盐水泥	60	38	28	22

2.2.9.3　混凝土强度评定

混凝土强度应按批进行检验评定，一个验收批应由强度等级相同、龄期相同及生产工艺条件和配合比相同的混凝土组成。对于施工现场的现浇混凝土，应按单位工程的验收项目划分验收批，一个验收批的混凝土应由强度等级相同、试验龄期相同、生产工艺条件和配合比相同的混凝土组成。

根据《混凝土强度检验评定标准》（GB/T 50107—2010）的规定，混凝土强度评定可分为统计方法和非统计方法两种。

1.统计方法

（1）当标准差（σ）已知，即混凝土的生产条件在较长时间内能保持一致，且同一品种、统一强度等级混凝土的强度变异性能保持稳定时，标准差可根据前一时期生产积累的同类混凝土强度数据而确定时，每批的强度标准差可按常数考虑。

强度评定应由连续的三组试件代表一个验收批，其强度应同时符合下列要求：

$$m_{f_{cu}} \geq f_{cu,k} + 0.7\sigma \tag{2-26}$$

$$f_{cu,min} \geq f_{cu,k} - 0.7\sigma \tag{2-27}$$

当混凝土强度等级不高于 C20 时，其强度的最小值尚应符合下式要求：

$$f_{cu,min} \geqslant 0.85 f_{cu,k} \tag{2-28}$$

当混凝土强度等级高于 C20 时,其强度的最小值尚应符合下式要求:

$$f_{cu,min} \geqslant 0.90 f_{cu,k} \tag{2-29}$$

式中　$m_{f_{cu}}$——同一检验批混凝土立方体抗压强度平均值,MPa;

　　　$f_{cu,k}$——混凝土立方体抗压强度标准值,MPa;

　　　$f_{cu,min}$——统一检验批混凝土立方体抗压强度最小值,MPa;

　　　σ——同一验收批混凝土立方体抗压强度的标准差,按下式计算,MPa,当计算值小于 2.5 MPa 时,应取 2.5 MPa。

$$\sigma = \sqrt{\frac{\sum\limits_{i=1}^{n} f_{cu,i}^2 - n m_{f_{cu}}^2}{n-1}}$$

式中　$f_{cu,i}$——前一个检验期内同一品种、同一强度等级的第 i 组的试件立方体抗压强度代表值,MPa;

　　　n——前一个检验期的试件组数,n 值应大于或等于 45。

(2)当标准差(σ)未知,即混凝土的生产条件在较长时间内不能保持一致,且同一品种、统一强度等级混凝土的强度变异性能不能保持稳定时,或在前一检验期内的同一品种混凝土没有足够的强度数据用以确定验收批混凝土强度标准差时,检验评定只能直接根据每一验收批抽样的强度数据来确定。

强度评定时,应由不少于 10 组的试件代表一个验收批,其强度应同时符合下列要求:

$$m_{f_{cu}} \geqslant f_{cu,k} + \lambda_1 s_{f_{cu}} \tag{2-30}$$

$$f_{cu,min} \geqslant \lambda_2 f_{cu,k} \tag{2-31}$$

式中　$s_{f_{cu}}$——同一验收批混凝土立方体抗压强度的标准差,按式(2-32)计算,MPa,当计算值小于 2.5 MPa 时,应取 2.5 MPa。

$$s_{f_{cu}} = \sqrt{\frac{\sum\limits_{i=1}^{n} f_{cu,i}^2 - n m_{f_{cu}}^2}{n-1}} \tag{2-32}$$

式中　λ_1、λ_2——合格判定系数,按表 2-26 取值;

　　　其他符号意义同前。

表 2-26　混凝土强度的合格判定系数

试件组数	10~14	15~19	≥20
λ_1	1.15	1.05	0.95
λ_2	0.90	0.85	

2.非统计方法

当用于评定的样本容量小于 10 组时,应采用非统计方法,按式(2-33)评定混凝土强度。

$$\left.\begin{array}{c} m_{f_{cu}} \geqslant \lambda_3 f_{cu,k} \\ f_{cu,min} \geqslant \lambda_4 f_{cu,k} \end{array}\right\} \tag{2-33}$$

式中　λ_3、λ_4——合格判定系数,按表 2-27 取值。

表 2-27 混凝土强度的合格判定系数

混凝土强度等级	<60	≥60
λ_3	1.15	1.10
λ_4	0.95	

2.2.9.4 混凝土强度的合格性判定

混凝土强度应分批进行检验评定,当检验结果能满足以上评定公式时,该混凝土判为合格;否则,为不合格。

对不合格批混凝土制成的结构或构件,可采用从结构、构件中钻取芯样或其他非破损检验方法,进行进一步鉴定。对不合格的结构或构件,必须及时处理。

2.3 钢 材

2.3.1 钢材概述

2.3.1.1 钢的分类及用途

1.按化学成分分类

1)碳素钢

碳素钢的化学成分主要是铁,其次是碳,故也称铁碳合金。其含碳量为 0.02% ~ 2.06%。此外,还含有极少量的硅、锰和微量的硫、磷等元素。碳素钢按含碳量又可分为低碳钢、中碳钢和高碳钢,见图 2-16。

2)合金钢

合金钢是指在炼钢过程中,有意识地加入一种或多种能改善钢材性能的合金元素而制得的钢种。常用的合金元素有硅、锰、钛、钒、铌、铬等。按合金元素总含量的不同,合金钢可以分为低合金钢、中合金钢和高合金钢,见图 2-17。

图 2-16 碳素钢   图 2-17 合金钢

2.按冶炼时脱氧程度分类

冶炼时脱氧程度不同,钢的质量差别很大,通常可分为以下 4 种。

1)沸腾钢

炼钢时仅加入锰铁进行脱氧,脱氧不完全。这种钢水浇入锭模时,有大量的 CO 气体从钢水中外逸,引起钢水呈沸腾状,故称沸腾钢,代号为"F"。沸腾钢组织不够致密,成分不太均匀,硫、磷等杂质偏析较严重,故质量较差。但因其成本低、产量高,故被广泛用于一般建筑工程。

2）镇静钢

炼钢时采用锰铁、硅铁和铝锭等做脱氧剂，脱氧完全，且同时能起去硫作用。这种钢水铸锭时能平静地充满锭模并冷却凝固，故称镇静钢，代号为"Z"。镇静钢虽成本较高，但其组织致密、成分均匀、性能稳定，故质量好。适用于预应力混凝土等重要的结构工程。

3）半镇静钢

半镇静钢指脱氧程度介于沸腾钢和镇静钢之间，是质量较好的钢，其代号为"b"。

4）特殊镇静钢

特殊镇静钢指比镇静钢脱氧程度还要充分还要彻底的钢，故其质量最好，适用于特别重要的结构，代号为"TZ"。

3. 按有害杂质含量分类

按钢中有害杂质磷(P)和硫(S)含量的多少，钢材可分为以下四类：

(1)普通钢。磷含量不大于 0.045%；硫含量不大于 0.050%。

(2)优质钢。磷含量不大于 0.035%；硫含量不大于 0.035%。

(3)高级优质钢。磷含量不大于 0.030%；硫含量不大于 0.030%。

(4)特级优质钢。磷含量不大于 0.025%；硫含量不大于 0.020%。

4. 按用途分类

(1)结构钢。主要用作工程结构构件及机械零件的钢。

(2)工具钢。主要用于各种刀具、量具及模具的钢。

(3)特殊钢。具有特殊物理、化学或机械性能的钢，如不锈钢、耐热钢、耐酸钢、耐磨钢、磁性钢等。

2.3.1.2　钢材的特点

钢材具有强度高，有一定塑性和韧性，能承受冲击和振动荷载，可以焊接或铆接，有良好的加工性能，便于装配等优点。可适用于大跨度结构、高层结构和受动力荷载的结构中，建筑钢材也可广泛用于钢筋混凝土结构之中。因此，钢材被列为建筑工程的三大重要材料之一。钢材的主要缺点是易锈蚀、维护费用大、耐火性差、生产能耗大等。

1. 钢材的进厂验收、取样及储存

1）建筑钢材的进场验收制度

建筑钢材从钢厂到施工现场经过了商品流通的多道环节。建筑钢材的检验验收是质量管理中必不可少的环节。建筑钢材必须按批进行验收，并达到下述四项基本要求：

(1)订货资料和发货资料应与实物一致。检查发货单和质量证明书内容是否与建筑钢材标牌标志上的内容相符。

(2)检查包装。除大中型型钢外，不论是钢筋还是型钢，多成捆交货，每捆必须用钢带、盘条或铁丝均匀捆扎结实，端面要求平齐，不得有异类钢材混装现象。

(3)对建筑钢材质量证明书内容进行审核。质量证明书必须字迹清楚，证明书中应注明：供方名称或厂标；需方名称；发货日期；合同号；标准号及水平等级；牌号；炉罐(批)号、交货状态、加工用途、重量、支数或件数；品种名称、规格尺寸(型号)和级别；标准中所规定的各项试验结果(包括参考性指标)；技术监督部门印记等。

(4)建立材料台账。建筑钢材进场后，施工单位应该及时建立"建设工程材料采购验收检验使用综合台账"。监理单位可设立"建设工程材料监理监督台账"。内容包括：材料名称、规格品种、生产单位、供应单位、进货日期、送货单编号、实收数量、生产许可证编号、质量证明书编号、产品标识(标志)、外观质量情况、材料检验日期、检验报告编号、材料检测结果、工程材料报审表签字日期、使用部位、审核人员签名等。

(5)外观检查。

①带肋钢筋表面标识应清晰明了(牌号标志、厂家名称缩写<汉语拼音字头>、钢筋规格<直径毫米数>),标识要准确规范。公称直径小于 10 mm 的钢筋,可不轧制标志,采用挂标牌方法。

②钢筋外观无颜色异常、严重锈蚀、规格实测超标、表面裂纹、结疤等现象。钢筋表面凸块和其他缺陷的深度、高度不得大于所在部位尺寸的允许偏差。带肋钢筋的凸块不得超过横肋的高度。直条钢筋的弯曲度应不影响正常使用,总弯曲度不大于钢筋总长度的 0.4%。

2)钢筋的取样

钢筋进场时应按规定抽取试件做力学性能检验,其质量必须符合有关标准的规定。

钢筋检验批划分方法为:有同一厂别、同一炉号、同一规格、统一交货状态、统一进厂时间为一验收批。钢筋混凝土用热轧带肋钢筋、热轧光圆钢筋、低碳钢热轧钢圆盘条、余热处理钢筋、冷轧带肋钢筋每批不大于 60 t,取一组试样;超过 60 t 部分,每增加 40 t(或不足 40 t 的余数),增加一个拉伸试验试样和一个弯曲试验试样。各类钢筋每组试件数量参见表 2-28。

表 2-28　各类钢筋每组试件数量

钢筋种类	每组试件数量	
	拉伸试验	弯曲试验
热轧带肋钢筋	2 根	2 根
热轧光圆钢筋	2 根	2 根
低碳钢热轧钢圆盘条	1 根	2 根
余热处理钢筋	2 根	2 根
冷轧带肋钢筋	逐盘 1 个	每批 2 个

每组钢筋试件取样完成后,从所取试样每根钢筋上分别切取一个拉伸试件、一个冷弯试件。低碳钢热轧钢圆盘条的冷弯试件应取自同盘的两端。试件切取时应在钢筋或盘条的任意一端截去 500 mm 后再进行试件截取。拉伸试件长度 L 和冷弯试件的长度 L_w 分别按下式计算后截取。

拉伸试件:
$$L = L_0 + 2h + 2h_1$$

冷弯试件:
$$L_w = 5a + 150$$

式中　L、L_w——拉伸试件的长度和冷弯试件的长度,mm;

　　　L_0——拉伸试件的标距长度,mm,$L_0 = 5a$,或者 $L_0 = 10a$;

　　　h、h_1——夹具长度和预留长度,mm,$h_1 = (0.5 \sim 1)a$;

　　　a——钢筋的公称直径,mm。

3)钢筋的保管

钢筋进场后,必须严格按批分等级、牌号、直径、长度挂牌存放,不得混淆。钢筋应尽量堆入仓库或料棚内。条件不具备时,应选择地势较高、土质坚硬的场地存放。堆放时,钢筋下部应垫高,离地至少 20 cm 高,使其不受机械损伤及由于暴露于大气而产生锈蚀和表面破损。在堆场周围应挖排水沟,以利泄水。

当安装于工程时,钢筋应无灰尘、有害的锈蚀、松散锈皮、油漆、油脂、油或其他杂质。

2.钢材的主要技术性能及检测

钢材的技术性能包括力学性能、工艺性能和化学性能等。力学性能主要包括拉伸性能、冲击韧性、疲劳强度、硬度等;工艺性能是钢材在加工制造过程中所表现的特性,包括冷弯性能、焊接性能、热处理性能等。只有了解、掌握钢材的各种性能,才能是正确、经济、合理地选择和使用各种钢材。

1)力学性能

A.拉伸性能

钢材的拉伸性能是表示钢材性能和选用钢材的重要指标,反映建筑钢材拉伸指标包括屈服强度 σ_s、抗拉强度 σ_b 和伸长率 δ。

钢材的拉伸性能,典型地反映在广泛使用的软钢(低碳钢)拉伸试验时得到的应力 σ 与应变 ε 的关系上,如图 2-18 所示。钢材从拉伸到拉断,在外力作用下的变形可分为四个阶段,即弹性阶段(Ⅰ)、屈服阶段(Ⅱ)、强化阶段(Ⅲ)和颈缩阶段(Ⅳ)。

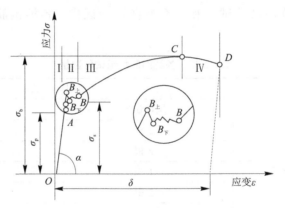

图 2-18   低碳钢受拉应力–应变

a.弹性阶段(OA 段)

在拉伸的开始阶段,OA 为直线,说明应力与应变成正比。应力增大,应变也增大。如果卸去外力,试件则恢复原状,这种能恢复原状的性质叫作弹性,这个阶段叫弹性阶段。弹性阶段最高点(见图 2-16 中 A 点)对应的应力 σ_p 称为比例极限。应力和应变的比值为常数,称为弹性模量,用 E 表示,即 $\sigma/\varepsilon = E$。弹性模量是钢材在受力条件下计算结构变形的重要指标。

b.屈服阶段(AB 段)

应力继续增大,超过比例极限时,应力与应变开始失去比例关系,这一阶段开始时的图形接近直线,应力增大到 $B_上$ 点后,变形急剧增加,应力则在不大的范围($B_上$、$B_下$、B)内波动,呈现锯齿状,该阶段称为屈服阶段。把此时应力不增大、应变增大时的应力 σ_s 定义为屈服极限强度。屈服点 σ_s 是热轧钢筋和冷拉钢筋的强度标准值确定的依据,也是工程设计中强度取值的依据。此时,钢材的性质也由弹性转为塑性,如将拉力卸去,试件的变形不会全部恢复,即发生塑性变形。

c.强化阶段(BC 段)

应力继续增大,超过屈服强度后,应力增大又产生应变,钢材进入强化阶段,C 点所对应的应力,即试件拉断前的最大应力 σ_b,称为抗拉强度。抗拉强度 σ_b 是钢丝、钢绞线和热处理钢筋强度标准值确定的依据。

d.颈缩阶段(CD 段)

应力超过 C 点后,在试件薄弱处的截面将显著缩小,使试件出现颈缩,随着断面急剧缩小,塑性变形迅速增大,应力随之下降,试件很快被拉断,如图 2-19 所示。

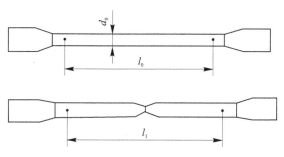

图 2-19　试件拉伸前和断裂后标距长度

钢材的 σ_p 和 σ_s 越大,表示钢材对小量塑性变形的抵抗能力越大。因此,在不发生塑性变形的条件下,钢材所能承受的应力就越大。σ_b 越大,则钢筋所能承受的应力就越大。屈服强度和抗拉强度之比(简称屈强比,σ_s/σ_b)能反映钢材的利用率和结构安全可靠程度。计算中屈强比取值越小,说明超过屈服点后的强度贮备能力越大,则结构的安全可靠程度越高,但屈强比过小,又说明钢材的利用率偏低,造成钢材浪费。建筑结构钢合理的屈强比一般为 0.60~0.75。

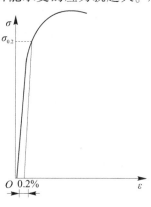

图 2-20　中、高碳钢 $\sigma\text{-}\varepsilon$ 图

中碳钢和高碳钢(硬钢)的拉伸曲线与低碳钢不同,屈服现象不明显,伸长率小。这类钢材由于没有明显的屈服阶段,难以测定屈服点,则规定产生残余变形为 0.2% 原标距长度时所对应的应力值,作为钢的屈服强度,称为条件屈服点,用 $\sigma_{0.2}$ 表示,如图 2-20 所示。

B.主要力学性能指标

a.屈服强度 σ_s

屈服下限(屈服点)对应的应力值 σ_s 称为屈服强度,计算式如下:

$$\sigma_s = \frac{F_s}{A} \tag{2-34}$$

式中　σ_s——钢材的屈服强度,N/mm^2 或 MPa;

　　　F_s——屈服阶段的最低荷载值,N;

　　　A——钢材的横截面面积,mm^2。

b.抗拉强度 σ_b

抗拉强度指钢材在拉力作用下能承受的最大拉应力,计算式如下:

$$\sigma_b = \frac{F_b}{A} \qquad (2-35)$$

式中 σ_b——钢材的抗拉强度，N/mm^2 或 MPa；

F_b——钢材被拉断时所能承受的最大荷载值，N；

A——钢材的原始横截面面积，mm^2。

注意：规范规定，当强度值为 $200\sim1\,000$ MPa 时强度结果的修约间隔为 5 MPa。

c.伸长率 δ

伸长率指标距伸长值与原始标距的百分率，计算式如下：

$$\delta = \frac{l_1 - l_0}{l_0} \times 100\% \qquad (2-36)$$

式中 δ——试件的伸长率，%；

l_0——原始标距长度，mm；

l_1——断后标距长度，mm。

伸长率是衡量钢材塑性的重要指标，其值越大说明钢材的塑性越好。

C.冲击韧性

钢材抵抗冲击荷载不被破坏的能力称为冲击韧性。用于重要结构的钢材，特别是承受冲击振动荷载的结构所使用的钢材，必须保证冲击韧性。

钢材的冲击韧性是用标准试件在做冲击试验时，每平方厘米所吸收的冲击断裂功（J/cm^2）表示，其符号为 α_k。试验时将试件放置在固定支座上，然后以摆锤冲击试件刻槽的背面，使试件承受冲击弯曲而断裂，如图 2-21 所示。显然，α_k 值越大，钢材的冲击韧性越好。

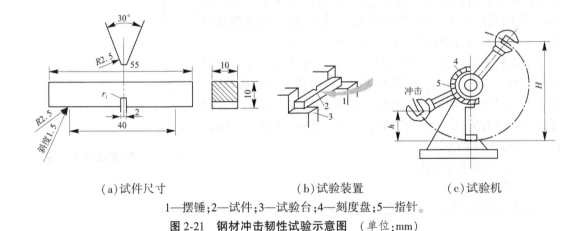

（a）试件尺寸　　　　　（b）试验装置　　　　　（c）试验机

1—摆锤；2—试件；3—试验台；4—刻度盘；5—指针。

图 2-21　钢材冲击韧性试验示意图 （单位：mm）

钢材的冲击韧性受下列因素影响：

（1）钢材的化学组成与组织形态。钢材内硫、磷的含量高时，钢材的冲击韧性显著降低。细晶粒结构比粗晶粒结构的冲击韧性要高。

（2）环境温度。冲击韧性随温度的降低而下降，开始时下降缓和，当达到一定温度范围时，突然下降很多而呈脆性，这种性质称为钢材的冷脆性。这时的温度称为脆性临界温度，其数值愈低，钢材的低温冲击韧性愈好。所以，在负温下使用的结构，应选用脆性临界温度较使用温度低的钢材。

（3）时效。冲击韧性随时间的延长而下降的现象称为时效。完成时效的过程可达数十年,但钢材如经冷加工或使用中受振动和反复荷载的影响,时效可迅速发展。因时效导致钢材性能改变的程度称为时效敏感性。时效敏感性越大的钢材,经过时效后冲击韧性的降低越显著。为了保证安全,对于承受动荷载的重要结构,应当选用时效敏感性小的钢材。

（4）钢材的轧制、焊接质量。沿轧制方向取样的冲击韧性高,焊件钢件处的晶体组织均匀程度,对冲击韧性影响大。

总之,对于直接承受动荷载,而且可能在负温下工作的重要结构,必须按照有关规范要求进行钢材的冲击韧性检验。

D.疲劳强度

钢材在交变荷载反复多次作用下,可在最大应力远低于抗拉强度的情况下突然破坏,这种破坏称为疲劳破坏。钢材的疲劳破坏指标用疲劳强度（或称疲劳极限）来表示,它是试件在交变应力的作用下,不发生疲劳破坏的最大应力值。一般将承受交变荷载达 10^7 周次时不发生破坏的最大应力,定义为疲劳强度。在设计承受反复荷载且须进行疲劳验算的结构时,应当了解所用钢材的疲劳强度。

钢材的疲劳破坏是由拉应力引起的,首先在局部开始形成微细裂缝,由于裂缝尖端处产生应力集中而使裂缝迅速扩展直至钢材断裂。因此,钢材内部成分的偏析和夹杂物的多少以及最大应力处的表面光洁程度、加工损伤等,都是影响钢材疲劳强度的因素。疲劳破坏常常是突然发生的,往往会造成严重事故。

E.硬度

硬度是指钢材抵抗外物压入表面而不产生塑性变形的能力。即钢材表面抵抗塑性变形的能力。

钢材的硬度是用一定的静荷载,把一定直径的淬火钢球压入试件表面,然后测定压痕的面积或深度来确定的。测定钢材硬度的方法有布氏法、洛氏法和维氏法等,较常用的为布氏法和洛氏法。相应的硬度试验指标称布氏硬度（HB）和洛氏硬度（HR）。

布氏法是利用直径为 D(mm) 的淬火钢球,以 P(N) 的荷载将其压入试件表面,经规定的持续时间后卸除荷载,得到直径为 d(mm) 的压痕,以压痕表面积 A(mm^2) 去除荷载 P,所得的应力值即为试件的布氏硬度值,以数字表示,不带单位,如图 2-22 所示。各类钢材的 HB 值与抗拉强度之间有较好的相关关系。钢材的强度越高,塑性变形抵抗力越强,硬度值也越大。对于碳素钢,当 HB < 175

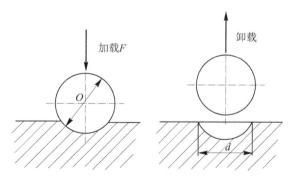

图 2-22　布氏硬度原理图

时,抗拉强度 $\sigma_b \approx 3.6HB$;当 HB>175 时,抗拉强度 $\sigma_b \approx 3.5HB$。根据这一关系,可以直接在钢结构上测出钢材的 HB 值,并估算出该钢材的抗拉强度。

洛氏法是按压入试件深度的大小表示材料的硬度值。洛氏法压痕很小,一般用于判断机械零件的热处理效果。

F.低碳钢拉伸试验

a.试验目的

测定钢筋的屈服点(或屈服强度)、抗拉强度及伸长率 3 个指标,评定钢筋质量。

b.主要仪器设备

万能试验机,标距打点机,游标卡尺等。

c.试验步骤

(1)确定原始横截面面积 A。

①查表法。钢筋、钢棒、钢丝及钢绞线,以产品标志和质量证明书上的规格尺寸为依据,其中热轧钢筋公称横截面面积如表 2-29 所示。

表 2-29　热轧钢筋的公称横截面面积与理论重量

公称直径/mm	公称横截面面积/mm²	公称直径/mm	公称横截面面积/mm²
6	28.27	22	380.1
8	50.27	25	490.9
10	78.54	28	615.8
12	113.1	32	804.2
14	153.9	36	1 018
16	201.1	40	1 257
18	254.5	50	1 964
20	314.2	—	—

注:表中理论重量按密度为 7.85 g/cm³ 计算。

②测定法。

对于圆形横截面试样(直径≥4 mm),应在标距的两端及中间三处两个相互垂直的方向测量直径(准确至±0.5%),取其算术平均值 d,选用三处测得的最小横截面面积,按式(2-37)计算,并至少保留 4 位有效数字。

$$A = \frac{\pi d^2}{4} \tag{2-37}$$

③换算法。

对于恒定横截面试样,可以根据测量的试样长度 L_t、试样质量 m 和材料密度 ρ 确定其原始横截面面积。试样长度和质量的测量均应准确到±0.5%,密度至少应取 3 位有效数字。原始横截面面积按式(2-38)计算,并至少保留 4 位有效数字。

$$A = \frac{m}{\rho L_t} \times 1\ 000 \tag{2-38}$$

(2)做原始标距 L_0。原始标距 $L_0 = 5d_0$ 或 $L_0 = 10d_0$,或者用打点机在钢筋试样上按 10 mm 或 5 mm 的等间距冲出(或刻划出)标距点。

(3)打开万能试验机,进入万能试验机操作软件,用上夹头或者下夹头先夹住试样一端,调整横梁至合适高度再将试样另一端夹住。在软件中输入试件参数,将力值清零后启动试验机,加载完成拉伸试验。

(4)记录屈服点(屈服强度)、抗拉强度。

(5)测量断后标距 L_1。

①将已拉断试件在断裂处对齐,尽量使其轴线位于一条直线上,如拉断处由于各种原因形成缝隙,则此缝隙应计入试件拉断后的标距部分长度内。

②如果拉断处到邻近标距端点的距离大于 $\frac{1}{3}l_0$,可用卡尺直接量出已被拉长的标距长度 l_1。

③如果拉断处到邻近标距端点的距离小于或等于 $\frac{1}{3}l_0$,可按下述移位法确定 l_1:在长段上,从拉断 O 点取基本等于短段格数,得 B 点。接着取等于长段所余格数[偶数见图 2-23 (a)]的 1/2,得 C 点。或者取所余格数[奇数见图 2-23(b)]减 1 与加 1 的 1/2,得到 C 点与 C_1 点,移位后 l_1 分别为 $AO+OB+2BC$ 或 $AO+OB+BC+BC_1$。如果用直接测量所得出的伸长率能达到技术条件的规定值,则可不采用移位法。

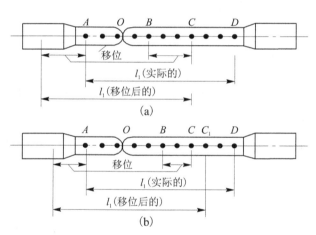

图 2-23　用移位法计算标距

(6)计算伸长率 δ。

断后伸长率按式(2-39)计算,精确到 0.1%。

$$\delta_{10}(\text{或}\ \delta_5) = \frac{l_1 - l_0}{l_0} \times 100\% \tag{2-39}$$

式中　δ_{10}、δ_5——$l_0 = 10d$ 和 $l_0 = 5d$ 时的伸长率,%;

l_0——原始标距长度 10d(5d),mm;

l_1——试件拉断后,用直接量或移位法确定的断后标距长度,mm。

d.试验结果处理

拉伸试验出现下列情况之一,其试验结果无效,应重做同样数量试件的试验。

(1)试件断在标距外或断在机械刻划的标距标记上,而且段后伸长率小于规定最小值。

（2）试验期间设备发生故障，影响了试验结果。

试验后试件出现两个或两个以上的缩颈以及显示出肉眼可见的冶金缺陷（例如分层、气泡、夹渣、缩孔等）应在试验记录和报告中注明。

（3）试验结果应对照钢筋技术质量指标要求，若拉伸试验中 2 根试件的屈服点、抗拉强度、伸长率 3 个指标中有一个指标不符合标准规定，即认为拉伸试验不合格，则应从同一批钢材中加倍随机取样进行复验。复验试验中，如仍有一个指标不符合规定，则不论其在第一次试验中是否合格，拉伸试验项目均判定为不合格，进而判定该批钢筋为不合格品。

2）工艺性能

钢材要经常进行各种加工，因此必须具有良好的工艺性能。包括冷弯、冷拉、冷拔以及焊接等性能。

A.冷弯性能

冷弯性能是钢材的重要工艺性能，是指钢材在常温下承受弯曲变形的能力。以试件弯曲的角度（90°或 180°）和弯心直径（d）对试件厚度（或直径）（a）的比值来表示，如图 2-24 所示。弯曲的角度愈大，弯心直径对试件厚度（或直径）的比值愈小，表示对冷弯性能的要求愈高。冷弯检验是按规定的弯曲角度和弯心直径进行弯曲后，检查试件弯曲处外面及侧面不发生裂缝、断裂或起层，即认为冷弯性能合格。

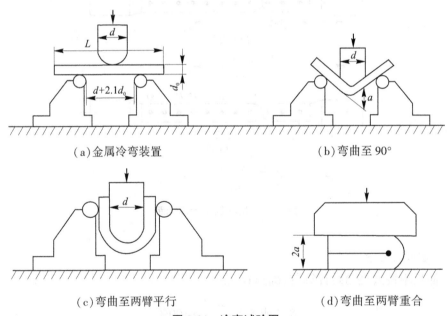

(a) 金属冷弯装置　　　　　　　　　　　(b) 弯曲至 90°

(c) 弯曲至两臂平行　　　　　　　　　　(d) 弯曲至两臂重合

图 2-24　冷弯试验图

冷弯是钢材处于不利变形条件下的塑性，更有助于暴露钢材的某些内在缺陷，而伸长率则是反映钢材在均匀变形下的塑性。因此，相对于伸长率而言，冷弯是对钢材塑性更严格的检验，它能揭示钢材是否存在内部组织不均匀、内应力和夹杂物等缺陷。冷弯试验对焊接质量也是一种严格的检验，能揭示焊件在受弯表面存在未熔合、微裂纹及夹杂物等缺陷。

B.冷加工性能及时效

a.冷加工强化处理

将钢材在常温下进行冷加工(如冷拉、冷拔或冷轧),使之产生塑性变形,从而提高屈服强度,这个过程称为冷加工强化处理。经强化处理后钢材的塑性和韧性降低。由于塑性变形中产生内应力,故钢材的弹性模量降低。

建筑工地或预制构件厂常利用该原理对钢筋按一定制度进行冷拉或冷加工,以提高屈服强度,节约钢材。

(1)冷拉。

冷拉是将热轧钢筋在常温下用冷拉设备加力进行张拉。钢材冷拉后,屈服强度可提高20%~30%,同时钢筋长度还可增加4%~10%。钢材经冷拉后屈服阶段缩短,伸长率降低,材质变硬。

(2)冷拔。

冷拔是将光圆钢筋通过硬质合金拔丝模强行拉拔。每次拉拔断面缩小应在10%以下。钢筋在冷拔过程中,不仅受拉,还受到挤压作用,因而冷拔作用比冷拉作用强烈。经过一次或多次冷拔后的钢筋,表面光洁度高,屈服强度可提高40%~60%,但塑性大大降低,具有硬钢的性质。

b.时效

钢材经冷加工后,在常温下存放 15~20 d,或加热至 100~200 ℃保持 2 h 左右,其屈服强度、抗拉强度及硬度进一步提高,而塑性及韧性继续降低,这种现象称为时效。前者称为自然时效,后者称为人工时效。通常对强度较低的钢筋可采用自然时效,对强度较高的钢筋则需采用人工时效。

钢材经冷加工及时效处理后,其应力-应变关系变化的规律,可明显地在应力-应变图上得到反映,如图 2-25 所示,$O'Acd$ 表示冷拉前钢筋的应力-应变图,$o'acd$ 表示经过冷拉之后无时效作用时的应力-应变图,$O'a'c'd'$ 表示经过冷拉之后时效作用后的应力-应变图。

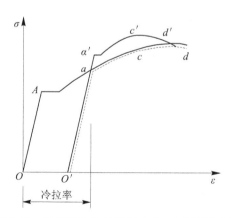

图 2-25 钢筋经冷拉时效后应力-应变图的变化

C.焊接性能

焊接是各种型钢、钢板、钢筋的重要连接方式。建筑工程的钢结构有 90%以上是焊接结构。焊接的质量取决于焊接工艺、焊接材料及钢的焊接性能。

钢材的可焊性是指钢材是否适应用通常的方法与工艺进行焊接的性能。可焊性的好坏,主要取决于钢材的化学成分。含碳量小于 0.25% 的碳素钢具有良好的可焊性。加入合金元素(如硅、锰、钒、钛等)也将增大焊接处的硬脆性,降低可焊性,特别是硫能使焊接产生热裂纹及硬脆性。

钢筋焊接应注意的问题是:冷拉钢筋的焊接应在冷拉之前进行;钢筋焊接之前,焊接部位应清除铁锈、熔渣、油污等。

D.钢材的热处理

将钢材按一定规则加热、保温和冷却,以改变其组织结构,从而获得需要的加工工艺,总称为钢的热处理。热处理的方法有淬火、回火、退火和正火。

a.淬火

将钢材加热至基本组织转变温度(如当含碳量大于 0.8% 时,为 723 ℃)以上 30~50 ℃,保温,使组织完全转变,随即放入冷却介质(盐水、冷水或矿物油)中极冷的处理过程称为淬火。淬火使钢的硬度、强度、耐磨性提高。

b.回火

经淬火处理的钢,再加热,冷却的处理过程称为回火。回火的温度低于 723 ℃。回火处理可消除淬火产生的内应力,适当降低淬火钢件的硬度并提高其韧性。回火的温度越接近 723 ℃,降低硬度、提高韧性的效果越显著。

c.退火

将钢材加热至基本组织转变温度以上 30~50 ℃,保温后以适当的速度缓慢冷却的处理过程称为退火。退火可降低钢材原有的硬度,改善其塑性及韧性。

d.正火

将钢材加热至基本组织转变温度以上 30~50 ℃,保温后在空气中冷却的处理过程称为正火。正火后的钢材,硬度较退火处理者高,塑性也差,但由于正火后钢的结晶较韧且均匀,故强度有所提高。

E.钢筋冷弯试验

a.试验目的

(1)检验钢筋承受弯曲程度的变形性能,显示其缺陷。

(2)是评定钢筋质量的技术指标之一。

b.主要仪器设备

万能试验机、弯曲装置等。

c.试验步骤

(1)材料准备:弯曲试件每组 2 根,长度应根据试验厚度和所使用的试验设备确定,长约为 $5d+150$ mm。

(2)选定符合弯心直径的弯曲装置。表 2-30 为热轧钢筋不同直径的弯心直径、弯曲角度取值。

(3)调整两支辊间距离,使之等于 $(D+3d)\pm0.5d$,并且在试验过程中不许有变化。

(4)将试件放置于两个支点上后,开动试验机,平稳地施加荷载,钢筋须绕着弯心(不改变加力方向),弯曲到要求的弯曲角度或出现裂纹、裂缝、裂断为止,如图 2-22 所示。弯曲角度如表 2-30 所示。

表 2-30　常用热轧钢筋的弯心直径、弯曲角度　　　单位:mm

钢筋牌号	公称直径 d	弯心直径	弯曲角度/(°)
HPB300	6~22	d	
HRB400	6~25	4d	
HRBF400	28~40	5d	
HRB400E	>40~50	6d	
HRBF400E			
HRB500	6~25	6d	
HRBF500	28~40	7d	180
HRB500E	>40~50	8d	
HRBF500E			
HRB600	6~25	6d	
	28~40	7d	
	>40~50	8d	

d.试验结果评定

试件弯曲后,检查弯曲处的外面及侧面,如无裂缝、裂断或起层现象,即判定钢筋的冷弯合格。

进行冷弯的两根试件中,如有一根试件不合格,可取双倍数量试件重新试验。第二次冷弯试验中,如仍有一根试件不合格,即判定该批钢筋为不合格品。

3)钢的化学成分对钢材性能的影响

钢材的性能主要取决于其中的化学成分。钢的化学成分主要是铁和碳,此外还有少量的硅、锰、磷、硫、氧和氮等元素,这些元素的存在对钢材性能也有不同的影响。

A.碳(C)

碳是形成钢材强度的主要成分,是钢材中除铁以外含量最多的元素。含碳量对普通碳素结构钢性能的影响如图 2-26 所示。由图 2-26 可看出,一般钢材都有最佳含碳量,当达到最佳含碳量时,钢材的强度最高。随着含碳量的增加,钢材的硬度提高,但其塑性、韧性、冷弯性能、可焊性及抗锈蚀能力下降。因此,建筑钢材对含碳量要加以限制,一般不应超过0.22%,在焊接结构中还应低于 0.20%。

B.硅(Si)

硅是还原剂和强脱氧剂,是制作镇静钢的必要元素。硅适量增加时可提高钢材的强度和硬度而不显著影响其塑性、韧性、冷弯性能及可焊性。在碳素镇静钢中硅的含量为0.12%~0.3%,在低合金钢中硅的含量为 0.2%~0.55%。硅过量时则钢材的塑性和韧性明显下降,而且可焊性能变差,冷脆性增加。

C.锰(Mn)

锰是钢中的有益元素,它能显著提高钢材的强度而不过多地降低塑性和冲击韧性。锰有脱氧作用,是弱脱氧剂。同时还可以消除硫引起的钢材热脆现象及改善冷脆倾向。锰是低合金钢中的主要合金元素,含量一般为 1.2%~1.6%,过量时会降低钢材的可焊性。

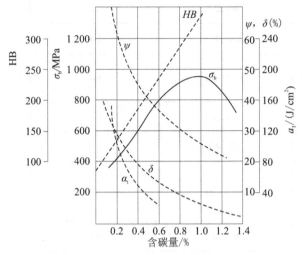

图 2-26　含碳量对碳素结构钢性能的影响

D.硫(S)和磷(P)

硫是钢中极其有害的元素,属杂质。钢材随着含硫量的增加,将大大降低其热加工性、可焊性、冲击韧性、疲劳强度和抗腐蚀性。此外,非金属硫化物夹杂经热轧加工后还会在厚钢板中形成局部分层现象,在采用焊接连接的节点中,沿板厚方向承受拉力时,会发生层状撕裂破坏。因此,对硫的含量必须严加控制,一般不超过 0.045%~0.05%,Q235 的 C 级与 D 级钢要求更严。

磷可提高钢材的强度和抗锈蚀能力,但却严重降低钢材的塑性、韧性和可焊性,特别是在温度较低时使钢材变脆,即在低温条件下使钢材的塑性和韧性显著降低,钢材容易脆裂。因而应严格控制其含量,一般不超过 0.045%。但采取适当的冶金工艺处理后,磷也可作为合金元素,含量在 0.05%~0.12%。

E.氧(O)和氮(N)

氧(O)和氮(N)也是钢中的有害元素,氧能使钢材热脆,其作用比硫剧烈;氮能使钢材冷脆,与磷类似,故其含量应严格控制。

F.铝、钛、钒、铌

铝、钛、钒、铌均是炼钢时的强脱氧剂,也是钢中常用的合金元素。可改善钢材的组织结构,使晶体细化,能显著提高钢材的强度,改善钢的韧性和抗锈蚀性,同时又不显著降低塑性。

3.建筑钢材标准与选用

建筑钢材常用于钢结构和钢筋混凝土结构两大类。前者主要用型钢和钢板,后者主要用钢筋和钢丝。

1)钢结构用钢

钢结构用钢主要有碳素结构钢和低合金结构钢两种。

A.碳素结构钢

a.碳素结构钢的牌号及其表示方法

国家标准《碳素结构钢》（GB/T 700—2006）规定,碳素结构钢按其屈服点分 Q195、Q215、Q235 和 Q275 四个牌号。各牌号钢又按其硫、磷含量由多至少分为 A、B、C、D 四个质量等级。碳素结构钢的牌号由代表屈服强度的字母"Q"、屈服强度数值（单位为 MPa）、质量等级符号（A、B、C、D）、脱氧方法符号（F、Z、TZ）等四个部分按顺序组成。例如 Q235AF,它表示屈服强度为 235 MPa、质量等级为 A 级的沸腾碳素结构钢。

碳素结构钢的牌号组成中,表示镇静钢的符号"Z"和表示特殊镇静钢的符号"TZ"可以省略,例如:质量等级分别为 C 级和 D 级的 Q235 钢,其牌号表示为 Q235CZ 和 Q235DTZ,可以省略为 Q235C 和 Q235D。

随着牌号的增大,其含碳量增加,强度提高,塑性和韧性降低,冷弯性能逐渐变差。同一钢牌号内质量等级越高,钢材的质量越好。

b.碳素结构钢的技术要求

碳素结构钢的化学成分、冷弯性能及力学性能应符合表 2-31、表 2-32 及表 2-33 的规定。

c.碳素结构钢的特性与选用

工程中应用最广泛的碳素结构钢牌号为 Q235,其含碳量为 0.14%～0.22%,属低碳钢,由于该牌号钢既具有较高的强度,又具有较好的塑性和韧性,可焊性也好,且经焊接及气割后力学性能仍亦稳定,有利于冷加工,故能较好地满足一般钢结构和钢筋混凝土结构的用钢要求。

表 2-31　碳素结构钢的化学成分

牌号	统一数学代号	等级	厚度（或直径）/mm	脱氧方法	化学成分（质量分数）/%,不大于				
					C	Si	Mn	P	S
Q195	U11952	—	—	F、Z	0.12	0.30	0.50	0.035	0.040
Q215	U12152	A	—	F、Z	0.15	0.35	1.20	0.045	0.050
	U12155	B							0.045
Q235	U12352	A	—	F、Z	0.22	0.35	1.40	0.045	0.050
	U12355	B			0.20				0.045
	U12358	C		Z	0.17			0.40	0.040
	U12359	D		TZ				0.035	0.035
Q275	U12752	A	—	F、Z	0.24	0.35	1.50	0.045	0.050
	U12755	B	≤40	Z	0.21			0.045	0.045
			>40		0.22				
	U12758	C	—	Z	0.20			0.040	0.040
	U12759	D		TZ				0.035	0.035

注:1.表中为镇静钢、特殊镇静钢牌号的统一数字,沸腾钢牌号的统一数字代号如下:

Q195F—U11950;Q215AF—U12150,Q215BF—U12153;Q235AF—U12350,Q235BF—U12353;Q275AF—U12750。

2.经需方同意,Q235B 的碳含量可不大于 0.22%。

表 2-32 碳素结构钢的冷弯性能

牌号	试样方向	冷弯试验 $B=2a$ 180°	
		钢材厚度或直径/mm	
		≤60	>60~100
		弯心直径 d	
Q195	纵	0	—
	横	0.5a	
Q215	纵	0.5a	1.5a
	横	a	2a
Q235	纵	a	2a
	横	1.5a	2.5a
Q275	纵	1.5a	2.5a
	横	2a	3a

注:1.B 为试样宽度,a 为试样厚度或直径。

2.钢材厚度或直径大于 100 mm 时,弯曲试验由双方协商确定。

表 2-33 碳素结构钢的力学性能

牌号	等级	屈服点 σ_s/MPa						抗拉强度 σ_b/MPa	伸长率 δ_5/%					冲击试验(V 形缺口)	
		厚度(或直径)/mm							厚度(或直径)/mm					温度/℃	冲击吸收功(纵向)/J,不小于
		≤16	>16~40	>40~60	>60~100	>100~150	>150~200		≤40	>40~60	>60~100	>100~150	>150~200		
Q195	—	195	185	—	—	—	—	315~430	33	—	—	—	—	—	—
Q215	A	215	205	195	185	175	165	335~450	31	30	29	27	26	—	—
	B													+20	27
Q235	A	235	225	215	215	195	185	370~500	26	25	24	22	21	—	27
	B													+20	
	C													0	
	D													−20	
Q275	A	275	265	255	245	225	215	410~540	22	21	20	18	17	—	27
	B													+20	
	C													0	
	D													−20	

注:1.Q195 的屈服强度值仅供参考,不作交货条件。

2.厚度大于 100 mm 的钢材,抗拉强度下限允许降低 20 N/mm²。宽带钢(包括剪切钢板)抗拉强度上限不作交货条件。

3.厚度小于 25 mm 的 Q235B 级钢材,如供方能保证冲击吸收值合格,经需方同意,可不做检验。

Q195、Q215 号钢强度低,塑性和韧性较好,易于冷加工,常用作钢钉、铆钉、螺栓及铁丝等。Q235 钢强度适中,具有良好的承载性,又具有较好的塑性、韧性、可焊性和可加工性,且成本较低,是钢结构常用的牌号。大量制作成钢筋、型钢和钢板等。在工程中应用较为广泛。Q255、Q275 号钢强度较高,但塑性、韧性和可焊性较差,不易焊接和冷加工,可用于轧制钢筋、制作螺栓配件等。

B.低合金高强度结构钢

为了改善碳素钢的力学性能和工艺性能,或为了得到某种特殊的理化性能,在炼钢时有意识地加入一定量的一种或几种合金元素,所得的钢称为合金钢。低合金高强度结构钢是在碳素结构钢的基础上,添加总量小于 5% 的一种或几种合金元素的一种结构钢,所加元素主要有锰、硅、钒、钛、铌、铬、镍等元素。目的是提高钢的屈服强度、抗拉强度、耐磨性、耐蚀性及耐低温性能等。因此,它是综合性能较为理想的钢材。另外,与使用碳素钢相比,可节约钢材 20%~30%。

a.低合金高强度结构钢的牌号表示法

根据国家标准《低合金高强度结构钢》(GB/T 1591—2018)的规定,低合金高强度结构钢牌号的表示方法由代表屈服强度"屈"字的汉语拼音首字母 Q、规定的最小上屈服强度数值、交货状态代号、质量等级符号(B、C、D、E、F)四个部分组成。交货状态为热轧时,交货状态代号 AR 或 WAR 可省略;交货状态为正火或正火轧制状态时,交货状态代号均用 N 表示。例如 Q355ND。当需方要求钢板具有厚度方向性能时,则在上述规定的牌号后加上代表厚度方向(Z 向)性能级别的符号,如 Q355NDZ25。

低合金高强度结构钢分为镇静钢和特殊镇静钢,在牌号的组成中没有表示脱氧方法的符号。低合金高强度结构钢的牌号也可以采用 2 位阿拉伯数字(表示平均含碳量,以万分之几计)和规定的元素符号,按顺序表示。

b.低合金高强度结构钢的技术要求

低合金高强度结构钢的拉伸、冷弯和冲击试验指标,按钢材厚度或直径不同,其技术要求见表 2-34。

表 2-34 低合金高强度结构钢的力学性能

牌号	质量等级	上屈服强度 R_{eH}/MPa 公称厚度或直径/mm ≤16	上屈服强度 R_{eH}/MPa 公称厚度或直径/mm >16,≤40	抗拉强度 R_m/MPa,≤100	断后伸长率 A^b/%,不小于	冲击功(A_{kv})(纵向)/J +20 ℃ 纵向/横向 不小于	冲击功(A_{kv})(纵向)/J 0 ℃ 纵向/横向 不小于	冲击功(A_{kv})(纵向)/J -20 ℃ 纵向/横向 不小于	冲击功(A_{kv})(纵向)/J -40 ℃ 纵向/横向 不小于	180°弯曲试验[c] D 为弯心直径;a 为试件厚度(直径) 钢材厚度或直径/mm	180°弯曲试验[c] D 为弯心直径;a 为试件厚度(直径) 钢材厚度或直径/mm
		不小于	不小于								
Q355	B	355	345	470~630	纵向:22 横向:20	34/27				$D=2a$	$D=3a$
	C	355	345				34/27				
	D	355	345					34/27			

续表 2-34

牌号	质量等级	上屈服强度 R_{eH}/MPa 公称厚度或直径/mm		抗拉强度 R_m /MPa, ≤100	断后伸长率 A^b/ %, 不小于	冲击功(A_{kv})（纵向）/J				180°弯曲试验c D 为弯心直径; a 为试件厚度（直径）
		≤16	>16, ≤40			+20 ℃	0 ℃	−20 ℃	−40 ℃	钢材厚度或直径/mm
		不小于				纵向/横向 不小于				
Q390	B	390	380	490~650	纵向:21 横向:20	34/27				D=2a（≤16栏下一列）D=3a
	C	390	380				34/27			
	D	390	380					34/27		
Q420a	B	420	410	520~680	纵向:20	34/27				
	C	420	410				34/27			
Q460a	C	460	450	550~720	纵向:18		34/27			

注:a.只适用于型钢和棒材。

　　b.本表中数值适用于公称厚度或直径≤40 mm。

　　c.对于公称宽度不小于 600 mm 的钢板及钢带,拉伸试验取横向试样;其他钢材的拉伸试验取纵向试样。

c.低合金高强度结构钢的特点与应用

由于低合金高强度结构钢中的合金元素的结晶强化和固熔强化等作用,该钢材不但具有较高的强度,而且也具有较好的塑性、韧性和可焊性。因此,在钢结构和钢筋混凝土结构中常采用低合金高强度结构钢轧制型钢(角钢、槽钢、工字钢)、钢板、钢管及钢筋,广泛用于钢结构和钢筋混凝土结构中,特别适用于各种重型结构、高层结构、大跨度结构及桥梁工程中等。

2)钢筋混凝土结构用钢

钢筋混凝土结构用钢主要有钢筋、型钢、钢板等,工程中常用的钢筋主要有热轧钢筋、冷加工钢筋、热处理钢筋、预应力混凝土用钢丝和钢绞线。

A.热轧钢筋

用加热钢坯轧成的条型成品钢筋,称为热轧钢筋。它是建筑工程中用量最大的钢材品种之一。热轧钢筋按表面形状分为热轧光圆钢筋和热轧带肋钢筋。

(1)热轧光圆钢筋。

经热轧成型,横截面通常为圆形,表面光滑的成品钢筋,称为热轧光圆钢筋(HPB)。热轧光圆钢筋的屈服强度特征值为 300 级,其牌号由 HPB 和屈服强度特征值构成,牌号为 HPB300。

热轧光圆钢筋的公称直径范围为 6~22 mm,《钢筋混凝土用钢　第 1 部分:热轧光圆钢筋》(GB/T 1499.1—2017)推荐的钢筋公称直径为 6 mm、8 mm、10 mm、12 mm、16 mm 和 20 mm。可按直条或盘卷交货,按定尺长度交货的直条钢筋,其长度允许偏差范围为 0~

50 mm;按盘卷交货的钢筋,每根盘条重量应不小于 1 000 kg。

热轧光圆钢筋的下屈服强度 R_{eL}、抗拉强度 R_m、断后伸长率 δ、最大力总伸长率 δ_{gt} 等力学性能特征值应符合表 2-35 的规定。表中各力学性能特征值,可作为交货检验的最小保证值。按规定的弯心直径弯曲 180°后,钢筋受弯部位表面不得产生裂纹。

(2)热轧带肋钢筋。

经热轧成型并自然冷却的横截面为圆形的,且表面通常带有两条纵肋和沿长度方向均匀分布的横肋的钢筋,称为热轧带肋钢筋。按肋纹的形状分为月牙肋和等高肋,月牙肋的纵横肋不相交,而等高肋则纵横肋相交。月牙肋钢筋有生产简便、强度高、应力集中敏感性小、疲劳性能好等优点,但其与混凝土的黏结锚固性能稍逊于等高肋的钢筋。

表 2-35　热轧光圆钢筋的力学性能和工艺性能(GB 1499.1—2017)

牌号	下屈服强度/ MPa	抗拉强度/ MPa	断后伸长率/ %	最大力 总伸长率/ %	冷弯试验 180° d—弯心直径 a—钢筋公称直径
	不小于				
HPB300	300	420	25.0	10.0	$d=a$

《钢筋混凝土用钢　第 2 部分:热轧带肋钢筋》(GB/T 1499.2—2018)将热轧带肋钢筋按屈服强度特征值分为 400、500、600 三级。钢筋牌号构成见表 2-36。

表 2-36　热轧带肋钢筋牌号构成及含义

类别	牌号	牌号构成	英文字母含义
普通热轧钢筋	HRB400	由 HRB+屈服强度特征值构成	HRB—热轧带肋钢筋; E—"地震"的英文首字母
	HRB500		
	HRB600		
	HRB400E	由 HRB+屈服强度特征值+E 构成	
	HRB500E		
细晶粒热轧钢筋	HRBF400	由 HRBF+屈服强度特征值构成	HRBF—细晶粒热轧带肋钢筋; E—"地震"的英文首字母
	HRBF500		
	HRBF400E	由 HRBF+屈服强度特征值+E 构成	
	HRBF500E		

热轧带肋钢筋的公称直径范围为 6~50 mm,热轧带肋钢筋的力学性能和工艺性能应符合表 2-37 的规定。表中所列各力学性能特征值,可作为交货检验的最小保证值;按规定的弯心直径弯曲 180°后,钢筋受弯部位表面不得产生裂纹。对牌号带 E 的钢筋应进行反向弯曲试验。经反向弯曲试验后,钢筋受弯曲部位表面不得产生裂纹。

热轧带肋钢筋通常按定尺长度交货,具体交货长度应在合同中注明,按定尺长度交货时的长度允许偏差为 0~50 mm。热轧带肋钢筋也可以盘卷交货,每盘应是一条钢筋,允许每批有 5%的盘数由两条钢筋组成。

表 2-37   热轧带肋钢筋的力学性能和工艺性能

牌号	屈服强度/MPa	抗拉强度/MPa	断后伸长率/%	最大力总延伸率/%	弯曲性能（弯曲180°）	
	不小于					
HRB400 HRBF400	400	540	16	7.5	6~25	4d
					28~40	5d
HRB400E HRBF400E			—	9.0	>40~50	6d
HRB500 HRBF500	500	630	15	7.5	6~25	6d
					28~40	7d
HRB500E HRBF500E			—	9.0	>40~50	8d
HRB600	600	730	14	7.5	6~25	6d
					28~40	7d
					>40~50	8d

注:对牌号带 E 的钢筋应进行反向弯曲试验。根据需方要求,其他牌号钢筋也可进行反向弯曲试验,反向弯曲试验的弯曲压头直径比弯曲试验相应增加一个钢筋公称直径。可用反向弯曲试验代替弯曲试验,经反向弯曲试验后,钢筋受弯部位表面不得产生裂纹。

B.冷轧带肋钢筋

冷轧带肋钢筋按延性高低分为两类:冷轧带肋钢筋和高延性冷轧带肋钢筋。冷轧带肋钢筋的牌号由 CRB+钢筋的抗拉强度特征值构成,高延性冷轧带肋钢筋的牌号由 CRB+钢筋的抗拉强度特征值+H 构成。冷轧带肋钢筋分为 CRB550、CRB650、CRB800、CRB600H、CRB680H、CRB800H 六个牌号。CRB550、CRB600H 为普通钢筋混凝土用钢筋;CRB650、CRB800、CRB00H 为预应力混凝土用钢筋;CRB680H 既可作为普通钢筋混凝土用钢筋,也可作为预应力混凝土用钢筋使用。

CRB550、CRB600H、CRB680H 钢筋的公称直径范围为 4~12 mm。CRB650、CRB800、CRB800H 钢筋的公称直径(相当于横截面面积相等的光圆钢筋的公称直径)为 4 mm、5 mm、6 mm。钢筋通常按盘卷交货,经供需双方协商也可按定尺长度交货。钢筋按定尺长度交货时,其长度及允许偏差按供需双方协商确定。盘卷钢筋每盘的重量不小于 100 kg,且每盘应由一根钢筋组成,CRB650 及以上牌号钢筋作为预应力混凝土用钢筋使用时,不得有焊接接头。冷轧带肋钢筋的表面不得有裂纹、折叠、结疤、油污及其他影响使用的缺陷。冷轧带肋钢筋的表面可有浮锈,但不得有锈皮及目视可见的麻坑等腐蚀现象。

冷轧带肋钢筋的力学性能和工艺性能应符合表 2-38 的规定。有关技术要求细则,参见《冷轧带肋钢筋》(GB/T 13788—2017)。

表 2-38　冷轧带肋钢筋的力学性能和工艺性能

牌号	抗拉强度 R_m / MPa, 不小于	断后伸长率/%, 不小于		弯曲试验[a] 180°	反复弯 曲次数	应力松弛初始应力相当 于公称抗拉强度的70%
		A	$A_{100\ mm}$			1 000 h 松弛率/%, 不大于
CRB550	550	11.0	—	$D=3d$	—	—
CRB600H	600	14.0	—	$D=3d$	—	—
CRB680H[b]	680	14.0	—	$D=3d$	4	5
CRB650	650		4.0		3	8
CRB800	800		4.0		3	8
CRB800H	800		7.0		4	5

注:a.表中 D 为弯心直径, d 为钢筋公称直径。

　　b.当该牌号钢筋作为普通钢筋混凝土用钢筋使用时,对反复弯曲和应力松弛不做要求;当该牌号钢筋作为预应力混凝土用钢筋使用时应进行反复弯曲试验代替180°弯曲试验,并检测松弛率。

冷轧带肋钢筋具有以下优点:

(1)强度高、塑性好,综合力学性能优良。CRB550、CRB650 的抗拉强度由冷扎前的不足 500 MPa 提高到 550 MPa、650 MPa;冷拔低碳钢丝的断后伸长率仅2%左右,而冷轧带肋钢筋的断后伸长率大于4%。

(2)握裹力强。混凝土对冷轧带肋钢筋的握裹力为同直径冷拔钢丝的3~6倍。又由于塑性较好,大幅度提高了构件的整体强度和抗震能力。

(3)节约钢材,降低成本。以冷轧带肋钢筋代替 I 级钢筋用于普通钢筋混凝土构件,可节约钢材30%以上。如用以代替冷拔低碳钢丝用于预应力混凝土多孔板中,可节约钢材5%~10%,且每立方米混凝土可节省水泥约40 kg。

(4)提高构件整体质量,改善构件的延性,避免"抽丝"现象。用冷轧带肋钢筋制作的预应力空心楼板,其强度、抗裂度均明显优于冷拔低碳钢丝制作的构件。

冷轧带肋钢筋适用于中、小型预应力混凝土构件和普通混凝土构件,也可焊接网片。

C.热处理钢筋

热处理钢筋分为预应力用热处理钢筋和钢筋混凝土用余热处理钢筋。预应力用热处理钢筋是用热轧螺纹钢筋经淬火和回火调质热处理而成的。

预应力混凝土用热处理钢筋的优点是:强度高,可代替高强钢丝使用;节约钢材;锚固性好,不易打滑,预应力值稳定;施工简便,开盘后钢筋自然伸直,不需调直及焊接。主要用于预应力钢筋混凝土枕轨,也用于预应力梁、板结构及吊车梁等。

钢筋混凝土用余热处理钢筋是把热轧后的钢筋立即穿水,控制表面冷却,然后利用芯部余热自身完成回火处理所得的成品钢筋。根据国家标准《钢筋混凝土用余热处理钢筋》(GB/T 13014—2013),钢筋混凝土用余热处理钢筋按屈服强度特征值分为 400 级、500 级;按用途分为可焊和非可焊。钢筋混凝土用余热处理钢筋牌号及其含义见表 2-39。

表 2-39 钢筋混凝土用余热处理钢筋牌号及其含义

类别	牌号	牌号构成	英文字母含义
余热处理钢筋	RRB400 RRB500	由 RRB+规定的屈服强度特征值构成	RRB—余热处理钢筋的英文缩写 W—焊接的英文缩写
	RRB400W	由 RRB+规定的屈服强度特征值构成+可焊	

D.预应力混凝土用钢丝和钢绞线

预应力混凝土用钢丝或钢铰线常作为大型预应力混凝土构件的主要受力钢筋。

(1)预应力混凝土用钢丝。

预应力混凝土用钢丝简称钢丝,是用优质碳素结构钢盘条为原料,经淬火、酸洗、冷拉等工艺制成的用做预应力混凝土骨架的钢丝。

根据《预应力混凝土用钢丝》(GB/T 5223—2014)规定,预应力钢丝按加工状态分为冷拉钢丝和消除应力钢丝两类。消除应力钢丝按松弛性能又分为低松弛级钢丝和普通松弛级钢丝。预应力钢丝按外形分为光圆、螺旋肋和刻痕三种。

冷拉钢丝(用盘条通过拔丝模或轧辊经冷加工而成)代号"WCD";低松弛钢丝(钢丝在塑性变形下进行短时热处理而成)代号"WLR";普通松弛钢丝(钢丝通过矫直工序后在适当温度下进行短时热处理)代号"WNR";光圆钢丝代号"P";螺旋肋钢丝(钢丝表面沿长度方向上具有规则间隔的肋条)代号"H";刻痕钢丝(钢丝表面沿长度方向上具有规则间隔的压痕)代号"I"。

压力管道用无涂(镀)层冷拉钢丝的力学性能应符合相关的规定。0.2%屈服力 $F_{p0.2}$ 应不小于最大力的特征值 F_m 的 75%。消除应力的光圆钢丝及螺旋肋钢丝的力学性能应符合相关规定。0.2%屈服力 $F_{p0.2}$ 应不小于最大力的特征值 F_m 的 88%。对所有规格消除应力的刻痕钢丝,其弯曲次数均应不少于 3 次。

预应力混凝土用钢丝每盘应由一根钢丝组成,其盘重不小于 1 000 kg,不小于 10 盘时允许有 10%的盘数不大于 1 000 kg 但不小于 300 kg。钢丝表面不得有裂纹和油污,也不允许有影响使用的拉痕、机械损伤等,允许有深度不大于钢丝公称直径 4%的不连续纵向表面裂缝。

预应力混凝土用钢丝具有强度高、柔性好、无接头等优点。施工方便,不需冷拉、焊接接头等处理,而且质量稳定、安全可靠。主要应用于大跨度屋架及薄腹梁、大跨度吊车梁、桥梁、电杆、枕轨或曲线配筋的预应力混凝土构件。刻痕钢丝由于屈服强度高且与混凝土的握裹力大,主要用于预应力钢筋混凝土结构以减少混凝土裂缝。

(2)预应力混凝土用钢绞线。

预应力混凝土用钢绞线简称预应力钢绞线,是由多根直径为 2.5~5.0 mm 的高强度钢丝捻制而成的。

预应力混凝土用钢绞线按结构分为以下 8 类,其结构代号为:

①用两根钢丝捻制的钢绞线:(1×2);

②用三根钢丝捻制的钢绞线:(1×3);

③用三根刻痕钢丝捻制的钢绞线:(1×3Ⅰ);

④用七根钢丝捻制的标准型钢绞线:(1×7);

⑤用六根刻痕钢丝和一根光圆中心钢丝捻制的钢绞线:(1×7Ⅰ);

⑥用七根钢丝捻制又经模拔的钢绞线:(1×7)C;

⑦用十九根钢丝捻制的1+9+9西鲁式钢绞线:(1×19S);

⑧用十九根钢丝捻制的1+6+6/6瓦林吞式钢绞线:(1×19W)。

按《预应力混凝土用钢绞线》(GB/T 5224—2014)交货的产品标记应包含下列内容:预应力钢绞线,结构代号,公称直径,强度级别,标准号等,如:

示例1:公称直径为15.20 mm,强度级别为1 860 MPa的七根钢丝捻制的标准型钢绞线其标记为:预应力钢绞线1×7-15.20-1860-GB/T 5224—2014。

示例2:公称直径为8.74 mm,强度级别为1 670 MPa的三根刻痕钢丝捻制的钢绞线其标记为:预应力钢绞线1×3Ⅰ-8.74-1670-GB/T 5224—2014。

示例3:公称直径为12.70 mm,强度级别为1 860 MPa的七根钢丝捻制又经模拔的钢绞线其标记为:预应力钢绞线(1×7)C-12.70-1860-GB/T 5224—2014。

预应力钢绞线交货时,每盘卷钢铰线质量不小于1 000 kg,允许有10%的盘卷质量小于1 000 kg,但不能小于300 kg。

钢绞线的捻向一般为左(S)捻,右(Z)捻需在合同中注明。

除非需方有特殊要求,钢铰线表面不得有油、润滑脂等降低钢铰线与混凝土黏结力的物质。钢铰线允许有轻微的浮锈,但不得有目视可见的锈蚀麻坑。钢绞线表面允许存在回火颜色。

钢绞线的检验规则应按《钢及钢产品　交货一般技术要求》(GB/T 17505—2016)的规定。产品的尺寸、外形、质量及允许偏差、力学性能等均应满足《预应力混凝土用钢绞线》(GB/T 5224—2014)的规定。

钢绞线具有强度高、断面面积大、使用根数少、柔性好、质量稳定、易于在混凝土结构中排列布置、易于锚固、松弛率低等优点,适用于做大型建筑和大跨度吊车梁等大跨度预应力混凝土构件的预应力钢筋,广泛应用于大跨度、重荷载的结构工程中。

3)建筑钢材的选用原则

水利工程中常用的建筑钢材主要是钢筋混凝土用钢材和钢结构用钢材,选用是主要根据结构的重要性、荷载性质(动荷载或静荷载)、连接方法(焊接或铆接)、温度条件等,综合考虑钢种或牌号、质量等级和脱氧程度等进行选用,在满足工程的各种要求的前提下,保证结构的安全经济。

建筑钢材的选用一般遵循下面原则:

(1)荷载情况:对于经常承受动力或振动荷载的结构,容易产生应力集中,从而引起疲劳破坏,需要选用材质高的钢材。

(2)使用温度:对于经常处于低温状态的结构,钢材容易发生冷脆断裂,尤其是在焊接结构中,因而要求钢材具有良好的塑性和低温冲击韧性。

(3)连接方式:对于焊接结构,当温度变化和受力性质改变时,焊缝附近的母体金属容易出现冷、热裂纹,促使结构早期破坏。所以焊接结构对钢材化学成分和机械性能要求应较严。

（4）钢材厚度：钢材力学性能一般随厚度增大而降低，钢材经多次轧制后，钢的内部结晶组织更为紧密，强度更高，质量更好。故一般结构用的钢材厚度不宜超过 40 mm。

（5）结构重要性：选择钢材要考虑结构使用的重要性，如大跨度结构、重要的建筑物结构，需选用质量相对较好的钢材。

此外，高层建筑结构用钢宜采用 B、C、D 等级的 Q235 碳素结构钢和 B、C、D、E 等级的 Q345 低合金高强度结构钢。抗震结构钢材的屈强比不应小于 1.2，应有明显的屈服台阶，伸长率应大于 20%，且具有良好的可焊性。

2.3.2 钢材的锈蚀及防止

2.3.2.1 钢材的锈蚀

钢材的锈蚀是指钢的表面与周围介质发生化学作用或电化学作用遭到侵蚀而破坏的过程。钢材锈蚀可发生在许多能引起锈蚀的介质中，如湿润空气、工业废气等。锈蚀不仅使钢结构有效断面面积减小，而且会形成程度不等的锈坑、锈斑，造成应力集中，加速结构破坏。

钢材锈蚀的主要影响因素有环境湿度、侵蚀性介质的性质及数量、钢材材质及表面状况等。根据锈蚀作用机制，可分为下述两类。

1.化学锈蚀

化学锈蚀指钢材直接与周围介质发生化学反应而产生的锈蚀。这种锈蚀多数是氧化作用，使钢材表面形成疏松的铁氧化物。在常温下，钢材表面形成一薄层钝化能力很弱的氧化保护膜，它疏松、易破裂，有害介质可进一步渗入而发生反应，造成锈蚀。在干燥环境下，锈蚀进展缓慢。但在温度或湿度较高的环境条件下，这种锈蚀进展加快。

2.电化学锈蚀

电化学锈蚀是指使由于金属表面形成了原电池而产生的锈蚀。钢材本身含有铁、碳等多种成分，由于这些成分的电极电位不同，形成许多微电池。在潮湿空气中，钢材表面将覆盖一层薄的水膜。在阳极区，铁被氧化成 Fe^{2+} 离子进入水膜。因为水中溶有来自空气中的氧，故在阴极区氧将被还原为 OH^- 离子，两者结合成为不溶于水的 $Fe(OH)_2$，并进一步氧化成为疏松易剥落的红棕色铁锈 $Fe(OH)_3$。电化学锈蚀是最主要的钢材锈蚀形式。

钢材锈蚀时，伴随体积增大，最严重的可达原体积的 6 倍。在钢筋混凝土中会使周围的混凝土胀裂。

2.3.2.2 锈蚀的防止

1.保护层法

在钢材表面施加保护层，使钢与周围介质隔离，从而防止锈蚀。保护层可分为金属保护层和非金属保护层两类。

金属保护层是用耐蚀性较强的金属，以电镀或喷镀的方法覆盖钢材表面，如镀锌、镀锡、镀铬等。

非金属保护层使用有机物质或无机物质做保护层。常用的使钢材表面涂刷各种防锈涂料，此法简单易行，但不耐久。此外，还可采用塑性保护层、沥青保护层及搪瓷保护层等。

2.牺牲阳极极保护法

此法常用于水下的钢结构中，即在要保护的钢结构上，接以较钢材更活泼的金属，如锌、镁等。这些更为活泼的金属在介质中成为原电池的阳极而遭到腐蚀，取代了铁素体，使钢结构均成为阴极而得到保护。

3.制成合金钢

钢材的化学成分对耐锈蚀性有很大影响。如在钢中加入合金元素铬、镍、钛、铜等,制成不锈钢。这种钢在大气作用下,能在表面形成一种致密的防腐保护层,起到耐腐蚀的作用,从而提高钢材的耐锈蚀能力。

4.混凝土用钢筋的防腐

为了防止混凝土中钢筋锈蚀,应保证混凝土的密实度以及钢筋外侧混凝土保护层的厚度,控制混凝土中最大水灰比及最小水泥用量,在二氧化碳浓度高的工业区采用硅酸盐水泥或普通硅酸盐水泥,限制氯盐外加剂的掺加量和保证混凝土一定的碱度等,特别对于预应力混凝土,应禁止使用含氯盐的骨料和外加剂。另外,在钢筋涂覆环氧树脂或镀锌也是一种有效的防锈措施。

2.4　防水材料

防水材料随着防水技术的不断更新越来越多样化,一直没有一个统一的定义,总体来说防止雨水、地下水、工业和民用的给水排水、腐蚀性液体以及空气中的湿气、蒸气等侵入建筑物的材料基本上都统称为防水材料。防水材料及施工分别见图 2-27、图 2-28。

图 2-27　防水材料

图 2-28　防水材料施工

2.4.1　防水材料概述

2.4.1.1　防水材料的种类及其特点

1.防水材料的主要特征及要求

防水材料具有自身致密、孔隙率很小,或具憎水性,或能够填塞、封闭建筑缝隙或隔断其他材料内部孔隙的特征;同时应具有较高的抗渗性及耐水性、适宜的强度及耐久性;对柔性防水材料还要求有较好的塑性。

2.防水材料的分类

防水材料分类方法很多,从不同角度和要求,有不同的归类。为达到方便实用的目的,可按防水材料的材性、组成、类别、品名和原材料性能等划分。为便于工程应用,目前建筑防水材料主要按其材性和外观形态分为防水涂料(见图 2-29)、防水卷材(见图 2-30)、防水密封材料、刚性防水材料、板瓦防水材料和堵漏材料六大类。

图 2-29　防水涂料　　　　　　　　图 2-30　防水卷材

　　防水卷材是一种具有宽度和厚度并可卷曲的片状防水材料,是建筑防水材料的重要品种之一,它占整个建筑防水材料的 80% 左右。目前主要包括:传统的沥青防水卷材、高聚物改性沥青防水卷材和合成高分子材料三大类,后两类卷材的综合性能优越,是目前大力推广使用的新型防水卷材。本节重点针对常用的防水卷材、防水涂料和部分防水密封材料进行讲解。

2.4.1.2　常用防水材料

　　1.沥青防水卷材

　　以原纸、纤维织物及纤维毡等胎体材料浸涂沥青,表面撒布粉状、粒状或片状材料制成可卷曲的片状防水材料统称为沥青防水卷材(见图 2-31)。沥青防水材料最具有代表的是石油沥青纸胎油毡及油纸。

图 2-31　沥青防水卷材

　　油毡按物理力学性质可分为合格、一等品和优等品 3 个等级。

　　石油沥青纸胎油毡的缺点是耐久性差、易腐烂及抗拉强度低等。近年来,通过对油毡胎体材料加以改进并开发了玻璃布胎沥青油毡及黄麻胎毡沥青油毡及铝箔胎沥青油毡等品种。这些胎体沥青具有的优点:抗拉强度高、柔韧性好、吸水率小、抗裂性和耐久性均有很大提高。沥青防水卷材已逐渐被优质的改性沥青防水卷材所取代。

2.高聚物改性沥青防水卷材

高聚物改性沥青防水卷材是以合成高分子聚合物改性沥青为涂盖层,纤维织物或纤维毡为胎体,粉状、粒状、片状或薄膜材料为覆盖材料制成的可卷曲片状防水材料(见图2-32)。它克服了传统沥青卷材温度稳定性差、延伸率低的不足,具有高温不流淌、低温不脆裂、拉伸强度较高、延伸率较大等优异性能。

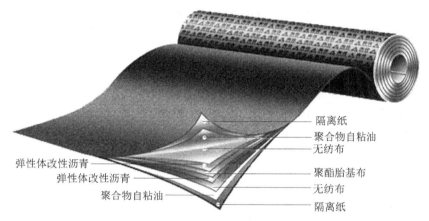

隔离纸
聚合物自粘油
无纺布
聚酯胎基布
无纺布
隔离纸
弹性体改性沥青
弹性体改性沥青
聚合物自粘油

图 2-32　高聚物改性沥青防水卷材

高聚物改性沥青防水卷材可分橡胶型、塑料型和橡塑混合型3类。下面介绍常用的几种。

1)SBS改性沥青防水卷材

SBS改性沥青防水卷材是以聚酯毡或玻纤毡为胎体、苯乙烯—丁二烯—苯乙烯(SBS)热塑性弹性体作石油沥青改性剂,两面覆以隔离材料所制成的防水卷材(见图2-33)。这种卷材具有很好的耐高温性能,可以在−25～100 ℃的温度范围内使用,有较高的弹性和耐疲劳性,以及高达1 500%的伸长率和较强的耐穿刺能力、耐撕裂能力。适合于寒冷地区,以及变形和振动较大的工业与民用建筑的防水工程。

图 2-33　SBS改性沥青防水卷材

(1)性能特点:低温柔性好,达到−25 ℃不裂纹;耐热性能高,90 ℃不流淌。延伸性能好,使用寿命长,施工简便,污染小等特点。产品适用于Ⅰ、Ⅱ级建筑的防水工程,尤其适用于低温寒冷地区和结构变形频繁的建筑防水工程。

（2）规格分类：按物理指标分为：Ⅰ-18 ℃和Ⅱ-25 ℃型两大类；按胎基可分为：聚酯毡（PY）、玻纤毡（G）、玻纤增强聚酯毡（PYG）；按上表面隔离材料可分为：聚乙烯膜（PE）、细砂（S）、矿物粒料（M）；按下表面隔离材料可分为：细砂（S）、聚乙烯膜（PE）；幅宽：1 000 mm；厚度：聚酯毡卷材 3 mm、4 mm、5 mm，玻纤毡卷材 3 mm、4 mm，玻纤增强聚酯毡卷材 5 mm；每卷卷材公称面积为 7.5 m²、10 m²、15 m²，如表 2-40 所示。

表 2-40　单位面积质量、面积及厚度

规格(公称厚度)/mm		3			4			5		
上表面材料		PE	S	M	PE	S	M	PE	S	M
下表面材料		PE	PE、S		PE	PE、S		PE	PE、S	
面积/(m²/卷)	公称面积	10、15			10、7.5			7.5		
	偏差	±0.10			±0.10			±0.10		
单位面积质量/(kg/m²)		3.3	3.5	4.0	4.3	4.5	5.0	5.3	5.5	6.0
厚度/mm	平均值≥	3.0			4.0			5.0		
	最小单位	2.7			3.7			4.7		

（3）标记：产品按名称、型号、胎基、上表面材料、下表面材料、厚度、面积和本标准编号顺序标记。示例：10 m²面积，3 mm 厚度，上表面为矿物粒料，下表面为聚乙烯膜聚酯毡Ⅰ型弹性体改性沥青防水卷材标记：SBS Ⅰ PY M PE 3 10 GB 18242—2008。

（4）适用范围：广泛应用于工业和民用建筑的屋面、地下室、卫生间等防水工程以及屋顶花园、道路、桥梁、隧道、停车场、游泳池等工程的防水防潮。变形较大的工程建议选用延伸性能优异的聚酯胎产品，其他建筑宜选用相对经济的玻纤胎产品。

2）APP 改性沥青防水卷材

APP 改性沥青防水卷材是用无规聚丙烯（APP）或聚烯烃类聚合物 APAO、APO 作改性剂，改性沥青浸渍胎基（玻纤或聚酯胎），以砂粒或聚乙烯薄膜为防粘隔离层的防水卷材，属塑性体沥青防水卷材中的一种，如图 2-34 所示。

图 2-34　APP 改性沥青防水卷材

（1）性能特点：APP 改性沥青防水卷材的性能与 SBS 改性沥青性能接近，具有优良的综合性质，尤其是耐热性能好，130 ℃ 的高温下不流淌、耐紫外线能力比其他改性沥青卷材均强。

（2）规格分类：按物理指标分为：Ⅰ、Ⅱ 型两大类；按胎基可分为：聚酯胎、玻纤胎两大类；按覆面材料可分为：PE 膜（镀铝膜）、彩砂、页岩片、细砂等四大类；幅宽：1 000 mm；厚度：聚酯毡卷材 3 mm、4 mm、5 mm，玻纤毡卷材 3 mm、4 mm，玻纤增强聚酯毡卷材 5 mm；每卷卷材公称面积为 7.5 m²、10 m²、15 m²。

（3）标记：塑性体改性沥青防水卷材、型号、胎基、上表面材料、厚度和本标准号。标记示例：3 mm 厚砂面聚酯胎 Ⅰ 型塑性体改性沥青防水卷材标记为：APP Ⅰ PY S3 GB 18243—2008。

（4）适用范围：APP 分子结构为饱和态，所以有非常好的稳定性，受高温、阳光照射后，分子结构不会重新排列，抗老化性能强。一般情况下，APP 改性沥青的老化期在 20 年以上，温度适应范围为−15～130 ℃，特别是耐紫外线的能力比其他改性沥青卷材都强，非常适宜在有强烈阳光照射的炎热地区使用。APP 改性沥青复合在具有良好物理性能的聚酯毡或玻纤毡上，使制成的卷材具有良好的拉伸强度和延伸率。本卷材具有良好的憎水性和黏结性，既可冷粘施工，又可热熔施工，无污染，可在混凝土板、塑料板、木板、金属板等材料上施工。广泛应用于工业和民用建筑的屋面、地下室、卫生间等防水工程以及屋顶花园、道路、桥梁、隧道、停车场、游泳池等工程的防水防潮。变形较大的工程建议选用延伸性能优异的聚酯胎产品，其他建筑宜选用相对经济的玻纤胎产品。

3）再生橡胶改性沥青防水卷材

再生橡胶改性沥青防水卷材是用废旧橡胶粉作改性剂，掺入石油沥青中，再加入适量的助剂，经混炼、压延、硫化而成的无胎体防水卷材（见图 2-35）。其特点是自重轻，延伸性、耐腐蚀性均较普通油毡好，且价格低廉。适用于屋面或地下接缝等防水工程，尤其是于基层沉降较大或沉降不均匀的建筑物变形缝处的防水。

3.合成高分子防水卷材

合成高分子防水卷材是以合成橡胶、合成树脂或两者的共混体为基料，加入适量的化学助剂和填料，经混炼、压延或挤出等工序加工而成的可卷曲的片状防水材料（见图 2-36）。其抗拉强度、延伸性、耐高低温性、耐腐蚀、耐老化及防水性都很优良，是值得推广的高档防水卷材。多用于要求有良好防水性能的屋面、地下防水工程。

图 2-35 再生橡胶改性沥青防水卷材

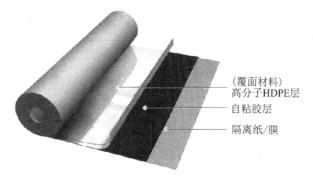

（覆面材料）
高分子HDPE层
自粘胶层
隔离纸/膜

图 2-36 合成高分子防水卷材

常用的合成高分子防水卷材有以下几种。

1)三元乙丙(EPDM)橡胶防水卷材

三元乙丙橡胶防水卷材是以三元乙丙橡胶为主体原料,掺入适量的丁基橡胶、硫化剂、软化剂、补强剂等,经密炼、拉片、过滤、压延或挤出成型、硫化等工序加工而成的(见图2-37)。具有耐老化性能优异,使用寿命一般长达40余年,弹性和拉伸性能极佳,拉伸强度可达7 MPa以上,断裂伸长率可大于450%等优点。因此,对基层伸缩变形或开裂的适应性强,耐高低温性能优良,−45 ℃左右不脆裂,耐热温度达160 ℃,既能在低温条件下进行施工作业,又能在严寒或酷热的条件长期使用。

2)聚氯乙烯(PVC)防水卷材

PVC 防水卷材是以聚氯乙烯树脂为主要原料,并加入一定量的改性剂、增塑性等助剂和填充剂,经混炼、造粒、挤出压延、冷却及分卷包装等工序制成的柔性防水卷材(见图2-38)。具有抗渗性能好、抗撕裂强度高、低温柔性较好的特点。PVC 防水卷材的综合防水性能略差,但其原料丰富,价格较为便宜。适用于新建或修缮工程的屋面防水,也可用于水池、地下室、堤坝、水渠等防水抗渗工程。

图 2-37　三元乙丙橡胶防水卷材

图 2-38　PVC 防水卷材

3)氯化聚乙烯−橡胶共混防水卷材

氯化聚乙烯−橡胶共混防水卷材是以聚乙烯树脂和合成橡胶共混物为主体,加入适量的硫化剂、促进剂、稳定剂、软化剂和填充料等,经过素炼、混炼、过滤、压延或挤出成型、硫化、分卷包装等工序制成的防水卷材(见图2-39)。具有优异的耐老化性、高弹性、高延伸性及优异的耐低温性,对地基沉降,混凝土收缩的适应强。氯化聚乙烯−橡胶共混防水卷材可用于各种建材的屋面、地下及地下水池及冰库等工程,尤其宜用于寒冷地区和变形较大的防水工程以及单层外露防水工程。

4.防水涂料

防水涂料(见图2-40)是一种流态或半流态物质,可用刷、喷等工艺涂布在基层表面,经溶剂、水分挥发或各组分间的化学反应,形成具有一定弹性和一定厚度的连续薄膜,使基层表面与水隔绝,起到防水、防潮的作用。防水涂料有良好的温度适应性,操作简便,易于维修与维护。

防水涂料一般按涂料的类型分为溶剂型、水乳型和反应型三类。溶剂型的涂料黏结性较好,但污染环境;水乳型的涂料价格低,但黏结性较差。按涂料的成膜物质的主要成分分为沥青基防水涂料、改性沥青类防水涂料和合成高分子类防水涂料。以沥青基防水涂料为例进行详细讲解。

图 2-39　橡胶共混防水卷材

图 2-40　防水涂料

沥青基防水涂料是以沥青为基料配制而成的水乳型防水涂料或溶剂型防水涂料,水乳型防水涂料即乳化沥青,溶剂型防水涂料即液化沥青(冷底子油)。这类涂料主要有石灰膏乳化沥青、膨润土乳化沥青和水性石棉沥青防水涂料。

1) 冷底子油

冷底子油是用建筑石油沥青加入汽油、煤油、轻柴油等溶剂,或用软化点 50~70 ℃的煤沥青加入苯,溶合而配成的沥青涂料。由于施工后形成的涂膜很薄,一般不单独使用,往往用作沥青类卷材施工时打底的基层处理剂,故称冷底子油。冷底子油黏度小,具有良好的流动性。涂刷混凝土、砂浆等表面后能很快渗入基底,溶剂挥发沥青颗粒则留在基底的微孔中,使基底表面憎水并具有黏结性,为黏结同类防水材料创造有利条件。

2) 沥青玛瑞脂(沥青胶)

沥青玛瑞脂是用沥青材料加入粉状或纤维状的填充料均匀混合而成。按溶剂及胶粘工艺不同可分为:热熔沥青玛瑞脂和冷玛瑞脂两种。

热熔沥青玛瑞脂(热用沥青胶)的配制通常是将沥青加热至 150~200 ℃,脱水后与20%~30%的加热干燥的粉状或纤维状填充料(如滑石粉、石灰石粉、白云粉,石棉屑,木纤维等)热拌而成,热用施工。

填料的作用是为了提高沥青的耐热性、增加韧性、降低低温脆性,因此用玛瑞脂粘贴油毡比纯沥青效果好。

冷玛瑞脂(冷用沥青胶)是将 40%~50%的沥青熔化脱水后,缓慢加入 25%~30%的填料,混合均匀制成,在常温下施工。它的浸透力强,采用冷玛瑞脂粘贴油毡,不一定要求涂刷冷底子油,它具有施工方便、减少环境污染等优点,目前应用面已逐渐扩大。

3) 水乳型沥青防水涂料

水乳型沥青防水涂料即水性沥青防水涂料,是以乳化沥青为基料的防水涂料,是借助于乳化剂作用,在机械强力搅拌下,将熔化的沥青微粒均匀地分散于溶剂中,使其形成稳定的悬浮体。这类涂料对沥青基本上没有改性或改性作用不大。

水乳型沥青防水涂料主要有石灰乳化沥青、膨润土沥青乳液和水性石棉沥青防水涂料等,主要用于地下室和卫生间防水等。

5.建筑密封材料

为提高建筑物整体的防水、抗渗性能,对于工程中出现的施工缝、构件连接缝、变形缝等各种接缝,必须填充具有一定的弹性、黏结性、能够使接缝保持水密、气密性能的材料,这就是建筑密封材料(见图 2-41)。

图 2-41　建筑密封材料

建筑密封材料分为具有一定形状和尺寸的定型密封材料(如止水条、止水带等,此材料在止水带任务中讲解),以及各种膏糊状的不定型密封材料(如腻子、胶泥、各类密封膏等)。

建筑密封材料必须满足以下 3 个基本要求:

(1)具有优良的黏结性、施工性及抗下垂性。

(2)具有良好的弹塑性和一定的随动性。

(3)具有较好的耐候性及耐水性能。

1)建筑防水沥青嵌缝油膏

建筑防水沥青嵌缝油膏(简称油膏)是以石油沥青为基料,加入改性材料及填充料混合制成的冷用膏状材料。此类密封材料其价格较低,以塑性性能为主,具有一定的延伸性和耐久性,但弹性差。其性能指标应符合《建筑防水沥青嵌缝油膏》(JC/T 207—2011)。主要用于各种混凝土屋面板、墙板等建筑构件节点的防水密封。使用沥青油膏嵌缝时,缝内应洁净干燥,先涂刷冷底子油一道,待其干燥后即嵌填灌注油膏。

2)聚氯乙烯建筑防水接缝材料

聚氯乙烯建筑防水接缝材料(简称 PVC 接缝材料)是以聚氯乙烯树脂为基料,加以适量的改性材料及其他添加剂配制而成的。按施工工艺可分为热塑型(通常指 PVC 胶泥)和热熔型(通常指塑料油膏)两类。

聚氯乙烯建筑防水接缝材料具有良好的弹性、延伸性及耐老化性,与混凝土基面有较好的黏结性,能适应屋面振动、沉降、伸缩等引起的变形要求。

3)聚氨酯建筑密封膏

聚氨酯建筑密封膏是以异氰酸基为基料和含有活性氢化物的固化剂组成的一种双组分反应型弹性密封材料。这种密封膏能够在常温下固化,并有着优异的弹性性能、耐热耐寒性能和耐久性,与混凝土、木材、金属、塑料等多种材料有着很好的黏结力。

4)聚硫建筑密封膏

聚硫建筑密封膏是由液态聚硫橡胶为主剂和金属过氧化物等硫化剂反应,在常温下形成的弹性密封材料。其性能应符合《聚硫建筑密封膏》(JC/T 483—2006)的要求。这种密封材料能形成类似于橡胶的高弹性密封口,能承受持续和明显的循环位移,使用温度范围宽,在 -40~90 ℃的温度范围内能保持它的各项性能指标,与金属材质与非金属材质均具有良好的黏结力。

5)硅酮建筑密封膏

硅酮建筑密封膏是以聚硅氧烷为主要成分的单组分和双组分室温固化型弹性建筑密封

材料。硅酮建筑密封膏属高档密封膏,它具有优异的耐热、耐寒性和耐候性能,与各种材料有着较好的黏结性,耐伸缩疲劳性强,耐水性好。

2.4.2　防水材料的取样及贮存

防水材料种类繁多,针对不同类型及品种,我国制定并出台了相关规范、标准,本节及后续性能检测以防水材料中常用的 SBS 改性沥青防水卷材为例进行详细介绍,其他相关材料可参考本任务查阅相关规范或标准。

2.4.2.1　SBS 改性沥青防水卷材取样

(1)取样依据《弹性体改性沥青防水卷材》(GB 18242—2008)。

(2)组批与抽样:以同一类型、同一规格 10 000 m² 为一批,不足 10 000 m² 也可作为一批。在每批产品中随机抽取五卷进行单位面积质量、面积、厚度及外观检查,合格后,再从中任取一卷进行材料性能试验。

2.4.2.2　标志、包装、贮存与运输

(1)标志:卷材外包装上应包括生产厂名、地址;商标;产品标记;能否热熔施工;生产日期或批号;检验合格标识;生产许可证号及其标志。

(2)包装:卷材可用纸包装、树胶带包装、盒包装或塑料袋包装。纸包装时应以全柱面包装,柱面两端未包装长度总计不超过 100 mm。产品应在包装或产品说明书中注明贮存与运输注意事项。

(3)贮存与运输:不同类型、规格的产品应分别堆放,不应混杂。贮存温度不应高于 50 ℃,立放贮存。在运输过程种,卷材应立放。防止倾斜或横压,必要时加盖毡布。在正常贮运、运输条件下,贮存期自生产之日起为一年。

2.4.3　防水卷材的技术指标及检测

2.4.3.1　外观要求

高聚物改性沥青防水卷材有以下外观要求:

(1)成卷卷材应卷紧、卷齐,端面里进外出不得超过 10 mm。

(2)成卷卷材在 4~50 ℃温度下展开,在距卷心 1 000 mm 长度外不应有 10 mm 以上的裂纹或黏结。

(3)胎基应浸透,不应有未被浸渍的条纹。

(4)卷材表面必须平整,不允许有孔洞、缺边、裂口,矿物粒(片)料粒度应均匀一致,并紧密地黏附于卷材表面;每卷卷材的接头不超过 1 处,较短的一段不应小于 1 000 mm,接头应剪切整齐,并加长 150 mm(边缘不整齐不超过 10 mm,不允许有胎体露白,未浸透,撒布材料粒度、颜色应均匀)。

2.4.3.2　单位面积质量、面积及厚度

SBS 改性沥青防水卷材单位面积质量、面积及厚度应符合《弹性体改性沥青防水卷材》(GB 18242—2008)中规定,如表 2-41 所示。

单位面积质量、面积及厚度检测方法具体见建筑防水卷材试验方法系列规范(GB/T 328.2~7—2007)。

表 2-41 单位面积质量、面积及厚度

规格(公称厚度)/mm		3			4			5		
上表面材料		PE	S	M	PE	S	M	PE	S	M
下表面材料		PE	PE、S		PE	PE、S		PE	PE、S		
面积 /(m²/卷)	公称面积	10、15			10、7.5			7.5			
	偏差	±0.10			±0.10			±0.10			
单位面积质量/(kg/m²)		3.3	3.5	4.0	4.3	4.5	5.0	5.3	5.5	6.0
厚度/mm	平均值≥	3.0			4.0			5.0			

2.4.3.3 物理力学性能

1. 相关规定

1) 引用标准

(1)《石油沥青纸胎油毡》(GB/T 326—2007)。

(2)《塑性体改性沥青防水卷材》(GB 18243—2008)。

(3)《弹性体改性沥青防水卷材》(GB 18242—2008)。

(4)《建筑防水卷材试验方法》(GB/T 328.1~27—2007)。

(5)《高分子防水材料　第1部分:片材》(GB 18173.1—2012)。

(6)《高分子防水材料　第2部分:止水带》(GB 18173.2—2014)。

(7)《屋面工程质量验收规范》(GB 50207—2012)。

(8)《地下防水工程质量验收规范》(GB 50208—2011)。

2) 试样制备

将取样卷材切除距外层卷头 2 500 mm 后,顺纵向切取长度为 800 mm 的全幅卷材试样 2 块,一块做物理力学性能检测,另一块备用。按表 2-42 规定的尺寸和数量截取试件,试件边缘与卷材纵向边缘的距离不小于 75 mm。

表 2-42 试件尺寸和数量

试验项目	试件尺寸/(mm×mm)	数量/个
可溶物含量	100×100	3
拉力及延伸率	(250~320)×50	纵横向各5
不透水性	150×150	3
耐热性	125×100	纵向3
低温柔性	150×25	纵向10
撕裂强度	200×100	纵向5

3) 主要仪器设备

(1)拉力试验机:测量范围为 0~2 000 N,示值精度为±1%,最小分度值为 2 N;夹具间的伸长范围不小于 360 mm,夹具夹持宽度不小于 50 mm;试验机夹具的移动速度为 80~500 mm/min 且可自由调控。

（2）电热干燥箱：温度范围为 0~300 ℃，精度为±2 ℃。

（3）低温制冷装置：温度范围为－40~0 ℃，控制精度±2 ℃。

（4）油毡不透水仪：主要由液压系统、测试管路系统、夹紧装置和 3 个透水盘等部分组成，透水盘底座内径为 92 mm，透水盘金属压盖上有 9 个均匀分布的直径为 25 mm 的透水孔（高分子防水材料采用十字形压板，如图 2-42 所示）。压力表测量范围为 0~0.6 MPa，精度 2.5 级。

（5）弯折仪、柔度棒或弯板（半径 R 为 5 mm、10 mm、12.5 mm、15 mm、25 mm）。

（6）游标卡尺、测厚仪：分度值不大于 0.02 mm。

（7）裁片机（冲片机）：由加载装置、载刀及其装卸装置组成。可加工 Ⅰ 型、Ⅱ 型哑铃型拉伸试件，裤型、直角型和新月型撕裂试件。

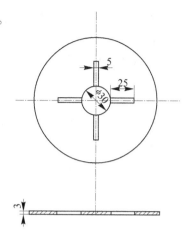

图 2-42　金属十字形压板
（单位：mm）

2.拉伸性能及伸长率检验（GB/T 328.8—2007）

1）试验条件及试件准备

（1）试验温度：（23±2）℃，相对湿度：45%~55%。

（2）试件准备：

按规定切取的试件（沥青基卷材 5 个，高分子防水卷材 3 个），在试验温度下放置不少于 24 h。

按标准要求标注标距线和夹持线。在标距区内，测量标距中间和两端 3 点的厚度，取 3 个测量值的平均值为试样厚度 d；同时测量试件标距内平行部分的宽度 B；精确测量两标距线间初始长度 L_0，尺寸测量应精确到 0.05 mm。

2）试验步骤

（1）将试验机的拉伸速度调到标准规定速度值：橡胶类为（500±50）mm/min，树脂类为（250±50）mm/min，复合片材为 25 mm/min，沥青基卷材为 50 mm/min。

（2）将试样置于夹持器中心，对准夹持线夹紧。

（3）开动试验机以规定的速度拉伸试样，在整个试验过程中，连续检测试验长度和力的变化，按试验项目要求进行记录和计算。量取试样断裂瞬间的标距线间的长度 L_b。若试样断裂在标距外，则该试样作废，应另取一试样重复试验。

（4）记录最大拉力（F_m）、试样断裂时的拉力（F_b）。

（5）需测扯断永久变形时，应将扯断后的试件放置 3 min，将扯断试件对接吻合后，量取标距间的长度 L_t，测量精确到 0.05 mm。

3）试验结果处理

（1）试样的拉伸强度按式（2-40）计算，精确到 0.1 MPa。

$$TS=\frac{F_m}{Bd}\qquad(2-40)$$

式中　TS——试样的拉伸强度，MPa；

　　　F_m——记录的最大拉力，N；

B——试样标距段的宽度，mm;

d——试样标距段的厚度，mm。

（2）试样的断裂拉伸强度按式（2-41）计算，精确到 0.1 MPa。

$$TS_b = \frac{F_b}{Bd} \tag{2-41}$$

式中　TS_b——试样的断裂拉伸强度，MPa;

F_b——试样断裂时，记录的拉力值，N;

其余符号意义同前。

（3）试样的扯断伸长率按式（2-42）计算，精确到 1%:

$$E_b = \frac{L_b - L_0}{L_0} \tag{2-42}$$

式中　E_b——试样的扯断伸长率，%;

L_0——试样的初始标距，mm;

L_b——试样断裂时的标距，mm。

（4）试样扯断永久变形按式（2-43）计算，精确到 1%。

$$S_b = \frac{L_t - L_0}{L_0} \tag{2-43}$$

式中　S_b——试样扯断永久变形，%;

L_t——试样断裂后，放置 3 min 后对起来的标距，mm;

L_0——试样初始试验长度，mm。

（5）分别计算纵向或横向所有测试件结果的算术平均值，取其平均值作为试验结果。

3. 不透水性检验（GB/T 328.10—2007）

1）试验条件与试样制备

（1）试验温度:(23±2)℃,相对湿度:45%~55%。

（2）按规定切取 3 块试件。

2）试验准备

将洁净水注满水箱，将仪器压母松开，3 个截止阀逆时针方向开启，启动油泵或用气筒加压，将管路中空气排净，当 3 个试座充满水并接近溢出状态时，关闭 3 个截止阀。

3）试验步骤

（1）安装试件:注满水后依次把"O"形密封圈、制备好的试件、透水盖板（沥青基卷材采用七孔金属盖板，高分子卷材采用十字金属盖板）、压圈对中放置透水盘上，然后把 U 形卡插入透水盘上的槽内，并旋紧 U 形卡上的方头螺栓，各压板压力要均匀。如产生压力影响结果，可通过排水闸泄水，达到减压目的。

（2）压力保持:打开试座进水阀门，按照试样标准规定压力值加压到规定压力，保持压力值在规定压力范围，并开始记录时间。在测试时间内出现一块试件有渗透时，记录渗水时间，关闭相应的进水阀。当测试达到规定时间即可卸压取出试件。

（3）试验完毕后，打开放水阀将水放出，而后将透水盘、密封圈、透水盖板及压圈擦拭干净，关闭试验机。

4)试验结果评定

当3个试件均无透水现象时评定为不透水性合格。

4.低温柔度检验(GB/T 328.14—2007)

1)试样制备

按规定切取的试件。

2)低温柔度试验方法

(1)A法(仲裁法)。

在不小于10 L的容器中放入冷冻液(6 L以上),将容器放入低温制冷装置中,冷却到标准规定的温度。然后把试件与柔度棒(或柔度试板)同时放入冷冻液中,待温度达到标准规定的温度后至少保持0.5 h。在标准规定的温度下,将试件于液体中在3 s内匀速绕柔度棒(板)弯曲180°。

(2)B法。

将试件与柔度棒(或柔度试板)同时放入冷却到标准规定的温度的低温制冷装置中,待温度达到标准规定的温度后至少保持2 h。在标准规定的温度下,在低温制冷装置中将试件在3 s内匀速绕柔度棒(板)弯曲180°。

3)试验结果评定

(1)对于改性沥青卷材厚度为2 mm、3 mm时,采用直径30 mm柔度棒(板),4 mm厚采用直径50 mm柔度棒(板)。

(2)6个试件中,3个试件的下表面及另外3个试件的上表面与柔度棒(板)接触。取出试件用肉眼观察其表面有无裂纹与断裂现象。

(3)低温柔度6个试件至少5个试件表面未发生裂纹时判为合格。型式检验和仲裁检验必须采用A法。

5.耐热度检验(GB/T 328.11—2007)

1)试样制备

按规定切取3块试件。

2)试验步骤

(1)在每块试件距短边一端10 mm处的中心打一个小孔。

(2)将试件用细铁丝或曲别针穿好,放入已定温至标准规定的电热恒温箱内。试件的位置与箱壁距离不应小于50 mm,试件间应留一定距离,不致黏结在一起,试件的中心与温度计的水银球应在同一水平位置上,距每块试件下端10 mm处,各放一个表面皿用以接收淌下的沥青物质。

3)试验结果处理及评定

在规定温度下加热2 h后,取出试件及时观察并记录试件表面有无涂盖层滑动、流淌、滴落和集中性气泡。集中性气泡是指破坏卷材涂盖层原形的密集气泡。3个试件的任一端涂盖层不应与胎基发生位移,试件下端应与胎基平齐,均无流挂、滴落时,判为合格。

2.5　止水材料

止水材料属于防水材料中的一种类型,在水工建筑物变形缝中被大量使用,对水工建筑物的防渗漏问题有直接影响。本任务简要介绍止水材料的分类、特点及工程应用,其主要性能指标及检测可参考相关规范,在此不再详述。

2.5.1 止水材料分类

在一般的水工建筑物设计中,由于不能连续浇注,或由于地基的变形,或由于温度的变化引起的混凝土构件热胀冷缩等原因,需留有施工缝、沉降缝、变形缝,在这些缝处必须安装止水材料来防止水的渗漏问题。

止水材料广泛应用于水利、水电、堤坝涵闸、隧道地铁、人防工事、高层建筑的地下室和停车场等工程中变形永久缝的防止漏水。

止水材料按其结构要求大致可以分为三类:合成橡胶及塑料类止水带、金属类止水片和填料止水。

2.5.1.1 合成橡胶及塑料类止水带

它是利用合成橡胶及塑料材料在受力时产生高弹形变的特性而制成的止水结构产品。

(1)按其用途分:主要适用于变形缝用止水带,用 B 表示;适用于施工缝用止水带,用 S 表示;适用于有特殊耐老化要求的接缝用止水带,用 J 表示。

(2)按其特性分:有普通型合成橡胶及塑料类止水带和遇水膨胀橡胶止水带两种。

其中遇水膨胀橡胶止水带具有先进的防水线设计,遇水膨胀后增加了止水带与构筑物的紧密度,从而提高了止水防水性能,因此遇水膨胀橡胶止水带解决了长期困扰人们的环绕渗漏问题,如图 2-43 所示。

(a)合成橡胶止水带

(b)遇水膨胀橡胶止水带　　　　　　　　　　(c)塑料止水带

图 2-43 合成橡胶

(3)按断面形式分为:平板形止水带、中心圆孔形止水带、中心非圆孔形止水带、波形止

水带和 Ω 形止水带。

2.5.1.2　金属类止水片

金属类止水片是用金属材料如铜片、不锈钢片或铝片等制成的止水结构产品。其性能效果最好,最常用的为铜片结构产品,又称为止水铜片。

止水铜片,一般是紫铜,即为纯铜,呈玫瑰红色,因表面形成氧化铜膜呈紫色而得名,通常由电解法制作而成,也称电解铜。主要用于水利工程中底板间、底板与闸墩间伸缩缝防止地下水渗漏。铜优良的可加工性、良好的伸缩性能,使其在底板发生不均匀沉降时不容易发生断裂,从而导致漏水。

紫铜止水片的主要优点有:抗腐蚀能力强;抗拉强度高;韧性好,能承受较大变形。缺点是抗震性能差、抗剪切能力差、费用高等。适用于各类高级水工建筑的基础止水、坝身止水、坝顶止水、廊道止水,以及坝体内孔洞止水、厂房止水、溢流面下横缝止水等,是防止疏漏最理想的产品,如图 2-44 所示。

图 2-44　紫铜止水片

2.5.1.3　填料止水

填料止水是由胶结材料(黏结剂)、增强剂、活性剂和活性填料等组成的膏状混合物。把这种具有一定的物理化学性能止水填料填充于嵌入变形缝两侧的混凝土块体中,具有一定断面形状和尺寸的止水结构腔体内,借助止水填料的止水工作机制,在接缝变形的情况下阻止压力水经过缝腔和绕过止水结构渗漏的一种阻水措施。工作机制如下:

(1)利用其耐水性和不透水性,阻止压力水经过接缝缝腔的渗漏。

(2)利用其与混凝土面的黏附性和流动变形性产生的侧压强,阻止压力水绕过止水填料与混凝土接触界面的渗漏。

(3)利用止水填料的流动变形性能,满足由于混凝土温度变形引起缝腔中止水结构腔体的伸缩变形和基础沉降引起的两侧腔壁相对不均匀沉降变形的要求。

材料特点:具有耐久性、不透水性、流动变形性能(自行坍落)以及与水泥混凝土的面黏附性,如图 2-45 所示。

现有国内外面板堆石坝的面板接缝表层防水措施,通常为在预留的 V 形槽内嵌填柔性填料,并在填料外部设盖板对填料加以保护。柔性填料作用为当坝体发生较大沉降和变形,并导致面板底部预埋的铜止水结构发生破坏时,柔性填料可在水压力的作用下流入缝腔内封堵渗漏通道,从而增强接缝止水的整体安全可靠性,进而增强坝体的安全可靠性。

目前国内采用最普及的为 GB 柔性填料和 SR 柔性填料。它们的性能基本一致。

图 2-45　柔性填料

2.5.2　止水材料在工程中的运用

2.5.2.1　合成橡胶及塑料类止水带工程应用

1.合成橡胶止水带工程应用

（1）选购止水带时应按图纸要求选购长度能够满足底板加两侧墙板的长度尺寸,如长度不能满足要求而需接长时,可采用氯丁型 801 胶结剂黏结,并用木制的夹具夹紧,最好采用热挤压黏结方法,以保证黏结效果。

（2）止水带安装过程中的支模和其他工序施工中,要注意不应有金属一类的硬物损伤止水带。

（3）浇筑混凝土时,应先将底板处的止水带下侧混凝土振捣密实,并密切注意止水带有无上翘现象;对墙板处的混凝土应从止水带两侧对称振捣,并注意止水带有无位移现象,使止水带始终居于中间位置。

（4）为便于施工,变形缝中填塞的衬垫材料应改用聚苯乙烯泡沫塑料板或沥青浸泡过的木丝板。橡胶止水带作用是利用橡胶材料在受力时产生高弹形变的特性而制成的止水结构产品。橡胶止水带是在浇筑混凝土时被预埋在变形缝内与混凝土连成一体,可有效地防止构筑物变形缝处的渗水、漏水,并起到减震缓冲等作用,从而确保工程构筑物中的防水要求。

2.塑料类止水带工程应用

PVC 塑料止水带又称为塑料止水带, PVC 塑料止水带施工方法与合成橡胶止水带的施工方法是相同的。

（1）塑料止水带主要用于混凝土浇筑时设置在施工缝及变形缝内与混凝土构成为一体的基础工程。如隧道、涵洞、引水渡槽、拦水坝、贮液构筑物、地下设施等。

（2）塑料止水带施工过程中,由于混凝土中有许多尖角的石子和钢筋,操作时要注意避免对止水带造成机械损伤。在定位塑料止水带时,要使其与混凝土界面贴合平整,不能出现止水带翻转、扭曲等现象,否则应及时进行调正。在浇筑固定止水带时,应防止止水带发生偏移,影响止水效果。

（3）塑料止水带接头可利用黏接、热焊接等方法,保证接头牢固。浇筑混凝土过程中要注意充分振捣,以达到止水带和混凝土充分结合。

2.5.2.2　铜止水工程应用

（1）铜止水片应平整，表面的浮皮、锈污、油渍均应清除干净。如有砂眼、钉孔、裂纹应予焊补。

（2）铜止水片现场接长宜用搭接焊。搭接长度应不小于 20 mm，且应双面焊接（包括"鼻子"部分）。经试验能够保证质量亦可采用对接焊接，但均不得采用手工电弧焊。

（3）焊接接头表面应光滑、无砂眼或裂纹，不渗水。在工厂加工的接头应抽查，抽查数量不少于接头总数的 20%。在现场焊接的接头，应逐个进行外观和渗透检查合格。

（4）铜止水片安装应准确、牢固，其"鼻子"中心线与接缝中心线偏差±5 mm。定位后应在"鼻子"空腔内满填塑性材料。

（5）不得使用变形、裂纹和撕裂的聚氯乙稀（PVC）或橡胶止水带。

（6）橡胶止水带连接宜采用硫化热黏接；PVC 止水带的连接，按厂家要求进行，可采用热黏接（搭接长度不小于 10 cm）。接头应逐个进行检查，不得有气泡、夹渣或假焊。

（7）对止水片（带）接头必要时进行强度检查，抗拉强度不应低于母材强度的 75%。

（8）铜止水片与 PVC 止水带接头，宜采用螺栓栓接法（俗称塑料包紫铜），栓接长度不宜小于 35 cm。

（9）止水带安装应由模板夹紧定位，支撑牢固。

（10）水平止水片（带）上或下 50 cm 范围内不宜设置水平施工缝。如无法避免，应采取措施把止水片（带）埋入或留出。

（11）紫铜止水片与橡皮止水的连接一般为垂直连接，连接方法采用氯丁胶黏接，黏接长度大于 70 mm，黏接前，将橡皮止水的凸起割掉形成平面，用手挫打毛，然后将黏接面涂上氯丁胶进行黏接，黏接必须牢固，防止裂缝。黏接后，将表面用螺栓加铁板进行固定。

2.5.2.3　填料止水工程应用

（1）在面板接缝顶部应预留填塞柔性填料的 V 形槽，其形状和尺寸应满足设计要求。

（2）柔性填料施工宜在混凝土浇筑 28 d 后，从下而上分段进行施工，并应在面板挡水前完成。填塞施工宜在日平均气温高 5 ℃、无雨的白天进行。分期施工柔性填料时，应将缝的端部进行密封。

（3）柔性填料填塞前，与填料接触的混凝土表面应洁净、无松动混凝土块。接触面进行干燥处理后涂刷黏结剂，否则应采用潮湿面黏结剂。

（4）周边缝缝口设置 PVC 或橡胶棒（管）时，应在柔性填料填塞前将 PVC 或橡胶棒（管）嵌入接缝 V 形槽下口，棒壁与接缝壁应嵌紧。PVC 或橡胶棒接头应予固定，防止错位。

（5）柔性填料填塞时，应按其生产厂家的工艺要求施工。柔性填料采用冷法施工，在接触面上涂刷黏结剂后分层填塞，捶击密实。

（6）柔性填料填塞后的外形应符合设计要求，外表面没有裂缝和高低起伏，宜用模具检查，经检查合格后，再分段安装面膜。

（7）与面膜接触的混凝土表面应平整，宜用柔性填料找平。铺好面膜后，用经防锈处理的角钢或扁钢、膨胀螺栓将面膜固定紧密。固定面膜用的角钢或扁钢和膨胀螺栓的规格、螺栓间距均应符合设计要求。

第 3 章　地基处理

3.1　概　述

3.1.1　地基处理的目的

在土木工程建设中,当天然地基不能满足建(构)筑物对地基的要求时,需要对天然地基进行地基处理,形成人工地基,以满足建(构)筑物对地基的要求,保证其安全与正常使用。

建筑物的地基问题,主要有以下 4 个方面:

(1)强度及稳定性问题。当地基的抗剪强度不足以支承上部结构的自重及外荷载时,地基就会产生局部或整体剪切破坏(见图 3-1)。

图 3-1　抗剪强度不均产生剪切破坏

(2)压缩及不均匀沉降问题。当地基在上部结构的自重及外荷载作用下产生过大的变形时,会影响结构物的正常使用,特别是超过建筑物所能容许的不均匀沉降时,结构可能开裂破坏(见图 3-2)。沉降较大时,不均匀沉降往往也较大。湿陷性黄土遇水而发生剧烈的变形也可包括在这一类地基问题中。

(3)渗漏问题。地基的渗漏量或水力坡降超过容许值时,会发生水量损失,或因潜蚀和管涌而可能导致事故的发生。

(4)振动液化问题。地震、机器以及车辆的振动、波浪作用和爆破等动力荷载可能引起地基土特别是饱和无黏性土

图 3-2　不均匀沉降问题

的液化、失稳和振陷等危害(见图 3-3)。

图 3-3　振动沉陷问题

当建(构)筑物的天然地基存在以上 4 类问题之一或其中几个时,则须采取地基处理措施以保证建筑物的安全与正常使用。有的可在上部结构采取一些措施,以减小地基问题对建(构)筑物的影响。

地基问题的处理恰当与否,关系到整个工程质量、投资和进度。因此,其重要性已越来越多地被人们所重视。

我国地域辽阔,从沿海到内地,由山区到平原,分布着多种多样的地基土,其抗剪强度、压缩性以及透水性等,因土的种类不同而存在很大差别。各种地基土中,不少为软弱土和不良土,主要包括软黏土、人工填土(包括素填土、杂填土和冲填土)、饱和粉细砂(包括部分轻亚黏土)、湿陷性黄土、有机质土和泥炭土、膨胀土、多年冻土、岩溶、土洞和山区地基等。而我国新建设的工程越来越多地遇到不良地基。因此,地基处理的要求也就越来越迫切和广泛。

3.1.2　地基处理的对象

上部结构所引起的地基中附加应力是随着深度增加而减小的,最后减小为零。所以,在一定深度内的土层即为结构物的主要受力层,通常情况下,地基的稳定性与变形主要取决于该深度内土层的力学性能。若该土层的力学性能指标不能满足地基承载力的要求,人们就必须对该地基进行处理。需要进行处理的地基一般可分为两大类:不良地基和软弱地基。

3.1.2.1　不良地基

不良地基主要指性质特殊而又对工程不利的土层所组成的地基,如湿陷性黄土、膨胀土、红黏土、多年冻土、岩溶等地层。

1.湿陷性黄土

湿陷性黄土广泛地分布在我国的西北和华北地区。天然黄土的强度较高,一般能陡立成壁(见图 3-4),其承载能力也较高,压缩性比较低,但在上覆土的自重应力作用下,或在上覆土自重应力和附加应力共同作用下,受水浸湿后土的结构迅速破坏而发生显著的附加下沉,此类土称为湿陷性黄土。由于黄土湿陷而引起上部结构不均匀沉降是造成黄土地区事故的主要原因。当黄土作为建筑地基时,首先要判断它是否具有湿陷性,然后才考虑是否需要人工处理,以及如何处理。

图 3-4 黄土高原

2.膨胀土

膨胀土是一种吸水膨胀、失水收缩、具有较大胀缩变形性能且变形胀缩反复的高塑性黏土。利用膨胀土作为建筑地基时,如果没有采取必要措施进行人工处理,常会给建筑物造成危害。

3.红黏土

红黏土是指石灰岩、白云岩等碳酸盐类岩石在亚热带温湿气候条件下经风化作用所形成的褐红色的黏性土。一般来说,红黏土是较好的地基土。但由于下卧岩层面起伏及存在软弱土层,容易引起地基不均匀变形,须引起重视。

4.多年冻土

温度连续 3 年或 3 年以上保持在 0 ℃或 0 ℃以下,并含有冰的土层,称为多年冻土。多年冻土的强度和变形有许多特殊性,例如,冻土中因有冰和未冻水存在,故在长期荷载作用下有强烈的流变性。多年冻土作为建筑物地基需慎重考虑。

5.岩溶

岩溶又称"喀斯特",它是石灰岩、白云岩、泥灰岩、大理石、岩盐、石膏等可溶性岩层受水的化学作用和机械作用而形成的溶洞、溶沟、裂隙(见图 3-5),以及由于溶洞的顶板塌落使地表产生陷穴、洼地等现象和作用的总称。土洞是岩溶地区上覆土层被地下水冲蚀或被地下水溶蚀所形成的洞穴。岩溶和土洞对结构物的影响很大,可能造成地面变形、地基塌陷,发生渗漏和涌水现象。

6.山区地基

山区地基地质条件比较复杂,主要表现在地基的不均匀性和场地稳定性两个方面。山区基岩表面起伏大,且可能有大块孤石,这些因素常会引起建筑物基础的不均匀沉降。另外,在山区可能有滑坡、崩塌和泥石流等不良地质现象,给建(构)筑物造成直接的或潜在的威胁。

图 3-5　岩溶现象

3.1.2.2　软弱地基

软弱地基是指地基的主要受力层由高压缩性的软弱土组成,这些软弱土一般是指软黏土、杂填土、冲填土等。

1.软黏土

软黏土是软弱黏性土的简称,它是第四纪后期形成的黏性土沉积物或河流冲积物。这类土的特点是天然含水率高、孔隙比大、抗剪强度低、压缩系数高、渗透系数小。在荷载作用下,软黏土地基承载能力低,地基变形大,而且沉降固结时间较长。在较厚的软黏土层上,基础的沉降往往持续数年乃至数十年之久。

2.杂填土

杂填土是人类活动所形成的无规则堆积物,其成分复杂、厚度不均、性质也不相同,且无规律性。在大多数情况下,杂填土是比较疏松和不均匀的。在同一场地的不同位置,地基承载力和压缩性也有较大的差异。杂填土地基一般需要人工处理才能作为建筑地基。

3.冲填土

冲填土是由水力冲填形成的。冲填土的性质与所冲填泥沙的来源及淤填时的水力条件有密切关系。含黏土颗粒较多的冲填土往往是欠固结的,其强度和压缩性指标都比同类天然沉积土差。冲填土地基一般要经过人工处理才能作为建筑物地基。

4.饱和粉细砂

饱和粉细砂虽然在静载作用下具有较高的强度,但在振动荷载作用下有可能产生液化或大量振陷变形,地基会因液化而丧失承载能力。如需要考虑动力荷载,这种地基也属于不良地基,需要进行处理。

另外,除在上述各种软弱和不良地基上建造结构物时需要考虑地基处理外,当旧房改造、加高、工厂设备更新等造成荷载增大,原地基不能满足要求时,或者在开挖深基坑,建造地下铁道等工程中有土体稳定、变形或渗流问题时,也需要进行地基处理。

3.1.3　地基处理方法综述

当天然地基不能满足建(构)筑物对地基稳定、变形以及渗透方面的要求时,需要对天然地基进行处理,以满足建(构)筑物对地基的要求。地基处理方法,可以按地基处理原理、地基处理的目的、地基处理的性质、地基处理的时效、动机等不同角度进行分类。已经发展的地基处理方法很多,新的地基处理方法还在不断发展。要对各种地基处理方法进行精确的分类是困难的。本章主要介绍的方法有:换土垫层法、排水固结法、强夯法和强夯置换法、灰土(土)挤密桩法、化学加固法,以及特殊土地基处理。

3.2 换土垫层法

3.2.1 换土垫层法的概念

换土垫层法就是将基础底面以下一定范围内的软弱土层挖去,然后以质地坚硬、强度较高、性能稳定、具有抗侵蚀性的砂、碎石、卵石、素土、灰土、粉煤灰、矿渣等材料以及土工合成材料分层充填,并同时以人工或机械方法分层压、夯、振动,使之达到要求的密实度,成为良好的人工地基。当地基软弱土层较薄,而且上部荷载不大时,也可直接以人工或机械方法(填料或不填料)进行表层压、夯、振动等密实处理,同样可取得换填加固地基的效果。

经过换土垫层法处理的人工地基或垫层,可以把上部荷载扩散传至下面的下卧层,以满足上部建筑所需的地基承载力和减少沉降量的要求。当垫层下面有较软土层时,也可以加速软弱土层的排水固结和强度的提高。

换土垫层法适用于浅层地基处理,包括淤泥、淤泥质土、松散素填土、杂填土、已完成自重固结的吹填土等地基处理,以及暗塘、暗浜、暗沟等浅层处理和低洼区域的填筑。换土垫层法还适用于一些地域性特殊土的处理:用于膨胀土地基可消除地基土的胀缩作用,用于湿陷性黄土地基可消除黄土的湿陷性,用于山区地基可用于处理岩面倾斜、破碎、高低差、软硬不匀以及岩溶与土洞等,用于季节性冻土地基可消除冻胀力和防止冻胀损坏等。

当采用换土垫层法进行地基处理时,应根据建筑体形、结构特点、荷载性质和量级、场地工程地质资料及环境条件并结合施工机械设备与当地材料来源等进行综合分析,合理进行换填设计,选择换填材料和相应的施工方法。

3.2.2 垫层设计

垫层设计应满足建筑地基的承载力、变形及稳定的需求。垫层设计的主要内容是确定断面的合理厚度和密度,应有足够的厚度,以置换可能被剪切破坏的软弱土层,又要求有足够的宽度以防止垫层向两侧挤出。

3.2.2.1 垫层厚度的确定

垫层断面示意见图 3-6。

垫层厚度首先应能换除基础下可能被剪切破坏的软弱土层,其次荷载通过垫层的应力扩散,使下卧层顶面受到的压力满足或等于下卧层承载能力的条件,计算公式如下:

$$p_z + p_{cz} \leqslant f_{az} \tag{3-1}$$

式中 p_z——相应于荷载效应标准组合时,垫层底面处的附加压力值,kPa;

   p_{cz}——垫层底面处土的自重压力值,kPa;

   f_{az}——垫层底面处经深度修正后的地基承载力特征值,kPa。

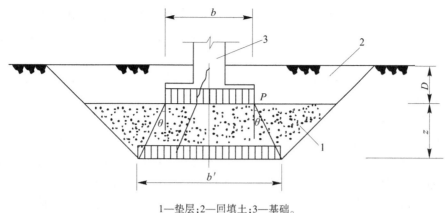

1—垫层;2—回填土;3—基础。

图 3-6 垫层断面图

计算时,首先应根据垫层的承载力确定基础的宽度和基底压力,再根据下卧层的承载力,设计垫层厚度,按式(3-1)进行验算。若不满足要求,重新设一个厚度值,再验算,直至满足要求。垫层厚度一般宜为 0.5~3 m。

垫层底面处的附加压力值 p_z,根据基础形式不同分别按式(3-2)和式(3-3)计算:

条形基础
$$p_z = \frac{(p_k - p_c)b}{b + 2z\tan\theta} \tag{3-2}$$

矩形基础
$$p_z = \frac{bl(p_k - p_c)}{(b + 2z\tan\theta)(l + 2z\tan\theta)} \tag{3-3}$$

式中　b——矩形基础或条形基础底面的宽度,m;

　　　l——矩形基础底面的长度,m;

　　　p_k——相应于荷载效应标准组合时,基础底面处的平均压力值,kPa;

　　　p_c——基础底面处土的自重应力标准值,kPa;

　　　z——基础底面下垫层的厚度,m;

　　　θ——垫层压力扩散角,(°),取值见表 3-1。

表 3-1 垫层压力扩散角 θ

换填材料 z/b	中砂、粗砂、砾砂、圆砾、角砾、 卵石、碎石、石屑、矿渣	粉质黏土、粉煤灰	灰土
0.25	20°	6°	28°
≥0.50	30°	23°	

注:1.当 z/b<0.25 时,除灰土仍取 θ=28°外,其余材料均 θ=0°,必要时,宜由试验确定。

2.当 0.25<z/b<0.50 时,θ 值可由内插求得。

3.2.2.2 垫层宽度的确定

垫层应有足够的宽度以防止材料向侧边挤出而增大垫层的竖向变形量,其宽度应满足基础底面应力扩散的要求,按式(3-4)确定:

$$b' \geq b + 2z\tan\theta \tag{3-4}$$

式中　b'——垫层底面宽度,m;

θ——垫层压力扩散角,可按表 3-1 取值,当 $z/b<0.25$ 时,仍按表中 0.25 取值。

当基础荷载较大,或对沉降要求较高,或垫层侧边土的承载力较差以及整片垫层底面的宽度可适当加宽。

垫层顶面宽度可从垫层底面两侧向上,按基坑开挖期间保持边坡稳定的当地经验坡确定。垫层顶面每边超出基础底边不宜小于 300 mm。

3.2.2.3　基础沉降量计算

垫层断面确定后,对于比较重要的建筑物,还要按分层总和法计算基础的沉降量,以使建筑物的最终沉降量小于相应的允许值。砂砾垫层上的基础沉降量 s 包括砂砾垫层的压缩量 s_1 和软弱下卧层压缩量 s_2 两部分之和,s_1 一般较小,且在施工阶段已基本完成,可以忽略不计,必要时可按垫层内的平均压应力计算变形,砂砾垫层的变形模量 E_s 可取 12~24 MPa。

3.2.3　施工要点

垫层施工,应以级配良好、质地较硬的中粗砂或砾砂为好,也可采用砂和砾石的混合料,含泥量不超过 5%,以利于夯实。

垫层必须保证达到设计要求的密实度。常用的密实方法有振动法、水撼法、碾压法和夯实法等。这些方法都要求控制一定的含水率,分层铺砂厚 200~300 mm,逐渐振密或压实,并应将下层的密实度检查合格后,方可进行上层施工。

开挖基坑铺设垫层时,不要扰动垫层下的软弱土层并防止践踏、受冻或浸泡。

3.2.4　质量检验

对粉质黏土、灰土、粉煤灰和砂石垫层的施工质量检验可用环刀法、贯入仪、静力触探、轻型动力触探或标准贯入试验检验;对砂石、矿渣垫层可用重型动力触探检验。同时均应通过现场试验以设计压实系数所对应的贯入度为标准检验垫层的施工质量。压实系数也可采用环刀法、灌砂法、灌水法或其他方法检验。

采用环刀法检验垫层的施工质量时,取样点应位于每层厚度的 2/3 深度处。检验点数量,对大基坑每 50~100 m² 不应少于 1 个检验点;对基槽每 10~20 m 不应少于 1 个点;每个独立柱基不应少于 1 个点。采用贯入仪或动力触探检验垫层的施工质量时,每分层检验点的间距应小于 4 m。

竣工验收采用载荷试验检验垫层承载力时,每个单体工程不宜少于 3 个点;对于大型工程则应按单位工程数量或工程的面积确定检验点数。当有成熟试验表明通过分层施工质量检查能满足工程要求时,经现场设计、监理、业主同意,也可不进行工程质量的整体验收。

3.3　排水固结法

排水固结法是利用软弱地基土排水固结的特性,通过在地基土中采用各种排水技术措施(设置竖向排水体和水平排水体),以加速饱和软黏土固结发展的一种地基处理方法,根据排水体系的构造方法不同,有不同的处理方法,如竖向排水体的设置,可分为普通砂井、袋装砂井和塑料排水板等。该法常用于解决软黏土的沉降和稳定问题,可以使地基沉降在预压期内基本完成或大部分完成,同时提高土体的强度和稳定性。

排水固结法适用于处理各类淤泥、淤泥质土及冲填土等饱和黏性土地基。砂井法特别适用于存在连续薄砂层的地基。但砂井只能加速主固结而不能减少次固结,对有机质土和泥炭质等次固结土,不宜采用砂井法。克服次固结可利用超载的方法。预压法适用于对沉降要求较高的建筑物,如冷藏库、机场、跑道等。

工程上应用广泛的排水固结法是堆载法,此外,还有真空法、降低地下水位法、电渗法和联合法等。采用真空法、降低地下水位法和电渗法不会像堆载有可能引起地基土的剪切破坏,所以较为安全,但操作技术比较复杂。

砂井堆载预压法是在软弱地基中通过设置砂井作为竖向排水通道,并在砂井顶部设置砂垫层作为水平排水通道,形成排水系统;在砂垫层上部堆载,以增加软弱土中附加应力,使土体中孔隙水在较短的时间内通过竖向砂井和水平砂垫层排出,达到加速土体固结、提高软弱地基土承载力的目的,如图 3-7 所示。

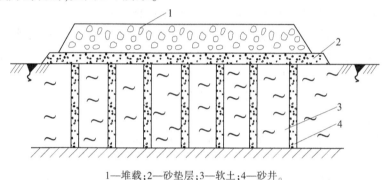

1—堆载;2—砂垫层;3—软土;4—砂井。

图 3-7 砂井堆载预压法

砂井堆载预压法可以提高软弱土地基的抗剪强度和地基承载力,加速饱和软黏土的排水固结速率,施工机具和方法简单,施工速度快、造价低。

排水固结法适用于厚度较大和渗透系数较低的饱和软黏土,主要用于道路路堤、土坝、机场跑道、油罐、码头、岸坡等工程的地基处理,对于有机土、泥炭等有机沉积地基则不适用。

3.3.1 排水系统设计

3.3.1.1 竖向排水体材料选择

竖向排水体可采用普通砂井、袋装砂井和塑料排水带。若需要设置竖向排水体长度超过 20 m,建议采用普通砂井。

3.3.1.2 竖向排水体深度设计

竖向排水体深度主要根据土层的分布、地基中附加应力大小、施工期限和施工条件以及地基稳定性等因素确定。

(1)当软土层不厚、底部有透水层时,竖向排水体应尽可能穿透软土层。

(2)当深厚的高压缩性土层间有砂层或砂透镜体时,竖向排水体应尽可能打至砂层或砂透镜体。而采用真空预压时应尽量避免排水体与砂层相连接,以免影响真空效果。

(3)对于无砂层的深厚地基则可根据其稳定性及建筑物在地基中造成的附加应力与自重应力的比值确定(一般为 0.1~0.2)。

（4）按稳定性控制的工程,如路堤、土坝、岸坡、堆料等,竖向排水体深度应通过稳定分析确定,竖向排水体长度应大于最危险滑动面的深度。

（5）按沉降控制的工程,竖向排水体长度可从压载后的沉降量满足上部建筑物容许的沉降量来确定。

竖向排水体长度一般为 10~25 m。

3.3.1.3　竖向排水体平面布置设计

普通砂井直径一般为 300~500 mm,井径比为 6~8。

袋装砂井直径一般为 70~120 mm,井径比为 15~30。

塑料排水带常用当量直径 d_p 表示,宽度为 b,厚度为 δ,则换算直径可按式（3-5）计算：

$$d_p = \frac{2(b+\delta)}{\pi} \tag{3-5}$$

塑料排水带尺寸一般为 100 mm×4 mm,井径比为 15~30。

竖向排水体直径和间距主要取决于土的固结性质和施工期限的要求。竖向排水体截面大小只要能及时排水固结就行,由于软土的渗透性比砂性土小,所以竖向排水体的理论直径可很小。但直径过小,施工困难,直径过大对增加固结速率并不显著。从原则上讲,为达到同样的固结度,缩短排水体间距比增加排水体直径效果要好,即井径和井间距关系是"细而密"比"粗而稀"为佳。

竖向排水体在平面上可布置成正三角形（梅花形）或正方形;以正三角形排列较为紧凑和有效。

正方形排列的每个砂井,其影响范围为一个正方形;正三角形排列的每个砂井,其影响范围则为一个正六边形。在实际进行固结计算时,由于多边形作为边界条件求解很困难,为简化起见,建议每个砂井的影响范围由多边形改为由面积与多边形面积相等的圆（见图3-8）来求解。

正方形排列时：
$$d_e = \sqrt{\frac{4}{\pi}} \cdot l = 1.13l \tag{3-6}$$

正三角形排列时：
$$d_e = \sqrt{\frac{2\sqrt{3}}{\pi}} \cdot l = 1.05l \tag{3-7}$$

式中　d_e——每一个砂井有效影响范围的直径;

　　　　l——砂井间距。

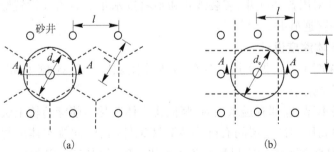

图 3-8　砂井平面布置及有效影响区域

竖向排水体的布置范围一般比建筑物基础范围稍大为好。扩大的范围可由基础的轮廓线向外增大 2~4 m。

3.3.1.4　砂料设计

制作砂井的砂宜用中粗砂,砂的粒径必须能保证砂井具有良好的透水性。砂井粒度要不被黏土颗粒堵塞。砂应是洁净的,不应有草根等杂物,其含泥量不能超过 3%。

3.3.1.5　地表排水砂垫层设计

为了使砂井排水有良好的通道,砂井顶部应铺设砂垫层,以连通各砂井将水排到工程场地以外。砂垫层采用中粗砂,含泥量应小于 3%。

砂垫层应形成一个连续的、有一定厚度的排水层,以免地基沉降时被切断而使排水通道堵塞。陆上施工时,一般取 0.5 m 左右;水下施工时,砂垫层厚度一般为 1 m 左右。砂垫层的宽度应大于堆载宽度或建筑物的底宽,并伸出砂井区外边线 2 倍的砂井直径。在砂料贫乏地区,可采用连通砂井的纵横砂沟代替整片砂垫层。

3.3.2　预压加载

加载方法应根据建筑物类型、加载材料来源及施工条件等因素确定。对于路堤、土坝等填土工程,可采用分期填筑的方式以其自重作为预压荷载;对于房屋、码头等的地基,一般用土石堆载预压;在缺少加载材料、预压后弃土场地难以解决或运输能力不足的情况下,利用结构本身(如空油罐)的蓄水能力充水预压,更显示其优越性。

预压荷载应不小于建筑物基础底面的设计压力,一般情况下可取二者相等;对于要求严格限制地基沉降的建筑物,应采用超载预压的方法,其超载的大小应据预定时间内要求消除的地基变形量通过计算确定。

3.3.3　砂井地基固结度计算

在实际工程中,荷载并不是一次瞬间加足的,而是分级逐渐施加的,因此根据理论方法求得的固结时间关系或沉降时间关系都必须加以修正。下面仅介绍改进的高木俊介法地基固结度计算。

改进的高木俊介法考虑的是任意变速加载的情况,该理论是由日本的高木俊介在 1955 年提出的。理论的核心是将荷载在很小的时间间隔内看作瞬时完成,采用瞬时加载理论解进行数学积分进行求解。1975 年曾国熙对该方法进行了改进,得到多级等速加载条件下地基平均固结度的计算公式为

$$\overline{U}_t = \sum_{i=1}^{n} \frac{\dot{q}_i}{\sum \Delta p} \left[(T_i - T_{i-1}) - \frac{\alpha}{\beta} e^{-\beta t} (e^{-\beta T_i} - e^{-\beta T_{i-1}}) \right] \tag{3-8}$$

式中　$\overline{U}_t$——t 时刻多级等速加载修正后的地基平均固结度;

　　　$\dot{q}_i$——第 i 级荷载的加载速率,kPa/d;

　　　$\sum \Delta p$——各级荷载的累加值,kPa;

　　　T_{i-1}、T_i——第 i 级荷载加载的起始时间和终止时间(从零点算起),d,当计算第 i 级荷载加载过程中某时间 t 的固结度时,T_i 改为 t;

　　　α、β——参数,根据表 3-2 采用。

表 3-2 α、β 参数的取值

参数	排水固结条件			说明
	竖向排水固结 ($\overline{U}_z > 30\%$)	向内径向排水固结	竖向和向内径向排水固结（竖井穿透受压土层）	
α	$\dfrac{8}{\pi^2}$	1	$\dfrac{8}{\pi^2}$	$F_n = \dfrac{n^2}{n^2-1}\ln n - \dfrac{3n^2-1}{4n^2}$
β	$\dfrac{\pi^2 C_v}{4H^2}$	$\dfrac{8C_h}{F_n d_e^2}$	$\dfrac{8C_h}{F_n d_e^2} + \dfrac{\pi^2 C_v}{4H^2}$	C_h——土的径向固结系数，cm^2/s；C_v——土的竖向固结系数，cm^2/s；H——土层竖向排水距离，cm；$\overline{U}_z$——双面排水土层或固结应力均匀分布的单面排水土层的竖向平均固结度（%）

注：表中参数适用于不考虑涂抹和井阻的情况。

当竖井的纵向通水量 q_w 与天然土层水平向渗透系数 k_h 的比值较小，且长度又较长时，固结过程中水的排出是受到阻力作用的，同时，在井的施工过程中对井壁周围的土也会有扰动作用（特别是采用挤土方式施工），这两种作用称为井阻效应和涂抹效应，这时地基固结度的计算常采用非理想排水条件固结度的计算公式，在公式中应将井阻效应和涂抹效应考虑进去。瞬时加载条件下，考虑涂抹和井阻影响时，竖井地基径向排水平均固结度可按下式计算：

$$\overline{U}_t = 1 - e^{-\frac{8C_h}{Fd_e^2}t} \tag{3-9}$$

$$F = F_n + F_s + F_r \tag{3-10}$$

$$F_n = \ln n - \frac{3}{4} \quad (n \geqslant 15) \tag{3-11}$$

$$F_s = \left(\frac{k_h}{k_s} - 1\right)\ln s \tag{3-12}$$

$$F_r = \frac{\pi^2 L^2}{4}\frac{k_h}{q_w} \tag{3-13}$$

式中　$\overline{U}_t$——固结时间 t 时竖井地基径向排水平均固结度；

k_h——天然上层水平向渗透系数，cm/s；

k_s——涂抹区土的水平向渗透系数，可取 $k_s = (1/5 \sim 1/3)k_h$，cm/s；

s——涂抹区直径与竖井直径的比值，可取 $s = 2.0 \sim 3.0$，对中等灵敏黏性土取低值，对高灵敏黏性土取高值；

L——竖井深度，cm；

q_w——井纵向通水量，为单位水力梯度下单位时间的排水量，cm^3/s。

一级或多级等速加荷条件下，考虑涂抹和井阻影响时竖井穿透受压土层地基之平均固结度可按式（3-14）计算，其中

$$\alpha = \frac{8}{\pi^2}, \beta = \frac{8C_{\mathrm{h}}}{Fd_{\mathrm{e}}^2} + \frac{\pi^2 C_{\mathrm{v}}}{4H^2} \tag{3-14}$$

3.3.4　其他预压法简介

3.3.4.1　天然地基堆载预压法

天然地基堆载预压法是在建筑物建造之前,在地基表面分级堆土或其他荷重,使地基土压密、沉降、固结,以达到提高地基承载力和减少建筑物工后的沉降的目的。

天然地基堆载预压法使用的材料、机具和方法简单直接,施工操作方便。但堆载预压需要一定时间,对厚度较大的饱和软黏土,排水固结所需的时间较长;同时需要大量堆载材料,因此在使用上受到一定限制。

天然地基堆载预压法适用于各类软弱地基,包括天然沉积土层或人工冲填土层,如沼泽土、淤泥、淤泥质土以及水力冲填土;较广泛用于冷藏库、油罐、机场跑道、集装箱码头、桥台等沉降要求比较高的地基。

堆载材料一般以散料为主,如采用施工场地附近的土、砂、石子、砖、石块等。对于堤坝、路基等工程的预压,常以堤坝、路基填土本身作为堆载;对于大型油罐、水池地基,常以充水方式对地基进行预压。

3.3.4.2　真空预压法

真空预压法的加压方式不同于堆载预压法,真空预压法是以大气压力作为预压荷载。它是先在需加固的软土地基表面铺设一层透水砂垫层或砂砾层,再在其上覆盖一层不透气的塑料薄膜或橡胶布,将其周边埋入土中密封,使之与大气隔绝,并在砂垫层内埋设排水管道,然后用真空泵通过埋设于砂垫层内的管道将薄膜下的空气抽出,达到一定的真空度,使排水系统中的气压维持在大气压以下一定数值;此时,土中的气压仍为大气压,于是在土与排水系统之间压力差的作用下,孔隙水向排水系统渗流,地基土发生固结,直至该压力差消失。

在真空预压过程中,周围土体内孔隙水的渗流和土体的位移均朝向预压区,故无须像堆载预压那样为防止地基失稳破坏而控制加载速率,可以在短时间内使薄膜下的真空度达到预定数值。这是真空预压的突出特点,有利于缩短预压工期,降低造价。但由于薄膜下能达到的真空度有限,其当量荷载一般不超过 80 kPa。如需更大荷载,可以采用真空-加载预压联合预压法。

3.3.4.3　降水预压法

降水预压法是借助井点抽水降低地下水位,以增加土的自重应力,达到预压的目的。此法降低地下水位的原理、方法和需要设备基本与用井点法基坑排水相同。地下水位降低使地基中的软弱土层承受了相当于水位下降高度水柱的重量而固结,增加了土中的有效应力。

降水预压法适用于渗透性较好的砂或砂质土,或在软黏土层中存在砂土层的情况。施工前,应探明土层分布及地下水情况等。

3.3.5　质量检验

排水固结法加固地基属于半隐蔽工程,施工中常常需要进行质量检验和检测,主要有孔隙水压力观测、沉降观测、边桩水平位移观测、真空度观测、地基土物理力学指标检测。

对以稳定性控制的重要工程,应在预压区内选择有代表性地点预留孔位,对堆载预压法在堆载不同阶段、对真空预压法在抽真空结束后,进行不同深度的十字板抗剪强度试验和取土进行室内试验,以验算地基的抗滑稳定性,并检验地基的处理效果。必要时尚应进行现场载荷试验,试验数量不应少于 3 点。

3.4 强夯法和强夯置换法

强夯法又称动力固结法,这种方法是将重锤(一般为 100~600 kN)提升到 6~40 m 高度后,自由下落,以强大的冲击能对地层进行强力夯实加固的方法。此法可提高地基承载力,降低其压缩性,减轻甚至消除砂土振动液化危险和消除湿陷性黄土的湿陷性等,同时还能提高土层的均匀程度,减少地基的不均匀沉降,是我国目前最为常用和最经济的地基处理方法之一。

3.4.1 强夯法的加固机制

强夯法的加固机制,由于加固土质复杂,至今尚未形成一套成熟完善的理论。一般认为:强夯时地基在极短的时间内受到重锤的高能量冲击,激发压缩波、剪切波和瑞利波等应力波传向地基深处和夯点周围。其中压缩波可以使土受压或受拉,能引起瞬间的孔隙水应力;导致土的抗剪强度大为降低,紧随其后的剪切波进而使土的结构受到破坏,瑞利波的传播则在夯点附近引发土的隆起。在此过程中,土颗粒重新排列而趋于更加稳定、密实的状态。

强夯法的特点:施工工艺及设备简单,适用土质范围广,加固效果显著,可取得较高的承载力,一般地基土强度可提高 2~5 倍,压缩性可降低 2~10 倍,加固深度可达 6~10 m,土粒结合紧密,有较高的结合强度,工效高,施工速度快(一套设备每月可加固 5 000~10 000 m² 地基),节省加固材料,施工费用低,节省投资,同时耗用劳力较少等。

适用范围:强夯法适用于处理碎石土、砂土、低饱和度的黏性土、湿陷性黄土、杂填土及素填土等地基。对于饱和软黏土,若采取一定技术措施也可采用,也可用于水下夯实。但对于工程周围建筑物和设备有振动影响限制要求的地基,不得使用强夯法,必要时,应采取防振、隔振措施,例如采用防震沟等。

3.4.2 有效加固深度

有效加固深度既是选择地基处理方法的重要依据,又是反映处理效果的重要参数。一般可按梅纳公式估算有效加固深度:

$$H = \alpha\sqrt{Mh} \tag{3-15}$$

式中　H——有效加固深度,m;

　　　M——夯锤重,t;

　　　h——落距,m;

　　　α——系数,须根据所处理地基土的性质而定,对软土可取 0.5,对黄土可取 0.34~0.5。

按式(3-15)计算 H,能否得到符合实际情况的计算结果,取决于采用的 α 值,故最好通过现场试夯或根据当地经验确定该系数。我国现有的行业规范规定,当缺少试验资料或经验时,可按表 3-3 预估有效加固深度。

表 3-3 强夯的有效加固深度

单位:m

单击夯击能/kN·m	1 000	2 000	3 000	4 000	5 000	6 000	8 000
碎石土、砂土等粗颗粒土	5.0~6.0	6.0~7.0	7.0~8.0	8.0~9.0	9.0~9.5	9.5~10.0	10.0~10.5
粉土、黏性土、湿陷性黄土等细颗粒土	4.0~5.0	5.0~6.0	6.0~7.0	7.0~8.0	8.0~8.5	8.5~9.0	9.0~9.5

注:强夯的有效加固深度应从最初起夯面算起。

3.4.3 强夯法施工要点和质量检验

3.4.3.1 强夯法施工要点

1.试夯

强夯法或强夯置换法施工前,应根据初步确定的强夯参数,在施工现场有代表性的场地上选取一个或几个试验区进行试夯或试验性施工,并通过测试,检验强夯或强夯置换效果,以便最后确定工程采用的各项参数。

2.平整场地

预先估计强夯或强夯置换施工后可能产生的平均地面变形,并以此确定夯前地面高程,然后用推土机平整。同时,应认真查明场地范围内的地下构筑物和各种地下管线的位置及标高等,尽量避开在其上进行强夯施工,否则应根据强夯或强夯置换的影响深度,估计可能产生的危害,必要时应采取措施,以免强夯或强夯置换施工而造成损坏。

3.降低地下水位或铺垫层

在场地表土软弱或地下水位高的情况下,宜采用降低地下水位,或在表层铺填一定厚度的松散性材料。这样做的目的是在地表形成硬层,可以用以支承起重设备,确保机械设备通行和施工,又可加大地下水位和地表面的距离,防止夯击时夯坑积水。

4.强夯法施工步骤

(1)清理并平整施工场地。

(2)标出第一遍夯点位置,并测量场地高程。

(3)起重机就位,夯锤置于夯点位置。

(4)测量夯前锤顶高程。

(5)将夯锤起吊到预定高度,开启脱钩装置,待夯锤脱钩自由下落后,放下吊钩,测量锤顶高程,若发现因坑底倾斜而造成夯锤歪斜,应及时将坑底整平。

(6)重复步骤(5),按设计规定的夯击次数及控制标准,完成一个夯点的夯击。

(7)换夯点,重复步骤(3)~(6),完成第一遍全部夯点的夯击。

(8)用推土机将夯坑填平,并测量场地高程。

(9)在规定的间隔时间后,按上述步骤逐次完成全部夯击遍数,最后用低能量满夯,将场地表层松土夯实,并测量夯后场地高程。

3.4.3.2 质量检验

1.检验要求

(1)检验时间。强夯法施工结束后应间隔一定时间方能对地基质量进行检验,对于碎石土和砂土地基可取 1~2 周,低饱和度的粉土和黏性土地基可取 2~4 周。

(2)质量检验的方法。宜根据土性选用原位测试和室内土工试验。对于一般工程应采用两种或两种以上的方法进行检验;对于重要工程应增加检验项目,也可做现场大压板载荷试验。

(3)质量检验的数量。对于简单场地上的一般建筑物,每个建筑物地基的检验点不应少于 3 处。对于复杂场地或重要建筑物地基应增加检验点数。检验深度应不小于设计处理的深度。

2.现场检验

(1)触探法。包括静力触探和动力触探。

(2)载荷试验。适用于测定地基土的承载力和变形特性。

(3)旁压试验。有预钻式旁压试验和自钻式旁压试验。

(4)十字板剪切试验。

(5)波速法试验。主要用于测定加固后土的动力参数,以及通过加固前后波速对比查看加固效果。

3.4.4 强夯置换法

3.4.4.1 动力置换

在强夯的同时,夯坑中可置入碎石,强行挤走软土,即强夯置换。动力置换可分为整式置换[见图 3-9(a)]和桩式置换[见图 3-9(b)]。整式置换是采用强夯将碎石整体挤入淤泥中。其作用机制类似于换土垫层法。桩式置换是通过强夯将碎石等填筑到土体中,部分碎石间隔地夯入软土中,形成桩式(或墩式)的碎石墩(或桩)。其作用机制类似于振冲法等形成的碎石桩,它主要是靠碎石内摩擦角和墩间土的侧限来维持桩体的平衡,并与墩间土形成复合地基,如图 3-9 所示。

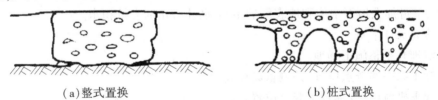

(a)整式置换   (b)桩式置换

图 3-9 动力置换类型

强夯置换法加固机制相当于下列三者之和,即由强夯加密、碎石墩和特大直径排水井组成。因此,墩间和墩下的粉土或黏性土通过排水与加密,其密度和状态可以改善,从而提高地基的承载能力,减少沉降。目前,强夯置换有 3 种形式:

(1)当地基表层为具有适当厚度的砂覆盖层,下卧层为高压缩性淤泥质软土时,采用低能夯,即将表层砂夯挤填入软土层中,形成动力置换砂桩。软土层受动力固结作用而趋于密实,从而提高软土层的承载能力。

(2)当地基为高压缩性软土时,在其表面堆铺一层适当厚度的碎石料,利用夯锤冲击成孔,回填碎石料后,夯实成桩。

（3）在厚度为 3~5 m 的淤泥质软土层上面抛填石块，利用抛石自重和夯锤冲击力使块石坐落到硬土层上，淤泥大部分被挤走，少量留于石缝中，形成动力置换块石层，从而提高软土层的承载能力。

3.4.4.2　强夯置换法设计

强夯置换法的设计内容与强夯法基本相同，包括：起重设备和夯锤的确定、夯击范围和夯击点布置、夯击击数和夯击遍数、间歇时间和现场测试等。

强夯置换墩的深度由土质条件决定，除厚层饱和粉土外，应穿透软土层，到达较硬土层上。深度不宜超过 7 m。墩体材料可采用级配良好的块石、碎石、矿渣、建筑垃圾等坚硬粗颗粒材料，粒径大于 300 mm 的颗粒含量不宜超过全重的 30%。

夯点的夯击次数应通过现场试夯确定，且应同时满足下列条件：

（1）墩底穿透软弱土层，且达到设计墩长。

（2）累计夯沉量为设计墩长的 1.5~2.0 倍。

（3）最后两击的平均夯沉量应满足强夯法的规定。

墩间距应根据荷载大小和原土的承载力选定，当满堂布置时可取夯锤直径的 2~3 倍。对独立基础或条形基础可取夯锤直径的 1.5~2.0 倍。墩的计算直径可取夯锤直径的 1.1~1.2 倍。

墩顶应铺设一层厚度不小于 500 mm 的压实垫层，垫层材料可与墩体相同，粒径不宜大于 100 mm。

确定软黏性土中强夯置换墩地基承载力特征值时，可只考虑墩体，不考虑墩间土的作用，其承载力应通过现场单墩载荷试验确定，对饱和粉土地基可按复合地基考虑，其承载力可通过现场单墩复合地基载荷试验确定。

3.4.4.3　强夯置换法施工

强夯置换法施工可按下列步骤进行：

（1）清理并平整施工场地，当表土松软时可铺设一层厚度为 1.0~2.0 m 的砂石施工垫层。

（2）标出夯点位置，并测量场地高程。

（3）起重机就位，夯锤置于夯点位置。

（4）测量夯前锤顶高程。

（5）夯击并逐击记录夯坑深度。当夯坑过深而发生起锤困难时停夯，向坑内填料直至与坑顶平，记录填料数量，如此重复直至满足规定的夯击次数及控制标准完成一个墩体的夯击。当夯点周围软土挤出影响施工时，可随时清理并在夯点周围铺垫碎石，继续施工。

（6）按由内而外，隔行跳打原则完成全部夯点的施工。

（7）推平场地，用低能量满夯，将场地表层松土夯实，并测量夯后场地高程。

（8）铺设垫层，并分层碾压密实。

当表土松软时应铺设一层厚为 1.0~2.0 m 的石英砂施工垫层以利施工机具运转。随着置换墩的加深，被挤出的软土渐多，夯点周围地面渐高，先铺的施工垫层在向夯坑中填料时往往被推入坑中成了填料，施工层越来越薄，因此施工中须不断地在夯点周围加厚施工垫层，避免地面松软。

3.4.4.4 强夯置换法质量检验

为保证强夯置换工程质量,在强夯置换施工完成后应进行必要的抽样检测。常见的检测项目主要为强夯置换碎(块)石墩的体形和深度、强夯置换碎(块)石墩承载力,以及强夯置换复合地基的承载力和变形模量等。

1.强夯置换碎(块)石墩的体形和深度检测

目前,强夯置换碎(块)石墩的体形和深度常用检测方法主要有开挖、钻孔、重型动力触探、探地雷达和瑞利波法等。开挖检验比较直观、结果可靠,但费用高、实施难度较大,对一般工程应用较少,仅在重大型工程中采用。由于一般工程地质钻机难以在强夯置换碎(块)石墩体上成孔,所以钻孔法检测一般采用斜钻的方法探求墩体的外形。目前,常采用探地雷达和瑞利波检测置换碎(块)石墩的体形和深度,但这毕竟属于一种间接的检验方法,存在一定的误差,运用时需与其他方法进行比较。

2.强夯置换碎(块)石墩承载力检测

强夯置换碎(块)石墩承载力检测常采用载荷试验的方法,载荷试验的承压板采用与墩顶面积相同的圆形压板。

3.强夯置换复合地基的承载力检测

目前,强夯置换复合地基的承载力检测常采用复合地基载荷试验或采用单墩和墩间土分别进行载荷试验的方法,对于墩间土还可采用其他的多种原位测试和钻孔取样土工分析以及瑞利波检测方法。

由于强夯置换碎(块)石墩直径较大,单墩所控制的加固面积较大,因此强夯置换复合地基的承载力检测常采用单墩复合地基载荷试验。

3.5 灰土(土)桩挤密桩法

3.5.1 概述

灰土(土)桩挤密桩法是利用沉管、爆扩、冲击或钻孔夯扩等方法,在地基土中挤压成桩孔,迫使桩孔内土体侧(横)向挤出,从而使桩周土得到加密;随后向桩孔内分层填入素土或灰土等廉价填料夯实成桩,桩体填料也可采用水泥土、二灰(石灰、粉煤灰)或灰渣(石灰、矿渣)等具有一定胶凝强度的材料。土桩、灰土桩等挤密地基由桩体和桩间挤密土组成人工复合地基,共同承担上部荷载。灰土(土)桩挤密桩法的主要特点是对桩间土的原位深层挤密,因此也可称为挤密桩法或深层挤密法。其优点是:原位处理、深层挤密、就地取材和以土治土,用于处理深厚的湿陷性黄土地基和非饱和欠压密的填土地基,可获得显著的技术效益、经济效益与社会效益,因此在我国西北和华北等地区已得到广泛的应用。

随着工程机械化水平的发展和各地区工程建设的需要,桩孔填料不仅采用素土或灰土,也有利用工业废料做成二灰桩(石灰与粉煤灰)、灰渣桩(石灰与矿渣),以及水泥土桩或水泥灰土桩(灰土中掺入少量水泥)等。上述桩体材料均具有一定的胶凝强度,与灰土性质相近,在挤密桩复合地基中,亦具有柔性桩的特征。在施工工艺方面,除常用的沉管法外,小型冲击成孔挤密法已成功用于既有建筑地基的加固处理;预钻孔后重锤冲击至夯扩成桩,用于含水率偏高的黄土地基也较为有效,这种工法是冲击成孔与成桩法的发展,可简称为钻孔夯扩桩挤密法。

3.5.2　加固原理

湿陷性黄土属于非饱和的欠压密土,其主要特征为孔隙比较大而干密度小,同时是其产生浸水湿陷性的根本原因。试验研究与工程实践证明,当使黄土的干密度及其压实系数(挤密系数)达到某一标准时,即可消除其湿陷性,灰土(土)桩挤密桩法正是利用这一原理,通过原位深层挤压成孔,使桩间土得到加密,并与分层夯实不同填料的桩体构成非湿陷性的承载力较高的人工复合地基。由于桩体材料性质的不同,素土桩与灰土桩(包括其他具有一定胶凝强度材料的桩)在挤密桩复合地基中的作用机制也不尽相同,现分述为下。

3.5.2.1　土的侧向挤密

当土的含水率接近其最佳含水率时,挤密效果最显著;当土的含水率偏小时,土呈坚硬状态或半固体状态,土体强度增大,不容易被挤压密实,且挤密有效半径明显减小,并给沉管、拔管和冲击成孔等施工造成困难;当土的含水率过高或饱和度过大时,由于挤密引起超孔隙水压力的影响,使土体只能向外围移动,而难以挤密,同时孔壁附近的土因扰动而强度降低,故很容易产生桩孔缩径和回淤等情况。由此可见,含水率对挤密效果影响很大。此外,土的原始干密度对挤密范围及效果也有显著的影响,原始干密度小时,挤密有效范围小,效果也差。原始干密度是设计桩间距的基本依据。综上所述,成孔挤密效果在于土的含水率,桩距大小取决于土的干密度,在多数情况下,凡湿陷性黄土一般均可挤密成孔。

3.5.2.2　土桩挤密地基

土桩挤密地基的加固作用主要是增加土的密实度,降低土中孔隙率,从而达到消除地基湿陷性和提高水稳定性的效果。

国外早期曾称土桩挤密法为"加深捣实"法,即是明确了土桩具有深层加密黄土的特点。设计土桩挤密地基时可以将其视为一个厚度较大的素土垫层,处理范围及承载力等的设计原则与土垫层相似。我国有关规范如《建筑地基处理技术规范》(JGJ 79—2012)和《湿陷性黄土地区建筑规范》(GB 50025—2018)中,关于土桩挤密地基设计计算的规定与土垫层的设计原则基本相同。

3.5.2.3　灰土桩挤密地基

1.灰土的硬化机制和力学性质

众所周知,单纯的石灰属气硬性胶凝材料,但石灰与土掺和后,在一定条件将发生复杂的物理化学反应。

灰土的力学性质主要有:

(1)灰土的强度。硬化后的灰土属脆性材料,强度指标常用 28 d 无侧限抗压强度表示,一般要求其无侧限抗压强度 q_u 不低于 500 kPa。

(2)灰土的变形模量。灰土的变形模量(E_n)随应力的大小而异,通常 E_n 值为 40 ~ 200 MPa。

(3)灰土的水稳定性。灰土的水稳定性可以用其饱和状态下的抗压强度与普通潮湿状态下强度之比即软化系数表示。灰土的软化系数一般为 0.54~0.90,平均约为 0.70。

2.灰土桩的破坏特征及荷载传递规律

根据室内及现场载荷试验,在极限荷载作用下,灰土桩的破坏多数发生在桩顶$(1.0\sim$ $1.5)d$ 的长度范围内,裂缝呈竖向或斜向,具有脆性破坏的特征。灰土桩在竖向荷载作用下,桩身在一定深度内即产生压缩变形及侧向膨胀,其值上大下小,在$(6\sim10)d$ 深度以下趋近于零。

灰土桩桩身的应力测试结果如图 3-10 所示。从图 3-10 中可以看出其荷载传递的规律是:①灰土桩桩顶受荷后,桩身应力及荷载将急剧衰减,在 $3d$ 深度处的桩身荷载仅为桩顶处的 $1/6$ 左右,在$(6\sim10)d$ 深度以下桩身荷载已趋于零,同时桩身与桩周土中的应力亦趋于一致。②灰土桩桩身的荷载通过桩周摩阻力迅速向土中传递,摩阻力约在 $2d$ 深度处达到峰值,在 $6d$ 深度以下趋于零,在此深度以下的灰土桩不再承受较高的应力,桩身与桩周土的应力比接近于 1.0。

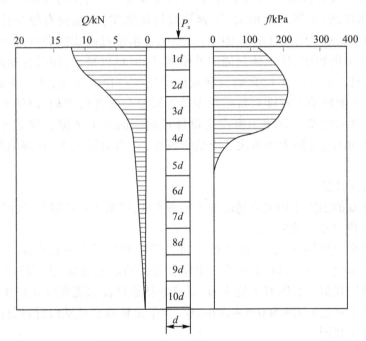

图 3-10　灰土桩桩身的分段荷载(Q)及桩周摩阻力(f)的分布

3.5.3　设计与计算

3.5.3.1　桩孔填料、桩径及桩位布置

(1)桩孔填料应根据地基处理的目的和工程要求,采用素土、灰土、二灰(粉煤灰与石灰)或水泥土等,填料的平均压实系数不应低于 0.97,其中压实系数最小值不应低于 0.90。

(2)挤密桩的桩体直径宜为 300~600 mm。

(3)桩孔布置宜按等边三角形排列,基础下桩孔排数不宜少于 3。

挤密桩桩顶标高以上应设置 300~600 mm 的 2∶8 或 3∶7 灰土垫层,垫层的宽度应不小于挤密桩处理的宽度。

3.5.3.2　处理范围

灰土挤密桩或土挤密桩处理地基的面积,应大于基础或建筑物底层平面的面积,并应符合下列规定:

(1)采用局部处理超出基础底面的宽度时,对非自重湿陷性黄土、素填土和杂填土等地基,每边不应小于基底宽度的 1/4,并不应小于 0.5 m;对自重湿陷性黄土地基,每边不应小于基底宽度的 3/4,并不应小于 1 m。

(2)当采用整片处理时,超出建筑物外墙基础底面外缘的宽度,每边不宜小于处理土层厚度的 1/2,并不应小于 2 m。

3.5.3.3　桩孔间距设计

1.桩型选择

挤密桩的桩型按成孔和成桩工艺的不同,分为直接挤密成孔桩和预钻孔重锤夯扩挤密成桩两类桩型。

(1)直接挤密成孔桩(简称挤密成孔)是利用沉管、冲击等方法,对地基土深层挤压并形成桩孔,使桩间土得到挤密,然后将桩孔分层填料夯实成桩体。这是挤密桩的主要类型,当地基土的含水率适中,可形成稳定的桩孔,且环境条件允许时,应优先选用。

(2)预钻孔重锤夯扩挤密成桩(简称钻孔夯扩桩挤密法)是近几年应用的一类施工方法,其优点是施工噪声和振动影响较小,对土含水率较高的场地,钻孔夯扩不易出现缩孔、回淤等情况。

2.桩距计算

桩孔直径宜为 300~450 mm,并可根据所选用的成孔设备或成孔方法确定。为使桩间土均匀挤密,桩孔宜按等边三角形布置,桩孔之间的中心距离 s,可为桩孔直径的 2.0~2.5 倍,也可按下式估算:

$$s = 0.95d \sqrt{\frac{\overline{\eta}_c \rho_{dmax}}{\overline{\eta}_c \rho_{dmax} - \overline{\rho}_d}} \tag{3-16}$$

式中　s——桩孔之间的中心距离,m;

d——桩孔直径,m;

ρ_{dmax}——桩间土的最大干密度,t/m³;

$\overline{\rho}_d$——地基处理前土的平均干密度,t/m³;

$\overline{\eta}_c$——桩间土经成孔挤密后的平均挤密系数,对重要工程不宜小于 0.93,对一般工程不宜小于 0.90。

桩间土平均挤密系数按下式计算:

$$\overline{\eta}_c = \frac{\overline{\rho}_{d1}}{\rho_{d\,max}} \tag{3-17}$$

式中　$\overline{\rho}_{d1}$——在成孔挤密深度内桩间土平均干密度,t/m³;平均试样数不应少于 6 组。

桩孔数量可按下式计算:

$$n = \frac{A}{A_e} \tag{3-18}$$

式中　A——拟处理地基的面积,m²;

A_e——1 根土挤密桩或灰土挤密桩所承担的处理地基的面积,m^2,按公式 $A_e = \frac{\pi}{4}d_e^2$ 计

算,其中 d_e 为 1 根土挤密桩或灰土挤密桩所承担的处理地基的面积的等效直

径,m,当按三角形布置时 $d_e = 1.05s$,桩孔按正方形布置时 $d_e = 1.13s$。

3.5.3.4 桩孔填料的选用

1.桩孔填料

桩孔内的填料,应根据工程要求或处理地基的目的确定,桩体的夯实质量宜用平均压实系数控制。当桩孔内用素土或灰土分层回填、分层夯实时,桩体的平均压实系数值均不应小于 0.96。消石灰与土的体积配合比宜为 2:8 或 3:7。

2.桩孔填料的选择与配置

桩孔填料的选择与配置应按设计要求进行,同时应符合以下要求:

(1)素土土料应选用纯净的黄土、黏性土或粉土,有机质含量不超过 5%,同时不得含有杂土、砖瓦和石块,冬季要剔除冻土块,土料粒径不宜大于 50 mm。

(2)石灰应选用新鲜的消石灰粉,颗粒直径不大于 5 mm,石灰的质量标准不应低于三级,活性 CaO+MgO 含量不低于 60%。

3.5.4 施工工艺

灰土挤密桩或土挤密桩的施工方法是利用沉管、冲击或爆扩等方法在地基中挤土成孔,然后向孔内夯填素土或灰土成桩。

3.5.4.1 施工准备

施工前应掌握下列资料和情况:

(1)建筑场地的岩土工程勘察报告和普探资料,如发现场地土质或土的含水率变化较大,宜进行补充勘察或成孔挤密试验,避免盲目进场施工。

(2)建筑物基础施工图、桩位布置图及设计要求。

(3)建筑场地及周边环境的调查资料,包括地上管线和地下管线、旧基础以及可能影响到的周边建筑物、设施等相关资料。

3.5.4.2 成孔工艺

(1)沉管法。利用各类沉管灌注桩机打入或振入套管,桩管下特制活动桩尖的构造与石灰桩管外投料施工类似。套管打到设计深度后,拔出套管,分层投入灰土,利用套管反插或用偏心轮夹杆式夯实机及提升式夯实机分层夯实。一般处理深度可达 14~17 m,适用于处理大厚度的湿陷性黄土地基。沉管法施工的工艺程序如图 3-11 所示。

(2)冲击成孔法。利用冲击钻机将 6~32 kN 的锥形锤头提升 0.5~2 m 的高度后自由落下,反复冲击成孔。锤头直径为 350~450 mm,孔径可达 400~600 mm,成孔后分层填入灰土,用锤头击实。

冲击成孔法的施工工艺程序如图 3-12 所示,主要工序为冲锤就位、冲击成孔和冲夯填孔。冲击成孔法的冲孔深度不受机架高度的限制,成孔深度可达 20 m 以上,同时成孔与填孔机械相同,夯填质量高,因而它特别适用于处理厚度较大的自重湿陷性黄土地基,并有利于采用素土桩,降低工程造价。

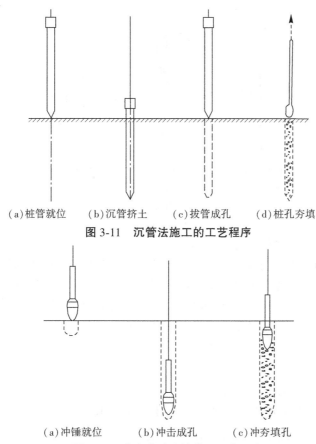

(a)桩管就位　　(b)沉管挤土　　(c)拔管成孔　　(d)桩孔夯填

图 3-11　沉管法施工的工艺程序

(a)冲锤就位　　(b)冲击成孔　　(c)冲夯填孔

图 3-12　冲击成孔法的施工工艺程序

(3)爆扩成孔法。人工成孔后,将炸药及雷管放置于孔内,孔顶封土后引爆成孔。药眼直径 18~35 mm,引爆后孔径可达 270~630 mm。成孔后分层填入灰土,用偏心轮夹杆式夯实机及提升式夯实机分层夯实。

爆扩成孔法的施工工艺,在国外以在小钻孔内串联小药包引爆扩孔法为主,在国内常用的有药眼法和药管法。爆扩成孔法施工工艺程序如图 3-13 所示。

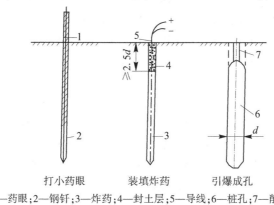

打小药眼　　装填炸药　　引爆成孔

1—药眼;2—钢钎;3—炸药;4—封土层;5—导线;6—桩孔;7—削土层。

(a)药眼法

图 3-13　爆扩成孔法施工工艺程序

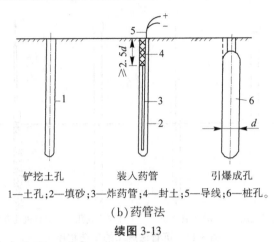

铲挖土孔 　　　 装入药管 　　　 引爆成孔

1—土孔;2—填砂;3—炸药管;4—封土;5—导线;6—桩孔。

（b）药管法

续图 3-13

3.5.4.3 被加固地基土含水率

拟处理地基土的含水率对成孔施工与桩间土的挤密至关重要,地基土宜接近最优(或塑限)含水率,当土的含水率低于 12% 时,宜对拟处理范围内的土层进行增湿,并应于地基处理前 4~6 d,通过一定数量和一定深度的渗水孔,将增湿土的计算加水量,均匀地浸入拟处理范围内的土层中。增湿土的加水量可按下式估算:

$$Q = V\bar{\rho}_d(\omega_{op} - \bar{\omega})k \tag{3-19}$$

式中　Q——计算加水量,m^3;

　　　　V——拟加固土的总体积,m^3;

　　　　ω_{op}——土的最优含水率(%),通过室内击实试验求得;

　　　　$\bar{\omega}$——地基土处理前土的平均含水率(%);

　　　　k——损耗系数,取 1.05~1.10。

3.5.4.4 桩孔夯填

桩孔填料的种类分为素土、灰土、二灰和水泥土等,施工应按设计要求配制。灰土、二灰拌和后堆放时间不宜超过 24 h;水泥土拌和后不宜超过水泥的终凝时间。

填料中采用的土料与石灰应符合下列要求:

(1)土料。宜选用粉质黏土,土料中的有机质含量不得超过 5%,不得含有冻土和渣土垃圾。用于灰土、二灰、水泥土中的土料,人工拌和时,宜过筛,料径不应超过 15 mm。

(2)石灰。可选用新鲜的消石灰或袋装生石灰粉,粒径不应大于 5 mm,保存期不宜超过 3 个月。石灰的质量应达到国家标准"合格品"等级以上,有效 CaO+MgO 含量不低于 60%。

3.5.4.5 垫层施工

灰土垫层的用料与配合比必须符合设计要求,且应拌和均匀,随拌随用(拌后堆放时间不超过 24 h),混合料的含水率应控制在最佳含水率±3% 以内。

灰土垫层应根据设计厚度和范围,分层铺填、压实,施工中应控制好虚铺厚度,保证垫层的顶面标高和压实系数都满足设计与规程要求。

3.5.4.6 常见事故及处理方法

在打桩夯填过程中,打桩机和桩锤的故障常会影响施工质量和施工进度。如表 3-4 所示为打桩机和桩锤常见故障及排除方法。

表 3-4　打桩机和桩锤常见故障及排除方法

故障部位	现象	产生原因	排除方法
桩锤	突然停止工作	(1)无燃油 (2)不供油 (3)漏油 (4)活塞不能下落 (5)柱定塞杆不动	(1)加油 (2)清除油管、出油阀,疏通喷油孔 (3)检查修复油管 (4)清除杂物、更换部件 (5)检查修复
	不能正常工作	(1)气压缩力不够 (2)柱塞工作不正常 (3)供油不均匀 (4)供油太多 (5)供油量少 (6)燃油不完全 (7)燃油早燃	(1)更换活塞环 (2)清顶杆和桩塞各滑轮部位尘垢 (3)检修和更换曲柄 (4)调整供油量 (5)更换单向阀 (6)润滑上下活塞 (7)加入适当的重柴油
	不能启动	(1)土质软、桩阻力小 (2)油泵不供油: 　①供油管或回油管阻塞 　②喷油嘴堵塞 　③出油阀与锥头卡住 　④垫圈不严 　⑤有空气 (3)气温过低 (4)含杂质,燃油不能燃烧 (5)起锤压力不足: 　①气缸磨损超过限度 　②活塞磨损、黏附或变质	(1)起吊桩锤重打 (2)检修供油系统: 　①清洗或更换油管 　②疏通喷油嘴 　③更换出油阀 　④旋进垫圈 　⑤打开油泵放气螺钉,拉动曲臂排净空气 (3)加热水或关闭油门空击,打开检查孔放入浸有乙醚的棉纱 (4)排除杂质油,加新鲜燃油 (5)检查起锤系统: 　①修复 　②更换
	不能停止工作	(1)燃油泵: 　①内部回油路堵塞 　②调节阀位置不正确 (2)供油不能停止	(1)检修: 　①清洗疏通回路 　②重新调整 (2)更换单向阀橡胶锥头
活塞	起跳过高	(1)桩的阻力太大,桩锤超负荷作业 (2)喷油量太大	(1)停止打锤、检查桩的贯入度 (2)调小供油量
	积灰过多	(1)上下活塞阀润滑油过多,燃油燃烧不完全 (2)上下活塞凹面间有杂质,燃油不能雾化	(1)清洗积炭 (2)检查孔旋塞

续表 3-4

故障部位	现象	产生原因	排除方法
油泵推杆	不能回位	(1)油泵内有脏物 (2)弹簧力不足或折断	(1)清洗油泵 (2)更换弹簧
起落架	不能工作	(1)起动钩尖端磨损变形、传动机构变形 (2)提锤机构齿轮、锤体提升齿爪变形 (3)导轨与导向板之间间隙不正常 (4)摇杆或提升挡块变形	(1)修复或更换 (2)矫正变形或修复更换 (3)修理导轨或更换导向板 (4)检修或更换

3.5.5　质量检测

3.5.5.1　质量检验与验收

质量检验包括施工前、施工中和施工后的质量检验。施工前应对土及灰土的质量、桩孔放样位置等进行检查;施工过程中应对桩孔深度、直径、夯击次数、填料量、填料的含水率等进行检查;施工结束后应及时对灰土挤密桩或土挤密地基处理的质量进行抽样检查。对一般工程,主要应检查施工记录、检验全部处理深度内桩体和桩间土的干密度,并将其分别换算为平均压实系数 λ_c 和平均挤密系数 η_c;对重要工程,除检测上述内容外,还应测定全部处理深度内桩间土的压缩性和湿陷性。抽样检验数量,对一般工程不应少于桩总数的 1%,对重要工程不应少于桩总数的 1.5%。

土桩或灰土挤密桩竣工验收时,承载力检验应采用复合地基荷载试验,检验数量不应少于桩总数的 0.5%,并不应少于 3 点。

土桩和灰土桩加固地基质量检验标准见表 3-5。

表 3-5　土桩和灰土桩加固地基质量检验标准

项目类别	序号	检查项目		允许偏差或允许值	检查方法
主控项目	1	桩间土挤密系数		设计要求	现场取样检验
	2	桩体压实系数		设计要求	现场取样检验。对灰土桩等必要时可加测试块浸水饱和状态下的无侧限抗压强度
	3	桩长		500 mm	测桩管长度或垂球测孔深
	4	地基承载力		设计要求	按规定的方法
一般项目	1	土料有机质含量		≤5%	实验室焙烧法
	2	石灰粒径		≤5 mm	筛分法
	3	桩位偏差		≤1.5%	用钢尺量
	4	垂直度		≤1.5%	测桩管或桩孔垂直度
	5	桩径	沉管法	−20 mm	用钢尺量,负值指局部断面
			冲击法或钻孔夯扩法	−40 mm	用钢尺量,负值指局部断面
	6	其他材料		设计要求	如水泥、粉煤灰等

3.5.5.2　效果检验

1.桩身夯实质量检验

桩孔的夯填质量是保证地基处理效果的重要因素,同时夯填质量检验也是施工质检的重点和难点。桩身夯填质量检验应采取随机抽样的检查方法,抽样检查的数量不应小于桩孔总数的 2%。不合格处应采取加桩或其他补救措施。常用的夯填质量检验方法有轻便触探检验法、小环刀深层取样检验法、开剖取样检验法、夯击能量检验法、载荷试验法等。

2.挤密效果检验

桩间土的挤密效果,主要取决于桩间距设计的大小,同时也与桩孔施工质量有一定的关系。下面介绍几种常用的桩间土挤密质量检验方法:

(1)探井取样检验。每项工程的检验应在由 3 个桩构成的挤密单元内,布置取样探井,探井深度大于桩长 1.0 m,以天然土分层或每 1.0~1.5 m 分别为一层,从小的方格内(边长 10~15 cm)分别用小环刀取出土样,测试各点土的干密度 ρ_d 和挤密系数 η_c,并计算压实系数 λ_c。

(2)标准贯入试验检验。在三桩之间形心处打孔,按 1.0~1.5 m 间距,进行标准贯入试验,确定桩间土的挤密效果及其承载力。

(3)静力、动力触探检验。在三桩之间形心处布置 2~3 个静力或动力触探点,确定桩间土的挤密效果和承载力。

3.消除湿陷性检验

消除湿陷性的效果,可通过室内试验测定桩间土和桩孔内夯实土或灰土的湿陷系数 δ_s 进行检验。如果 $\delta_s < 0.015$,则认为土的湿陷性已经消除。对于重大和重要的工程,也可通过现场浸水载荷试验,观测在一定压力下浸水后地基的附加沉降,也称湿陷量 S_w 和相对湿陷量 S_w/b(b 为压板宽度)进行检验。当土桩或灰土桩挤密地基的浸水湿陷量 $S_w < 3$ cm,相对湿陷量 $S_w/b < 0.02$ 时,则可以认为地基的湿陷量已经消除。

3.6　水泥土搅拌法

深层搅拌法是利用水泥(或石灰)等材料作为固化剂,通过特制的搅拌机械,在地基深处就地将软土和固化剂(浆液或粉体)强制搅拌,由固化剂和软土间所产生一系列的物理-化学反应,形成具有整体性、水稳定性和一定强度的水泥土,从而提高地基承载力和变形模量。根据施工方法的不同,深层搅拌法分为水泥浆搅拌法和粉体喷射搅拌法两种。前者是用水泥浆和地基土搅拌,后者是用水泥粉或石灰粉和地基土搅拌。

水泥土加固软土技术的优点如下:

(1)深层搅拌法由于将固化剂和原地基软土就地搅拌混合,因而最大限度地利用了原土。

(2)搅拌时不会使地基侧向挤出,所以对周围原有建筑物的影响很小。

(3)按照不同地基土的性质及工程设计要求,合理选择固化剂及其配方,设计比较灵活。

(4)施工时无振动、无噪声、无污染,可在市区和密集建筑群中施工。

（5）土体加固后重度基本不变，对软弱下卧层不致产生附加沉降。

（6）与钢筋混凝土桩基相比，节省了大量的钢材，并降低了造价。

（7）根据上部结构的需要，灵活地采用柱状、壁状、格栅状和块状等加固形式。

深层搅拌法适用于处理正常固结的淤泥与淤泥质土、粉土、饱和黄土、素填土、黏性土以及无流动地下水的饱和松散砂土等地基。当地基土的天然含水率小于30%（黄土含水率小于25%）、大于70%或地下水的 pH 值小于4时不宜采用此法。

3.6.1 水泥加固土的室内外试验

3.6.1.1 室内配合比试验

试验目的是了解加固水泥的品种、掺入量、水灰比、最佳外掺剂对水泥强度的影响，求得龄期与强度的关系，为设计与施工提供参数。室内配合比试验主要仪器有土工仪器和砂浆混凝土试验仪器。

试验一般用风干土或烘干土样碾碎，并过 2~5 mm 的筛后制备试样（也可以用现场的原状土保持天然含水率），分别按照配合比称量土、水泥、外加剂等，放入搅拌锅内拌和均匀，然后将水和外加剂倒入并搅拌均匀；一般试模为边长 70.7 mm 的立方体，在选定的试模内装入一半试料，放在振动台上振动 1 min 后，装入其余一半试料再振动 1 min，最后刮平试件表面，盖上塑料布防止水分蒸发。待成型 1 d 后拆模、编号，在标准养护室内水中或养护架上养护，少部分放在普通水中养护，比较不同条件对水泥土强度的影响。

一般水泥掺入量为 180~250 kg/m³，也可以用水泥掺入比 α_w 表示，α_w = 水泥掺量/被加固软土的湿重量，可以根据要求选用 7%、10%、12%、15%、20% 等。

水泥土的含水率一般比原土的含水率减少 0.5%~0.7%，且随水泥掺入比增加而减少；水泥土的重度一般比软土增加 0.5%~3%；比重略大于软土，增加 0.7%~2.5%；渗透系数一般可达 10^{-5}~10^{-8} cm/s；水泥土的无侧限抗压强度一般为 300~4 000 kPa，比天然软土大几十倍到几百倍，变形特征随强度不同而介于脆性破坏与弹性破坏之间。当外力在极限强度的 70%~80% 时，应力应变关系近似直线，强度大于 200 kPa 的水泥土呈现脆性破坏，强度小于 200 kPa 的水泥土呈塑性破坏，三轴剪切试验有清楚的平整剪切面，与第一主平面的夹角约为 60°；压缩模量 E_{50} = 60~100 MPa。

3.6.1.2 野外试验

试验目的是进行成桩工艺试验，比较不同桩长与不同桩身强度的单桩承载力、不同水泥掺入比的室内试块与现场桩身强度的关系，确定共同作用的复合地基承载力。试验方法有在桩基不同部位切取试块与实验室试件做对比强度试验、单桩与复合地基承载力试验等。单桩或复合地基承载力设计值可以根据载荷试验 p-s 曲线取 s/b = 0.01 或 s/d = 0.01 时所对应的荷载。

3.6.2 设计计算

3.6.2.1 加固范围、布桩形式和桩数的确定

竖向承载搅拌桩的平面布置可根据上部结构特点及对地基承载力和变形的要求，采用柱状、壁状、格栅状或块状等加固形式。桩可只在基础平面范围内布置，独立基础下的桩数不宜少于 3 根。柱状加固可采用正方形、等边三角形等布桩形式。

根据单桩承载力和上部结构要求达到的复合地基承载力,可由下式计算桩数:

$$n = \frac{A}{A_e} = \frac{mA}{A_p}$$ (3-20)

式中　n——桩数;

　　　A、A_e、A_p——加固面积、单桩有效加固面积、单桩横断面面积,m^2;

　　　m——桩土面积置换率。

3.6.2.2　复合地基设计

1. 单桩承载力计算

单桩竖向承载力特征值应通过现场载荷试验确定。初步设计时也可按式(3-21)估算,并应同时满足式(3-22)的要求,应使由桩身材料强度确定的单桩承载力大于(或等于)由桩周土和桩端土的抗力所提供的单桩承载力:

$$R_a = u_p \sum_{i=1}^{n} q_{si} l_i + \alpha q_p A_p$$ (3-21)

$$R_a = \eta f_{cu} A_p$$ (3-22)

式中　f_{cu}——与搅拌桩桩身水泥土配合比相同的室内加固土试块(边长为 70.7 mm 的立方体,也可采用边长为 50 mm 的立方体)在标准养护条件下 90 d 龄期的立方体抗压强度平均值,kPa;

　　　η——桩身强度折减系数,干法可取 0.20~0.30,湿法可取 0.25~0.33;

　　　u_p——桩的周长,m;

　　　n——桩长范围内所划分的土层数;

　　　q_{si}——桩周第 i 层土的侧阻力特征值,对淤泥可取 4~7 kPa,对淤泥质土可取 6~12 kPa,对软塑状态的黏性土可取 10~15 kPa,对可塑状态的黏性土可以取 12~18 kPa;

　　　l_i——桩长范围内第 i 层土的厚度,m;

　　　q_p——桩端地基土未经修正的承载力特征值,kPa,可按国家标准《建筑地基基础设计规范》(GB 50007—2011)的有关规定确定;

　　　α——桩端天然地基土的承载力折减系数,可取 0.4~0.6,承载力高时取低值。

2. 复合地基承载力计算

加固后搅拌桩复合地基承载力特征值应通过现场复合地基载荷试验确定,也可按下式计算:

$$f_{spk} = m \frac{R_a}{A_p} + \beta (1-m) f_{sk}$$ (2-23)

式中　f_{spk}——复合地基承载力特征值,kPa;

　　　m——面积置换率;

　　　A_p——桩的截面面积,m^2;

　　　f_{sk}——桩间天然地基土承载力特征值,kPa,可取天然地基承载力特征值;

　　　β——桩间土承载力折减系数,当桩端土未经修正的承载力特征值大于桩周土的承载力特征值的平均值时,可取 0.1~0.4,差值大时取低值,当桩端土未经修正的承载力特征值小于或等于桩周土的承载力特征值的平均值时,可取 0.5~0.9,差值大时或设置褥垫层时均取高值;

R_a——单桩竖向承载力特征值,kN。

竖向承载搅拌桩复合地基应在基础和桩之间设置褥垫层。褥垫层厚度可取 200 ~ 300 mm。其材料可选用中砂、粗砂、级配砂石等,最大粒径不宜大于 20 mm。

3.6.3 施工工艺

3.6.3.1 粉体喷射搅拌法(粉喷桩)

粉体喷射搅拌法是以生石灰粉或水泥作为胶结剂,通过特制的粉体喷搅施工机械将搅拌钻头下沉到预计深度的孔底后,用压缩空气将粉体以雾状喷入加固部分的地基土,凭借钻头和叶片旋转使粉体加固料与软土原位搅拌混和,自下而上边搅拌边喷粉,同时按约 0.5 m/min 的速度提升钻头,直至设计停灰标高。为保证质量,可再次将搅拌头下沉至孔底,复搅 1 次。

粉体喷射搅拌法以水泥、石灰等粉体作为主要加固料,不需向地基注入水分,可以根据不同土的特性、含水率、设计要求等,合理选择加固材料及配合比,对于含水率较大的软土,加固效果更为显著。施工时不需高压设备,安全可靠,可避免对周围环境产生污染、振动等不良影响。

1.施工特点

粉体喷射搅拌法施工使用的机械和配套设备有单搅拌轴和双搅拌轴,二者的加固机制相似,都是利用压缩空气携带着粉体固化材料,经过高压软管和搅拌轴输送到搅拌叶片的喷嘴喷出。借助搅拌叶片旋转,在叶片的背后面产生空隙,安装在叶片背面的喷嘴将压缩空气连同粉体固化材料一起喷出。喷出的混合气体在空隙中压力急剧降低,促使固化材料就地黏附在旋转产生空隙的土中,旋转到半周,另一搅拌叶片把土与粉体固化材料搅拌混合在一起。与此同时,这只搅拌叶片背后的喷嘴将混合气体喷出。这样周而复始地搅拌、喷射、提升(有的搅拌机安装二层搅拌叶片,使土与粉体搅拌混合得更均匀)。与固化材料分离后的空气传递到搅拌轴的四周,上升到地面释放掉。如果不让分离的空气释放出将影响减压效果,因此搅拌轴外形一般多呈四方、六方或带棱角形状。

2.施工工序

施工工序包括:①放样定位。②移动钻机,准确对孔(对孔误差不得大于 50 mm)。③利用支腿液压缸调平钻机,钻机主轴垂直度误差应不大于 1%。④启动主电动机,根据施工要求,以Ⅰ、Ⅱ、Ⅲ挡逐级加速的顺序,正转预搅下沉。钻至接近设计深度时,应用低速慢钻,钻机应原位钻动 1 ~ 2 min。为保持钻杆中间送风通道的干燥,从预搅下沉开始直到喷粉为止,应在轴杆内连续输送压缩空气。⑤粉体材料及掺和量。使用粉体材料,除水泥外,还有石灰、石膏及矿渣等,也可使用粉煤灰等作为掺和料。在国内工程中使用的主要是水泥材料。使用水泥粉体材料时,宜选用强度等级为 32.5 的普通硅酸盐水泥。其掺和量常为 180 ~ 240 kg/m³;若使用低于强度等级为 32.5 的普通硅酸盐水泥或选用矿渣硅酸盐水泥、火山灰质硅酸盐水泥或其他水泥,使用前须在施工场地内钻取不同层次的地基土,在室内做各种配合比试验。⑥提升喷粉搅拌。在确认加固料已喷至孔底时,按 0.5 m/min 的速度反转提升。当提升到设计停灰标高后,应慢速原地搅拌 1 ~ 2 min。⑦重复搅拌。为保证粉体搅拌均匀,须再次将搅拌头下沉到设计深度。提升搅拌时,其速度控制在 0.5 ~ 0.8 m/min。⑧为防止空气污染,在提升喷粉距地面 0.5 m 处应减压或停止喷粉。在施工中孔口应设喷灰防护装置。⑨在提升喷灰过程中,需有自动计量装置。该装置为控制和检验喷粉桩的关键,应予以足够的重视。⑩钻具提升至地面后,钻机移位对孔,按上述步骤进行下一根桩的施工。

粉喷桩常用于公路、铁路、水利、市政、港口等工程软土地基的加固,较多用于边坡稳定及构筑地下连续墙或支撑深基坑。粉体喷射搅拌法施工作业顺序如图 3-14 所示。

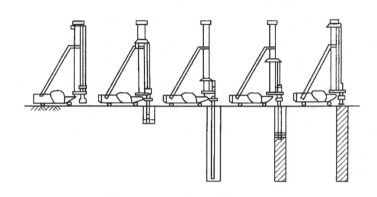

(a)搅拌桩对准设计柱位 (b)下钻 (c)钻进结束 (d)提升喷射搅拌 (e)提升结束

图 3-14　粉体喷射搅拌法施工作业顺序

3.6.3.2　水泥浆搅拌法

水泥浆搅拌法是用回转的搅拌叶片将压入软土内的水泥浆与周围软土强制拌和形成水泥加固体。搅拌机由电动机、中心管、输浆管、搅拌轴和搅拌头组成,并有灰浆搅拌机、灰浆泵等配套设备。我国生产的搅拌机现有单搅头和双搅头两种,加固深度达 30 m,形成的桩柱体直径 60~80 cm。

加固形成的桩柱体强度与加固时所用水泥强度等级、用量、被加固土含水率等因素有密切关系,施工前应通过现场试验取得相关数据。一般用强度等级为 32.5 的水泥,水泥用量为加固土干重的 2%~15%,其 3 个月龄期试块变形模量可达 75 MPa 以上,抗压强度 1.5~3.0 MPa 以上(加固软土含水率 40%~100%)。加固后软土地基可提高承载力 2~3 倍以上,沉降减少,稳定性明显提高,且施工方便。水泥浆搅拌法是目前公路、铁路厚层软土地基加固常用的一种技术措施,也可用于深基坑支护、港口码头护岸等。由于水泥浆与原地基软土搅拌结合对周围建筑影响很小,施工无振动噪声,对环境无污染,更适用于市政工程,但不适用于含有树根、石块等杂物的软土层。

3.6.4　质量检验

水泥土搅拌桩成桩后可进行轻便触探和标准贯入试验,结合钻取芯样、分段取芯样做抗压强度试验评价桩身质量。对水泥土搅拌桩复合地基应进行桩身完整性和单桩竖向承载力检验以及单桩或多桩复合地基载荷试验,施工工艺对桩间土承载力有影响时还应进行桩间土承载力试验。

载荷试验宜在搅拌桩 28 d 龄期后进行,检验数量为桩总数的 0.5%~1.0%,且单项单体工程不得少于 3 点。若试验值不符合设计要求,应增加检验点的数量。

3.7 灌浆法

3.7.1 概述

灌浆法是指利用气压、液压或电化学原理,通过灌浆管把浆液均匀地注入地层中,浆液以填充、渗透和挤密等方式赶走土颗粒间或岩石裂隙中的水分和空气后占据其位置,经人工控制一定时间后,将原来松散的土粒或裂隙胶结成一个整体,形成一个结构新、强度大、防水性能好和化学稳定性良好的"结石体",以达到地基处理的目的。

灌浆法首次应用于 1802 年,法国工程师 Charles Beriguy 在 Dieppe 采用灌注黏土和水硬石灰浆的方法修复了一座受冲刷的水闸。此后,灌浆法成为地基加固中的一种常用方法,在我国煤炭、冶金、水电、建筑、交通和铁道等行业已得到了广泛的应用,并取得了良好的效果。

3.7.1.1 灌浆的作用

(1)防渗。降低岩土的渗透性,消除或减小地下水的渗流量,降低工程扬压力或孔隙水压力,提高岩土的抗渗透变形能力。如水电工程坝基、坝肩和坝体的灌浆防渗处理。

(2)堵漏。截断水流,改善工程施工、运行条件。如井壁等地下工程漏水的封堵。

(3)固结。提高岩土的力学强度和变形模量,减小沉降。

(4)防止滑坡。提高边坡岩土体的抗滑能力。

(5)减小地表下沉。降低或均化岩土的压缩性,提高其变形模量,改善其不均匀性。

(6)提高地基承载力。提高岩土的力学强度。

(7)回填。充填岩土体或结构的孔洞、缝隙,防止塌陷,改善结构的力学条件。

(8)加固。恢复混凝土结构及圬工建筑物的整体性。

(9)纠偏。促使已发生不均匀沉降的建筑物恢复原位或减小其偏斜度。

此外,灌浆法还可用于减小挡土墙上的土压力,防止岩土的冲刷,消除砂土液化等方面。在工程实践中,灌浆的作用并不是单一的,它在达到某种目的的同时,往往还具有其他一些作用。

3.7.1.2 灌浆法的应用范围

灌浆法已应用于土木工程中的各个领域,特别是在水电工程、井巷工程、地下工程中得到了非常广泛的应用,已成为不可缺少的施工方法。它的应用主要有以下几个方面:

(1)坝基的加固及防渗。对砂基、砂砾石地基、喀斯特溶洞、断层软弱夹层裂隙岩体和破碎岩体等加固,可提高岩土体密实度和整体性,改善其力学性能,减小透水性,增强抗渗能力。

(2)建筑物地基加固。提高地基承载力,提高桩基承载力,减小沉降。

(3)土坡稳定性加固。提高土体抗滑能力。

(4)挡土墙后土体的加固。增加土的抗剪能力,减小土压力。

(5)已有结构的加固。对已有结构物缺陷的修复和补强。

(6)地下结构的止水及加固。增强土体的抗剪能力,减小透水性。

(7)道桥地基基础加固。公路、铁路路基和飞机跑道等的加固,桥梁基础加固。

（8）矿井巷道的加固及止水。

（9）动力基础的抗震加固。提高地基土的抗液化能力。

（10）其他。预填骨料灌浆、后拉锚杆灌浆及钻孔灌注桩后灌浆等。

3.7.1.3　灌浆法的近期发展

（1）灌浆法的应用范围越来越大，除坝基防渗加固外，在土木工程的其他领域，如工业与民用建筑、道桥、市政、公路隧道、地下铁道、地下厂房以及矿井建设、文物保护等，灌浆法也占有十分重要的地位。

（2）浆材品种越来越多，浆材性能和应用问题的研究更加系统和深入，各具特色的浆材已能充分满足各类建设工程和不同地基条件的需要。

（3）劈裂灌浆技术已取得长足的发展，尤其在软弱地基中，这种技术被越来越多地用作提高地基承载力和消除建(构)筑物沉降的手段。

（4）在一些比较发达的国家，电子计算机监测系统已较普遍地在灌浆施工中用来收集和处理诸如灌浆压力、浆液稠度和耗浆量等重要参数，这不仅可使工作效率大大提高，还能更好地控制灌浆工序和了解灌浆过程本身，使灌浆法从一门工艺转变为一门科学。

3.7.2　灌浆材料

灌浆工程中所用的浆液是由主剂、溶剂及各种附加剂混合而成的，通常所说的灌浆材料，是指浆液中所用的主剂。

灌浆材料按其形态可分为颗粒型浆材、溶液型浆材和混合型浆材 3 个系统。颗粒型浆材是水泥为主剂，故多称其为水泥系浆材；溶液型浆材是由两种或多种化学材料配制的，故通称为化学浆材；混合型浆材则由上述两类浆材按不同比例混合而成。

在国内外灌浆工程中，水泥一直是用途最广和用量最大的浆材，其主要特点为结石体力学强度高，耐久性较好且无毒，料源广且价格较低。但普通水泥浆因容易沉淀析水而稳定性较差，硬化时伴有体积收缩，对细裂隙而言颗粒较粗，对大规模灌浆工程而言则水泥用量过大。为克服上述缺点，国内外常采取下述几种措施：①在水泥浆中掺入黏土、砂和粉煤灰等廉价材料；②用各种方法提高水泥颗粒细度；③掺入各种附加剂以改善水泥浆液性质。

化学浆材的品种很多，包括环氧树脂类、甲基丙烯酸酯类、丙烯酰胺类、木质素类和硅酸盐类等。化学浆材的最大特点是浆液属于真溶液，初始黏度大都较小，故可用来灌注细小的裂隙或孔隙，解决水泥系浆材难以解决的复杂地质问题。化学浆材的主要缺点是造价较高和存在污染环境问题，使这类浆材的推广应用受到较大的局限。在我国，随着现代化工业的迅猛发展，化学灌浆的研究和应用得到了迅速的发展，主要体现在新的化学浆材的开发应用、降低浆材毒性和对环境的污染以及降低浆材成本等方面。例如酸性水玻璃、无毒丙凝、改性环氧树脂和单宁浆材等的开发和应用，都达到了相当高的水平。

混合型浆材包括聚合物水玻璃浆材、聚合物水泥浆材和水泥-水玻璃浆材等几类。此类浆材包括了上述各类浆材的性质，或用来降低浆材成本，或用来满足单一材料不能实现的性能。尤其是水泥-水玻璃浆材，由于具有成本较低和速凝的特点，现已被广泛地用来加固软弱土层和解决地基中的特殊工程问题。

灌浆浆液是由灌浆材料、溶剂(水或其他有机溶剂)及各种外加剂组成的。灌浆材料按原材料和溶液特性的分类如图 3-15 所示。

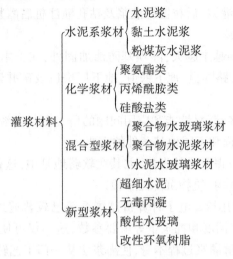

图 3-15　灌浆材料的分类

为了改善水泥浆液的性质,以适应不同的灌浆目的和自然条件,可在水泥浆中掺入不同的附加剂。常用的附加剂及掺量见表 3-6。

表 3-6　灌浆常用的附加剂及掺量

名称	试剂	用量(占水泥重,%)	说明	名称	试剂	用量(占水泥重,%)	说明
速凝剂	氯化钙	1~2	加速凝结和硬化	流动剂	木质磺酸钙	0.2~0.3	—
	硅酸钠		加速凝结	加气剂	去污剂	0.05	产生空气
	铝酸钠	0.5~3			松香树脂	0.1~0.2	产生约10%的空气
缓凝剂	木质硫酸钙	0.2~0.5	亦增加流动性	膨胀剂	铝粉	0.005~0.02	约膨胀15%
	酒石酸	0.1~0.5			饱和盐水	30~60	约膨胀1%
	磷酸氢二钙	0.5~2		防析水剂	纤维素	0.2~0.3	
					硫酸铝	约20	产生空气

此外,由于膨润土是一种水化能力极强和分散性很高的活性黏土,在国外灌浆工程中被广泛地用作水泥浆的附加剂,可使浆液黏度增大,稳定性提高,结石率增加。据研究,当膨润土掺量不超过水泥质量的 3%~5% 时,浆液结石的抗压强度不会降低。

3.7.3　灌浆原理

根据地质条件、灌浆压力、浆液对土体的作用机制、浆液的运动形式和替代方式可将灌浆法分为如下五类。

3.7.3.1　充填或裂隙灌浆

对大洞穴、构造断裂带、隧道衬砌壁后灌浆,对岩土层面、岩体裂隙、节理和断层的防渗、固结灌浆均属充填或裂隙灌浆。由于岩土体中存在较大的空隙,浆液较易灌入。

3.7.3.2　渗透灌浆

在不破坏地层颗粒排列的条件下,通过灌浆压力使浆液克服各种阻力充填于颗粒间隙中将颗粒胶结成整体,以达到土体加固和止水的目的。浆液性能、土体孔隙的大小、孔隙水土体非均质性等方面对浆液渗透扩散有一定的影响,因而也就必将影响到灌浆效果。对颗粒型浆液,其颗粒尺寸必须能进入孔隙或裂缝中,因而存在可灌性问题。渗透灌浆适用于存在孔隙或裂隙的地基土层,如砂土地基等。

3.7.3.3　压密灌浆

压密灌浆是注入极稠的浆液,形成球形或圆柱体浆泡,压密周围土体,使土体产生塑性变形,但不使土体产生劈裂破坏。当浆泡直径较小时,灌浆压力基本上沿钻孔的径向即水平向扩展。随着浆泡尺寸的逐渐增大,便产生较大的上抬力而使地面抬动,当合理使用灌浆压力并造成适宜的上抬力时,能使下沉的建筑物回升到相当精确的范围。压密灌浆常用于砂土地基。黏性土地基中若有较好的排水条件,也可采用压密灌浆。压密灌浆是浓浆置换和压密土的过程。

3.7.3.4　劈裂灌浆

在灌浆压力作用下,浆液克服各种地层的初始应力和抗拉强度,引起岩石或土体结构破坏和扰动,使地层中原有的孔隙(裂隙)扩张或形成新的裂缝(孔隙),从而使低透水性地层的可灌性和浆液扩散距离增大。这种方法所用的灌浆压力相对较高。劈裂灌浆主要用于土体加固和裂隙岩体的防渗与补强。

3.7.3.5　电动化学灌浆

借助于电渗作用,在黏土地基中即使不采用灌浆压力,也能靠直流电将浆液(如水玻璃溶液或氯化钙溶液)注入土体中,或者将浆液依靠灌浆压力注入电渗区,通过电渗使浆液扩散均匀,以提高灌浆效果。

渗透灌浆与劈裂灌浆的理论基础虽然不同,但两者都是要把类似的浆液注入地基内的天然孔隙或人造裂隙,并力求在较小的压力下达到较大的扩散距离,因而浆液流动性的好坏对所述灌浆原理起着重要的作用。

在灌浆工程中,一般要求浆液具有较好的流动性。因为流动性越好,浆液流动时的压力损失就越小,因而能自灌浆点向外扩散越远。但在某些情况下,例如孔隙较大和地下水流速较大时,反而要求浆液具有较小的流动性,以便控制浆液的扩散和降低浆液的消耗。

一般认为,浆液在土孔隙中流动时,其雷诺系数不会超过临界值,因而浆液的流动性可用层流条件下的流动参数来表达。浆液的流动性受浓度影响最大(一般流动性随水灰比增大而提高),此外,如材料颗粒的比表面积(流动性随比表面积增大而降低)、颗粒形状(带角颗粒将增加流动阻力)、絮凝程度或内质点吸力(絮凝性降低流动性)等也是重要的影响因素。

3.7.4　灌浆工艺

3.7.4.1　灌浆施工方法分类

选择灌浆方法时要考虑介质的类型和浆液的凝胶时间。土体灌浆一般吸浆量较大,采用纯压式灌浆,而裂隙岩体注水泥浆时,吸浆量一般较小,采用循环式灌浆。双液化学灌浆时,浆液的凝胶时间不同,混合的方法也不同。凝胶时间较长时,两种浆液在罐内混合后用单泵注入,称为单枪注射;凝胶时间中等(2~5 min)时,两种浆液用双泵在孔口混合后注入,称为1.5 枪注射;凝胶时间较短时,两种浆液用双泵泵注入在孔底混合,又称为双枪注射。

1.花管灌浆

花管灌浆是在灌浆管前端的一段管上打许多直径 2~5 mm 的小孔,使浆液从小孔中水平地喷到地层里。钻杆灌浆时,将浆液从钻杆底端向地层注入。如果地层的可注性差,压力急剧上升,就会向地层中松软区域窜浆,有时还会从钻杆周围涌到地表。与钻杆灌浆法相比,由于灌浆管喷出的断面面积明显增大,因此大大减小了压力急剧上升和浆液涌到地表层的可能性。灌浆钻杆的直径为25~40 mm,前端1~2 m 范围侧壁开孔眼,孔眼呈梅花形布置。有时为防止孔眼堵塞,可以在开口孔眼外包一圈橡皮环。

花管灌浆可用于砂砾层的渗透灌浆,也可用于土体的水泥-水玻璃双液劈裂灌浆。与灌浆塞组合,还可用于孔壁较好的裂隙岩体灌浆。

2.袖套管法

袖套管法为法国Soletanche 公司首创,故又称为Soletanche 法,20 世纪50 年代在国际土木工程界得到了广泛的应用,国内于 20 世纪 80 年代末逐渐用于砂砾层渗透灌浆、软土层劈裂灌浆(SRF 工法)和深层(超过 30 m)土体劈裂灌浆。

袖套管法的主要优点为:①可根据需要灌注任何一个灌浆段,可进行重复灌浆;②可使用较高的灌浆压力,灌浆冒浆和窜浆的可能性小;③钻孔和灌浆作业可以分开,设备利用率高。

其缺点为:①袖套管被具有一定强度的套壳料胶结,难于拔出重复利用,费管材;②每个灌浆段长度固定为 33~50cm,不能根据地层的实际情况调整灌浆段长度。

袖套管法施工步骤如下:

(1)钻孔。孔径一般为 80~100 mm,采用泥浆护壁,钻孔垂直度误差应小于 1%。

(2)插入袖套管。袖套管一般用内径 50~60 mm 的塑料管,每隔 33~50 cm 钻一组射浆孔,外包橡皮套,应设法使袖套管位于钻孔的中心。

(3)孔内灌套壳料。其作用是封闭单向袖管与钻孔壁之间的空隙,套壳料为泥浆。泥浆的配方直接影响灌浆效果,要求收缩性小,脆性较高,早期强度高。

(4)灌浆。在封闭泥浆达到一定强度后,在单向袖套管法内插入双向密封灌浆芯管进行分段灌浆。每段灌浆时,首先加大压力使浆液顶开橡皮套,挤破套壳料,即开环,然后浆液进入地层。

开环方法有快速法、慢速法、隔环法、间歇法等。

①快速法。采用较大的起始泵压、较短的升压间隔时间和较大的压力增值进行开环,快速法使套壳的破碎程度和均匀性提高。

②慢速法。采用清水或浆液开环,泵压由小到大逐级施加,每级需稳定 2~3 min,并测读每级压力相应的吸水量,直至套壳开始吸水和压力有所下降,即为临界开环压力。

③隔环法。按 $n+2$ 的次序开环和灌浆,隔段开环灌浆。这种方法可降低中间环的开环压力,对处理开环压力特别大的灌浆段特别有效。

④间歇法。当采用较大压力仍不开环时,可在间歇一定时间后再用同样的压力重复开

环,一般重复 2~3 次后即可收效,甚至能用比第一次开环时更小的压力达到良好的开环。

3.双重双栓塞复合灌浆法

法国研究人员为了在土体中灌注凝胶时间较长的浆液,采用了塑料套管内加双塞的办法,并在塑管孔眼外套上一圈橡皮阀门,因而研制了 Soletanche 法。日本研究了许多精密的灌浆方法,如为了能灌注凝胶时间较短的浆液,研制了双管喷射头。这些喷射头都设有单向阀门,能让两种浆液在地层内混合,防止浆液在混合室内形成倒流堵塞管路。有的喷头还考虑了既能灌注凝胶时间长的浆液,又能灌注凝胶时间短的浆液。同时将这种喷头与 Soletanche 法组合,就组成了双重管双栓塞复合灌浆法。

Soletanche 法灌浆管为单管,双管间为花管,而双重管双栓塞复合灌浆法的灌浆管为双重管,双塞间为具有单向阀的混和射枪。

复合灌浆是先用价廉、高强度的悬浊型(水泥)浆液进行脉状灌浆,充填大空隙,提高地层的均质性,防止昂贵的浆液流失,然后用黏度低、凝胶时间长的溶液型化学浆液进行渗透灌浆,提高地层的致密性。

4.循环灌浆

在土体中采用纯压式灌浆,而对吸浆率较小的裂隙岩体,灌注水泥浆液或水泥黏土浆液,则可采用循环灌浆,过剩浆液可以从孔中再返回到灌浆泵继续循环灌浆。我国水电部门的防渗帷幕灌浆多采用循环工艺,循环灌浆的工序为:钻孔→钻孔冲洗→压水试验→灌浆→全孔终了封孔。

5.岩溶灌浆

岩溶灌浆法是针对岩溶具有较大的缝、隙、洞的通道,在水的流速大到足以冲走浆液最大颗粒的情况时不能产生浆液颗粒沉淀堵塞作用,出现所谓"灌不住"现象而研究的一种特殊的灌浆工艺。

一般岩溶灌浆,可以在浆液中掺加粗料,促使浆液产生沉积推移作用,堵塞流水通道。但是当通道水流流速很大时,只靠在浆液中掺加粗料的办法很难实现封堵的目的。原因是目前灌浆设备只允许掺加直径不大于 5 mm 的砾料。

级配反滤灌浆法适合于岩溶灌浆。级配反滤灌浆法是先通过钻孔充填砾、砂、卵石级配料堵,堵塞漏水通道,减小水流速度,形成反滤条件,然后注入水泥浆形成防渗凝结体。

3.7.4.2　灌浆施工注意事项

(1)灌浆孔的钻孔孔径一般为 70~110 mm,垂直偏差应小于 1%。灌浆孔有设计角度时应预先调节钻杆角度,倾角偏差不得大于 20″。

(2)当钻孔钻至设计深度后,必须通过钻杆注入封闭泥浆,直到孔口溢出泥浆方可提杆。当提杆至中间深度时,应再次注入封闭泥浆,最后完全提出钻杆,封闭泥浆的 7 d 无侧限抗压强度宜为 0.3~0.5 MPa,浆液黏度为 80~90 s。

(3)灌浆压力一般与加固深度的覆盖压力、建(构)筑物的荷载、浆液黏度、灌注速度和灌浆量等因素有关。灌浆过程中压力是变化的,初始压力小,最终压力高,在一般情况下每加深 1 m 压力增加 20~50 kPa。

(4)若进行第二次灌浆,化学浆液的黏度应较小,不宜采用自行密封式密封圈装置,宜采用两端用水加压的膨胀密封型灌浆芯管。

(5)灌浆完成后就要拔管,若不及时拔管,浆液会将管子凝住而增加拔管困难。拔管时宜使用拔管机。用塑料阀管灌浆时,灌浆芯管每次上拔高度应为 330 mm;用花管灌浆时,花管每次上拔或下钻高度宜为 500 mm。拔出管后,及时刷洗灌浆管等,以便保持通畅洁净。拔出管后在土中留下的孔洞,应用水泥砂浆或土料填塞。

(6)灌浆的流量一般为 7~10 L/min。对充填型灌浆,流量可适当加大,但也不宜大于 20 L/min。

(7)在满足强度要求的前提下,可用磨细粉煤灰或粗灰部分替代水泥,掺入量应通过试验确定,一般掺入量为水泥重量的 20%~50%。

(8)灌浆所用的水泥宜用 32.5 级或 42.5 级普通硅酸盐水泥,水泥浆的水灰比可取 0.6~2.0,常用的水灰比为 1.0。

(9)为了改善浆液性能,可在水泥浆液拌制时加入如下外加剂:

①加速浆体凝固的水玻璃,其模数应为 3.0~3.3,水玻璃掺量应通过试验确定,一般为水泥重量的 0.5%~3%;

②提高浆液扩散能力和可泵性的表面活性剂(或减水剂),如三乙醇胺等,其掺量为水泥重量的 0.3%~0.5%;

③提高浆液的均匀性和稳定性,防止固体颗粒离析和沉淀而掺入的膨润土,其掺入量不宜大于水泥重量的 5%。

浆体必须经过搅拌机充分搅拌均匀后,才能开始灌注,并应在灌注过程中不停地缓慢搅拌,在泵送前应经过筛网过滤。

(10)冒浆处理。土层的上部压力小、下部压力大,浆液就有向上抬高的趋势。灌浆深度大,上抬不明显,而灌浆深度浅,浆液就会上抬较多,甚至会溢到地面上来。此时可采用间歇灌注法,亦即让一定数量的浆液注入上层孔隙大的土中后暂停工作,让浆液凝固,几次反复,就可把上抬的通道堵死。或者加快浆液的凝固时间,使浆液压出灌浆管就尽快凝固。工程实践表明,需加固的土层之上,应有不少于 1 m 厚的土层,否则应采取措施防止浆液上冒。

(11)灌浆顺序。灌浆顺序必须采用适合于地基条件、现场环境及灌浆目的的方法进行。一般不宜采用自灌浆地带某一端单向推进的灌注方式,应按跳孔间隔灌浆方式进行,保证先灌浆的孔内浆液的强度增加到一定的值,以防止串浆,从而提高灌浆的效率。对有地下动水流的特殊情况,应考虑浆液在动水流下的迁移效应,从水头高的一端开始灌浆。若灌浆范围内土层的渗透系数相同,首先应完成最上层封顶灌浆,然后按由上而下的原则进行灌浆,以防浆液上冒。如果土层的渗透系数随深度而增大,则应自下而上进行灌浆。灌浆时应采用先外围后内部的灌浆顺序。若灌浆范围以外有边界约束条件(能阻挡浆液流动的障碍物),也可采用自内侧开始顺次往外的灌浆方法。

3.8 特殊土地基处理

3.8.1 概述

我国幅员辽阔,各地的地理位置、气象条件、地层构造和成因,以及地基土的地质特征差异很大,有一些特殊种类的地基土分布在全国各地。这些特殊土具有不同于一般地基土的工程地质特征,如饱和软黏土的高压缩性,杂填土的不均匀性,黄土的湿陷性,膨胀土的胀缩性,冻土的冻胀变形特性,以及地震区的地基液化性、震陷性等。本节简要介绍膨胀土地基、湿陷性黄土地基和液化地基的处理方法。

3.8.2　膨胀土地基处理

膨胀土一般指黏粒成分主要由亲水性矿物组成,同时具有显著的吸水膨胀和失水收缩这两种变形特性的黏性土。

3.8.2.1　膨胀土的工程地质特征

膨胀土在天然状态下处于坚硬或硬塑状态,孔隙比一般为 0.7,有的大于 1。在正常气候条件下,天然含水率在塑限含水率左右,在干旱年含水率大幅度降低,常常呈非饱和状态。膨胀土的含水率较低时,土的强度很高,遇水后易崩解和软化,强度急剧降低。

1.结构特征

膨胀土多呈坚硬-硬塑状态,结构致密,呈棱形土块者常具有胀缩性,棱形土块越小,胀缩性越强。膨胀土裂隙有竖向、斜向和水平向 3 种。竖向裂隙常露出地表,干旱年可见贯通的地裂隙,裂隙宽度不一,随深度的增加而逐渐减小。裂隙间多充填有灰绿色、灰白色黏土,裂面有蜡状光泽,有时可见土体间相对运动的擦痕。在自然风化作用侵蚀下,浅层滑坡发育。自然条件下坡度较缓,开挖时坑壁易风化剥落,遇雨则塌方。斜交剪切裂隙越发育,胀缩性越严重。

2.边坡破坏特征

膨胀土边坡滑动具有共同的特点,即浅层型、平缓型和渐近型。其滑坡发生和发展大致可分为 4 个阶段,即风化和裂隙进一步发育阶段、局部破坏阶段、大变形和滑动发展阶段、连续滑动与牵引式滑坡阶段。

3.胀缩变形特征

膨胀土胀缩变形具有季节性,裂隙同样具有季节性。旱季常出现地裂,长可达数十米,深可达数米,雨季闭合。

3.8.2.2　膨胀土主要工程特性

1.多裂隙性

膨胀土中普遍发育有各种特定形态的裂隙,形成土体的裂隙结构,这是膨胀土区别于其他土类的重要特性之一。

膨胀土的裂隙按成因类型可分为原生裂隙和次生裂隙。前者具有隐蔽特点,多为闭合状的显微结构;次生裂隙多由原生裂隙发育而成,有一定继承性,但多为张开状,上宽下窄呈 V 形外貌。

膨胀土中的裂隙一般至少有 2~3 组以上,不同裂隙组合形成膨胀土多裂隙结构体。在空间上主要有 3 种裂隙,即陡倾角的垂直裂隙、缓倾角的水平裂隙及斜交裂隙。其中前两者尤为发育,这些裂隙将膨胀土体分割成一定几何形态的块体,如棱柱体、棱块体、短柱体等。

研究表明,膨胀土中的裂隙通常由构造应力与土的胀缩效应所产生的张力应变形成,水平裂隙大多由沉积间断与胀缩效应所形成的水平应力差形成。

2.超固结性

膨胀土的超固结性是指土体在地质历史过程中曾经承受过比现在上覆压力更大的荷载作用,并已达到完全固结或部分固结的特性,这是膨胀土的又一重要特性,但并不是说所有膨胀土都一定是超固结土。

膨胀土在地质历史过程中向超固结状态转化的因素很多,但形成超固结的主要是上部卸荷作用的结果。

3.胀缩性

膨胀土吸水后体积增大,可能会使其上部建(构)筑物隆起。若失水则体积收缩,伴随土中出现开裂,可能造成建(构)筑物开裂与下沉。

一般认为,收缩与膨胀这两个过程是可逆的,但已有研究表明,在干湿循环中的收缩量与膨胀量并不完全可逆。

4.崩解性

膨胀土浸水后其体积膨胀,在无侧限条件下发生吸水湿化。不同类型的膨胀土,其湿化崩解是不同的。这同土的黏土矿物成分、结构及胶结性质和土的初始含水状态有关。

一般由蒙脱石组成的膨胀土,浸水后只需几分钟即可崩解。

3.8.2.3 影响膨胀土胀缩变形的因素

影响膨胀土胀缩变形的因素有内部和外部两种因素。

1.内部因素

(1)黏土矿物和化学成分。含蒙脱石越多,其吸水和失水的活动性越强,胀缩变形也越显著。

(2)黏粒含量。当矿物成分相同时,土的黏粒含量越大,则吸水能力越强,胀缩变形也越大。

(3)土的孔隙比。在黏土矿物和天然含水率都相同的条件下,土的天然孔隙比越小,则浸水后膨胀量越大,收缩量越小;反之亦然。

(4)含水率的变化。影响含水率变化的因素除气象条件外,还有植物吸湿、地基土受热、地表水渗入、管道漏水以及地下水位的变化等;土的含水率如有变化,就会导致土的胀缩变形,其变化规律如图 3-16 和图 3-17 所示。其他还有土的微结构和结构强度的影响。

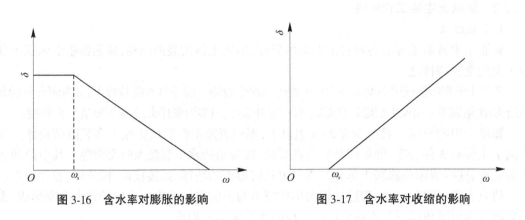

图 3-16　含水率对膨胀的影响　　　　图 3-17　含水率对收缩的影响

2.外部因素

膨胀土的胀缩变形还与气候条件、作用压力、地形地貌、绿化、日照及室温等因素有关。

3.8.2.4　膨胀土地基处理

在工业与民用建筑工程中,对膨胀土地基常采用以下处理方法。

1.场地选择

建筑场地应尽量选在地形条件比较简单、土质比较均匀、胀缩性较弱并便于排水且底面坡度小于 14°的地段,应尽量避开地裂、可能发生浅层滑坡以及地下水位变化剧烈的地段。

2.总平面设计

同一建筑物地基土的分级变形量之差不宜大于 35 mm,竖向设计宜保持自然地形,并按等高线布置,避免大填大挖;所有排水系统都应采取防渗措施,并远离建筑物(不小于 3 m),建筑物周围 2.5 m 范围内平整后的地面坡度不宜小于 2%;要合理绿化,考虑它对土中含水率的影响,如在散水以外,宜种植草地和绿篱,4 m 以内选种蒸腾量小的树木,对于高大快长的树种,宜种在距建筑物 20 m 以外处。

3.建筑设计

建筑物体形应力求简单,避免曲折及高低不一,设置沉降缝,做好散水的设计和施工。

4.结构设计

承重砌体可用实心砖墙,不宜采用砖拱结构,房屋顶层和基础顶部宜设置圈梁,砖混结构房屋的门窗等孔洞应采用钢筋混凝土过梁。

5.基础设计

基础埋深不宜小于 1 m,3 层及 3 层以下的砖石结构房屋极易破坏,可适当增加埋深。

6.地基处理

常用的处理方法有换土垫层法、砂石垫层法、土性改良、预浸水、桩基等,其具体选用哪种方法应根据地基的胀缩等级、地方材料、施工条件、建筑经验等通过综合技术经济比较后确定。

(1)换土垫层法。换土可采用非膨胀性土或灰土。灰土中石灰与土的体积比可采用 2∶8 或 3∶7,换土厚度可通过变形计算确定。

(2)砂石垫层法。平坦场地上 Ⅰ、Ⅱ 级膨胀土的地基处理,宜采用砂、石垫层。垫层厚度不应小于 300 mm。垫层宽度应大于基底宽度,两侧宜采用与垫层相同的材料回填,并做好防水处理。

(3)土性改良。采用化学添加剂,诸如石灰和水泥等材料来进行膨胀土的化学固化,可收到较好效果。

3.8.3　湿陷性黄土地基处理

湿陷性黄土是黄土的一种,凡天然黄土在一定压力作用下受水浸湿后,土的结构迅速破坏,发生显著湿陷变形,强度也随之降低的黄土称为湿陷性黄土。湿陷性黄土分为自重湿陷性黄土和非自重湿陷性黄土两种。自重湿陷性黄土在上覆土层自重应力下受水浸湿后,即发生湿陷。在自重应力下,受水浸湿后不发生湿陷,需要在自重应力和由外荷引起的附加应力共同作用下受水浸湿才发生湿陷的黄土,称为非自重湿陷性黄土。湿陷性黄土地基的湿陷特性,会给结构物带来不同程度的危害,使结构物产生大幅度的沉降、严重开裂和倾斜,甚至严重影响其安全和正常使用。

3.8.3.1 湿陷性黄土地基的处理

湿陷性黄土地基处理的目的是改善土的性质和结构,减小土的渗水性、压缩性,控制其湿陷性的发生,部分或全部消除湿陷性。

在黄土地区修筑建(构)筑物,应首先考虑选用非湿陷性黄土地基,因为它比较经济和可靠。如确定基础在湿陷性黄土地基上,应尽量利用非自重湿陷性黄土地基,因为这种地基的处理要求比自重湿陷性黄土地基低。

桥梁工程中,对较高的墩、台和超静定结构,应采用刚性扩大基础、桩基础或沉井等形式,并将底面设置到非湿陷性土层中。对一般结构的大中桥梁、重要道路人工构造物,如属Ⅱ级非自重湿陷性黄土地基或各级自重湿陷性黄土地基,也应将基础置于非湿陷性黄土层或对全部湿陷性黄土层进行处理并采取加强结构的措施。小桥涵及其附属工程和一般道路人工构造物视地基湿陷程度,可对全部湿陷性土层进行处理,也可消除地基的部分湿陷性或仅采取结构措施。

结构措施是指结构形式尽可能采用简支梁等对不均匀沉降不敏感的结构;加大基础刚度使受力较均匀;对长度较大和体形复杂的结构物,采用沉降缝将其分为若干独立单元等。

全部消除湿陷性的方法即自基底处理至非湿陷性土层的顶面。

部分消除湿陷性的方法即只处理基础底面以下适当深度的土层,因这部分土层的湿陷量占总湿陷量的大部分。一般,对非自重湿陷性黄土地基为 1~3 m,自重湿陷性黄土地基为 2~5 m。

常用的处理湿陷性黄土地基的方法有如下几种。

1. 灰土或素土垫层法

将基底以下湿陷性土层全部挖除或挖到预计的深度,然后用灰土(石灰与土的体积比为 2:8 或 3:7)或素土分层夯实回填,垫层厚度及尺寸计算方法同砂砾垫层,压力扩散角 θ 对灰土采用 30°,对素土采用 22°。垫层厚度一般为 1.0~3.0 m。它消除了垫层范围内土的湿陷性,减轻或避免了地基附加应力产生的湿陷;如果将地基持力层内的湿陷性黄土部分挖除,采用垫层,可以使地基的非自重湿陷性消除。

此法施工简易,效果显著,是一种常用的处理或部分处理地基浅层湿陷性的方法。

2. 重锤夯实法及强夯法

重锤夯实法及强夯法适用于 $S_r \le 60\%$ 的湿陷性黄土。重锤夯实法能消除浅层的湿陷性。如用 14~40 kN 的重锤,落高 2.5~4.5 m,在最佳含水率情况下,可消除在 1.0~1.5 m 深度内土层的湿陷性。根据国内使用记录,强夯法也能消除黄土的湿陷性,并可提高承载力。当锤重为 100~200 kN,自由下落高度为 10~20 m,锤击两遍,可消除 4~6 m 深度范围内黄土的湿陷性。

重锤夯实法起吊设备简单,易于解决,施工速度快,造价低。20 世纪 60 年代曾在我国湿陷性黄土地区广泛采用,但近年来则基本上已被强夯法所替代,很少采用了。

3. 土挤密桩法、灰土挤密桩法

用打入桩、冲钻或爆扩等方法在土中成孔,然后用素土、石灰土或将石灰与粉煤灰混合分层夯填桩孔而成桩,用挤密的方法破坏黄土地基的松散、大孔结构,以消除或减轻地基的湿陷性。此法适用于消除 5~10 m 深度内地基土的湿陷性。

4. 预浸水处理

自重湿陷性黄土地基利用其自重湿陷性的特性,可在建(构)筑物修筑前,先将地基充分浸水,使其在自重作用下发生湿陷,然后修筑建(构)筑物。

预浸水适用于处理厚度大于 10 m 而自重湿陷量大于 50 cm 的自重湿陷性黄土场地,浸水坑的边长不小于湿陷性土层的厚度,坑内水位不应小于 30 cm,浸水时间以湿陷变形稳定为准。工程实践表明,这样一般可以消除地表下 5 m 以内黄土的自重湿陷性和它下部土层的湿陷性,效果较好。但预浸水后,地面下 5 m 内的土层还不能消除因外荷所引起的湿陷变形,还需按非自重湿陷性黄土地基配合采取土垫层、重锤夯实法或强夯法等措施进行处理。由于此方法耗水量大,处理时间长(3~6 个月),所以在推广应用上有一定的局限性。此外,也应考虑预浸水对邻近建(构)筑物和场地边坡稳定性的影响,附近地表可能开裂、下沉等。

5.单液硅化法和碱液法

单液硅化法是硅化加固法的一种,是指将硅酸钠溶液灌入土中,当溶液和含有大量水溶性盐类的土相互作用时,产生的硅胶将土颗粒胶结,提高了水的稳定性,消除了黄土的湿陷性,也提高了土的强度。

3.8.3.2　湿陷性黄土地基的施工要点

在湿陷性黄土地区进行建筑,必须合理安排施工程序。湿陷性黄土地基上正常的施工顺序如下所述:

(1)先安排场地平整和做好防洪、排水设施,再安排主要建(构)筑物的施工;当条件不具备时,也应采取分期分片的措施,做出合理安排,以防地基浸水。

(2)在建(构)筑物范围内填方整平或基坑开挖前,应对建筑物及其周围 3~5 m 范围内的地下坑穴进行探查和处理。

(3)在单体建筑施工中,先做地下工程,后做上部结构。对体形复杂的建筑,先建深、重、高的部分,后建浅、轻、低的部分。

(4)管道施工中,先做排水管道,并先完成其下游部分。有条件时,应尽量先等建(构)筑物周围的地下管道施工完毕,再施工建(构)筑物的上部结构。

3.8.4　液化地基处理

3.8.4.1　砂土地基液化的原因

液化是土由固体状态变成液体状态的一种现象。

当砂土或粉土受到振动时,土颗粒处于运动状态;在惯性力作用下,砂土或粉土有增密趋势,如孔隙水来不及排出,孔压就会上升,并使有效应力减小。当有效应力下降到零时,土粒间就不再传递应力,完全丧失抗剪强度和承载力,土粒处于失重状态,可随水流动,成为液态,此即"液化"。

地震、机器振动、打桩和爆破都可能引起土的液化,而以地震引起的大面积液化危害最大。它可导致公路与桥梁破坏、地面下沉、房屋开裂、坝体失稳等。

砂土是否会发生液化,主要与土的性质、地震前土的应力状态、震动的特性等因素有关。

3.8.4.2　液化地基处理措施

根据可液化地基危害性分析确定地基液化等级,并按建(构)筑物、公路、桥梁的重要性,结合具体情况综合确定地基抗液化措施。当液化土层较平坦且均匀时可按表 3-7 选用,除丁类建筑外,不宜将未经处理的液化土层作为天然地基的持力层。

表 3-7 抗液化措施

建筑类别	地基的液化等级		
	轻微	中等	严重
乙类	部分消除液化沉陷,或对基础和上部结构进行处理	全部消除液化沉陷,或部分消除液化沉陷且对基础和上部结构进行处理	全部消除液化沉陷
丙类	对基础和上部结构进行处理,亦可不采取措施	对基础和上部结构进行处理,或更高要求的措施	全部消除液化沉陷,或部分消除液化沉陷且对基础和上部结构进行处理
丁类	可不采取措施	可不采取措施	对基础和上部结构进行处理,或采取其他经济的措施

表 3-7 中所列全部消除地基液化沉陷的措施,应符合下列要求:

(1)采用桩基时,桩端伸入液化深度以下稳定土层中的长度应按计算确定,且对碎石土,砾、粗砂、中砂,坚硬黏性土尚不应小于 500 mm,对其他非岩石土尚不应小于 1 m。

(2)采用深基础时,基础底面埋入液化深度以下稳定土层中的深度不应小于 500 mm。

(3)采用加密法,如振冲挤密、振动挤密、砂桩挤密、强夯等方法加固时,应处理至液化深度下界,且处理后土层的标准贯入锤击数的实测值应大于相应的临界值。

(4)挖除全部液化土层。

表 3-7 中所列部分消除地基液化沉陷的措施,宜符合下列要求。

(1)处理深度应使处理后地基液化指数减少。当判别深度为 15 m 时,地基液化指数不宜大于 4;当判别深度为 20 m 时,其值不宜大于 5;对于独立基础与条形基础,尚不应小于基础底面下 5 m 和基础宽度的较大值。

(2)处理深度范围内,应挖除液化土层或采用加密法加固,使处理后土层的标准贯入锤击数的实测值大于液化临界值。

表 3-7 中所列关于减轻液化影响的基础和上部结构处理方面,可综合考虑采用下列措施:

(1)选择合适的基础埋置深度。

(2)调整基础底面面积,减少基础偏心。

(3)加强基础的整体性和刚度,如采用箱基、筏基或钢筋混凝土十字交叉条形基础,加设基础圈梁、基础系梁等。

(4)减轻荷载,增强上部结构的整体刚度和均匀对称性,合理设置沉降缝,避免采用对不均匀沉降敏感的结构形式等。

(5)管道穿过建筑处应预留足够尺寸或采用柔性接头。

第 4 章　土石坝工程

4.1　土石坝概况

土石坝是土坝与堆石坝的总称,是指由当地土料、石料或混合料,经过抛填、辗压方法堆筑成的挡水建筑物。由于筑坝材料主要来自坝区,因而也称当地材料坝。土石坝得以广泛应用和发展的主要原因是:

(1)可以就地取材,节约大量水泥、木材和钢材,几乎任何土石料均可筑坝。

(2)能适应各种不同的地形、地质和气候条件。

(3)大功率、多功能、高效率施工机械的发展,提高了土石坝的施工质量,加快了进度,降低了造价,促进了高土石坝建设的发展。

(4)岩土力学理论、试验手段和计算技术的发展,提高了大坝分析计算的水平,加快了设计进度,进一步保障了大坝设计的安全可靠性。

(5)高边坡、地下工程结构、高速水流消能防冲等设计和施工技术的综合发展,对加速土石坝的建设和推广也起了重要的促进作用。

(6)结构简单,便于维修和加高扩建等。

4.1.1　土石坝的工作特点

4.1.1.1　稳定方面

土石坝不会产生水平整体滑动。土石坝失稳的形式,主要是坝坡的滑动或坝坡连同部分坝基一起滑动。

4.1.1.2　渗流方面

土石坝挡水后,在坝体内形成由上游向下游的渗流。渗流不仅使水库损失水量,还易引起管涌、流土等渗透变形。坝体内渗流的水面线叫作浸润线,如图 4-1 所示。浸润线以下的土料承受着渗透动水压力,并使土的内摩擦角和黏结力减小,对坝坡稳定不利。

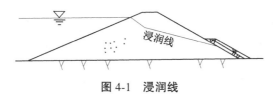

图 4-1　浸润线

4.1.1.3　冲刷方面

土石坝为散粒体结构,抗冲能力很低。

4.1.1.4　沉降方面

由于土石料存在较大的孔隙,且易产生相对的移动,在自重及其他荷载作用下产生沉陷,分为均匀沉降和不均匀沉降。均匀沉降使坝顶高程不足,不均匀沉降还会产生裂缝。

4.1.1.5　其他方面

严寒地区水库水面冬季结冰膨胀对坝坡产生很大的推力,导致护坡的破坏。地震地区的地震惯性力也会增加滑坡和液化的可能性。

4.1.2　土石坝的类型

4.1.2.1　按坝高分类

土石坝按坝高可分为低坝、中坝和高坝。我国《碾压式土石坝设计规范》(DL/T 5395—2007)规定:高度在 30 m 以下的为低坝,高度在 30~70 m 的为中坝,高度超过 70 m 的为高坝。土石坝的坝高应从坝体防渗体(不含混凝土防渗墙、灌浆帷幕、截水墙等坝基防渗设施)底部或坝轴线部位的建基面算至坝顶(不含防浪墙),取其大者。

4.1.2.2　按施工方法分类

1.碾压式土石坝

碾压式土石坝分层铺填土石料,分层压实填筑,坝体质量良好,目前最为常用。世界上现有的高土石坝都是碾压式土石坝。

按照土料在坝身内的配置和防渗体所用的材料种类不同,碾压式土石坝可分为以下几种主要类型:

(1)均质坝 [见图 4-2(a)]。坝体基本上是由均一的黏性土料筑成的,整个剖面起防渗和稳定作用。

(2)黏土心墙坝和黏土斜心墙坝[见图 4-2(b)、(c)]。用透水性较好的砂石料做坝壳,以防渗性能较好的土质做防渗体。设在坝体中央或稍向上游倾斜的称为心墙坝或斜心墙坝;设在靠近上游面的称为斜墙坝。

(3)人工材料心墙坝和斜心墙坝 [见图 4-2(j)、(k)、(l)]。防渗体由沥青混凝土、钢筋混凝土或其他人工材料,其余部分由土石料构成。

(4)多种土质坝[见图 4-2(d)、(e)]。坝身由几种不同的土料构成。

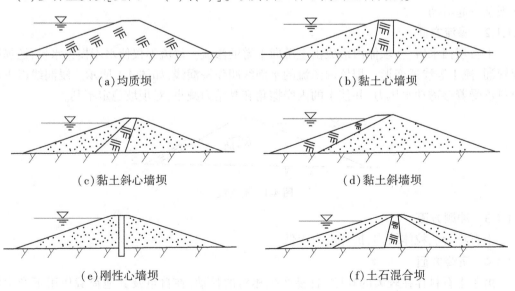

(a)均质坝	(b)黏土心墙坝
(c)黏土斜心墙坝	(d)黏土斜墙坝
(e)刚性心墙坝	(f)土石混合坝

图 4-2　土石坝的类型

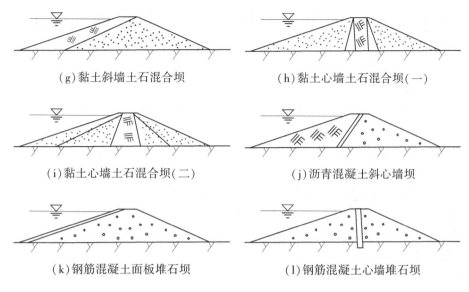

（g）黏土斜墙土石混合坝　　　　　（h）黏土心墙土石混合坝（一）

（i）黏土心墙土石混合坝（二）　　　（j）沥青混凝土斜心墙坝

（k）钢筋混凝土面板堆石坝　　　　　（l）钢筋混凝土心墙堆石坝

续图 4-2

2. 水力冲填坝

水力冲填坝是以水力为动力完成土料的开采、运输和填筑全部工序而建成的坝。其施工方法是用机械抽水到高出坝顶的土场，以水冲击土料形成泥浆，然后通过泥浆泵将泥浆送到坝址，再经过沉淀和排水固结而筑成坝体。这种坝因筑坝质量难以保证，目前在国内外很少采用。

3. 水中填土坝

水中填土坝是用易于崩解的土料，一层一层倒入由许多小土堤分隔围成的静水中填筑而成的坝。这种施工方法无须机械压实，而是靠土的重量进行压实和排水固结。该法施工受雨季影响小，工效较高，且不用专门碾压设备，但由于坝体填土干容重低、抗剪强度小、要求坝坡缓、工程量大等因素，仅在我国华北黄土地区，广东含砾风化黏性土地区曾用此法建造过一些坝，并未得到广泛的应用。

4. 定向爆破堆石坝

定向爆破堆石坝是按预定要求埋设炸药，使爆出的大部分岩石抛填到预定的地点而堆成的坝。这种坝填筑防渗部分比较困难。

以上 4 种坝中应用最广泛的是碾压式土石坝。

4.1.2.3　按坝体材料所占比例分类

土石坝按坝体材料所占比例可分为 3 种：

（1）土坝。土坝的坝体材料以土和砂砾为主。

（2）土石混合坝［见图 4-2（f）、（g）、（h）、（i）］。当两种材料均占相当比例时，称为土石混合坝。

（3）堆石坝。以石渣、卵石、爆破石料为主，除防渗体外，坝体的绝大部分或全部由石料堆筑起来的称为堆石坝。

4.2 土石坝的构造、材料与填筑标准、地基处理

4.2.1 土石坝的构造

土石坝的构造主要包括坝顶、防渗体、排水设施、护坡与坝坡排水等部分。

4.2.1.1 坝顶

坝顶护面材料应根据当地材料情况及坝顶用途确定,宜采用砂砾石、碎石、单层砌石或沥青混凝土等柔性材料。

坝顶面可向上、下游侧或下游侧放坡,坡度宜根据降雨强度,在 2%～3% 之间选择,并做好向下游的排水系统。坝顶上游侧宜设防浪墙,墙顶应高于坝顶 1.0～1.2 m,墙底必须与防渗体紧密结合。防浪墙应坚固而不透水。

4.2.1.2 防渗体

设置防渗设施的目的:减少通过坝体和坝基的渗流量;降低浸润线,增加下游坝坡的稳定性;降低渗透坡降,防止渗透变形。防渗体主要是心墙、斜墙、铺盖、截水墙等,其结构尺寸应能满足防渗、构造、施工和管理方面的要求。

1.黏土心墙

黏土心墙一般布置在坝体中部,有时稍偏上游并稍为倾斜,如图 4-3 所示。

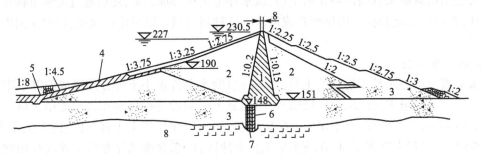

1—黏土心墙;2—半透水料;3—砂卵石;4—施工时挡土黏土斜墙;5—盖层;
6—混凝土防渗墙;7—灌浆帷幕;8—玄武岩。

图 4-3 黏土心墙土石坝 (单位:m)

心墙坝顶部厚度一般不小于 3 m,底部厚度不宜小于作用水头的 1/4。黏土心墙两侧边坡多为 1:0.15～1:0.3。心墙的顶部应高出设计洪水位 0.3～0.6 m,且不低于校核水位,当有可靠的防浪墙时,心墙顶部高程也不应低于设计洪水位。心墙顶与坝顶之间应设有保护层,厚度不小于该地区的冰结深度或干燥深度,同时按结构要求不宜小于 1 m。心墙与坝壳之间应设置过渡层,岩石地基上的心墙,一般还要设混凝土垫座,或修建 1～3 道混凝土齿墙。齿墙的高度 1.5～2.0 m,切入岩基的深度常为 0.2～0.5 m,有时还要在下部进行帷幕灌浆。

2.黏土斜墙

黏土斜墙顶厚(指与斜墙上游坡面垂直的厚度)也不宜小于 3 m。底厚不宜小于作用水头的1/5。墙顶应高出设计洪水位 0.6～0.8 m,且不低于校核水位。同样,如有可靠的防浪墙,斜墙顶部也不应低于设计洪水位。斜墙顶部和上游坡面必须设保护层,厚度不得小于

冰冻深度和干燥深度,一般用 2~3 m。一般内坡不宜陡于 1:2.0,外坡常在 1:2.5 以上。斜墙与保护层以及下游坝体之间,应根据需要分别设置过渡层,如图 4-4 所示。

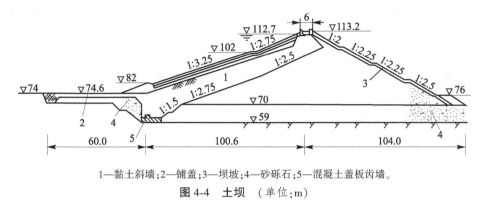

1—黏土斜墙;2—铺盖;3—坝坡;4—砂砾石;5—混凝土盖板齿墙。

图 4-4　土坝　(单位:m)

3.沥青混凝土防渗体

沥青混凝土防渗墙的结构形式有心墙(见图 4-5)、斜墙。

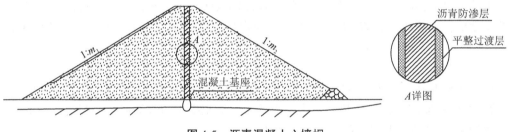

图 4-5　沥青混凝土心墙坝

沥青混凝土防渗墙的特点:①沥青混凝土具有良好的塑性和柔性,渗透系数为 10^{-7} ~ 10^{-10} cm/s,防渗性能好;②沥青混凝土在产生裂缝时,有较好的自行愈合能力;③施工受气候影响小。

沥青混凝土心墙受外界温度影响小,结构简单,修补困难,厚度 $H/30$,顶厚 30~40 cm,上游侧设黏性土过渡层,沥青墙坏了可修补,下游侧设排水。

沥青混凝土斜墙沥青不漏水,不需设排水,一层即可,斜墙与基础连接要适应变形,为柔性结构。

4.2.1.3　排水设施

由于在土石坝中渗流不可避免,所以土石坝应设置坝体排水,用以降低浸润线,改变渗流方向,防止渗流溢出处产生渗透变形,保护坝坡土不产生冻胀破坏。常用的坝体排水有以下几种形式。

1.贴坡排水

如图 4-6 所示,可以防止坝坡土发生渗透破坏,保护坝坡免受下游波浪淘刷,对坝体施工干扰较小,易于检修,但不能有效地降低浸润线,多用于浸润线很低和下游无水的情况。土质防渗体分区坝常用这种排水体。

贴坡排水设计应遵守下列规定:顶部高程应高于坝体浸润线的逸出点,超过的高度应使坝体浸润线在该地区的冻结深度以下,1 级、2 级坝不小于 2.0 m,3 级、4 级和 5 级坝不小于 1.5 m,并应超过波浪沿坡面的爬高;底部应设排水沟和排水体,材料应满足防浪护坡的要求。

2.棱体排水

如图4-7所示,棱体排水可降低浸润线,防止渗透变形,保护下游坝脚不受尾水淘刷,且有支撑坝体增加稳定的作用。但石料用量较大、费用较高,与坝体施工有干扰,检修也较困难。

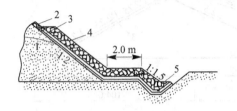
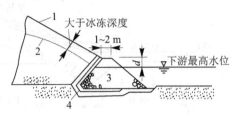

1—浸润线;2—护坡;3—反滤层;4—排水;5—排水沟。

图 4-6 贴坡排水

1—坝坡;2—浸润线;3—堆石棱体;4—反滤层。

图 4-7 棱体排水

棱体排水设计应遵守下列规定:在下游坝脚处用块石堆成棱体,顶部高程应超出下游最高水位,超过的高度:1 级、2 级坝不小于 1.0 m,3 级、4 级和 5 级坝不小于 0.5 m,且超出高度应大于波浪沿坡面的爬高;顶部高程应使坝体浸润线距坝面的距离大于该地区的冻结深度;顶部宽度应根据施工条件及检查观测需要确定但不宜小于 1.0 m;应避免在棱体上出现锐角。

3.褥垫排水

如图4-8所示,褥垫排水伸展到坝体内的排水设施,在坝基面上平铺一层厚 0.4~0.5 m 的块石,并用反滤层包裹。褥垫伸入坝体内的长度应根据渗流计算确定,对黏性土均质坝为坝底宽的 1/2,对砂性土均质坝为坝底宽的 1/3。

当下游水位低于排水设施时,褥垫排水降低浸润线的效果显著,还有助于坝基排水固结。但当坝基产生不均匀沉降时,褥垫排水层易遭断裂,而且检修困难,施工时有干扰。

4.管式排水

如图4-9所示,管式排水埋入坝体的暗管可以是带孔的陶瓦管、混凝土管或钢筋混凝土管,还可以是由碎石堆筑而成的。平行于坝轴线的集水管收集渗水,经由垂直于坝轴线的排水管排向下游。

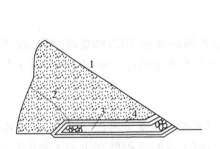
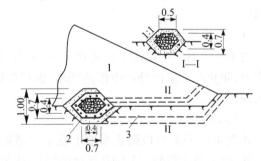

1—坝坡;2—浸润线;3—褥垫排水;4—反滤层。

图 4-8 褥垫排水

1—坝体;2—反滤层;3—横向排水带或排水管。

图 4-9 管式排水 (单位:m)

管式排水的优缺点与褥垫排水相似。排水效果不如褥垫排水好,但用料少。一般用于土石坝岸坡地段,因为这里坝体下游经常无水,排水效果好。

5.综合式排水

在实际工程中常根据具体情况采用几种排水形式组合在一起的综合式排水,如图 4-10 所示。

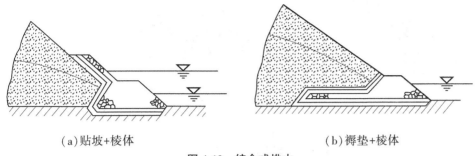

（a）贴坡+棱体　　　　　　　　　　　　（b）褥垫+棱体

图 4-10　综合式排水

4.2.1.4　护坡与坝坡排水

护坡的形式、厚度及材料粒径应根据坝的等级、运用条件和当地材料情况,根据以下因素进行技术经济比较确定。上游护坡应考虑:波浪淘刷,顺坝水流冲刷,漂浮物和冰层的撞击及冻冰的挤压。下游护坡应考虑:冻胀、干裂及蚁、鼠等动物的破坏,雨水、大风、水下部位的风浪、冰层和水流的作用。

1.上游护坡

上游护坡的形式有:堆石(抛石)护坡、干砌石护坡、浆砌石、预制或现浇的混凝土或钢筋混凝土板(或块)、沥青混凝土、其他形式(如水泥土)。

护坡的范围为:上部自坝顶起,如设防浪墙应与防浪墙连接;下部至死水位以下不宜小于 2.50 m,4 级、5 级坝可减至 1.50 m,最低水位不确定时应护至坝脚。

(1)抛石(堆石)护坡。它是将适当级配的石块倾倒在坝面垫层上的一种护坡。其优点是施工速度快,节省人力,但工程量比砌石护坡大。堆石厚度一般认为至少要包括 2~3 层块石,这样便于在波浪作用下自动调整,不致因垫层暴露而遭到破坏。当坝壳为黏性小的细粒土料时,往往需要两层垫层,靠近坝壳的一层垫层最小厚度为 15 cm。

(2)砌石护坡。它是用人工将块石铺砌在碎石或砾石垫层上,有干砌石和浆砌石两种。要求石料比较坚硬并耐风化。

干砌石应力求嵌紧,石块大小及护坡厚度应根据风浪大小经过计算确定,通常厚度为 20~60 cm。有时根据需要用 2~3 层的垫层,它也起反滤作用。砌石护坡构造如图 4-11 所示。

浆砌块石护坡能承受较大的风浪,也有较好的抗冰层推力的性能。但水泥用量大,造价较高。若坝体为黏性土,则要有足够厚度的非黏性土防冻垫层,同时要留有一定缝隙以便排水通畅。

(3)混凝土和钢筋混凝土板护坡。当筑坝地区缺乏石料时可考虑采用此种形式。预制板的尺寸一般采用:矩形板为 1.5 m×2.5 m、2 m×2 m 或 3 m×3 m,厚为 0.10~0.20 m。预制板底部设砂砾石或碎石垫层。现场浇筑的尺寸可大些,可采用 5 m×5 m、10 m×10 m,甚至 20 m×20 m。严寒地区冰推力对护坡危害很大,因此也有用混凝土板做护坡的,但其垫层厚度要超过冻深,如图 4-12 所示。

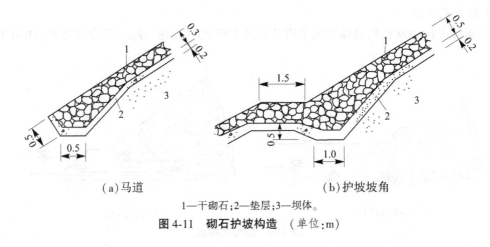

（a）马道   （b）护坡坡角

1—干砌石;2—垫层;3—坝体。

图 4-11　砌石护坡构造 （单位:m）

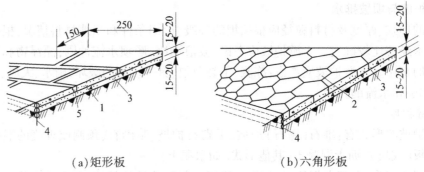

（a）矩形板   （b）六角形板

1—矩形混凝土板;2—六角形混凝土板;3—碎石或砾石;4—木挡柱;5—结合缝。

图 4-12　混凝土板护坡 （单位:cm）

（4）水泥土护坡。将粗砂、中砂、细砂掺上 7%～12% 的水泥（质量比），分层填筑于坝面作为护坡，叫作水泥土护坡。它是随着土石坝逐层填筑压实的，每层压实后的厚度不超过15 cm。这种护坡厚度 0.6～0.8 m,相应的水平宽度 2～3 m,如图 4-13 所示。

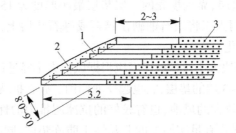

1—土壤水泥护坡;2—潮湿土壤保护层;3—压实的透水土料。

图 4-13　水泥土护坡 （单位:m）

（5）渣油混凝土护坡。在坝面上先铺一层厚 3 cm 的渣油混凝土(夯实后的厚度)，上铺10 cm 的卵石做排水层(不夯)，第三层铺 8～10 cm 的渣油混凝土,夯实后在第三层表面倾倒温度为 130～140 ℃的渣油砂浆,并立即将 0.5 m×1.0 m×0.15 m 的混凝土板平铺其上,板缝间用渣油砂浆灌满。这种护坡在冰冻区试用成功,如图 4-14 所示。

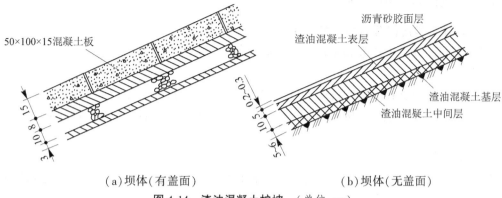

（a）坝体（有盖面）　　　　　　（b）坝体（无盖面）

图4-14 渣油混凝土护坡（单位：cm）

以上各种护坡的垫层按反滤层要求确定。垫层厚度一般对砂土可用 15~30 cm 以上，卵砾石或碎石可用 30~60 cm 以上。

2.下游护坡

下游护坡形式有：干砌石；堆石、卵石和碎石、草皮；钢筋混凝土框格填石；其他形式（如土工合成材料）。

护坡的范围为由坝顶护至排水棱体，无排水棱体时护至坝脚。

3.坝坡排水

为了防止雨水的冲刷，在下游坝坡上常设置纵横向连通的排水沟。常用的形式有纵向排水沟、横向排水沟和岸坡排水沟。

沿土石坝与岸坡的结合处，常设置岸坡排水沟以拦截山坡上的雨水。坝面上的纵向排水沟沿马道内侧布置，用浆砌石或混凝土板铺设成矩形或梯形。若坝较短，纵向排水沟拦截的雨水可引至两岸的排水沟排至下游。若坝较长，则应沿坝轴线方向每隔 50~100 m 设一横向排水沟，以便排除雨水。排水沟的横断面，一般深 0.2 m、宽 0.3 m，如图4-15所示。

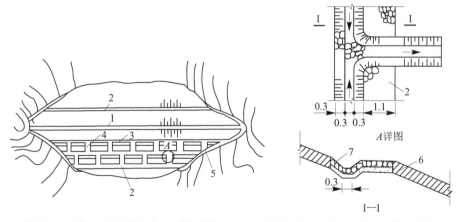

1—坝顶；2—马道；3—纵向排水沟；4—横向排水沟；5—岸坡排水沟；6—草皮护坡；7—浆砌石排水沟。

图4-15 排水沟布置与构造（单位：m）

4.2.2 筑坝材料与填筑标准

4.2.2.1 坝体各组成部分对材料的要求

坝体不同部分由于任务和工作条件不同,对材料的要求也有所不同。

1.均质坝材料

均质坝土料应具有一定的抗渗性能,其渗透系数不宜大于 $1×10^{-4}$ cm/s;黏粒含量一般为 10%~30%;有机质含量(按质量计)不大于 5%,最常用于均质坝的土料是砂质黏土和壤土。

2.防渗体土料

防渗体土料应满足下列要求:①渗透系数:均质坝应不大于 $1×10^{-4}$ cm/s,心墙和斜墙应不大于 $1×10^{-5}$ cm/s;②水溶盐(指易溶盐、中溶盐,按质量计)含量不大于 3%;③有机质含量(按质量计):均质坝应不大于 5%,心墙和斜墙应不大于 2%;④具有较好的塑性和渗透稳定性;⑤浸水与失水时体积变化较小。

以下几种黏性土不宜作为坝的防渗体填筑料,必须采用时,应根据其特性采取相应的措施:①塑性指数大于 20 和液限大于 40%的冲积黏土;②膨胀土;③开挖、压实困难的干硬黏土;④冻土;⑤分散性黏土。

3.坝壳土石料

料场开采和建筑物开挖的无黏性土(包括砂、砾石、卵石、漂石等)、石料和风化料、砾石土均可作为坝壳料,并应根据材料性质用于坝壳的不同部位。均匀中、细砂及粉砂可用于中、低坝坝壳的干燥区。但地震区不宜采用。采用风化石料和软岩填筑坝壳时,应按压实后的级配研究确定材料的物理力学指标,并应考虑浸水后抗剪强度的降低、压缩性增加等不利情况。对软化系数低、不能压碎成砾石的风化石料和软岩宜填筑在干燥区。下游坝壳水下部位和上游坝壳水位变动区应采用透水料填筑。

4.排水体、护坡石料

反滤料、过渡层料和排水体料应符合下列要求:①质地致密;②抗水性和抗风化性能满足工程运用的技术要求;③具有符合使用要求的级配和透水性;④反滤料和排水体料中粒径小于 0.075 mm 的颗粒含量应不超过 5%。

反滤料可利用天然或经过筛选的砂砾石料,也可采用块石、砾石轧制,或天然和轧制的掺和料。3 级低坝经过论证可采用土工织物作为反滤层。

护坡石料应采用质地致密、抗水性和抗风化性能满足工程运用条件要求的硬岩石料。

4.2.2.2 土料填筑标准的确定

1.黏性土的压实标准

对不含砾或含少量砾的黏性土的填筑标准应以压实度和最优含水率作为控制指标。黏性土压实最优含水率多在塑限附近,设计干重度应以最大干重度乘以压实度确定。

$$\gamma_d = P\gamma_{dmax} \tag{4-1}$$

式中　γ_d——设计干重度,kN/m³;

　　　P——压实度;

　　　γ_{dmax}——标准击实试验平均最大干重度,kN/m³。

对于 1、2 级坝和高坝压实度为 0.98~1.00,对于 3 级及其以下的中坝压实度为 0.96~

0.98;设计地震烈度为 8 度、9 度地区,宜取上述规定的大值;有特殊用途和性质特殊的土料压实度宜另行确定。

2.非黏性土料的压实标准

砂砾石和砂的填筑标准以相对密度为设计控制指标,并应符合下列要求:①砂砾石的相对密度不应低于 0.75,砂的相对密度不应低于 0.70,反滤料的相对密度宜为 0.70;②砂砾料中粗粒料含量小于 50% 时,应保证细料(粒径小于 5 mm 的颗粒)的相对密度也符合上述要求;③地震区的相对密度设计标准应符合《水工建筑物抗震设计规范》(SL 203—97)的规定。压密程度一般与含水率关系不大,而与粒径级配和压实功能有密切关系。非黏性土料设计中的一个重要问题是防止产生液化,解决的途径要求有较高的密实度外,还要注意颗粒不能太小,级配要适当,不能过于均匀。

堆石料的填筑标准宜用孔隙率为设计控制指标,并应符合下列要求:①土质防渗体分区坝和沥青混凝土心墙坝的堆石料,孔隙率宜取 20%~28%;②沥青混凝土面板坝堆石料的孔隙率宜在混凝土面板堆石坝和土质防渗体分区坝的孔隙率之间选择;③采用软岩、风化岩石筑坝时,孔隙率宜根据坝体变形、应力及抗剪强度等要求确定;④设计地震烈度为 8 度、9 度的地区,可取上述孔隙率的小值。

4.2.3　土石坝地基处理

土石坝对地基的要求比混凝土低,可不必挖除地表透水土壤和砂砾石等,但地基性质对土石坝的构造和尺寸仍有很大的影响。据资料统计,土石坝约有 40% 的失事是由地基问题所引起的。

土石坝地基处理的任务是:

(1)控制渗流,使地基与坝身不产生渗透变形,并把渗流量控制在允许的范围内。

(2)保证地基稳定不发生滑动。

(3)控制沉降与不均匀沉降,以限制坝体裂缝的发生。

4.2.3.1　砂砾石地基处理

砂砾石地基处理的主要问题是地基透水性大。处理的目的是减少地基的渗流量并保证地基和坝体的抗渗稳定。处理方法是"上防下排"。上防包括水平防渗措施和垂直防渗措施,下排主要是排水减压。

1.垂直防渗设施

垂直防渗措施能够截断地基渗流,可靠而有效地解决地基渗流问题。

1)黏土截水墙

当覆盖层深度在 15 m 以内时,可开挖深槽直达不透水层或基岩,槽内回填黏性土而成截水墙(也称截水槽),心墙坝、斜墙坝常将防渗体向下延伸至不透水层而成截水墙。

截水墙结构简单、工作可靠、防渗效果好,得到了广泛的应用。缺点是槽身挖填和坝体填筑不便同时进行,若汛前要达到一定的坝高拦洪度汛,则工期较紧。

2)混凝土防渗墙

用钻机或其他设备沿坝轴线方向造成圆孔或槽孔,在孔中浇筑混凝土,最后连成一片,成为整体的混凝土防渗墙,适用于透水层深度大于 50 m 的情况。

3）帷幕灌浆

当砂卵石层很厚时，用上述处理方法都较困难或不够经济，可采用灌浆帷幕防渗。

帷幕灌浆的施工方法是：采用高压定向喷射灌浆技术，通过喷嘴的高压气流切割地层成缝槽，在缝槽中灌压水泥砂浆，凝结后形成防渗板墙。其特点是可以处理较深的砂砾石地基，但对地层的可灌性要求高，地层的可灌性：$M<5$，不可灌；$M=5\sim10$，可灌性差；$M>10\sim15$，可灌水泥黏土砂浆或水泥砂浆。

$$M=\frac{D_{15}}{d_{85}}\tag{4-2}$$

式中　D_{15}——受灌土层中小于此粒径的土重占总土重的 15%，mm；

　　　　d_{85}——灌浆材料中小于此粒径的土重占总土重的 85%，mm。

灌浆帷幕的厚度 T，根据帷幕最大设计水头 H 和允许比降$[J]$，按下式估算：

$$T=\frac{H}{[J]}\tag{4-3}$$

式中　H——最大设计水头，m；

　　　　$[J]$——帷幕的允许比降，对于一般水泥黏土浆，可采用 $3\sim4$。

2.上游水平防渗铺盖

铺盖是一种由黏性土做成的水平防渗设施，是斜墙、心墙或均质坝体向上游延伸的部分。当采用垂直防渗有困难或不经济时，可考虑采用铺盖防渗。防渗铺盖构造简单，造价低，但它不能完全截断渗流，只是通过延长渗径的办法，降低渗透坡降，减小渗透流量，但防渗效果不如垂直防渗体。

3.下游排水减压措施

常用的排水减压设施有排水沟和排水减压井。

排水沟在坝趾稍下游平行坝轴线设置，沟底深入到透水的砂砾石层内，沟顶略高于地面，以防止周围表土的冲淤。按其构造，可分为暗沟和明沟两种。两者都应沿渗流方向按反滤层布置，明沟沟底与下游的河道连接。

将深层承压水导出水面，然后从排水沟中排出，其构造如图 4-16 所示。在钻孔中插入带有孔眼的井管，周围包以反滤料，管的直径一般为 $20\sim30$ cm，井距一般为 $20\sim30$ m。

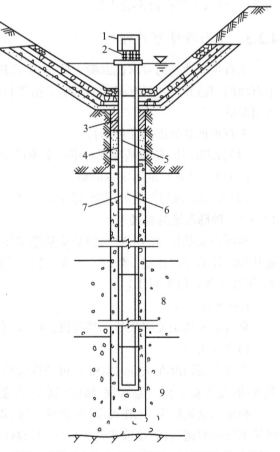

1—井帽；2—钢丝出水口；4—回填混凝土；4—回填砂；5—上升管；6—穿孔管；7—反滤层；8—砂砾石；9—砂卵石。

图 4-16　减压井布置

4.2.3.2　细砂与淤泥地基处理

1. 细砂地基

饱和的均匀细砂地基在动力作用下,特别是在地震作用下易于液化,应采取工程措施加以处理。当厚度不大时,可考虑将其挖除。当厚度较大时,可首先考虑采取人工加密措施,使之达到与设计地震烈度相适应的密实状态,然后采取加盖重、加强排水等附加防护措施。

2. 淤泥地基

淤泥层地基天然含水率大,重度小,抗剪强度低,承载能力小。当埋藏较浅且分布范围不大时,一般应把它全部挖除;当埋藏较深且分布范围又较大时,则常采用压重法或设置砂井加速排水固结。压重施加于坝趾处。

砂井排水法,是在坝基中钻孔,然后在孔中填入砂砾,在地基中形成砂桩的一种方法。设置砂井后,地基中排除孔隙水的条件大为改善,可有效地增加地基土的固结速度。

4.2.3.3　软黏土和黄土地基处理

软黏土层较薄时,一般全部挖除。当土层较薄而其强度并不太低时,可只将表面较薄的可能不稳定的部位挖除,换填较高强度的砂,称为换砂法。

黄土地基在我国西北部地区分布较广,其主要特点是浸水后沉降较大。处理的方法一般有:预先浸水,使其湿陷加固;将表层土挖除,换土压实;夯实表层土,破坏黄土的天然结构,使其密实等。

4.2.3.4　土坝坝体与地基及岸坡连接

1. 坝体与土质地基及岸坡的连接

坝体与土质地基及岸坡的连接必须做到:①清除坝体与地基、岸坡接触范围内的草皮树干、树根、含有植物的表土、蛮石、垃圾及其他废料,并将清理后的地基表面土层压实;②对坝体断面范围内的低强度、高压缩性软土及地震时易于液化的土层,进行清除或处理;③土质防渗体必须坐落在相对不透水坝基上,否则应采取适当的防渗处理措施;④地基覆盖层与下游坝壳粗粒料(如堆石)接触处,应符合反滤层要求,否则必须设置反滤层,以防止坝基土流失到坝壳中。

心墙和斜墙在与两端岸坡连接处应扩大其断面,加强连接处防渗性。

2. 坝体与岩石地基及岸坡的连接

如图 4-17 所示,坝体与岩石地基及岸坡的连接必须做到:

(1)坝断面范围内的岩石地基与岸坡,应清除表面松动石块、凹处积土和突出的岩石。

(2)土质防渗体和反滤层应与相对不透水的新鲜岩石或弱风化岩石相连接。基岩面上一般宜设混凝土盖板、喷混凝土层或喷浆层,将基岩与土质防渗体分隔开来,以防止接触冲刷。

(3)对失水时很快风化变质的软岩石(如页岩、泥岩等),开挖时应预留保护层,待开始回填时,随挖除、随回填。

(4)土质防渗体与岩石或混凝土建筑物相接处,如防渗土料为细粒黏性土,则在邻近接触面 0.5~1.0 m 范围内,在填土前用黏土浆抹面。如防渗土料为砾石土,邻近接触面应采用纯黏性土或砾石含量少的黏性土,在略高于最优含水率下填筑,使其结合良好。

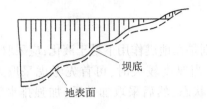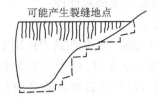

（a）正确的削坡　　　　　　（b）不正确的台阶形削坡

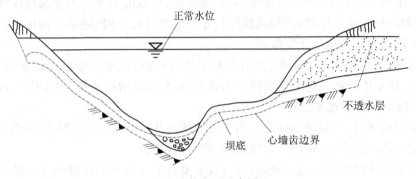

（c）心墙落在不透水层上

图 4-17　土石坝与岸坡的连接

第 5 章　渠系建筑物

5.1　概　述

5.1.1　渠系建筑物的概念

输配水渠道一般线路长,沿线地形起伏变化大,地质情况复杂,为了准确调节水位、控制流量、分配水量、穿越各种障碍,满足灌溉、水力发电、工业及生活用水的需要,在渠道上兴建的水工建筑物,统称渠系建筑物。

5.1.2　渠系建筑物的类型和作用

渠系建筑物的种类较多,按其主要作用可分为以下几种:

(1)控制建筑物。主要作用是调节各级渠道的水位和流量,以满足各级渠道的输水、配水和灌水要求,如进水闸、节制闸、分水闸等。

(2)泄水建筑物。主要作用是保护渠道及建筑物安全,用以排放渠中余水、入渠的洪水或发生事故时的渠水,如退水闸、溢流堰、泄水闸等。

(3)交叉建筑物。指渠道经过河谷、洼地、道路、山丘等障碍时所修建的建筑物,主要作用是跨越障碍、输送水流。如渡槽、倒虹吸管、桥梁、涵洞、隧洞等。常根据建筑物运用要求、交叉处的相对高程,以及地形、地质、水文等条件,经比较后合理选用。

(4)落差建筑物。指渠道通过地面坡度较大的地段时,为使渠底纵坡符合设计要求,避免深挖高填,调整渠底比降,将渠道落差集中所修建的建筑物,如跌水、陡坡等。

(5)量水建筑物。指为了测定渠道流量,达到计划用水、科学用水而修建的专门设施,如量水堰、量水槽、量水喷嘴等。工程中,常利用符合水力计算要求的渠道断面或渠系建筑物进行量水,如水闸、渡槽、陡坡、跌水、倒虹吸等。

(6)防沙建筑物。指为了防止和减少渠道的淤积,在渠首或渠系中设置冲沙和沉沙设施,如冲沙闸、沉沙池等。

(7)专门建筑物。指方便船只通航的船闸、利用落差发电的水电站和水力加工站等。

(8)利民建筑物。指根据群众需要,结合渠系布局,修建方便群众出行、生产的建筑物,如行人桥、踏步、码头、船坞等。

5.1.3　渠系建筑物的布置原则

在渠系建筑物的布置工作中,一般应当遵循以下原则:

(1)布局合理,效益最佳。渠系建筑物的位置和形式,应根据渠系平面布置图、渠道纵横断面图以及当地的具体情况,合理布局,使建筑物的位置和数量恰当,水流条件好,工程效益最大。

(2)运行安全,保证需求。满足渠道输水、配水、量水、泄水和防洪等要求,保证渠道安全运行,提高灌溉效率和灌水质量,最大限度地满足作物需水要求。

(3)联合修建,形成枢纽。渠系建筑物尽可能集中布置,联合修建,形成枢纽,降低造价,便于管理。

(4)独立取水,便于管理。结合用水要求,最好做到各用水单位有独立的取水口,减少取水矛盾,便于用水管理。

(5)方便交通,便于生产。在满足灌溉要求的同时,应考虑交通、航运和群众的生产、生活的需要,为提高劳动效率和建设新农村创造条件。

5.1.4 渠系建筑物的特点

在灌区工程中,渠系建筑物是重要组成部分,其主要特点如下:

(1)量大面广、总投资多。渠系建筑物的分布面广,数量较大,总工程量和投资往往很大。如韶山灌区的总干渠和北干渠上,渠系建筑物的造价为枢纽工程造价的 6.3 倍。所以,应对渠系建筑物的布局、选型和构造设计进行深入研究和决策,降低工程总造价。

(2)同类建筑物较为相似。渠系建筑物一般规模较小、数量较多,同一类型的建筑物工作条件、结构形式、构造尺寸较为相近。因此,在同一个灌区,应尽量利用同类建筑物的相似性,采用定型设计和预制装配式结构,简化设计和施工程序,确保工程质量,加快施工进度和便于维修运用。对于规模较大、技术复杂的建筑物,应进行专门的设计。

(3)受地形环境影响较大。渠系建筑物的布置,主要取决于地形条件,与群众的生产、生活环境密切相关。例如,渡槽的布置既要考虑长度最短,又要考虑与进出口渠道平顺连接,这样将会增加填方渠道与两岸连接的长度,多占用农田及多拆迁房屋,影响群众切身利益。所以,进行渠系建筑物布置时,必须深入实地进行调查研究。

5.1.5 渠系建筑物的设计

渠系建筑物一般多为小型建筑物,在其设计过程中,可以直接使用定型设计图集中的尺寸和结构,不再进行复杂的水力和结构计算。采用定型设计,不仅可以缩短设计时间,而且可以保证工程质量,加快施工进度,节省工程费用。

在实际工程中,建筑物轮廓和控制性尺寸的确定,常以简单的水力计算为主进行验算。对一般构件的构造和尺寸,可参考工程设计经验拟订。

为了总结灌区渠系建筑物的建设经验,提高工程设计质量,促进水利建设,更好地发挥工程效益,我国已经出版了多种渠系建筑物设计图册。这些图册中的设计图件,都经过实践的检验,其技术先进,经济合理,运行安全可靠,在同类建筑物中具有一定典型性和代表性。在使用定型设计图件时,一定要根据各地区的具体条件,因地制宜,取其所长。

5.2 渠 道

渠道是灌溉、发电、航运、给水、排水等水利工程中广为采用的输水建筑物。渠道遍布整个灌区,线长面广,其规划和设计是否合理,将直接关系到土方量的大小、渠系建筑物的多少、施工和管理的难易以及工程效益的大小。因此,一定要搞好渠道的规划布置和设计工作。灌溉渠系一般可分为干、支、斗、农、毛五级渠道,构成灌溉系统。其中,前四级为固定渠道,后者多为临时性渠道。一般干、支渠主要起输水作用,称为输水渠道;斗、农渠主要起配水作用,称为配水渠道。

渠道设计的任务是在完成渠系布置之后,推算各级渠道的设计流量,确定渠道的纵横断面形状、尺寸、结构和空间位置等。

5.2.1　渠道的选线

渠道的线路选择,关系到灌区合理开发、渠道安全输水及降低工程造价等关键问题,应综合考虑地形、地质、施工条件及挖填平衡、便于管理养护等各因素。

(1)地形条件。渠道顺直,尽量应与道路、河流正交,减少工程量。在平原地区,渠道路线最好选为直线,并力求选在挖方与填方相差不大的地方。如不能满足这一条件,应尽量避免深挖方和高填方地带,转弯也不应过急,对于有衬砌的渠道,转弯半径应不小于2.5B(B为渠道水面宽度);对于不衬砌的渠道,转弯半径应不小于5B。在山坡地区,渠道路线应尽量沿等高线方向布置,以免过大的挖填方量。当渠道通过山谷、山脊时,应对高填、深挖、绕线、渡槽、穿洞等方案进行比较,从中选出最优方案。

(2)地质条件。渠道线路应尽量避开渗漏严重、流沙、泥泽、滑坡以及开挖困难的岩层地带,必须通过时,应比较确定。如采取防渗措施以减少渗漏;采用外绕回填或内移深挖以避开滑坡地段;采用混凝土或钢筋混凝土衬砌以保证渠道安全运行等方案。

(3)施工条件。应全面考虑施工时的交通运输、水和动力供应、机械施工场地、取土和弃土的位置等条件,改善施工条件,确保施工质量。

(4)管理要求。渠道的线路选择要和行政区划与土地利用规划相结合,确保每个用水单位均有独立的用水渠道,以便于运用和管理维护。

渠道的线路选择必须重视野外踏勘工作,从技术、经济等方面仔细分析比较。

5.2.2　渠道的横、纵断面设计

渠道的断面设计包括横断面设计和纵断面设计,二者是互相联系、互为条件的。在实际设计中,纵、横断面设计应交替,并且反复进行,最后经过分析比较确定。

合理的渠道断面设计,应满足以下几方面的具体要求:①有足够的输水能力,以满足灌区用水需要;②有足够的水位,以满足自流灌溉的要求;③有适宜的流速,以满足渠道不冲、不淤或周期性冲淤平衡,以满足纵向稳定要求;④有稳定边坡,以保证渠道不坍塌、不滑坡;⑤有合理的断面结构形式,以减少渗透损失,提高灌溉水利用系数;⑥尽可能在满足输水的前提下,兼顾蓄水、养殖、通航、发电等综合利用要求;⑦尽量做到工程量最小,以有效地降低工程总投资;⑧施工容易,管理方便。

5.2.2.1　渠道横断面设计

1.渠道横断面的形状

渠道横断面的形状常见的有梯形、矩形、U形等。一般采用梯形,它便于施工,并能保持渠道边坡的稳定;在坚固的岩石中开挖渠道时,宜采用矩形断面;当渠道通过城镇工矿区或斜坡地段,渠宽受到限制时,可采用混凝土等材料砌护。

为了提高渠道的稳定性、提高水的利用率、减少渗漏损失、缩小渠道断面,一般采取各种防渗措施。

2. 渠道横断面结构

渠道横断面结构有挖方断面、填方断面和半挖半填断面三种形式，主要是渠道过水断面和渠道沿线地面的相对位置不同造成的。规划设计中，常采用半挖半填的结构形式，或尽量做到挖填平衡，避免深挖、高填，以减少工程量，降低工程费用。

3. 渠道横断面设计内容

渠道横断面设计主要内容是确定渠道设计参数，通过水力计算确定横断面尺寸。对于梯形渠道，横断面设计参数主要包括渠道流量、边坡系数、糙率、渠底比降、断面宽深比，以及渠道的不冲、不淤流速等。当渠道的设计参数已确定时，即可根据明渠均匀流公式确定渠道横断面尺寸。

4. 渠道设计参数

1) 渠道流量

渠道流量是渠道和渠系建筑物设计的基本依据。设计渠道时，需要设计流量、最小流量和加大流量，分别作为设计和校核之用。

(1) 渠道设计流量。指设计年内作物灌水时期渠道需要通过的最大流量，是渠道正常工作条件下需要通过的流量。渠道设计流量是设计渠道纵横断面的主要依据，与渠道的灌溉面积、作物组成、灌溉制度、渠道的工作制度以及渠道的输水损失等因素有关。

(2) 渠道最小流量。指在设计标准条件下，渠道正常工作中输送的最小流量。渠道最小流量用于校核下一级渠道的水位控制条件，确定节制闸的修建位置。对于同一条渠道而言，其设计流量与最小流量相差不要过大，以免下级渠道因水位不足而造成引水困难。一般渠道最小流量不小于渠道设计流量的 40%，相应的渠道最小水深不小于设计水深的 70%。

(3) 渠道加大流量。灌溉工程运行期，可能出现规划设计之外的情况，如作物种植比例变更、灌溉面积扩大、气候特别干旱、渠道发生事故后需要短时间加大输水量等，都需要渠道通过比设计流量更大的流量。通常把短时期内渠道需要通过的最大灌溉流量称为渠道加大流量，它是确定渠道堤顶高程、校核渠道输水能力和不冲流速的依据。一般干、支渠需要考虑加大流量，而斗、农渠多因实行轮灌无须考虑加大流量。

渠道加大流量等于加大系数(见表 5-1)乘以设计流量，即

$$Q_{加大} = 加大系数 \times Q_{设计} \tag{5-1}$$

表 5-1　渠道流量加大系数

设计流量/ (m³/s)	<1	1~5	5~10	10~30	>30
加大系数	1.35~1.30	1.30~1.25	1.25~1.20	1.20~1.15	<1.15~1.10

注：1. 表中加大系数，湿润地区可取小值，干旱地区可取大值。

2. 泵站供水的续灌渠道加大流量应为包括备用机组在内的全部装机流量。

2) 边坡系数 m

梯形土渠两侧边坡系数，一般取 1~2，应根据土质情况和开挖深度或填土高度确定。对于挖深大于 5 m 或填高超过 3 m 的土坡，必须根据稳定条件确定。计算方法同土石坝的稳

定计算。为使边坡稳定和管理方便,每隔 4~6 m 深应设一平台,平台宽 1.5~2 m,并在平台内侧设置排水沟。

3)渠道的糙率 n

渠道的糙率反映渠床粗糙程度的指标,影响因素主要有渠床状况、渠道流量、渠水含沙量、渠道弯曲状况、施工质量、养护情况。在一般情况下,渠床糙率参考水力计算相应的糙率表选用,大型渠道的糙率最好通过试验确定。

4)渠道断面宽深比 β

渠道断面宽深比是指底宽 b 和水深 h 的比值。宽深比对渠道工程量和渠床稳定等有较大影响,过于宽浅容易淤积,过于窄深又容易产生冲刷。宽深比与渠道流量、水流含沙情况、渠道比降等因素有关,比降小的渠道应选较小的宽深比,以增大水力半径,加快水流速度;比降大的渠道应选较大的宽深比,以减小流速,防止渠床冲刷。为了节省输水渠道土石方及衬砌工程量,尽量少占地,一般采用窄深式断面;而配水渠道为使水流较为稳定,不易产生冲刷和淤积,多采用宽浅式断面。一般情况下,流量大,含沙量小,渠床土质较差时多用宽浅式渠道;反之,宜采用窄深式渠道。对于中、小型渠道,可以根据渠道流量,参照表 5-2 所列经验数据选定。

表 5-2　渠道断面宽深比

设计流量/(m^3/s)	<1	1~3	3~5	5~10	10~30	30~60
宽深比 β	1~2	1~3	2~4	3~5	5~7	6~10

有通航要求的渠道,应根据船舶吃水深度、错船所需的水面宽度以及通航的流速要求等确定。渠道水面宽度应大于船舶宽度的 2.6 倍,船底以下水深应不小于 15~30 cm。

5)渠道的不冲不淤流速

在稳定渠道中,允许的最大平均流速称为临界不冲流速,简称不冲流速,用 $v_{不冲}$ 表示;允许的最小平均流速称为临界不淤流速,简称不淤流速,用 $v_{不淤}$ 表示。为了维持渠床稳定,渠道通过设计流量时的平均流速(设计流速)$v_{设计}$ 应满足以下条件:

$$v_{不淤} < v_{设计} < v_{不冲} \tag{5-2}$$

(1)渠道不冲流速。水在渠道中流动时,具有一定的能量,这种能量随水流速度的增加而增加,当流速增加到一定程度时,渠床上的土粒就会随水流移动,土粒将要移动而尚未移动时的水流速度就是临界不冲流速。一般渠道可按表 5-3 的数值选用,渠水含沙量越大,且渠床有薄层淤泥时,可将表中所列数值适当提高后选用。

(2)渠道不淤流速。渠道水流的挟沙能力随流速减小而降低,当流速小到一定程度时,部分泥沙就开始在渠道内淤积。泥沙将要沉积而尚未沉积时的流速就是临界不淤流速。渠道不淤流速主要取决于渠道含沙情况和断面水力要素。含沙量很小的清水渠道虽无泥沙淤积威胁,但为了防止渠道杂草滋生,影响输水能力,要求大型渠道的平均流速不小于 0.5 m/s,中、小型渠道的平均流速不小于 0.3~0.4 m/s。

表 5-3　渠道允许不冲流速　　　　　　　　单位:m/s

防渗衬砌结构类别		$v_{不冲}$	防渗衬砌结构类别		$v_{不冲}$
土料	黏土、黏砂混合土	0.75~1.00	膜料(土料保护层)	砂壤土、轻壤土	<1.45
	灰土、三合土、四合土	<1.00		中壤土	<0.60
水泥土	现场填筑	<2.50		重壤土	<0.65
	预制铺砌	<2.00		黏土	<0.70
砌石	干砌卵石(挂淤)	2.50~4.00		砂砾料	<0.90
	浆砌块石 单层	2.50~4.00	沥青混凝土	现场浇筑	<3.00
	浆砌块石 双层	3.50~5.00		预制铺砌	<2.00
	浆砌料石	4.00~6.00	混凝土	现场浇筑	<8.00
	浆砌石板	<2.50		预制铺砌	<5.00
				喷射法施工	<10.00

5.2.2.2　渠道纵断面设计

灌溉渠道不仅要满足输送设计流量的要求,而且要满足水位控制的要求。渠道纵断面设计的任务是根据灌溉水位要求确定渠道的空间位置。一般,纵断面设计主要内容包括:确定渠道纵坡比降、设计水位线、最低水位线、最高水位线、渠底高程线、渠道沿程地面高程线和堤顶高程线,绘制渠道纵断面图。渠底纵坡比降是指单位渠长的渠底降落值。渠底纵坡比降不仅决定着渠道输水能力的大小、控制灌溉面积的多少和工程量的大小,而且还关系着渠道的冲淤、稳定和安全,必须慎重选择确定。在规划设计中,渠底比降应根据渠道沿线地面坡度、下级渠道分水口要求水位、渠床土质、渠道流量、渠水含沙量等情况,参照相似灌区的经验数值(见表 5-4),初选一个渠底比降,进行水力计算和流速校核,若满足水位和不冲、不淤要求,便可采用;否则应重新选择比降,再计算校核,直至满足要求。

渠道纵坡选择时应注意以下几项原则:①地面坡度。渠道纵坡应尽量接近地面坡度,以避免深挖高填。②地质情况。易冲刷的渠道,纵坡宜缓,地质条件较好的渠道,纵坡可适当陡一些。③流量。流量大时纵坡宜缓,流量小时纵坡可陡些。④含沙量。水流含沙量小时,应注意防冲,纵坡宜缓;含沙量大时,应注意防淤,纵坡宜陡。⑤水头。提水灌区水头宝贵,纵坡宜缓;自流灌区水头较富裕,纵坡可以陡些。

表 5-4　渠道比降一般数值

渠道级别	干渠	支渠	斗渠	农渠
丘陵灌区	1/2 000~1/5 000	1/1 000~1/3 000	土渠 1/2 000,石渠 1/500	土渠 1/1 000,石渠 1/300
平原灌区	1/5 000~1/10 000	1/3 000~1/7 000	1/2 000~1/5 000	1/1 000~1/3 000
滨湖灌区	1/8 000~1/15 000	1/6 000~1/8 000	1/4 000~1/5 000	1/2 000~1/3 000

干渠及较大支渠,上、下游渠段流量变化较大时,可分段选择比降,而且下游段的比降应大些。支渠以下的渠道一般一条渠道只采用一个比降。

为了便于渠道的运用管理和保证渠道的安全,应设置一定的堤顶宽度和安全超高,参考

表 5-5 选定。若渠道的堤顶有交通要求,则堤顶宽度应根据交通要求确定。

表 5-5　堤顶宽度和安全超高数值

项目	田间毛渠	固定渠道流量/(m³/s)						
		<0.5	0.5~1	1~5	5~10	10~30	30~50	>50
超高	0.1~0.2	0.2~0.3	0.2~0.3	0.4~0.4	0.4	0.5	0.6	0.8
顶宽	0.2~0.5	0.5~0.8	0.8~1	1~1.5	1.5~2	2~2.5	2.5~3	3~3.5

5.3　渡　槽

5.3.1　渡槽的作用及组成

渡槽是渠道跨越山谷、河流、道路等的架空输水建筑物,其主要作用是输送水流。根据水利工程的不同需要,渡槽还可以用于排洪、排沙、导流和通航等。

渡槽主要由槽身、支承结构、基础及进出口建筑物等部分组成。渠道通过进出口建筑物与槽身相连接,槽身置于支承结构上,槽中水重及槽身重通过支承结构传给基础,再传至地基。为确保运行安全,渡槽进口处可设置闸门,在上游一侧配置泄水闸;为方便群众生产生活,可以在有拉杆渡槽的顶端设置栏杆、铺设人行道板,方便群众出行。

渡槽一般适用于跨越河谷(断面宽深、流量大、水位低)、宽阔滩地或洼地等情况。它与倒虹吸管相比具有水头损失小、便于管理运用及可通航等优点,是交叉建筑物中采用最多的一种形式。与桥梁相比,渡槽以恒载为主,不承受桥梁那样复杂的活载,故结构设计相对简单,但对防渗和止水构造要求较高,以免影响运行管理和结构安全。

5.3.2　渡槽的类型

随着混凝土材料的不断应用,高强度、抗渗漏的钢筋混凝土渡槽便应运而生,渡槽从单一的梁式、拱式、斜拉式、悬吊式,发展到组合式(拱梁和斜撑梁组合式等)。

渡槽按槽身断面形式分类,有 U 形、矩形、梯形、椭圆形和圆形等;按支承结构分类,有梁式、拱式、桁架式、悬吊式、斜拉式等;按所用材料分类,有木制渡槽、砖石渡槽、混凝土渡槽、钢筋混凝土渡槽、钢丝网水泥渡槽等;按施工方法不同,有现浇整体式渡槽、预制装配式渡槽及预应力渡槽。

5.3.3　渡槽的总体布置

渡槽的总体布置,主要包括槽址选择、渡槽选型、进出口布置等内容。

渡槽总体布置的基本要求是:流量、水位满足灌区规划需要;槽身长度短,基础、岸坡稳定,结构选型合理;进出口与渠道连接顺直通畅,避免填方接头;少占农田,交通方便,就地取材等。

5.3.3.1　基本资料

基本资料是渡槽设计的依据和基础,主要包括以下几个方面的内容:

（1）灌区规划要求。在灌区规划阶段，渠道的纵横断面及建筑物的位置已基本确定，可据此得到渡槽上下游渠道的各级流量和相应水位、断面尺寸、渠底高程以及预留的渠道水流通过渡槽的允许水头损失值等。

（2）设计标准。根据渡槽所属工程等别及其在工程中的作用和重要性确定。对于跨越铁路、重要公路以及墩架很高或跨度很大的渡槽，应采用较高的级别。对于跨越河道、山溪的渡槽，应根据其级别、地区的经验，并参考有关规定选择洪水标准计算确定相应的槽址洪水位、流量及流速等。

（3）地形资料。应有 1/200~1/2 000 的地形图。测绘范围应满足渡槽轴线的修正和施工场地布置需要，在渡槽进出口及有关附属建筑物布置范围外，至少应有 50 m 的富裕。对小型渡槽，也可只测绘渡槽轴线的纵剖面图及若干横剖面图。跨越河道的渡槽，应加测槽址河床纵、横断面图。

（4）地质资料。通过挖探及钻探等方法，探明地基岩土的性质、厚度、有无软弱层及不良地质隐患，观察河道及沟谷两岸是否稳定，并绘制沿渡槽轴线的地质剖面图；通过必要的土工试验，测定基础处岩土的物理力学指标，确定地基承载力等。

（5）水文气象等资料。调查槽址区的最大风力等级及风向，最大风速及其发生频率；多年平均气温，月平均气温，冬夏季最高、最低气温，最大温差以及冰冻情况等。渡槽跨越河流时，应收集河流的水文资料及漂浮物情况等。

（6）建筑材料。砂料、石料、混凝土骨料的储量、质量、位置与开采、运输条件，以及木材、水泥、钢材的供应情况等。

（7）交通要求。槽下为通航河道或铁路、公路时，应了解船只、车辆所要求的净宽、净空高度；槽上有行人及交通要求时，要了解荷载情况及今后发展要求等。

（8）施工条件。施工设备、施工技术力量、水电供应条件以及对外交通条件等。

（9）运用管理要求。如运用中可能出现的问题以及对整个渠系的影响等。

以上各项资料并非每一渡槽设计全需具备。每项资料调查、收集的深度和广度，随工程规模的大小、重要性以及设计阶段的不同逐步深入。

5.3.3.2　槽址选择

渡槽轴线及槽身起止点位置选择的基本要求是：渠线及渡槽长度较短，地质条件较好，工程量最省；槽身起止点尽可能选在挖方渠道上；进出口水流顺畅，运用管理方便；满足所选的槽跨结构和进出口建筑物的结构布置要求等。对地形地质条件复杂、长度较大的渡槽，应通过方案比较，择优选用。

5.3.3.3　渡槽选型

渡槽选型，应根据地形地质、水流条件，建筑材料和施工技术等因素，综合研究决定。一般中小型渡槽，可采用一种类型的单跨或等跨渡槽。具体选择时，应考虑以下几方面：

（1）地形地质条件。当地形平坦、槽高不大时，宜采用梁式渡槽；窄深的山谷地形，当两岸地质条件较好，且有足够强度与稳定性时，宜建大跨度单跨拱式渡槽；地形地质条件比较复杂时，应进行具体分析。如跨越河道的渡槽，若河道水深流急、水下施工较难，而且滩地高大，在河床部分可采用大跨度的拱式渡槽，在滩地则宜采用梁式渡槽或中小跨度的拱式渡槽。当地基承载能力较低时，可采用轻型结构或适当减小跨度。

（2）建筑材料。当槽址附近石料丰富且质量符合要求时，应就地取材，优先采用石拱渡槽。由于这种渡槽对地基条件要求高,需要较多的人力,因此应综合分析各种条件,采用经济合理的结构形式。

(3)施工条件。如具备吊装设备和吊装技术,应尽可能采用预制构件装配的结构形式,以加快施工速度,节省劳力。同一渠系布置有多个渡槽时,应尽量采用同一种结构形式,以便利用同一套吊装设备,便于设计和施工定型化。

5.3.3.4　进出口段布置

为了减小渡槽过水断面,降低工程造价,一般槽身纵坡较渠底坡度陡。为使渠道水流平顺地进入渡槽,避免冲刷和减小水头损失,渡槽进出口段布置应注意以下几方面:

(1)与渠道直线连接。渡槽进出口前后的渠道上应有一定长度的直线段,与槽身平顺连接,在平面布置上要避免急转弯,防止水流条件恶化,影响正常输水,造成冲刷现象。对于流量较大、坡度较陡的渡槽,尤其要注意这一问题。

(2)设置渐变段。为使水流平顺衔接,适应过水断面的变化,渡槽进出口均需设置渐变段。渐变段的形式,主要有扭曲面式、反翼墙式、八字墙式等。扭曲面式水流条件较好,应用也较多;八字墙式施工简单,小型渡槽使用较多。渐变段的长度 L_j 通常采用下列经验公式计算:

$$L_j = C(B_1 - B_2) \tag{5-3}$$

式中　B_1——渠道水面宽度,m;

$\quad\quad B_2$——渡槽水面宽度,m;

$\quad\quad C$——系数,进口取 $C = 1.5 \sim 2.0$,出口取 $C = 2.5 \sim 3.0$。

对于中小型渡槽,进口渐变段长度可取 $L_1 \geqslant 4h_1$(h_1 为上游渠道水深);出口渐变段长度可取为 $L_2 \geqslant 6h_3$(h_3 为出口渠道水深)。

5.3.4　渡槽的水力计算

渡槽水力计算的目的,就是确定渡槽过水断面形状和尺寸、槽底纵坡、进出口高程,校核水头损失是否满足渠系规划要求。

渡槽的水力计算,是在槽址中心线及槽身起止点位置已选择的基础上进行的,所以上下游渠道的断面尺寸、水深、渠底高程和允许水头损失均为已知。

5.3.4.1　槽身断面尺寸的确定

槽身的过水断面尺寸,一般按设计流量设计,按最大流量校核,通过水力学公式进行计算。当槽身长度 $L \geqslant (15 \sim 20) h_2$($h_2$ 为槽内水深)时,按明渠均匀流公式计算;当 $L < (15 \sim 20) h_2$ 时,可按淹没宽顶堰公式进行计算。

槽身过水断面的深宽比选择,工程中多采用窄深式断面,一般矩形槽取 $0.6 \sim 0.8$,U 形槽取 $0.7 \sim 0.8$。为防止风浪或其他原因而引起侧墙顶溢流现象,侧墙应有一定的超高 Δh,一般选用 $0.2 \sim 0.6$ m,对于有通航要求的渡槽,超高值应根据通航要求确定。

5.3.4.2　渡槽纵坡 i 的确定

进行渡槽的水力计算,首先要确定渡槽纵坡。在相同的流量下,纵坡的选择对渡槽过水断面大小、工程造价高低、水头损失多少、通航要求、水流冲刷及下游自流灌溉面积等有直接影响。因此,确定一个适宜的底坡,使其既能满足渠系规划允许的水头损失,又能降低工程造价,常常需要试算。一般初拟时,常采用 $i = 1/500 \sim 1/1\,500$,槽内流速 $1 \sim 2$ m/s;对于通航的渡槽,要求流速在 1.5 m/s 以内,底坡 i = 1/3 000~1/10 000。

5.3.4.3 水头损失与水面衔接计算

水流通过渡槽时,由于克服局部阻力、沿程阻力以及水流能量的转换,都会产生水头损失,水流进出渡槽产生变化,这种水流现象可分为三段分析计算,如图 5-1 所示。

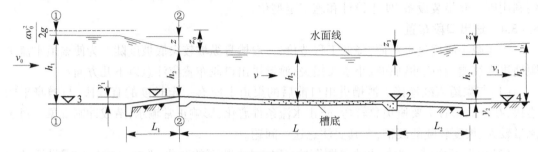

图 5-1 渡槽水力计算示意图

水流经过进口段时,随着过水断面的减小,流速逐渐加大,水流的位能一部分转化为动能,另一部分消耗于因水流收缩而产生的水头损失,因此形成进口段水面降落 z;槽中基本保持均匀明流,水面坡等于槽底坡,产生沿程水头损失 z_1;水流经过出口段时,随着过水断面的扩大,流速逐渐减小,水流的动能一部分消耗于因水流扩散而产生的水头损失,另一部分转化为位能,因此形成出口段水面回升 z_2。水流经过渡槽的总水头损失,要求满足规划设计所允许的水头损失。

5.3.5 梁式渡槽

梁式渡槽的槽身置于槽墩或槽架上,纵向受力与梁相同。梁式渡槽的槽身根据其支承位置的不同,可分为简支梁式、双悬臂梁式、单悬臂梁式和连续梁式等几种形式。前三种是较为常用的静定结构,连续梁式为超静定结构。

(1)简支梁式渡槽。其特点是结构形式简单,施工吊装方便,但是跨中弯矩较大,整个底板受拉,不利于抗裂防渗。对于矩形槽身,跨度一般为 8~15 m;U 形槽身,跨度为 15~20 m;其经济跨度一般为墩架高度的 0.8~1.2。槽身高度大、修建槽墩困难,宜采用较大的跨度;槽身高度较小且地基条件又较差,宜选用较小的跨度。

(2)双悬臂梁式渡槽。按照悬臂长度的大小,双悬臂梁式又可分为等跨度、等弯矩和不等跨不等矩三种形式,一般前两种情况较为常用。设一节槽身总长度为 L,悬臂长度为 B,对于等跨式 $B = 0.25L$,在纵向均布荷载水重和自重的作用下,其跨中弯矩为零,底板全部位于受压区,有利于抗裂防渗。等弯矩式 $B = 0.207L$,跨中弯矩与支座弯矩相等,结构受力合理,但需上、下配置受力钢筋,总配筋量不一定最小。双悬臂梁式渡槽的跨度较大,一般每节槽身长度为 25~40 m,由于其重量大,施工吊装较困难,当悬臂顶端变形时,接缝处止水容易被拉裂。

(3)单悬臂梁式渡槽。一般用在靠近两岸的槽身,或双悬臂梁向简支梁式过渡时采用。其悬臂的长度不宜过长,以保证槽身的另一端支承处有足够的压力。

(4)连续梁式渡槽。连续梁式渡槽为超静定结构,弯矩值较小,但是,适应不均匀沉降的能力较差。因此,应慎重选用。

5.3.6 拱式渡槽

拱式渡槽是指槽身置于拱式支承结构上的渡槽。其支承结构由槽墩、主拱圈、拱上结构组成。主拱圈是拱式渡槽的主要承重结构,其受力特征为:槽身荷载通过拱上结构传给主拱圈,再由主拱圈传给槽墩或槽台。主拱圈主要承受压力,故可用石料或混凝土建造,并可采用较大的跨度,但拱圈对支座的变形要求严格。对于跨度较大的拱式渡槽应建在比较坚固的岩石地基上。

(1)板拱渡槽。渡槽的主拱圈横截面形状为矩形,结构形式像一块拱形的板,一般为实体结构,多采用粗料石或预制混凝土块砌筑,故常称石拱渡槽。对于小型渡槽,主拱圈也可采用砖砌。其主要特点是可以就地取材,结构简单,施工方便,故在水利工程中被广泛采用。但因自重较大、对地基要求较高,一般用于较小跨度的渡槽。

(2)肋拱渡槽。其主拱圈由几根分离的拱肋组成,为了加强拱圈的整体性和横向稳定性,在拱肋间每隔一定的距离设置刚度较大的横系梁进行联结,拱上结构为排架式。当槽宽不大时,多采用双肋。肋拱渡槽一般采用钢筋混凝土结构,小跨度的拱圈也可采用少筋混凝土或无筋混凝土。对于大中跨径的肋拱结构可分段预制吊装拼接,无须支架施工。这种形式的渡槽外形轻巧美观,自重较轻,工程量较小。

(3)双曲拱渡槽。双曲拱主要由拱肋、拱波和横系梁或横隔板等部分组成。因主拱圈沿纵向是拱形,其横截面也是拱形,故称为双曲拱渡槽。双曲拱能够充分发挥材料的抗压性能,具有较大的承载能力,节省材料,造型美观,主拱圈可分块预制吊装施工,一般适用于修建大跨度渡槽。

5.4 倒虹吸管

5.4.1 倒虹吸管的特点和适用条件

倒虹吸管属于交叉建筑物,是指设置在渠道与河流、山沟、谷地、道路等相交叉处的压力输水管道。其管道的特点是两端与渠道相接,而中间向下弯曲。与渡槽相比,其具有结构简单、造价较低、施工方便等优点,但具有水头损失较大、运行管理不便等缺点。

倒虹吸管的适用条件:①渠道跨越宽深河谷,修建渡槽、填方渠道或绕线方案困难或造价较高时;②渠道与原有渠、路相交,因高差较小不能修建渡槽、涵洞时;③修建填方渠道,影响原有河道泄流时;④修建渡槽,影响原有交通时等。

5.4.2 倒虹吸管的组成和类型

倒虹吸管一般由进口段、管身段和出口段三大部分组成。

倒虹吸管的类型,根据管路埋设情况及高差的大小,倒虹吸管通常可分为竖井式、斜管式、曲线式和桥式四种类型。

5.4.2.1 竖井式

竖井式倒虹吸管是由进出口竖井和中间平洞组成的。竖井式倒虹吸管构造简单、管路较短、占地较少、施工较容易,但水力条件较差。一般适用于流量不大、压力水头小于 3~5 m

的穿越道路倒虹吸。

5.4.2.2 斜管式

斜管式倒虹吸管进出口为斜卧段,中间为平直段。一般用于穿越渠道、河流而两者高差不大,且压力水头较小、两岸坡度较平缓的情况。

斜管式倒虹吸管与竖井式倒虹吸管相比,水流畅通,水头损失较小,构造简单,实际工程中采用较多。但是,斜管的施工较为不便。

5.4.2.3 曲线式

曲线式倒虹吸管一般是沿坡面的起伏爬行曲线铺设的。主要适用于跨越河谷或山沟,且两者高差较大的情况。

5.4.2.4 桥式

桥式倒虹吸管与曲线式倒虹吸管相似,是在沿坡面爬行铺设曲线形的基础上,在深槽部位建桥,管道铺设在桥面上或支承在桥墩等支承结构上。

5.4.3 倒虹吸管的布置要求

倒虹吸管的总体布置应根据地形、地质、施工、水流条件,以及所通过的道路、河道洪水等具体情况经过综合分析比较确定。一般要求如下:

(1)管身长度最短。管路力争与河道、山谷和道路正交,以缩短倒虹吸管道的总长度,还应避免转弯过多,以减少水头损失和镇墩的数量。

(2)岸坡稳定性好。进、出口以及管身应尽量布置在地质稳定的挖方地段,避免建在高填方地段,并且地形应平缓,以便于施工。

(3)开挖工程量少。管身沿地形坡度布置,以减少开挖的工程量,降低工程造价。

(4)进、出口平顺。为了改善水流条件,倒虹吸管进、出口与渠道的连接应当平顺。

(5)管理运用方便。结构的布置应安全、合理,以便于管理运用。

5.4.4 进口段布置和构造

5.4.4.1 进口段的组成

进口段主要由渐变段、进水口、拦污栅、闸门、工作桥、沉沙池及退水闸等部分组成。

5.4.4.2 进口段的布置和构造

(1)进口渐变段。倒虹吸管的进口一般设有渐变段,主要作用是使其进口与渠道平顺连接,以减少水头损失。渐变段长度一般采用3~5倍的渠道设计水深。

(2)进水口。倒虹吸管的进水口是通过挡水墙与管身相连接而成的。挡水墙常用混凝土浇筑或圬工材料砌筑,砌筑时应妥善与管身衔接好。

(3)闸门。对于单管倒虹吸,其进口一般可不设置闸门,有时仅在侧墙留闸门槽,以便在检修和清淤时使用,需要时临时安装插板挡水。双管或多管倒虹吸,在其进口应设置闸门。当过流量较小时,可用一管或几根管道输水,以防止进口水位跌落,同时可增加管内流速,防止管道淤积。闸门的形式,可用平板闸门或叠梁闸门。

(4)拦污栅。为了防止漂浮物或人畜落入渠内被吸入倒虹吸管道内,在闸门前需设置拦污栅。栅条可用扁钢做成,其间距一般为20~25 cm。

(5)工作桥。为了启闭闸门或进行清污,有条件的情况下,可设置工作桥或启闭台。为了便于运用和检修,工作桥或启闭台面应高出闸墩顶足够的高度,通常为闸门高再加 1.0~1.5 m。

(6)沉沙池。对于多泥沙的渠道,在进水口之前一般应设置沉沙池。主要作用是拦截渠道水流挟带的粗颗粒泥沙和杂物进入倒虹吸管内,以防止造成管壁磨损、淤积堵塞,甚至影响倒虹吸管的输水能力。对于以悬移质为主的平原区渠道,也可不设沉沙池。

(7)进口退水闸。大型或较为重要的倒虹吸管,应在进口设置退水闸。当倒虹吸管发生事故时,为确保工程的安全,可关闭倒虹吸管前的闸门,将渠水从退水闸安全泄出。

5.4.5　出口段的布置和构造

出口段包括出水口、闸门、消力池及渐变段等。

(1)闸门。为了便于管理,双管或多管倒虹吸的出口应设置闸门或预留检修门槽。

(2)消力池。消力池一般设置在渐变段的底部,主要用于调整出口流速分布,以使水流平稳地进入下游渠道,防止造成下游渠道的冲刷。

(3)渐变段。出口一般设有渐变段,以使出口与下游渠道平顺连接,其长度一般为 4~6 倍的渠道设计水深。

5.5　其他渠系建筑物

5.5.1　涵洞

5.5.1.1　涵洞的作用与组成

涵洞是指渠道与道路、沟谷等交叉时,为输送渠道、排泄沟溪水流,在道路、填方渠道下面所修建的交叉建筑物。

涵洞由进口段、洞身段和出口段三部分组成。进口段、出口段是洞身与填土边坡相连接的部分,主要作用是保证水流平顺、减少水头损失、防止水流冲刷;洞身段是输送水流,其顶部往往有一定厚度的填土。

5.5.1.2　涵洞的类型

(1)涵洞按水流形态可分为无压涵、半压力涵和有压涵。无压涵洞入口处水深小于洞口高度,洞内水流均具有自由水面;半压力涵洞入口处水深大于洞口高度,水流仅在进水口处充满洞口,而在涵洞的其他部分均具有自由水面;有压涵洞入口处水深大于洞口高度,在涵洞全长的范围内都充满水流,无自由水面。无压明流涵洞水头损失较少,一般适用于平原渠道;高填方土堤下的涵洞可用压力流;半有压流的状态不稳定,周期性作用时对洞壁产生不利影响,一般情况下设计时应避免这种流态。

(2)涵洞按断面形式可分为圆管涵、盖板涵、拱涵、箱涵。圆形适用于顶部垂直荷载大的情况,可以是无压,也可以是有压。方形适用于洞顶垂直荷载小,跨径小于 1 m 的无压明流涵洞。拱形适用于洞顶垂直荷载较大,跨径大于 1.57 m 的无压涵洞。

(3)涵洞按建筑材料可分为砖涵、石涵、混凝土涵和钢筋混凝土涵等。

(4)涵洞按涵顶填土情况可分为明涵(涵顶无填土)和暗涵(涵顶填土大于 50 cm)。

选择上述涵洞类型时应考虑净空断面的大小、地基的状况、施工条件及工程造价等。

5.5.2 桥梁

渠系桥梁是灌区百姓生产、生活的重要建筑物。灌区各级渠道上配套的桥梁具有量大面广、结构形式相似的特点,采取定型设计和装配式结构较为适宜。

5.5.2.1 桥梁的组成

桥梁一般包括桥跨结构、支座系统、桥墩、桥台、墩台基础、桥面铺装、防排水系统、栏杆、伸缩缝、灯光照明等。

5.5.2.2 桥梁的分类

桥梁按用途分为公路桥、公铁两用桥、人行桥、机耕桥、过水桥。

桥梁按跨径大小和多跨总长[单孔跨径 $L_0(m)$、多孔跨径总长 $L(m)$]分为:①特大桥: $L \geq 500$ m 或 $L_0 \geq 100$ m;②大桥:$L \geq 100$ m 或 $L_0 \geq 40$ m;③中桥:30 m<L<100 m 或 20 m$\leq$ L_0<40 m;④小桥:8 m$\leq L \leq$30 m 或 5 m<L_0<20 m。桥梁按结构分为梁式桥、拱桥、钢架桥、缆索承重桥(斜拉桥和悬索桥)四种基本体系,此外还有组合体系桥。

桥梁按行车道位置分为上承式桥、中承式桥、下承式桥。

桥梁按使用年限可分为永久性桥、半永久性桥、临时桥。

桥梁按材料类型分为木桥、圬工桥、钢筋混凝土桥、预应力桥、钢桥。

5.5.3 跌水

5.5.3.1 作用与类型

跌水的作用是将上游渠道或水域的水安全地自由跌落入下游渠道或水域的,将天然地形的落差适当集中所修筑,从而调整引水渠道的底坡,克服过大的地面高差而引起的大量挖方或填方。跌水多设置于落差集中处,用于渠道的泄洪、排水和退水。

跌水可分为单级跌水和多级跌水。

5.5.3.2 组成与布置

跌水应根据工程需要进行布置,既可以单独设置,也可以与其他建筑物结合布置,一般情况下,跌水应尽量与节制闸、分水闸或泄水闸布置在一起,方便运行管理。

在跌差较小处选用单级跌水,在跌差较大处(跌差大于 5 m)选用多级跌水。

跌水常用的建筑材料多为砖、砌石、混凝土和钢筋混凝土。

跌水主要由进口、跌水口、跌水墙、消力池、海漫、出口等部分组成。

5.5.4 陡坡

5.5.4.1 作用与类型

陡坡的作用与跌水相同,主要是调整渠底比降,满足渠道流速要求,避免深挖高填,减小挖填方工程量,降低工程投资。

根据地形条件和落差的大小,陡坡的形式分为单级陡坡和多级陡坡两种。

5.5.4.2 组成与布置

陡坡由进口连接段、控制堰口、陡坡段、消力池和出口连接段五部分组成。陡坡的构造与跌水类似,所不同的是以陡坡段代替跌水墙,水流不是自由跌落而是沿斜坡下泄。

第 6 章　施工组织设计

6.1　概　述

施工组织设计是水利工程设计文件的重要组成部分,是研究施工条件、选择施工方案、对工程施工全过程实施组织和管理的指导性文件,是编制工程投资概(估)算的主要依据和编制招标、投标文件的主要参考。

6.1.1　施工组织设计的种类

6.1.1.1　按编制部门不同划分

(1)由负责建设项目主体工程设计的单位编制,它是可行性研究、初步设计等环节中设计文件的重要组成部分,是项目申报立项、进行施工准备工作的重要依据。

(2)在招标投标活动过程中由投标单位进行编制,它是施工投标文件中的技术性文件。

(3)在施工任务落实后、主体工程开工前由中标施工单位进行编制,它是施工文件资料的重要组成部分,是对工程施工进行统筹协调、综合平衡,保证工程质量、有效控制工期的先决条件。

6.1.1.2　按编制阶段不同划分

(1)在可行性研究中从施工角度根据工程施工条件提出可行性论证。

(2)在初步设计中,对工程推荐建设方案的施工技术可行性和经济合理性进行全面论证。

(3)在招标投标活动中,拟投标单位要结合自身实际,在分析施工条件的基础上,研究施工方案,提出质量、工期、施工布置等方面的要求,提出合理的投标报价参与投标竞争。

(4)在工程施工过程中,要针对各单项工程或专项工程的具体条件,编制单项工程或专项工程施工措施设计,从技术组织措施上具体落实施工组织设计的要求。

6.1.2　施工组织设计的编制原则和依据

执行国家有关政策、法令、规程、规范、标准和条例。统筹安排、综合平衡、妥善协调各单位工程及分部工程的施工作业。

结合我国国情推广新材料、新技术、新工艺和新设备的应用。凡经实践证明认为技术经济效益显著的科研成果,应尽量采用。

在工程建设时要遵守工程所在地区有关基本建设的法规条例或地方政府的要求,不得破坏工程所在地区和河流的自然特点(地形、地质、水文、气象特征和当地建筑材料情况等),保护施工电源、水源及水质、交通、防洪、灌溉、供水、航运、旅游、环境等现状和近期发展规划。要有上级单位对本工程建设的可行性研究报告的批复文件。

6.1.3　施工组织设计的编制方法

(1)进行施工组织设计前的资料准备。

(2)进行施工导流、截流设计。

(3)分析研究并确定主体工程施工方案。

(4)施工交通运输设计。

(5)施工工厂设施设计。

(6)进行施工总体布置。

(7)编制施工进度计划。

6.1.4　施工组织设计的编制内容

6.1.4.1　施工条件分析

施工条件分析的主要目的是判断它们对工程施工的作用和可能造成的影响,以充分利用有利条件,避免或减小不利因素的影响。

施工条件主要包括自然条件与工程条件两个方面。

1.自然条件

洪水枯水季节的时段、各种频率下的流量及洪峰流量、水位与流量关系、洪水特征、冬季冰凌情况(北方河流)、施工区支沟各种频率洪水、泥石流及上下游水利水电工程对本工程施工的影响;枢纽工程区的地形、地质、水文地质条件等资料;枢纽工程区的气温、水文、降水、风力及风速、冰情和雾等资料。

2.工程条件

枢纽建筑物的组成、结构形式、主要尺寸和工程量;泄流能力曲线、水库特征水位及主要水能指标、水库蓄水分析计算、库区淹没及移民安置条件等规划设计资料;工程所在地点的对外交通运输条件、上下游可利用的场地面积及分布情况;工程的施工特点及与其他有关部门的施工协调;施工期间的供水、环保及大江大河上的通航、过木、鱼群洄游等特殊要求;主要天然建筑材料及工程施工中所用大宗材料的来源和供应条件;当地水源、电源、通信的基础条件;国家、地区或部门对本工程施工准备、工期等的要求;承包市场的情况;有关社会经济调查和其他资料等。

6.1.4.2　施工导流

施工导流的目的是妥善解决施工全过程中的挡水、泄水、蓄水问题,通过对各期导流特点和相互关系,进行系统分析、全面规划、周密安排,以选择技术上可行、经济上合理的导流方案,保证主体工程的正常安全施工,并使工程尽早发挥效益。

1.导流标准

导流建筑物的级别、各期施工导流的洪水频率及流量、坝体拦洪度汛的洪水频率及流量。

2.导流方式

导流方式及选定方案的各期导流工程布置及防洪度汛、下游供水措施,大江大河上的通航、过木和鱼群洄游措施,北方河流上的排冰措施;水利计算的主要成果;必要时对一些导流方案进行模型试验的成果资料。

3.导流建筑物设计

导流挡水、泄水建筑物布置形式的方案比较及选定方案的建筑物布置、结构形式及尺寸、工程量、稳定分析等主要成果;导流建筑物与永久工程结合的可能性,以及结合方式和具体措施。

4.导流工程施工

导流建筑物(如隧洞、明渠、涵管等)的开挖、衬砌等施工程序、施工方法、施工布置、施工进度;选定围堰的用料来源、施工程序、施工方法、施工进度及围堰的拆除方案;基坑的排水方式、抽水量及所需设备。

5.截流

截流时段和截流设计流量;选定截流方案的施工布置、备料计划、施工程序、施工方法措施;必要时所进行的截流试验的成果资料。

6.施工期间的通航和过木等

在大江大河上,有关部门对施工期(包括蓄水期)通航、过木等的要求;施工期间过闸(坝)通航船只、木筏的数量、吨位、尺寸及年运量、设计运量等;分析可通航的天数和运输能力;分析可能碍航、断航的时段及其影响,并研究解决措施;经方案比较,提出施工期各导流阶段通航、过木的措施、设施、结构布置和工程量;论证施工期通航与蓄水期永久通航的过闸(坝)设施相结合的可能性及相互间的衔接关系。

6.1.4.3 料场的选择、规划与开采

1.料场选择

分析块石料、反滤料与垫层料、混凝土骨料、土料等各种用料的料场分布、质量、储量、开采加工条件,以及运输条件、剥采比、开挖弃渣利用率及其主要技术参数,通过试验成果及技术经济比较选定料场。

2.料场规划

根据建筑物各部位、不同高程的用料数量及技术要求,各料场的分布高程、储量及质量、开采加工及运输条件、受洪水和冰冻等影响的情况、拦洪蓄水和环境保护、占地及迁建赔偿以及施工机械化程度、施工强度、施工方法、施工进度等条件,对选定料场进行综合平衡和开采规划。

3.料场开采

对用料的开采方式、加工工艺、废料处理与环境保护,开采、运输设备选择,储存系统布置等进行设计。

6.1.4.4 主体工程施工

主体工程施工包括建筑工程和金属结构及机电设备安装工程两大部分。

通过分析研究,确定完整可行的施工方法,使主体工程设计方案能够在经济、合理、满足总进度要求的条件下如期建成,并保证工程质量和施工安全。同时提出对水工枢纽布置和建筑物形式等的修改意见,并为编制工程概算奠定基础。

1.闸、坝等挡水建筑物施工

闸、坝等挡水建筑物施工包括土石方开挖及基础处理的施工程序、方法、布置及进度;各分区混凝土的浇筑程序、方法、布置、进度及所需准备工作;碾压混凝土坝上游防渗面板的施工方案、分缝分块及通仓碾压的施工措施;混凝土温控措施的设计;土石坝的备料、运输、上

坝卸料、填筑碾压等的施工程序、工艺方法、机械设备、布置、进度及拦洪度汛、蓄水的计划措施;土石坝各施工期的物料开采、加工、运输、填筑的平衡及施工强度和进度安排,开挖弃渣的利用计划;施工质量控制的要求及冬雨季施工的措施意见。

2.输(排)水、泄(引)水建筑物施工

输(排)水、泄(引)水建筑物的开挖、基础处理,浆砌石或混凝土衬砌的施工程序、方法、布置及进度;预防坍塌、滑坡的安全保护措施。

3.河道工程施工

土石方开挖及岸坡防护的施工程序、工艺方法、机械设备、布置及进度;开挖料的利用、堆渣地点及运输方案。

4.渠系建筑物施工

渠道、渡槽等渠系建筑物的施工,可参照上述相关主体工程施工的相关内容。

6.1.4.5 施工工厂设施

1.砂石加工系统

砂石加工系统的布置、生产能力与主要设备、工艺布置设计及要求;除尘、降噪、废水排放等的方案措施。

2.混凝土生产系统

混凝土总用量、不同强度等级及不同品种混凝土的需用量;混凝土拌和系统的布置、工艺、生产能力及主要设备;建厂计划安排和分期投产措施。

3.混凝土制冷、制热系统

制冷、加冰、供热系统的容量、技术和进度要求。

4.压缩空气、供水、供电和通信系统

集中或分散供气方式、压气站位置及规模;工地施工生产用水、生活用水、消防用水的水质、水压要求,施工用水量及水源选择;各施工阶段用电最高负荷及当地电力供应情况,自备电源容量的选择;通信系统的组成、规模及布置。

5.机械修配厂、加工厂

施工期间所投入的主要施工机械、主要材料的加工及运输设备、金属结构等的种类与数量;修配加工能力;机械修配厂、汽车修配厂、综合加工厂(包括钢筋、木材和混凝土预制构件加工制作)及其他施工工厂设施(包括制氧厂、钢管制作加工厂、车辆保养场等)的厂址、布置和生产规模;选定场地和生产建筑面积;建厂土建安装工程量;修配加工所需的主要设备。

6.1.4.6 施工总布置

(1)施工总布置的规划原则。

(2)选定方案的分区布置,包括施工工厂、生活设施、交通运输等,提出施工总布置图和房屋分区布置一览表。

(3)场地平整土石方量,土石方平衡利用规划及弃渣处理。

(4)施工永久占地和临时占地面积;分区分期施工的征地计划。

6.1.4.7 施工总进度

1.设计依据

施工总进度安排的原则和依据,以及国家或建设单位对本工程投入运行期限的要求;主体工程、施工导流与截流、对外交通、场内交通及其他施工临建工程、施工工厂设施等建筑安装任务及控制进度因素。

2.施工分期

工程筹建期、工程准备期、主体工程施工期、工程完建期四个阶段的控制性关键项目、进度安排、工程量及工期。

3.工程准备期进度

阐述工程准备期的内容与任务,拟订准备工程的控制性施工进度。

4.施工总进度

主体工程施工进度计划协调、施工强度均衡、投入运行(蓄水、通水、第一台机组发电等)日期及总工期;分阶段工程形象面貌的要求,提前发电的措施;导截流工程、基坑抽排水、拦洪度汛、下闸蓄水及主体工程控制进度的影响因素及条件;通过附表,说明主体工程及主要临建工程量、逐年(月)计划完成主要工程量、逐年最高月强度、逐年(月)劳动力需用量、施工最高峰人数、平均高峰人数及总工日数;施工总进度图表(横道图、网络图等)。

6.1.4.8　主要技术供应

1.主要建筑材料

对主体工程和临建工程,按分项列出所需钢材、木材、水泥、油料、火工材料等主要建筑材料需用量和分年度(月)供应期限及数量。

2.主要施工机械设备

对施工所需主要机械和设备,按名称、规格型号、数量列出汇总表,并提出分年度(月)供应期限及数量。

6.1.4.9　附图

在以上设计内容的基础上,还应结合工程实际情况提出如下附图:

(1)施工场内外交通图。

(2)施工转运站规划布置图。

(3)施工征地规划范围图。

(4)施工导流方案图。

(5)施工导流分期布置图。

(6)导流建筑物结构布置图。

(7)导流建筑物施工方法示意图。

(8)施工期通航布置图。

(9)主要建筑物土石方开挖施工程序及基础处理示意图。

(10)主要建筑物土石方填筑施工程序、施工方法及施工布置示意图。

(11)主要建筑物混凝土施工程序、施工方法及施工布置示意图。

(12)地下工程开挖、衬砌施工程序、施工方法及施工布置示意图。

(13)机电设备、金属结构安装施工示意图。

(14)当地建筑材料开采、加工及运输路线布置图。

(15)砂石料系统生产工艺布置图。

(16)混凝土拌和系统及制冷系统布置图。

(17)施工总布置图。

（18）施工总进度表及施工关键路线图。

6.2　施工进度计划

施工进度计划是施工组织设计的主要组成部分，它是根据工程项目建设工期的要求，对其中的各个施工环节在时间上所做的统一计划安排。根据施工的质量和时间等要求均衡人力、技术、设备、资金、时间、空间等施工资源，来规定各项目施工的开工时间、完成时间、施工顺序等，以确保施工安全顺利按时地完工。

6.2.1　施工进度计划的类型

施工进度计划可划分为以下三大类型。

6.2.1.1　施工总进度计划

施工总进度计划是对一个水利水电工程枢纽（建设项目）编制的。要求定出整个工程中各个单项工程的施工顺序及起止时间，以及准备工作、扫尾工作的施工期限。

6.2.1.2　单项（或单位）工程进度计划

单项（或单位）工程进度计划是针对枢纽中的单项工程（或单位工程）进行编制的，应根据总进度中规定的工期，确定该单项工程（或单位工程）中各分部工程及准备工作的顺序及起止日期，为此要进一步从施工技术、施工措施等方面论证该进度的合理性、组织平行流水作业的可行性。

6.2.1.3　施工作业计划

在实际施工时，施工单位应根据各单位工程进度计划编制出具体的施工作业计划，即具体安排各工种各工序间的顺序和起止日期。

6.2.2　施工进度计划的编制步骤

6.2.2.1　收集资料

编制施工进度计划一般要具备以下资料：

（1）上级主管部门对工程建设开工、竣工投产的指示和要求，有关工程建设的合同协议。

（2）工程勘测和技术经济调查的资料，如水文、气象、地形、地质、水文地质和当地建筑材料等，以及工程所在地区和库区的工矿企业、矿产资源、水库淹没和移民安置等资料。

（3）工程规划设计和概预算方面的资料，包括工程规划设计的文件和图纸，主管部门关于投资和定额的要求等资料。

（4）国民经济各部门对施工期间防洪、灌溉、航运、放木、供水等方面的要求。

（5）施工组织设计其他部分对施工进度的限制和要求，如交通运输能力、技术供应条件、分期施工强度限制等。

（6）施工单位施工能力方面的资料等。

6.2.2.2　列出工程项目

项目列项的通常做法是先根据建设项目的特点划分成若干个工程项目，然后按施工先后顺序和相互关联密切程度，依次将主要工程项目一一列出，并填入工程项目一览表中。

施工总进度计划主要起控制总工期的作用,要注意防止漏项。

6.2.2.3　计算工程量

工程量的计算应根据设计图纸、所选定的施工方法和水利水电工程工程量计算相关规定,按工程性质考虑工程分期和施工顺序等因素,分别按土石、石方、水上、水下、开挖、回填、混凝土等进行计算。

计算工程量时,应注意以下几个问题:

(1)工程量的计量单位要与概算定额一致。在施工总进度计划中,为了便于计算劳动量和材料、构配件及施工机具的需要量,工程量的计量单位必须与概算定额的单位一致。

(2)要依据实际采用的施工方法计算工程量。如土方工程施工中是否放坡和留工作面,以及坡度大小和工作面的尺寸,是采用柱坑单独开挖,还是条形开挖或整片开挖,都直接影响工程量的大小。因此,必须依据实际采用的施工方法计算工程量,以便与施工的实际情况相符合,使施工进度计划真正起到指导施工的作用。

(3)要依据施工组织的要求计算工程量。有时为了满足分期、分段组织施工的需要,要计算不同高程(如对拦河坝)、不同桩号(如对渠道)的工程量,并作出累积曲线。

6.2.2.4　计算施工持续时间

1.定额计算法

根据计算的工程量,采用相应的定额资料,可以按式(6-1)计算或估算各项目的施工持续时间:

$$D_i = \frac{V}{kmnN} \tag{6-1}$$

式中　D_i——项目的施工持续时间,d;

V——项目工程量(m^3、m^2、m、t 等);

m——日工作时数,实行一班制时,$m = 8 \times 1 = 8$(h);

n——每小时工作人数或机械设备数量;

N——人工工时产量定额或机械台时产量定额;

k——考虑不确定因素而计入的系数,$k < 1$。

定额资料的选用,应视工作深度而定,并与工程列项一致。一般来说,对施工总进度计划可用概算定额,对单项工程进度计划用预算定额,对施工作业计划用施工定额或生产定额。

2.三时估算法

这种方法是根据以往的施工经验进行估算的,适用于采用新材料、新技术、新工艺、新结构等无定额可查的施工过程。为了提高估算的精确性,通常采用"三时"经验估算法,即先估算出该施工项目的最短时间 D_a、最长时间 D_b 和最可能时间 D_m 等三个施工持续时间,然后再按式(6-2)计算出该施工项目的持续时间 D_i:

$$D_i = \frac{D_a + 4D_m + D_b}{6} \tag{6-2}$$

式中　D_a——最短时间,即最乐观的估计时间,或称最紧凑的估算时间,又称项目的紧缩工期;

D_b——最长时间,即最悲观的估计时间,或称最松动的估算时间;

D_{m}——最可能时间。

3.工期推算法

目前,水利工程施工多采用招标投标制,并在中标后签订施工承包合同的方法承揽施工任务,一般已在施工承包合同中规定了工程的施工工期 T_{r}。因此,安排施工进度计划必须以合同规定工期 T_{r} 为主要依据,由此安排施工进度计划的方法称为工期推算法(又称倒排计划法)。

根据拟订的各项目的施工持续时间 D_i 及流水施工法的施工组织情况,施工单位自定出的完成该工程施工任务的计划工期 T_{p},应小于合同工期,即 $T_{\mathrm{p}} \leqslant T_{\mathrm{r}}$。

6.2.2.5 初拟施工进度

对于堤坝式水利水电枢纽工程的施工总进度计划来说,其关键项目一般均位于河床,故常以导流程序为主要线索,先将施工导流、围堰进占、截流、基坑排水、基坑开挖、基础处理、施工度汛、坝体拦洪、下闸蓄水、机组安装和引水发电等关键控制性进度安排好,再将相应的准备工作、结束工作和配套辅助工程的进度进行合理安排,便可构成总的轮廓进度。然后分配和安排不受水文条件控制的其他工程项目,则形成整个枢纽工程施工总进度计划草案。

6.2.2.6 优化、调整和修改

初拟施工进度以后,要配合施工组织设计其他部分的分析,对一些控制环节、关键项目的施工强度、资源需用量、投资过程等重大问题,进行分析计算、优化论证,以对初拟的进度计划做必要的修改和调整,使之更加完善合理。

经过优化调整修改之后的施工进度计划,可以作为设计成果,整理以后提交审核。

6.2.3 施工进度计划的成果表达

施工进度计划的成果,可根据情况采用横道图、网络图、工程进度曲线和形象进度图等一些形式进行反映表达。

6.2.3.1 横道图

横道图是应用范围最广、应用时间最长的进度计划表现形式,图表上标有工程中主要项目的工程量、施工时段、施工工期。

施工进度计划横道图的最大优点是直观、简单、方便,适应性强,且易于被人们所掌握和贯彻;缺点是难以表达各分项工程之间的逻辑关系,不能表示反映进度安排的工期、投资或资源等参数的相互制约关系,进度的调整修改工作复杂、优化困难。

不论工程项目和施工内容多么错综复杂,总可以用横道图逐一表示出来,因此尽管进度计划的技术和形式已不断改进,但横道图进度计划目前仍作为一种常见的进度计划表示形式而被继续沿用。

6.2.3.2 网络图

施工进度网络图是20世纪50年代开始在横道图进度计划基础上发展起来的,它是系统工程在编制施工进度中的应用。

工作是指计划任务按实际需要的粗细程度划分而成的一个子项目或子任务。根据计划编制的粗细不同,工作既可以是一个单项工程,也可以是一个分项工程乃至一个工序。

1.相关概念

在实际生活中,工作一般有两类:一类是既需要消耗时间又需要消耗资源的工作(如开

挖、混凝土浇筑等);另一类是仅需要消耗时间而不需要消耗资源的工作(如混凝土养护、抹灰干燥等技术间歇)。

在双代号网络图中,除上述两种工作外,还有一种既不需要消耗时间也不需要消耗资源的工作,称为虚工作或称虚拟项目。虚工作在实际生活中是不存在的,在双代号网络图中引入使用,主要是为了准确而清楚地表达各工作间的相互逻辑关系,虚工作一般用虚箭线来表示,其持续时间为零。

节点是网络图中箭线端部的圆圈或其他形状的封闭图形。在双代号网络图中,它表示工作之间的逻辑关系;在单代号网络图中,它表示一项工作。

无论是在双代号网络图中,还是在单代号网络图中,对一个节点来说,可能有很多箭线指向该节点,这些箭线就称为内向箭线(或称内向工作);同样可能有很多箭线从同一节点出发,这些箭线就称为外向箭线(或称外向工作)。网络图中第一个节点叫起点节点(或称源节点),它意味着一个工程项目的开工,起点节点只有外向工作,没有内向工作;网络图中最后一个节点叫终点节点,它意味着一个工程项目的完工,终点节点只有内向工作,没有外向工作。

一个工程项目往往包括很多工作,工作间的逻辑关系比较复杂,可采用紧前工作与紧后工作把这种逻辑关系简单、准确地表达出来,以便于网络图的绘制和时间参数的计算。就前面所述的截流专项工程而言,列举说明如下:

(1)紧前工作。

紧排在本工作之前的工作称为本工作的紧前工作。对 E 工作(隧洞衬砌)来说,只有 D 工作(隧洞开挖)结束后 E 工作才能开始,且 D、E 工作之间没有其他工作,则 D 工作称为 E 工作的紧前工作。

(2)紧后工作。

紧排在本工作之后的工作称为本工作的紧后工作。紧后工作与紧前工作是一对相对应的概念,如上所述 D 工作是 E 工作的紧前工作,则 E 工作就是 D 工作的紧后工作。

2.绘图规则

1)双代号网络图的绘图规则

绘制双代号网络图的最基本规则是明确地表达出工作的内容,准确地表达出工作间的逻辑关系,并且使所绘出的图易于识读和操作。具体绘制时应注意以下几方面的问题:

(1)一项工作应只有唯一的一条箭线和相应的一对节点编号,箭尾的节点编号应小于箭头的节点编号。

(2)双代号网络图中应只有一个起点节点、一个终点节点。

(3)在网络图中严禁出现循环回路。

(4)双代号网络图中,严禁出现没有箭头节点或没有箭尾节点的箭线。

(5)节点编号严禁重复。

(6)绘制网络图时,宜避免箭线交叉。

(7)对平行搭接进行的工作,在双代号网络图中,应分段表达。

(8)网络图应条理清楚,布局合理。

(9)分段绘制。对于一些大的建设项目,由于工序多、施工周期长,网络图可能很大,为使绘图方便,可将网络图划分成几个部分分别绘制。

2）单代号网络图的绘图规则

同双代号网络图的绘制一样，单代号网络图也必须遵循一定的绘图规则。当违背了这些规则时，就可能出现逻辑关系混乱、无法判别各工作之间的直接后继关系、无法进行网络图的时间参数计算。这些基本规则主要是：

（1）有时需在网络图的开始和结束增加虚拟的起点节点和终点节点。这是为了保证单代号网络计划有一个起点和一个终点，这也是单代号网络图所特有的。

（2）网络图中不允许出现循环回路。

（3）网络图中不允许出现有重复编号的工作，一个编号只能代表一项工作。

（4）在网络图中除起点节点和终点节点外，不允许出现其他没有内向箭线的工作节点和没有外向箭线的工作节点。

（5）为了计算方便，网络图的编号应是后继节点编号大于前导节点编号。

3.施工进度的调整

施工进度计划的优化调整，应在时间参数计算的基础上进行，其目的在于使工期、资源（人力、物资、器材、设备等）和资金取得一定程度的协调和平衡。

1）资源冲突的调整

所谓资源冲突，是指在计划时段内，某些资源的需用量过大，超出了可能供应的限度。为了解决这类矛盾，可以增加资源的供应量，但往往要花费额外的开支；也可以调整导致资源冲突的某些项目的施工时间，使冲突缓解，但这可能会引起总工期的延长。如何取舍，要权衡得失而定。

2）工期压缩的调整

当网络计划的计算总工期 T_p 与限定的总工期 T_r 不符时，或计划执行过程中实际进度与计划进度不一致时，需要进行工期调整。

工期调整分压缩调整和延长调整。工程实践中经常要处理的是工期压缩问题。

当 $T_p < T_r$ 或计划执行超前时，说明提前完成施工项目，有利于工程经济效益的实现。这时，只要不打乱施工秩序，不造成资源供应方面的困难，一般可不必考虑调整问题。

当 $T_p > T_r$ 或计划执行拖延时，为了挽回延期的影响，需进行工期压缩调整或施工方案调整。

6.2.3.3 工程进度曲线

以时间为横轴，以单位时间完成的数量或完成数量的累计为纵轴建立坐标系，将有关的数据点绘于坐标系内，顺次完成一条光滑的曲线，就是工程进度曲线。工程进度曲线上任意点的切线斜率表示相应时间的施工速度。

（1）在固定的施工机械、劳动力投入的条件下，若对施工进行适当的管理控制，无任何偶发的时间损失，能以正常的速度进行施工，则工程每天完成的数量保持一定，施工进度曲线呈直线形状。

（2）在一般情况下的施工中，施工初期由于临时设施的布置、工作的安排等因素，施工后期又由于清理、扫尾等因素，其施工进度的速度一般都较中期要小，即每天完成的数量通常自初期至中期呈递增变化趋势，由中期至末期呈递减变化趋势，施工进度曲线近似呈 S 形，其拐点对应的时间表示每天完成数量的高峰期。

6.2.3.4 工程形象进度图

工程形象进度图是把工程进度计划以建筑物的形象进度来表达的一种方法。这种方法直接将工程项目的进度目标和控制工期标注在工程形象进度图的相应部位,直观明了,特别适合在施工阶段使用。此法修改调整进度计划也极为方便,只需修改相应项目的日期、进度,而形象进度图并不改变。

6.3 施工总体布置

施工总体布置是在施工期间对施工场区进行的空间组织规划。它是根据施工场区的地形地貌、枢纽布置和各项临时设施布置的要求,研究施工场地的分期、分区、分标布置方案,对施工期间所需的交通运输、施工工厂设施、仓库、房屋、动力供应、给水排水管线等在平面上进行总体规划及布置,以做到尽量减小施工相互干扰,并使各项临时设施最有效地为主体工程施工服务,为施工安全、工程质量、加快施工进度提供保证。

6.3.1 设计原则

(1)各项临时设施在平面上的布置应紧凑、合理,尽量减少施工用地,且不占或少占农田。

(2)合理布置施工场区内各项临时设施的位置,在确保场内运输方便、畅通的前提下,尽量缩短运距、减少运量,避免或减少二次搬运,以节约运输成本、提高运输效率。

(3)尽量减少一切临时设施的修建量,节约临时设施费用。为此,要充分利用原有的建筑物、运输道路、给水排水系统、电力动力系统等设施为施工服务。

(4)各种生产、生活福利设施均要考虑便于工人的生产、生活。

(5)要满足安全生产、防火、环保、符合当地生产生活习惯等方面的要求。

6.3.2 施工总体布置的方法

6.3.2.1 场外运输线路的布置

(1)当场外运输主要采用公路运输方式时,场外公路应结合场内仓库、加工厂的布置综合考虑。

(2)当场外运输主要采用铁路运输方式时,要考虑铁路的转弯半径和坡度的限制,确定铁路的起点和进场位置。对于拟建永久性铁路的大型工业企业工地,一般应提前修建铁路专用线,并宜从工地的一侧或两侧引入,以便更好地为施工服务而不影响工地内部的交通运输。

(3)当场外运输主要采用水路运输方式时,应充分利用原有码头的吞吐能力。如需增设码头,则卸货码头应不少于 2 个,码头宽度应大于 2.5 m。

6.3.2.2 仓库的布置

一般将某些原有建筑物和拟建的永久性房屋作为临时库房,选择在平坦开阔、交通方便的地方,采用铁路运输方式运至施工现场时,应沿铁路线布置转运仓库和中心仓库。仓库外要有一定的装卸场地,装卸时间较长的还要留出装卸货物时的停车位置,以防较长时间占用道路而影响通行。另外,仓库的布置还应考虑安全、方便等方面的要求。氧气、炸药等易燃易爆物资的仓库应布置在工地边缘、人员较少的地点；油料等易挥发、易燃物资的仓库应设置在拟建工程的下风方向。

6.3.2.3 仓库物资储备量的计算

仓库物资储备量的确定原则是，既要确保工程施工连续、顺利进行，又要避免因物资大量积压而使仓库面积过大、积压资金、增加投资。

仓库物资储备量的大小通常是根据现场条件、供应条件和运输条件而定的。

对于经常或连续使用的水泥、砂石、钢材、预制构件和砖等材料，可按储备期计算其储备量：

$$P = \frac{K_1 Q T_i}{T} \tag{6-3}$$

式中　P——仓库物资的储备量，m^3 或 t 等；

　　　Q——某项工程所需材料或成品、半成品等物资的总需用量，m^3 或 t 等；

　　　T——某项工程所需的该种物资连续使用的日期，d；

　　　T_i——某种物资的储备期，d，根据材料来源、供应季节、运输条件等确定；

　　　K_1——物资使用的不均衡系数，一般取 1.2~1.5。

6.3.2.4 加工厂的布置

总的布置要求是：使加工用的原材料和加工后的成品、半成品的总运输费用最小，并使加工厂有良好的生产条件，做到加工厂生产与工程施工互不干扰。

各类加工厂的具体布置要求如下：

(1)工地混凝土搅拌站：有集中布置、分散布置、集中与分散相结合布置三种方式。当运输条件较好，以集中布置较好；当运输条件较差时，以分散布置在各使用地点并靠近井架或布置在塔吊工作范围内为宜；也可根据工地的具体情况，采用集中布置与分散布置相结合的方式。若利用城市的商品混凝土搅拌站，只要商品混凝土的供应能力和输送设备能够满足施工要求，可不设置工地搅拌站。

(2)工地混凝土预制构件厂：一般宜布置在工地边缘、铁路专用线转弯处的扇形地带或场外邻近工地处。

(3)钢筋加工厂：宜布置在接近混凝土预制构件厂或使用钢筋加工品数量较大的施工对象附近。

(4)木材加工厂：原木、锯材的堆场应靠近公路、铁路或水路等主要运输方式的沿线，锯木、成材、粗细木等加工车间和成品堆场应按生产工艺流程布置。

(5)金属结构加工厂、锻工和机修等车间：因为这些加工厂或车间之间在生产上相互联系比较密切，应尽可能布置在一起。

(6)产生有害气体和污染环境的加工厂：如沥青熬制、石灰熟化、石棉加工等加工厂，除应尽量减少毒害和污染外，还应布置在施工现场的下风方向，以便减少对现场施工人员的伤害。

6.3.2.5 加工厂的面积

对于钢筋加工厂、模板加工厂、混凝土预制构件厂、锯木车间等，其建筑面积可按式(6-4)计算确定：

$$A = \frac{K_1 Q}{T_2 T S} = \frac{K_1 Q f}{K_2} \tag{6-4}$$

式中　A——加工厂的建筑面积,m^2;

　　　K_1——加工量的不均衡系数,一般取 1.3~1.5;

　　　K_2——加工厂建筑面积或占地面积的有效利用系数,一般取 0.6~0.7;

　　　Q——加工总量,m^3 或 t;

　　　T——加工总时间,月;

　　　S——每平方米加工厂面积上的月平均加工量定额,$m^3/(m^2 \cdot 月)$ 或 $t/(m^2 \cdot 月)$,可根据生产加工经验确定;

　　　f——加工厂完成单位加工产量所需的建筑面积定额,m^2/m^3 或 m^2/t,$f = 1/TS$。

6.3.2.6　场内运输道路的布置

在规划施工道路中,既要考虑车辆行驶安全、运输方便、连接畅通,又要尽量减少道路的修筑费用。根据仓库、加工厂和施工对象的相互位置,研究施工物资周转运输量的大小,确定主要道路和次要道路,然后进行场内运输道路的规划。连接仓库、加工厂等的主要道路一般应按双行、循环形道路布置;循环形道路的各段尽量设计成直线段,以便提高车速;次要道路可按单行支线布置,但在路端应设置回车场地。

6.3.2.7　临时生活设施的布置

临时生活设施包括行政管理用房屋、居住生活用房和文化生活福利用房。如工地办公室、传达室、汽车库、职工宿舍、开水房、招待所、医务室、浴室、学校、图书馆和邮亭等。

工地所需的临时生活设施,应尽量利用原有的准备拆除的或拟建的永久性房屋。工地行政管理用房设置在工地入口处或中心地区;现场办公室应靠近施工地点布置。居住和文化生活福利用房,一般宜建在生活基地或附近村寨内。

6.3.2.8　供水管网的布置

(1)应尽量提前修建并充分利用拟建的永久性供水管网作为工地临时供水系统,节约修建费用;在保证供水要求的前提下,新建供水管线的长度越短越好,并应适当采用胶皮管、塑料管作为支管,使其具有可移动性,以便于施工。

(2)供水管网的铺设要与场地平整规划协调一致,以防重复开挖;管网的布置要避开拟建工程和室外管沟的位置,以防二次拆迁改建。

(3)临时水塔或蓄水池应设置在地势较高处。

(4)供水管网应按防火要求布置室外消防栓。室外消防栓应靠近十字路口、工地出入口,并沿道路布置,距路边应不大于 2 m,距建筑物的外墙应不小于 5 m;为兼顾拟建工程防火而设置的室外消防栓,与拟建工程的距离也不应大于 25 m;工地室外消防栓必须设有明显标志,消防栓周围 3 m 范围内不准堆放建筑材料、停放机械设备和搭建临时房屋等;消防栓供水干管的直径不得小于 100 mm。

6.3.2.9　工地临时供电系统的布置

1.变压器的选择与布置要求

当施工现场只需设置一台变压器时,供电线路可按枝状布置,变压器应设置在引入电源的安全区域内。

当工地较大,需要设置多台变压器时,应先用一台主降压变压器,将工地附近的 110 kV 或 35 kV 的高压电网上的电压降至 10 kV 或 6 kV,然后通过若干个分变压器将电压降至 380 V/220 V。主变压器与各分变压器之间采用环状连接布置;每个分变压器到该变压器负担的各用电点的线路可采用枝状布置,分变电器应设置在用电设备集中、用电量大的地方或该变压器所负担区域的中心地带,以尽量缩短供电线路的长度;低压变电器的有效供电半径一般为 400~500 m。

2.供电线路的布置要求

(1)工地上的 3 kV、6 kV 或 10 kV 高压线路,可采用架空裸线,其电杆距离为 40~60 m;也可用地下电缆。户外 380 V/220 V 的低压线路,也可采用架空裸线,与建筑物、脚手架等相近时必须采用绝缘架空线,其电杆距离为 25~40 m。分支线或引入线均必须从电杆处连接,不得从两杆之间的线路上直接连接。电杆一般采用钢筋混凝土电杆,低压线路也可采用木电杆。

(2)配电线路宜沿道路的一侧布置,高出地面的距离一般为 4~6 m,要保持线路平直;离开建筑物的安全距离为 6 m,跨越铁路或公路时的高度应不小于 7.5 m;在任何情况下,各供电线路均不得妨碍交通运输和施工机械的进场、退场、装拆及吊装等;同时要避开堆场、临时设施、开挖的沟槽或后期拟建工程的位置,以免二次拆迁。

(3)各用电点必须配备与用电设备功率相匹配的、由闸刀开关、熔断保险、漏电保护器和插座等组成的配电箱,其高度与安装位置应以操作方便、安全为准;每台用电机械或设备均应分设闸刀开关和熔断器,实行单机单闸,严禁一闸多机。

(4)设置在室外的配电箱应有防雨措施,严防漏电、短路及触电事故的发生。

6.3.3 施工总布置图的绘制

6.3.3.1 施工总布置图的内容构成

(1)原有地形、地物。

(2)一切已建和拟建的地上及地下的永久性建筑物与其他设施。

(3)施工用的一切临时设施,主要包括:①施工道路、铁路、港口或码头;②料场位置及弃渣堆放点;③混凝土拌和站、钢筋加工等各类加工厂、施工机械修配厂、汽车修配厂等;④各种建筑材料、预制构件和加工品的堆存仓库或堆场,机械设备停放场;⑤水源、电源、变压器、配电室、供电线路、给水排水系统和动力设施;⑥安全消防设施;⑦行政管理及生活福利所用房屋和设施;⑧测量放线用的永久性定位标志桩和水准点等。

6.3.3.2 施工总布置图绘制的步骤与要求

(1)确定图幅大小和绘图比例。图幅大小和绘图比例应根据工地大小及布置的内容多少来确定。图幅一般可选用 1 号图纸(841 mm×594 mm)或 2 号图纸(594 mm×420 mm),比例一般采用 1:1 000 或 1:2 000。

(2)绘制建筑总平面图中的有关内容。将现场测量的方格网、现场原有的并将保留的建筑物、构筑物和运输道路等其他设施按比例准确地绘制在图面上。

(3)绘制各种临时设施。根据施工平面布置要求和面积计算的结果,将所确定的施工道路、仓库堆场、加工厂、施工机械停放场、搅拌站等的位置、水电管网及动力设施等的布置,按比例准确地绘制在建筑总平面图上。

(4)绘制正式的施工总布置图。在完成各项布置后,经过分析、比较、优化、调整修改,形成施工总布置图草图;然后按规范规定的线型、线条、图例等对草图进行加工与修饰,标上指北针、图例等,并做必要的文字说明,则成为正式的施工总布置图。

6.4 网络计划技术

6.4.1 网络计划技术概念

在水利水电工程编制的各种进度计划中,常常采用网络计划技术。网络计划技术是20世纪50年代后期发展起来的一种科学的计划管理和系统分析方法,在水利水电工程中应用网络计划技术,对缩短工期、提高效益和工程质量都有着重要意义。

早期的进度计划大多采用横道图的形式。1956年,美国杜邦化学公司的工程技术人员和数学家共同开发了关键线路法(CPM);1958年,美国海军军械局针对舰载洲际导弹项目研究,开发了计划评审技术(PERT),这两种方法也是至今在水利水电工程中常见的网络计划技术。1965年,华罗庚将网络计划技术引入我国,得到了广泛的重视和研究。尤其是在20世纪70年代后期,网络计划技术广泛应用于工业、农业、国防以及科研计划与管理中,许多网络计划技术的计算和优化软件也随之产生并得到应用,都取得较好的效果。

采用网络计划技术的大体步骤是:①收集原始资料,绘制网络图;②组织数据,计算网络参数;③根据要求,对网络计划进行优化控制;④在实施过程中,定期检查,反馈信息、调整修订。它借助网络图的基本理论对项目的进展及内部逻辑关系进行综合描述和具体规划,有利于计划系统优化、调整和计算机的应用。

6.4.1.1 网络计划技术的基本原理

(1)网络图。网络图是网络计划的基础,由箭线(用一端带有箭头的实线或虚线表示)和节点(用圆圈表示)组成,用来表示一项工程或任务进行顺序的有向、有序的网状图,如图6-1所示。网络图表达出一项工程中各项工作之间错综复杂的相互关系及其先后顺序。

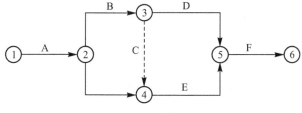

图6-1 网络图

(2)网络计划。用网络图表达任务构成、工作顺序,并加注工作时间参数的进度计划。网络计划的时间参数可以帮人们找到工程中的关键工作和关键线路,方便在具体实施中对资源、费用等进行调整。

(3)网络计划技术。利用网络计划对任务的工作进行安排和控制,不断优化、控制、调整网络计划,以保证实现预定目标的计划管理技术。它应贯穿于网络计划执行的全过程。

6.4.1.2 网络计划的基本类型

1.按性质分类

1)肯定型网络计划

工作、工作之间的逻辑关系以及工作持续时间都是肯定的网络计划,称肯定型网络计划。肯定型网络计划包括关键线路法网络计划和搭接网络计划。

2）非肯定型网络计划

工作、工作之间的逻辑关系和工作持续时间三者中任一项或多项不肯定的网络计划，称非肯定型网络计划。非肯定型网络计划包括计划评审技术、图示评审技术、决策网络计划和风险评审技术。

在本书中，只讲解肯定型网络计划。

2.按工作和事件在网络图中的表示方法分类

1）单代号网络计划

单代号网络计划指以单代号网络图表示的网络计划。单代号网络图是以节点及其编号表示工作，以箭线表示工作之间的逻辑关系的网状图，也称节点式网络图。

2）双代号网络计划

双代号网络计划指以双代号网络图表示的网络计划。双代号网络图以箭线及其两端节点的编号表示工作，以节点衔接表示工作之间的逻辑关系的网状图，也称箭线式网络图。

3.按有无时间坐标分类

1）时标网络计划

时标网络计划指以时间坐标为尺度绘制的网络计划。在网络图中，工作箭线的水平投影长度与工作的持续时间长度成正比。

2）非时标网络计划

非时标网络计划指不以时间坐标为尺度绘制的网络计划。在网络图中，工作箭线长度，与其持续时间长度无关，可按需要绘制。

4.按网络计划包含范围分类

1）局部网络计划

局部网络计划指以一个建筑物或构筑物中的一部分，或以一个施工段为对象编制的网络计划。

2）单位工程网络计划

单位工程网络计划指以一个单位工程为对象编制的网络计划。

3）综合网络计划

综合网络计划指以一个单项工程或以一个建设项目为对象编制的网络计划。

5.按目标分类

1）单目标网络计划

单目标网络计划指只有一个终点节点的网络计划，即网络计划只有一个最终目标。

2）多目标网络计划

多目标网络计划指终点节点不只一个的网络计划，即网络计划有多个独立的最终目标。

这两种网络计划都只有一个起始节点，以及网络图的第一个节点。本书中只讲解单目标网络计划。

6.4.1.3 网络计划的优点

水利水电工程进度计划编制的方法主要有横道图和网络图两种，横道图计划的优点是编制容易、简单、明了、直观、易懂，但不能明确反映出各项工作之间的错综复杂的逻辑关系。随着计算机在水利水电工程中的应用不断扩大，网络计划得到进一步的普及和发展。网络计划技术与横道图相比较，具有明显优点，主要表现为：

（1）利用网络图模型,各工作项目之间关系清楚,明确表达出各项工作的逻辑关系。

（2）通过网络图时间参数计算,能确定出关键工作和关键线路,可以显示出各个工作的机动时间,从而可以进行合理的资源分配,降低成本,缩短工期。

（3）通过对网络计划的优化,可以从多个方案中找出最优方案。

（4）运用计算机辅助手段,方便网络计划的优化调整与控制。

6.4.2 双代号网络计划的编制

6.4.2.1 双代号网络图

双代号网络图是应用较为普遍的一种网络计划形式。在双代号网络图中,用有向箭线表示工作,工作的名称写在箭线的上方,工作所持续的时间写在箭线的下方,箭尾表示工作的开始,箭头表示工作的结束。箭头和箭尾衔接的地方画上圆圈并编上号码,用箭头与箭尾的号码 i、j、k 作为工作的代号。双代号的表示方法见图 6-2。

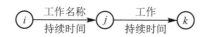

图 6-2 双代号的表示方法

1.基本要素

双代号网络图由箭线、节点和线路 3 个基本要素组成,其具体含义如下。

1）箭线（工作）

（1）在双代号网络图中,一条箭线表示一项工作,工作也称活动,是指完成一项任务的过程。工作既可以是一个建设项目、一个单项工程,也可以是一个分项工程乃至一个工序。

（2）箭线有实箭线和虚箭线两种。实箭线表示该工作需要消耗时间和资源（如支模板、浇筑混凝土等）,或者该工作仅是消耗时间而不消耗资源（如混凝土养护、抹灰干燥等技术间歇）;虚箭线表示该工作是既不消耗时间也不消耗资源的工作——虚工作,用以反映一些工作与另外一些工作之间的逻辑制约关系。虚工作一般起着工作之间的联系、区分和断路三个作用。联系作用是指应用虚箭线正确表达工作之间相互依存的关系,区分作用是指双代号网络图中每一项工作必须用一条箭线和两个代号表示,若两项工作的代号相同,应使用虚工作加以区分;断路作用是用虚箭线断掉多余联系（在网络图中把无联系的工作联系上时,应加上虚工作将其断开）。

（3）在无时间坐标限制的网络图中,箭线长短不代表工作时间长短,可以任意画,箭线可以是直线、折线或斜线,但其进行方向均应从左向右;在有时间坐标限制的网络图中,箭线长度必须根据工作持续时间按照坐标比例绘制。

（4）双代号网络图中,工作之间的相互关系有以下几种:

①紧前工作。相对于某工作而言,紧排其前的工作称为该工作的紧前工作,工作与其紧前工作之间可能会有虚工作存在。

②紧后工作。相对于某工作而言,紧排其后的工作称为该工作的紧后工作,工作与其紧前工作之间也可能会有虚工作存在。

③平行工作。相对于某工作而言,可以与该工作同时进行的工作即为该工作的平行工作。

④先行工作。自起始工作至本工作之前各条线路上所有工作。

⑤后续工作。自本工作至结束工作之后各条线路上所有工作。

2）节点

节点也称事件或接点，是指表示工作的开始、结束或连接关系的圆圈。任何工作都可以用其箭线前、后的两个节点的编码来表示，起点节点编码在前，终点节点编码在后。

（1）节点只是前后工作的交接点，表示一个"瞬间"，既不消耗时间，也不消耗资源。

（2）箭线的箭尾节点表示该工作的开始，箭线的箭头节点表示该工作的结束。

（3）节点类型。

起始节点：网络图的第一个节点为整个网络图的起始节点，也称开始节点或源节点，意味着一项工程的开始，它只有外向箭线。

终点节点：网络图的最后一个节点叫终点节点或结束节点，意味着一项工程的完成，它只有内向箭线。

中间节点：网络图其余的节点均称为中间节点，意味着前项工作的结束和后项工作的开始，它既有内向箭线，又有外向箭线。

（4）节点编号的顺序：从起点节点开始，依次向终点节点进行。编号原则：每一条箭线的箭头节点编号必须大于箭尾节点编号，并且所有节点的编号不能重复出现。

3）线路

从起始节点出发，沿着箭头方向直至终点节点，中间经由一系列节点和箭线，所构成的若干条"通道"，即称为线路。完成某条线路的全部工作所需的总持续时间，即该条线路上全部工作的工作历时之和，称为线路时间或线路长度。根据线路时间的不同，线路又分为关键线路和非关键线路。

关键线路指在网络图中线路时间最长的线路（注：肯定型网络），或自始自终全部由关键工作组成的线路。关键线路至少有一条，也可能有多条。关键线路上的工作称为关键工作，关键工作的机动时间最少，它们完成的快慢直接影响整个工程的工期。

非关键线路指网络图中线路时间短于关键线路的任何线路。非关键线路上的工作，除关键工作外其余均为非关键工作；非关键工作有机动时间可利用，但拖延了某些非关键工作的持续时间，非关键线路有可能转化为关键线路。同样，缩短某些关键工作持续时间，关键线路有可能转化为非关键线路。

如图 6-3 中，共有 3 条线路：1—2—3—4、1—2—4、1—3—4，根据各工作持续时间可知，线路 1—2—4 持续时间最长，为关键线路，这条线路上的各项工作均为关键工作。

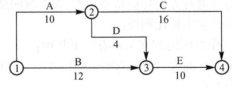

图 6-3　双代号网络图

2.逻辑关系

网络图中的逻辑关系是指表示一项工作与其他有关工作之间相互联系与制约的关系，即各个工作在工艺上、组织管理上所要求的先后顺序关系。项目之间的逻辑关系取决于工程项目的性质和轻重缓急、施工组织、施工技术等许多因素。逻辑关系包括工艺关系和组织关系。

1）工艺关系

工艺关系即由施工工艺决定的施工顺序关系。这种关系是确定不能随意更改的。如土坝坝面作业的工艺顺序为：铺土、平土、晾晒或洒水、压实、刨毛等。这些在施工工艺上，都有必须遵循的逻辑关系，是不能违反的。

2）组织关系

组织关系即由施工组织安排决定的施工顺序关系。如工艺没有明确规定先后顺序关系的工作，考虑到其他因素的影响而人为安排的施工顺序关系。例如，采用全段围堰明渠导流时，要求在截流以前完成明渠施工、截流备料、戗堤进占等工作。由组织关系所决定的衔接顺序，一般是可以改变的。

6.4.2.2　双代号网络图的绘制

1.绘制原则

（1）双代号网络图必须正确表达已定的逻辑关系。

（2）双代号网络图中，严禁出现循环回路。

所谓循环回路，是指从网络图中的某一节点出发，顺着箭线方向又回到了原来出发点的线路。绘制时尽量避免逆向箭线，逆向箭线容易造成循环回路，如图6-4所示。

（3）网络图中不允许出现双向箭线和无箭头箭线（见图6-5）。进度计划是有向图，沿着方向进行施工，箭线的方向表示工作的进行方向，箭线箭尾表示工作的开始，箭头表示结束。双向箭头或无箭头的连线将使逻辑关系含糊不清。

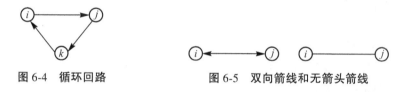

图6-4　循环回路　　　　　　图6-5　双向箭线和无箭头箭线

（4）在双代号网络图中，严禁出现没有箭头节点或没有箭尾节点的箭线。

没有箭尾节点的箭线，不能表示它所代表的工作在何时开始；没有箭头节点的箭线，不能表示它所代表的工作何时完成，如图6-6所示。

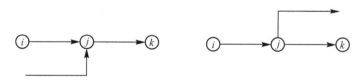

图6-6　没有箭头节点或没有箭尾节点的箭线

（5）在双代号网络图中，严禁出现节点代号相同的箭线，如图6-7所示。

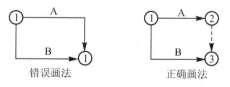

错误画法　　　　　　　正确画法

图6-7　重复编号

（6）在绘制网络图中，应尽可能避免箭线交叉，如不可能避免，应采用过桥法、断线法或指向法,如图6-8所示。

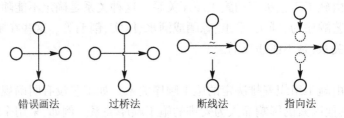

| 错误画法 | 过桥法 | 断线法 | 指向法 |

图6-8　箭线交叉表示方法

(7)当网络图的起点节点有多条外向箭线或终点节点有多条内向箭线时,为使图形简洁,可采用母线法绘制,但应满足一项工作用一条箭线和相应的一对节点表示,如图6-9所示。

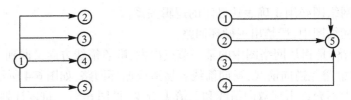

图6-9　母线画法

(8)在网络图中应只有一个起点节点和一个终点节点,其他节点均应为中间节点。

2.绘制方法和步骤

1)绘制方法

为使双代号网络图绘制简洁、美观,宜用水平箭线和垂直箭线表示。在绘制之前,先确定出各节点的位置号,再按照节点位置及逻辑关系绘制网络图。

节点位置号确定方法如下:

(1)无紧前工作的工作,开始节点位置号为0。

(2)有紧前工作的工作,开始节点位置号等于其紧前工作的开始节点位置号的最大值加1。

(3)有紧后工作的工作,终点节点位置号等于其紧后工作的开始节点位置号的最小值。

(4)无紧后工作的工作,终点节点位置号等于网络图中除无紧后工作的工作外,其他工作的终点节点位置号最大值加1。

2)绘制步骤

(1)根据已知的紧前工作确定紧后工作。

(2)确定出各工作的开始节点位置号和终点节点位置号。

(3)根据节点位置号和逻辑关系绘出网络图。

在绘制时,若没有工作之间出现相同的紧后工作或者工作之间只有相同的紧后工作,则肯定没有虚箭线;若工作之间既有相同的紧后工作,又有不同的紧后工作,则肯定有虚箭线;到相同的紧后工作用虚箭线,到不同的紧后工作则无虚箭线。

6.4.2.3　双代号网络计划时间参数计算

通过网络计划时间参数,可以:①通过时间参数计算,可以确定工期;②通过时间参数计算,可以确定关键线路、关键工作、非关键工作;③通过时间参数计算,可以确定非关键工作的机动时间(时差)。

1.时间参数的概念及其符号

1)工作持续时间(D_{i-j})

工作持续时间是对一项工作规定的从开始到完成的时间。在双代号网络计划中,工作$i-j$的持续时间用D_{i-j}表示。

2)工期(T)

工期泛指完成任务所需的时间,一般有以下三种:

(1)计算工期:根据网络计划时间参数计算出来的工期,用T_c表示。

(2)要求工期:任务委托人所要求的工期,用T_r表示。

(3)计划工期:在要求工期和计算工期的基础上综合考虑需要和可能确定的工期,用T_p表示。网络计划的计划工期T_p应按照下列情况分别确定:①当已规定了要求工期T_r时,$T_p \leqslant T_r$;②当未规定要求工期时,可令计划工期等于计算工期,$T_p = T_c$。

3)节点最早时间和最迟时间

ET_i为节点最早时间,表示以该节点为开始节点的各项工作的最早开始时间。

LT_i为节点最迟时间,表示以该节点为完成节点的各项工作的最迟完成时间。

4)工作的六个时间参数

(1)ES_{i-j}。工作$i-j$的最早开始时间,指在紧前工作约束下,工作有可能开始的最早时刻,即工作$i-j$之前的所有紧前工作全部完成后,工作$i-j$有可能开始的最早时刻。

(2)EF_{i-j}。工作$i-j$的最迟完成时间,指在紧前工作约束下,工作有可能完成的最早时刻,即工作$i-j$之前的所有紧前工作全部完成后,工作$i-j$有可能完成的最早时刻。

(3)LS_{i-j}。工作$i-j$的最迟开始时间,指在不影响整个任务按期完成的前提下,工作$i-j$必须开始的最迟时刻。

(4)LF_{i-j}。工作$i-j$的最迟完成时间,指在不影响整个任务按期完成的前提下,工作必须完成的最迟时刻。

(5)TF_{i-j}。工作$i-j$的总时差,指在不影响总工期的前提下,本工作可以利用的机动时间。

(6)FF_{i-j}。工作$i-j$的总时差,指在不影响其紧后工作最早开始时间的前提下,本工作可以利用的机动时间。

2.时间参数的计算方法

时间参数的计算方法有图上作业法和表上作业法。通过图6-3来介绍双代号网络图时间参数图上作业的计算方法和步骤,并由时间参数确定出关键线路。

1)计算ET_i

计算方法:从网络图的起点节点开始,顺着箭线方向相加,遇见箭头相碰的节点取最大值,直到终点节点为止,起点节点的ET_i假定为0。

计算公式:$\begin{cases} ET_i = 0 & (i = 1) \\ ET_j = \max(ET_i + D_{i-j}) & (j > 1) \end{cases}$

$ET_1 = 0$ 　　　　　　　　　$ET_2 = ET_1 + D_{1-2} = 0 + 10 = 10$

$ET_3 = \max\begin{Bmatrix} ET_2 + D_{2-3} = 10 + 4 = 14 \\ ET_1 + D_{1-3} = 0 + 12 = 12 \end{Bmatrix} = 14$ 　　$ET_4 = \max\begin{Bmatrix} ET_2 + D_{2-4} = 10 + 16 = 26 \\ ET_3 + D_{3-4} = 14 + 10 = 24 \end{Bmatrix} = 26$

2）计算 LT_i

计算方法：从网络图的终点节点开始，逆着箭头方向相减，遇见箭尾相碰的节点取最小值，直至起始节点。当工期有规定时，终点节点的最迟时间就等于规定工期；当工期没有规定时，最迟时间就等于终点节点的最早时间。

计算公式：$\begin{cases} LT_n = ET_n（或规定工期）（n 为结束节点）\\ LT_i = \min(LT_j - D_{i-j}) \end{cases}$

$LT_4 = ET_4 = 26$ $LT_3 = LT_4 - D_{3-4} = 26 - 10 = 16$

$LT_2 = \min\begin{cases} LT_4 - D_{2-4} = 26 - 16 = 10\\ LT_3 - D_{2-3} = 16 - 4 = 12 \end{cases} = 10$ $LT_1 = \min\begin{cases} LT_3 - D_{1-3} = 26 - 12 = 14\\ LT_2 - D_{1-2} = 10 - 10 = 0 \end{cases} = 0$

3）计算 ES_{i-j}

各项工作的最早开始时间等于其开始节点的最早时间。

计算公式：$ES_{i-j} = ET_i$

$ES_{1-2} = ET_1 = 0$ $ES_{1-3} = ET_1 = 0$ $ES_{2-3} = ET_2 = 10$

$ES_{2-4} = ET_2 = 10$ $ES_{3-4} = ET_3 = 14$

4）计算 EF_{i-j}

各项工作的最早完成时间等于其开始节点的最早时间加上持续时间。

计算公式：$EF_{i-j} = ES_{i-j} + D_{i-j} = ET_i + D_{i-j}$

$EF_{1-2} = ES_{1-2} + D_{1-2} = 0 + 10 = 10$ $EF_{1-3} = ES_{1-3} + D_{1-3} = 0 + 12 = 12$

$EF_{2-3} = ES_{2-3} + D_{2-3} = 10 + 4 = 14$ $EF_{2-4} = ES_{2-4} + D_{2-4} = 10 + 16 = 16$

$EF_{3-4} = ES_{3-4} + D_{3-4} = 14 + 10 = 24$

5）计算 LF_{i-j}

各项工作的最迟完成时间等于其结束节点的最迟时间。

计算公式：$LF_{i-j} = LT_j$

$LF_{1-2} = LT_2 = 10$ $LF_{1-3} = LT_3 = 16$ $LF_{2-3} = LT_3 = 16$

$LF_{2-4} = LT_4 = 26$ $LF_{3-4} = LT_4 = 26$

6）计算 LS_{i-j}

各项工作的最迟开始时间等于其最迟完成时间减去工作持续时间。

计算公式：$LS_{i-j} = LF_{i-j} - D_{i-j} = LT_i - D_{i-j}$

$LS_{1-2} = LF_{1-2} - D_{1-2} = 10 - 10 = 0$ $LS_{1-3} = LF_{1-3} - D_{1-3} = 16 - 12 = 4$

$LS_{2-3} = LF_{2-3} - D_{2-3} = 16 - 4 = 12$ $LS_{2-4} = LF_{2-4} - D_{2-4} = 26 - 16 = 10$

$LS_{3-4} = LF_{3-4} - D_{3-4} = 26 - 10 = 16$

7）计算 TF_{i-j}

工作总时差等于其最迟开始时间减去最早开始时间，或等于工作最迟完成时间减去最早完成时间。

计算公式：$TF_{i-j} = LS_{i-j} - ES_{i-j}$ 或 $TF_{i-j} = LF_{i-j} - EF_{i-j}$

$TF_{1-2} = LS_{1-2} - ES_{1-2} = 0 - 0 = 0$ $TF_{1-3} = LS_{1-3} - ES_{1-3} = 4 - 0 = 4$

$TF_{2-3} = LS_{2-3} - ES_{2-3} = 12 - 10 = 2$ $TF_{2-4} = LS_{2-4} - ES_{2-4} = 10 - 10 = 0$

$TF_{3-4} = LS_{3-4} - ES_{3-4} = 16 - 14 = 2$

8)计算 FF_{i-j}

如果工作 i—j 的紧后工作是 j—k，其自由时差应为工作 j—k 的最早开始时间减去工作 i—j 的最早完成时间。

计算公式：$FF_{i-j} = ES_{j-k} - EF_{i-j} = ES_{j-k} - ES_{i-j} - D_{i-j} = ET_j - ET_i - D_{i-j}$

$$FF_{1-2} = ET_2 - ET_1 - D_{1-2} = 10 - 0 - 10 = 0 \qquad FF_{1-3} = ET_3 - ET_1 - D_{1-3} = 14 - 0 - 12 = 2$$

$$FF_{2-3} = ET_3 - ET_2 - D_{2-3} = 14 - 10 - 4 = 0 \qquad FF_{2-4} = ET_4 - ET_2 - D_{2-4} = 26 - 10 - 16 = 0$$

$$FF_{3-4} = ET_4 - ET_3 - D_{3-4} = 26 - 14 - 10 = 2$$

工作的自由时差不会影响其紧后工作的最早开始时间，属于工作本身的机动时间，与后续工作无关；而总时差是属于某条线路上工作所共有的机动时间，不仅为本工作所有，也为经过该工作的线路所有，动用某工作的总时差超过该工作的自由时差就会影响后续工作的总时差。

3.关键线路的确定

1)关键工作的确定

根据计算工期 T_c 和计划工期 T_p 的大小关系，关键工作的总时差可能出现三种情况：

（1）当 $T_p = T_c$ 时，关键工作的 $TF_{i-j} = 0$；

（2）当 $T_p > T_c$ 时，关键工作的 $TF_{i-j} > 0$；

（3）当 $T_p < T_c$ 时，关键工作的 $TF_{i-j} < 0$。

关键工作是施工过程中重点控制对象，根据 T_p 与 T_c 的大小关系及总时差的计算公式，总时差最小的工作为关键工作。在图 6-3 中，$T_p = T_c$，所以工作 1—2、2—4 是关键工作。

2)关键线路的确定

在双代号网络图中，关键工作的连线为关键线路；总时间持续最长的线路为关键线路；当 $T_p = T_c$ 时，$TF_{i-j} = 0$ 的工作相连的线路为关键线路。

把计算出的时间参数标注在网络图上，如图 6-10 所示。

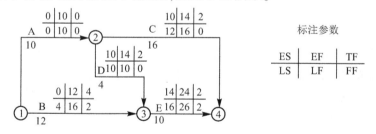

图 6-10　网络计划时间参数

6.4.2.4　标号法确定关键线路

标号法是一种快速确定双代号网络计划的计算工期和关键线路的方法。其具体运用步骤如下：

（1）设双代号网络计划的起点节点标号值为 0，即 $b_1 = 0$。

（2）其他节点的标号值等于以该节点为完成节点的各工作的开始节点标号值加其持续时间之和的最大值，即 $b_j = \max(b_i + D_{i-j})$。

需要注意的是，虚工作的持续时间为 0。网络计划的起点节点从左向右顺着箭线方向，按节点编号从小到大的顺序逐次算出标号值，标注在节点上方，并用双标号法进行标注。所谓双标号法,是指用源节点(得出标号值的节点)作为第一标号,用标号值作为第二标号。需特别注意的是,如果源节点有多个,应将所有源节点标出。

(3)网络计划终点节点的标号值即为计算工期。

(4)将节点都标号后,从网络计划终点节点开始,从右向左逆着箭线方向按源节点寻求出关键线路。

6.4.3 单代号网络计划的编制

单代号网络计划是在单代号网络图中标注时间参数的进度计划。单代号网络图又称节点式网络图,也称单代号对接网络图。它是用节点及其编号表示工作,用箭线表示工作之间的逻辑关系。由于一个节点只表示一项工作,且只编一个代号,故称单代号。

6.4.3.1 单代号网络图的绘制

1.单代号网络图的构成与基本符号

单代号网络图是网络计划的另一种表达方法,包括的要素如下。

1)节点

单代号网络图的节点表示工作,可以用圆圈或者方框表示,如图 6-11 所示。节点表示的工作名称、持续时间和工作代号等应标注在节点内。

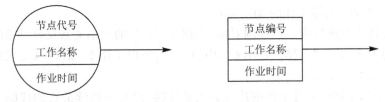

图 6-11 单代号表示方法

节点可连续编号或间断编号,但不允许重复编号。一个工作必须有唯一的一个节点和编号。

2)箭线

在单代号网络图中,箭线表示工作之间的逻辑关系。箭线的形状和方向可根据绘图的需要设置,可画成水平直线、折线或斜线等。单代号网络图中不设虚箭线,箭线的箭尾节点编号应小于箭头节点的编号,水平投影的方向应自左向右,表示工作的进行方向。

2.单代号网络图的绘制原则

单代号网络图也必须遵循一定的逻辑规则时,当违背了这些规则时,可能出现逻辑混乱,无法判别工作之间的关系和进行参数计算,这些规则与双代号网络图的规则基本相似。

(1)单代号网络图中必须正确表述已定的逻辑关系。

(2)单代号网络图中严禁出现循环回路。

(3)单代号网络图中严禁出现双向箭线和无箭线的连线。

(4)工作编号不允许重复,任何一个编号只能表示唯一的工作。

(5)不允许出现无箭头节点的箭线和无箭尾节点的箭线。

(6)绘制网络图时,箭线不宜交叉,当交叉不可避免时,可采用过桥法、指向法或断线法表示。

(7)单代号网络图中应只有一个起点节点和终点节点,当网络图中有多项起点节点和多项终点节点时,应在网络图两端分别设置一项虚工作,作为网络图的起点节点和终点节点。

3.单代号网络图绘制的方法和步骤

(1)根据已知的紧前工作确定出其紧后工作。

(2)确定出各工作的节点位置号。令无紧前工作的工作节点位置号为零,其他工作的节点位置号等于其紧前工作的节点位置号最大值加1。

(3)根据节点位置号和逻辑关系绘制出网络图。

6.4.3.2　单代号网络图时间参数计算

单代号网络计划与双代号网络计划只是表现形式不同,但是表达内容是完全一样的。

单代号网络计划时间参数的计算通常也是在图上直接进行计算,主要时间参数如下。

1.工作最早开始时间 ES_i 和最早完成时间 EF_i

工作最早开始时间是从网络计划的起点节点开始,顺着箭线方向自左至右,依次逐个计算。

(1)网络计划起点节点的最早开始时间如无规定,其值等于零,即

$$ES_1 = 0$$

(2)其他工作的最早开始时间等于该工作紧前工作最早完成时间的最大值,即

$$ES_j = \max\{EF_i\} = \max\{ES_i + D_i\}$$

(3)工作的最早完成时间等于工作的最早开始时间加上该工作的工作历时,即

$$EF_i = ES_i + D_i$$

2.网络计划计算工期和计划工期

1)网络计划计算工期

网络计划计算工期 T_c 等于网络计划终点节点的最早完成时间,即 $T_c = EF_n$。

2)网络计划计划工期

当规定了要求工期 T_r 时,计划工期 T_p 应等于或小于要求工期 T_r;当未规定要求工期 T_r 时,可取计划工期 T_p 等于计算工期 T_c。

3.相邻两项工作之间的时间间隔

在单代号网络计划中引入时间间隔概念。时间间隔是指本工作的最早完成时间与其紧后工作最早开始时间之间的差值,工作 i 与其紧后工作 j 之间的时间间隔用 LAG_{i-j} 表示,即 $LAG_{i-j} = ES_j - EF_i$。

4.工作最迟完成时间和最迟开始时间的计算

工作的最迟时间应从网络计划的终点节点开始,逆着箭线方向自右至左,依次逐个计算。

(1)终点节点所代表的工作的最迟完成时间 $LF_n = T_p$。

(2)其他节点工作最迟完成时间等于该工作的紧后工作的最迟开始时间的最小值,即

$$LF_i = \min\{LS_j\}$$

(3)节点工作最迟开始时间等于工作最迟完成时间减去该工作的工作历时,即

$$LS_i = LF_i - D_i$$

5.工作总时差计算

工作总时差应从网络计划的终点节点开始,逆着箭线方向自右至左,依次逐个计算。

（1）网络计划终点节点所代表的工作 n 的总时差为零，即 $TF_n = 0$。

（2）其他工作的总时差等于该工作与其紧后工作之间的时间间隔加该紧后工作的总时差之和的最小值，即 $TF_i = \min\{LAG_{i-j} + TF_j\}$。

（3）当已知各项工作的最迟完成时间或最迟开始时间时，工作总时差也可按下式计算：

$$TF_i = LF_i - EF_i \quad \text{或} \quad TF_i = LS_i - ES_i$$

6.工作自由时差计算

工作自由时差等于该工作与其紧后工作之间的时间间隔的最小值，即

$$FF_i = \min\{LAG_{i-j}\}$$

6.4.3.3　单代号网路图关键工作与关键线路的确定

1.利用关键工作确定关键线路

总时差最小的工作为关键工作。这些关键工作相连，且保证相邻两项工作之间的时间间隔为零而构成的线路就是关键线路。

2.利用相邻两项工作之间的时间间隔确定关键线路

从网络计划的终点节点开始，逆着箭线方向依次找出相邻两项工作之间时间间隔为零的线路就是关键线路。

3.利用总持续时间确定关键线路

线路上工作时间总持续时间最长的线路为关键线路。

6.4.4　双代号时标网络计划

6.4.4.1　双代号时标网络计划的概念

一般网络计划不带时标，工作持续时间由箭线下方标注的数字说明，而与箭线本身长短无关，这种非时标网络计划看起来不太直观，不能一目了然地在网络图上直接反映各项工作的开始时间和完成时间，同时不能按天统计资源，编制资源需用量计划。

双代号时标网络计划简称时标网络计划，是以时间坐标为尺度编制的网络计划，该网络计划既有一般网络计划的优点，又具有横道图计划直观易懂的优点，清晰地把时间参数直观地表达出来，同时表明网络计划中各工作之间的逻辑关系。

双代号时标网络计划以水平时间坐标为尺度表示工作时间。时标的时间单位应根据需要在编制网络计划之前确定，可以是小时、天、周、月或季度等。

时标网络计划应以实箭线表示工作，以虚箭线表示虚工作，以波形线表示工作的自由时差或者与紧后工作之间的时间间隔。

时标网络计划中所有符号在时间坐标上的水平投影位置，都必须与其时间参数相对应。节点中心必须对应相应的时标位置。虚工作必须以垂直方向的虚箭线表示，用自由时差加波形线表示。

时标网络计划宜按最早时间编制。

时标网络计划的坐标体系有：计算坐标体系、工作日坐标体系、日历坐标体系。

（1）计算坐标体系。主要用作网络时间参数的计算。采用这种坐标体系计算时间参数较为简单，但不够明确。计算坐标体系中，工作从当天结束时刻开始，所以网络计划从零天开始，也就是从零天结束时刻开始即零天下班时刻开始为第一天开始。

（2）工作日坐标体系。可明确示出工作开工后第几天开始、第几天完成。工作日坐标

示出的开工时间和工作开始时间等于计算坐标示出的开工时间和工作开始时间加1,工作坐标示出的完工时间和工作完成时间等于计算坐标示出的完工时间和工作完工时间。

(3)日历坐标体系。可以明确示出工程的开工日期和完工日期,以及工作的开始日期和完成日期。编制时要注意扣除节假日休息时间。

6.4.4.2　时标网络计划的绘制方法

时标网络计划的绘制方法有间接绘制法和直接绘制法。

1.间接绘制法

间接绘制法指先计算无时标网络计划草图的时间参数,然后在时标网络计划表中进行绘制的方法。

用这种方法时,应先对无时标网络计划进行计算,算出其最早时间。然后按每项工作的最早开始时间将其箭尾节点定位在时标表上,再用规定线型绘制出工作及其自由时差,形成网络计划。绘制时,一般先绘制出关键线路,再绘制非关键线路。

绘制步骤如下:

(1)先绘制网络计划图,并计算工作最早时间标注在网络图上。

(2)在时标表上,按最早开始时间确定每项工作的开始节点位置号,节点的中心线必须对准时标刻度线。

(3)按工作的时间长度画出相应工作的实线部分,使其水平投影长度等于工作时间,由于虚工作不占用时间,所以应以垂直虚线表示。

(4)用波形线把实线部分与其紧后工作的开始节点连接起来,以表示自由时差。

间接绘制法也可以用标号法确定出双代号网络图的关键线路,绘制时按照工作时间长度,先绘出双代号网络图关键线路,再绘制非关键工作,完成时标网络计划的绘制。

2.直接绘制法

直接绘制法是不经时间参数计算而直接按无时标网络计划图绘制出时标网络计划。

绘制步骤如下:

(1)将起点节点定位在时标计划表的起始刻度上。

(2)按工作持续时间在时标计划表上绘制出以网络计划起始节点为开始节点的工作的箭线。

(3)其他工作的开始节点必须在其所有紧前工作都绘出以后,定位在这些紧前工作最早完成时间最大值的时间刻度上,某些工作的箭线长度不足以到达该节点时,用波形线补足,箭头画在波形线与节点连接处。

(4)用上述方法从左向右依次确定其他节点位置,直至网络计划终点节点定位,绘图完成。

6.4.4.3　时标网络计划关键线路和时间参数确定

1.关键线路的判定

时标网络计划的关键线路,应从右至左,逆向进行观察,凡自始自终没有波形线的线路,即为关键线路。

判断是否为关键线路,仍然是根据这条线路上各项工作是否有总时差。在这里,根据是否有自由时差来判断是否有总时差。因为有自由时差的线路必有总时差,而波形线即表示工作的自由时差。

2.时间参数的确定

(1)最早开始时间: $ES_{i-j} = ET_i$。

每条实箭线左端箭尾节点中心所对应的时标值,即为该工作的最早开始时间。

(2)最早完成时间: $EF_{i-j} = ES_{i-j} + D_{i-j}$。

如果箭线右端无波形线,则该箭线右端节点中心所对应的时标值为该工作的最早完成时间;如果箭线右端有波形线,则实箭线右端末所对应的时标值即为该工作的最早完成时间。

(3)计算工期: $T_c = ET_n$。

时标网络计划计算工期等于终点节点与起点节点所在位置的时标值之差。

(4)自由时差: FF_{i-j}。

该工作的箭线中波形线部分在坐标轴上的水平投影长度即为自由时差的数值。

(5)总时差: TF_{i-j}。

时标网络计划中的总时差的计算应自右向左进行,逆向进行,且符合下列规定:

①以终点节点($j=n$)为箭头节点的工作的总时差应按网络计划的计划工期计算确定,即 $TF_{i-n} = T_p - EF_{i-n}$。

②其他工作的总时差应为: $TF_{i-j} = \min\{TF_{j-k}\} + FF_{i-j}$。

(6)最迟开始时间: $LS_{i-j} = ES_{i-j} + TF_{i-j}$。

(7)最迟完成时间: $LF_{i-j} = EF_{i-j} + TF_{i-j} = LS_{i-j} + D_{i-j}$。

6.4.5 网络进度计划的优化

编制网络进度计划时,先编制成一个初始方案,然后检查计划是否满足工期控制要求;是否满足人力、物力、财力等资源控制条件;能否以最小的消耗取得最大的经济效益。这就要对初始方案进行调整优化。

网络计划优化,就是在满足既定的约束条件下,按某一目标,通过不断调整寻求最优网络计划方案的过程,包括工期优化、费用优化和资源优化。

网络计划的计算工期与计划工期相差太大,为了满足计划工期,则需对计算工期进行调整。

(1)计划工期大于计算工期时,应放缓关键线路上各项目的延续时间,以减少资源消耗强度。

(2)计划工期小于计算工期时,应紧缩关键线路上各项目的延续时间。

工期优化的步骤:

(1)找出网络计划中的关键工作和关键线路(如采用标号法),并计算工期。

(2)按计划工期计算应压缩的时间 ΔT。

(3)选择被压缩的关键工作,在确定优先压缩的关键工作时,应考虑以下因素。

①缩短工作持续时间后,对质量和安全影响不大的关键工作;

②有充足资源的关键工作;

③缩短工作的持续时间所需增加的费用最少。

(4)将优先压缩的关键工作压缩到最短的工作持续时间,并找出关键线路和计算出网络计划的工期;如果被压缩的工作变成了非关键工作,则应将其工作持续时间延长,使之仍然为关键工作。

（5）若已达到工期要求，则优化完成。若计算工期仍超过计划工期，则按上述步骤依次压缩其他关键工作，直到满足工期要求或工期已不能再压缩。

（6）当所有关键工作的工作持续时间均已经达到最短工期仍不能满足要求时，应对计划的技术、组织方案进行调整，或对计划工期重新审定。

第7章　施工质量管理

7.1　概　述

　　水利水电工程项目的施工阶段是根据设计图纸和设计文件的要求,通过工程参建各方及其技术人员的劳动形成工程实体的阶段。这个阶段的质量控制无疑是极其重要的,其中心任务是通过建立健全有效的工程质量监督体系,确保工程质量达到合同规定的标准和等级要求。为此,在水利水电工程项目建设中,建立了质量管理的三个体系,即施工单位的质量保证体系、建设(监理)单位的质量检查体系和政府部门的质量监督体系。

7.1.1　工程项目质量和质量控制的概念

7.1.1.1　工程项目质量

　　质量是反映实体满足明确或隐含需要能力的特性之总和。工程项目质量是国家现行的有关法律、法规、技术标准、设计文件及工程承包合同对工程的安全、适用、经济、美观等特征的综合要求。

　　从功能和使用价值来看,工程项目质量体现在适用性、可靠性、经济性、外观质量与环境协调等方面。由于工程项目是依据项目法人的需求而兴建的,故各工程项目的功能和使用价值的质量应满足于不同项目法人的需求,并无一个统一的标准。

　　从工程项目质量的形成过程来看,工程项目质量包括工程建设各个阶段的质量,即可行性研究质量、工程决策质量、工程设计质量、工程施工质量、工程竣工验收质量。

　　工程项目质量具有两个方面的含义:一是指工程产品的特征性能,即工程产品质量;二是指参与工程建设各方面的工作水平、组织管理等,即工作质量。工作质量包括社会工作质量和生产过程工作质量。社会工作质量主要是指社会调查、市场预测、维修服务等。生产过程工作质量主要包括管理工作质量、技术工作质量、后勤工作质量等,最终将反映在工序质量上,而工序质量的好坏,直接受到人、原材料、机具设备、工艺及环境等五方面因素的影响。因此,工程项目质量的好坏是各环节、各方面工作质量的综合反映,而不是单纯靠质量检验查出来的。

7.1.1.2　工程项目质量控制

　　质量控制是指为达到质量要求所采取的作业技术和活动,工程项目质量控制,实际上就是对工程在可行性研究、勘测设计、施工准备、建设实施、后期运行等各阶段、各环节、各因素的全程、全方位的质量监督控制。工程项目质量有个产生、形成和实现的过程,控制这个过程中的各环节,以满足工程合同、设计文件、技术规范规定的质量标准。在我国的工程项目建设中,工程项目质量控制按其实施者的不同,包括如下三个方面。

　　1.项目法人方面的质量控制

　　项目法人方面的质量控制,主要是委托监理单位依据国家的法律、规范、标准和工程建设的合同文件,对工程建设进行监督和管理。其特点是外部的、横向的、不间断的控制。

2.政府方面的质量控制

政府方面的质量控制是通过政府的质量监督机构来实现的,其目的在于维护社会公共利益,保证技术性法规和标准的贯彻执行。其特点是外部的、纵向的、定期或不定期抽查。

3.承包人方面的质量控制

承包人方面的质量控制主要是通过建立健全质量保证体系,加强工序质量管理,严格施行"三检制"(初检、复检、终检),避免返工,提高生产效率等方式来进行质量控制。其特点是内部的、自身的、连续的控制。

7.1.2　工程项目质量的特点

由于建筑产品位置固定、生产流动性、项目单件性、生产一次性、受自然条件影响大等特点,决定了工程项目质量具有以下特点。

7.1.2.1　影响因素多

影响工程质量的因素是多方面的,如人的因素、机械因素、材料因素、方法因素、环境因素等均直接或间接地影响着工程质量。尤其是水利水电工程项目主体工程的建设,一般由多家承包单位共同完成,故其质量形式较为复杂,影响因素多。

7.1.2.2　质量波动大

由于工程建设周期长,在建设过程中易受到系统因素及偶然因素的影响,使产品质量产生波动。

7.1.2.3　质量变异大

由于影响工程质量的因素较多,任何因素的变异,均会引起工程项目的质量变异。

7.1.2.4　质量具有隐蔽性

由于工程项目实施过程中,工序交接多,中间产品多,隐蔽工程多,取样数量受到各种因素、条件的限制,使产生错误判断的概率增大。

7.1.2.5　终检局限性大

由于建筑产品位置固定等自身特点,使质量检验时不能解体、拆卸,所以在工程项目终检验收时难以发现工程内在的、隐蔽的质量缺陷。

此外,质量、进度和投资目标三者之间是既对立又统一的关系,使工程质量受到投资、进度的制约。因此,应针对工程质量的特点,严格控制质量,并将质量控制贯穿于项目建设的全过程。

7.1.3　工程项目质量控制的原则

在工程项目建设过程中,对其质量进行控制应遵循以下几项原则。

7.1.3.1　质量第一原则

"百年大计,质量第一",工程建设与国民经济的发展和人民生活的改善息息相关。质量的好坏,直接关系到国家繁荣富强,关系到人民生命财产的安全,关系到子孙幸福,所以必须树立"质量第一"的思想。

要确立质量第一的原则,必须弄清并且摆正质量和数量、质量和进度之间的关系。不符合质量要求的工程,数量和进度都将失去意义,也没有任何使用价值,而且数量越多,进度越快,国家和人民遭受的损失也将越大。因此,好中求多、好中求快、好中求省,才是符合质量管理所要求的质量水平。

7.1.3.2 预防为主原则

对于工程项目的质量,我们长期以来采取事后检验的方法,认为严格检查,就能保证质量,实际上这是远远不够的。应该从消极防守的事后检验变为积极预防的事先管理。因为好的建筑产品是好的设计、好的施工所产生的,不是检查出来的。必须在项目管理的全过程中,事先采取各种措施,消灭种种不符合质量要求的因素,以保证建筑产品质量。如果各质量因素(人、机、料、法、环)预先得到保证,工程项目的质量就有了可靠的前提条件。

7.1.3.3 为用户服务原则

建设工程项目,是为了满足用户的要求,尤其要满足用户对质量的要求。真正好的质量是用户完全满意的质量。进行质量控制,就是要把为用户服务的原则,作为工程项目管理的出发点,贯穿到各项工作中去。同时,要在项目内部树立"下道工序就是用户"的思想。各个部门、各种工作、各种人员都有个前、后的工作顺序,在自己这道工序的工作一定要保证质量,凡达不到质量要求不能交给下道工序,一定要使"下道工序"的用户感到满意。

7.1.3.4 用数据说话原则

质量控制必须建立在有效的数据基础之上,必须依靠能够确切反映客观实际的数字和资料,否则就谈不上科学的管理。一切用数据说话,就需要用数理统计方法,对工程实体或工作对象进行科学的分析和整理,从而研究工程质量的波动情况,寻求影响工程质量的主次原因,采取改进质量的有效措施,掌握保证和提高工程质量的客观规律。

在很多情况下,评定工程质量虽然也按规范标准进行检测计量,也有一些数据,但是这些数据往往不完整、不系统,没有按数理统计要求积累数据,抽样选点,所以难以汇总分析,有时只能统计加估计,抓不住质量问题,既不能完全表达工程的内在质量状态,也不能有针对性地进行质量教育,提高企业素质。所以,必须树立起"用数据说话"的意识,从积累的大量数据中,找出控制质量的规律性,以保证工程项目的优质建设。

7.1.4 工程项目质量控制的任务

工程项目质量控制的任务就是根据国家现行的有关法规、技术标准和工程合同规定的工程建设各阶段质量目标实施全过程的监督管理。由于工程建设各阶段的质量目标不同,因此需要分别确定各阶段的质量控制对象和任务。

7.1.4.1 工程项目决策阶段质量控制的任务

(1)审核可行性研究报告是否符合国民经济发展的长远规划、国家经济建设的方针政策。

(2)审核可行性研究报告是否符合工程项目建议书或业主的要求。

(3)审核可行性研究报告是否具有可靠的基础资料和数据。

(4)审核可行性研究报告是否符合技术经济方面的规范标准和定额等指标。

(5)审核可行性研究报告的内容、深度和计算指标是否达到标准要求。

7.1.4.2 工程项目设计阶段质量控制的任务

(1)审查设计基础资料的正确性和完整性。

(2)编制设计招标文件,组织设计方案竞赛。

(3)审查设计方案的先进性和合理性,确定最佳设计方案。

（4）督促设计单位完善质量保证体系,建立内部专业交底及专业会签制度。

（5）进行设计质量跟踪检查,控制设计图纸的质量。在初步设计和技术设计阶段,主要检查生产工艺及设备的选型,总平面布置,建筑与设施的布置,采用的设计标准和主要技术参数;在施工图设计阶段,主要检查计算是否有错误,选用的材料和做法是否合理,标注的各部分设计标高和尺寸是否有错误,各专业设计之间是否有矛盾等。

7.1.4.3　工程项目施工阶段质量控制的任务

施工阶段质量控制是工程项目全过程质量控制的关键环节。根据工程质量形成的时间,施工阶段质量控制又可分为质量的事前控制、事中控制和事后控制,其中事前控制为重点控制。

1.事前控制

（1）审查承包商及分包商的技术资质。

（2）协助承包商完善质量体系,包括完善计量及质量检测技术和手段等,同时对承包商的实验室资质进行考核。

（3）督促承包商完善现场质量管理制度,包括现场会议制度、现场质量检验制度、质量统计报表制度和质量事故报告及处理制度等。

（4）与当地质量监督站联系,争取其配合、支持和帮助。

（5）组织设计交底和图纸会审,对某些工程部位应下达质量要求标准。

（6）审查承包商提交的施工组织设计,保证工程质量具有可靠的技术措施。审核工程中采用的新材料、新结构、新工艺、新技术的技术鉴定书;对工程质量有重大影响的施工机械、设备,应审核其技术性能报告。

（7）对工程所需原材料、构配件的质量进行检查与控制。

（8）对永久性生产设备或装置,应按审批同意的设计图纸组织采购或订货,到场后进行检查验收。

（9）对施工场地进行检查验收。检查施工场地的测量标桩、建筑物的定位放线以及高程水准点,重要工程还应复核,落实现场障碍物的清理、拆除等。

（10）把好开工关。对现场各项准备工作检查合格后,方可发开工令;停工的工程,未发复工令者不得复工。

2.事中控制

（1）督促承包商完善工序控制措施。工程质量是在工序中产生的,工序控制对工程质量起着决定性的作用。应把影响工序质量的因素都纳入控制状态中,建立质量管理点,及时检查和审核承包商提交的质量统计分析资料和质量控制图表。

（2）严格工序交接检查。主要工作作业包括隐蔽作业,需按有关验收规定经检查验收后,方可进行下一工序的施工。

（3）重要的工程部位或专业工程（如混凝土工程）要做试验或技术复核。

（4）审查质量事故处理方案,并对处理效果进行检查。

（5）对完成的分项分部工程,按相应的质量评定标准和办法进行检查验收。

（6）审核设计变更和图纸修改。

（7）按合同行使质量监督权和质量否决权。

（8）组织定期或不定期的质量现场会议,及时分析、通报工程质量状况。

3.事后控制

(1)审核承包商提供的质量检验报告及有关技术性文件。

(2)审核承包商提交的竣工图。

(3)组织联动试车。

(4)按规定的质量评定标准和办法,进行检查验收。

(5)组织项目竣工总验收。

(6)整理有关工程项目质量的技术文件,并编目、建档。

7.1.4.4　工程项目保修阶段质量控制的任务

(1)审核承包商的工程保修书。

(2)检查、鉴定工程质量状况和工程使用情况。

(3)对出现的质量缺陷,确定责任者。

(4)督促承包商修复缺陷。

(5)在保修期结束后,检查工程保修状况,移交保修资料。

7.1.5　工程项目质量影响因素的控制

在工程项目建设的各个阶段,对工程项目质量影响的主要因素就是人、机、料、法、环等五大方面。为此,应对这五个方面的因素进行严格的控制,以确保工程项目建设的质量。

7.1.5.1　对人的因素的控制

人是工程质量的控制者,也是工程质量的"制造者"。工程质量的好与坏,与人的因素是密不可分的。控制人的因素,即调动人的积极性、避免人的失误等,是控制工程质量的关键因素。

1.领导者的素质

领导者是具有决策权力的人,其整体素质,是提高工作质量和工程质量的关键,因此在对承包商进行资质认证和选择时一定要考核领导者的素质。

2.人的理论和技术水平

人的理论水平和技术水平是人的综合素质的表现,它直接影响工程项目质量,尤其是技术复杂、操作难度大、要求精度高、工艺新的工程对人员素质要求更高;否则,工程质量就很难保证。

3.人的生理缺陷

根据工程施工的特点和环境,应严格控制人的生理缺陷,如有高血压、心脏病的人,不能从事高空作业和水下作业;反应迟钝、应变能力差的人,不能操作快速运行、动作复杂的机械设备等;否则,将影响工程质量,引起安全事故。

4.人的心理行为

影响人的心理行为因素很多,而人的心理因素如疑虑、畏惧、抑郁等很容易使人产生愤怒、怨恨等情绪,使人的注意力转移,由此引发质量、安全事故。所以,在审核企业的资质水平时,要注意企业职工的凝聚力如何,职工的情绪如何,这也是选择企业的一条标准。

5.人的错误行为

人的错误行为是指人在工作场地或工作中吸烟、打盹、错视、错听、误判断、误动作等这些都会影响工程质量或造成质量事故。所以,在有危险的工作场所,应严格禁止吸烟、嬉戏等。

6. 人的违纪违章

人的违纪违章是指人的粗心大意、注意力不集中、不履行安全措施等不良行为,会对工程质量造成损害,甚至引起工程质量事故。所以,在使用人的问题上,应从思想素质、业务素质和身体素质等方面严格控制。

7.1.5.2　对材料、构配件的质量控制

1. 材料质量控制的要点

(1)掌握材料信息,优选供货厂家。应掌握材料信息,优选有信誉的厂家供货,对主要材料、构配件在订货前,必须经监理工程师论证同意后,才可订货。

(2)合理组织材料供应。应协助承包商合理地组织材料采购、加工、运输、储备。尽量加快材料周转,按质、按量、如期满足工程建设需要。

(3)合理地使用材料,减少材料损失。

(4)加强材料检查验收。用于工程上的主要建筑材料,进场时必须具备正式的出厂合格证和材质化验单;否则,应作补检。工程中所有各种构配件,必须具有厂家批号和出厂合格证。

凡是标志不清或质量有问题的材料,对质量保证资料有怀疑或与合同规定不相符的一般材料,应进行一定比例的材料试验,并需要追踪检验。对于进口的材料和设备以及重要工程或关键施工部位所用材料,则应进行全部检验。

(5)重视材料的使用认证,以防错用或使用不当。

2. 材料质量控制的内容

1)材料质量的标准

材料质量的标准是用以衡量材料标准的尺度,并作为验收、检验材料质量的依据。其具体的材料标准指标可参见相关材料手册。

2)材料质量的检验、试验

材料质量的检验目的是通过一系列的检测手段,将取得的材料数据与材料的质量标准相比较,用以判断材料质量的可靠性。

(1)材料质量的检验方法。

①书面检验。书面检验是通过对提供的材料质量保证资料、试验报告等进行审核,取得认可方能使用。

②外观检验。外观检验是对材料从品种、规格、标志、外形尺寸等进行直观检查,看有无质量问题。

③理化检验。理化检验是借助试验设备和仪器对材料样品的化学成分、机械性能等进行科学的鉴定。

④无损检验。无损检验是在不破坏材料样品的前提下,利用超声波、X 射线、表面探伤仪等进行检测。

(2)材料质量检验程度。

材料质量检验程度分为免检、抽检和全部检查三种。

①免检。免检就是免去质量检验工序。对有足够质量保证的一般材料,以及实践证明质量长期稳定而且质量保证资料齐全的材料,可予以免检。

②抽检。抽检是按随机抽样的方法对材料进行抽样检验。如对材料的性能不清楚,对质量保证资料有怀疑,或对成批生产的构配件,均应按一定比例进行抽样检验。

③全部检查。对进口的材料、设备和重要工程部位的材料,以及贵重的材料,应进行全部检查,以确保材料和工程质量。

(3)材料质量检验项目。

一般可分为一般检验项目和其他检验项目。

(4)材料质量检验的取样。

材料质量检验的取样必须具有代表性,也就是所取样品的质量应能代表该批材料的质量。在采取试样时,必须按规定的部位、数量及采选的操作要求进行。

(5)材料抽样检验的判断。

抽样检验是对一批产品(个数为 M)根据一次抽取 N 个样品进行检验,用其结果来判断该批产品是否合格。

3)材料的选择和使用要求

材料的选择不当和使用不正确,会严重影响工程质量或造成工程质量事故。因此,在施工过程中,必须针对工程项目的特点和环境要求及材料的性能、质量标准、适用范围等多方面综合考察,慎重选择和使用材料。

7.1.5.3 对方法的控制

对方法的控制主要是指对施工方案的控制,也包括对整个工程项目建设期内所采用的技术方案、工艺流程、组织措施、检测手段、施工组织设计等的控制。对一个工程项目而言,施工方案恰当与否,直接关系到工程项目质量,关系到工程项目的成败,所以应重视对方法的控制。这里说的方法控制,在工程施工的不同阶段,其侧重点也不相同,但都是围绕确保工程项目质量这个纲。

7.1.5.4 对施工机械设备的控制

施工机械设备是工程建设不可缺少的设施,目前,工程建设的施工进度和施工质量都与施工机械关系密切。因此,在施工阶段,必须对施工机械的性能、选型和使用操作等方面进行控制。

1.机械设备的选型

机械设备的选型,应因地制宜,按照技术先进、经济合理、生产适用、性能可靠、使用安全、操作和维修方便等原则来选择施工机械。

2.机械设备的性能参数

机械设备的性能参数是选择机械设备的主要依据,为满足施工的需要,在参数选择上可适当留有余地,但不能选择超出需要很多的机械设备;否则,容易造成经济上的不合理。机械设备的性能参数很多,要综合各参数,确定合适的施工机械设备。在这方面,要结合机械施工方案,择优选定机械设备,要严格把关,对不符合需要和有安全隐患的机械,不准进场。

3.机械设备的使用、操作要求

合理使用机械设备,正确地进行操行,是保证工程项目施工质量的重要环节,应贯彻"人机固定"的原则,实行定机、定人、定岗位的制度。操作人员必须认真执行各项规章制度,严格遵守操作规程,防止出现安全质量事故。

7.1.5.5 对环境因素的控制

影响工程项目质量的环境因素很多,有工程技术环境、工程管理环境、劳动环境等。环境因素对工程质量的影响复杂而且多变,因此应根据工程特点和具体条件,对影响工程质量的环境因素严格控制。

7.2 质量体系建立与运行

7.2.1 施工阶段的质量控制

7.2.1.1 质量控制的依据

施工阶段的质量管理及质量控制的依据,大体上可分为两类,即共同性依据及专门技术法规性依据。

共同性依据是指那些适用于工程项目施工阶段与质量控制有关的,具有普遍指导意义和必须遵守的基本文件。共同性依据主要有工程承包合同文件,设计文件,国家和行业现行的有关质量管理方面的法律、法规文件。

工程承包合同中分别规定了参与施工建设的各方在质量控制方面的权利和义务,并据此对工程质量进行监督和控制。

有关质量检验与控制的专门技术法规性依据是指针对不同行业、不同的质量控制对象而制定的技术法规性的文件,主要包括:

(1)已批准的施工组织设计。它是承包单位进行施工准备和指导现场施工的规划性、指导性文件,详细规定了工程施工的现场布置、人员设备的配置、作业要求、施工工序和工艺、技术保证措施、质量检查方法和技术标准等,是进行质量控制的重要依据。

(2)合同中引用的国家和行业的现行施工操作技术规范、施工工艺规程及验收规范。它是维护正常施工的准则,与工程质量密切相关,必须严格遵守执行。

(3)合同中引用的有关原材料、半成品、配件方面的质量依据。如水泥、钢材、骨料等有关产品技术标准,水泥、骨料、钢材等有关检验、取样、方法的技术标准,有关材料验收、包装、标志的技术标准。

(4)制造厂提供的设备安装说明书和有关技术标准。这是施工安装承包人进行设备安装必须遵循的重要技术文件,也是进行检查和控制质量的依据。

7.2.1.2 质量控制的方法

施工过程中的质量控制方法主要有旁站检查、测量、试验等。

1.旁站检查

旁站检查是指有关管理人员对重要工序(质量控制点)的施工所进行的现场监督和检查,以避免质量事故的发生。旁站检查也是驻地监理人员的一种主要现场检查形式。根据工程施工难度及复杂性,可采用全过程旁站检查、部分时间旁站检查两种方式。对容易产生缺陷的部位,或产生了缺陷难以补救的部位,以及隐蔽工程,应加强旁站检查。

在旁站检查中,必须检查承包人在施工中所用的设备、材料及混合料是否符合已批准的文件要求,检查施工方案、施工工艺是否符合相应的技术规范。

2.测量

测量是对建筑物的尺寸控制的重要手段。应对施工放样及高程控制进行核查,不合格者不准开工。对模板工程及已完工程的几何尺寸、高程、宽度、厚度、坡度等质量指标,按规定要求进行测量验收,不符合规定要求的需进行返工。测量记录,均要事先经工程师审核签字后方可使用。

3.试验

试验是工程师确定各种材料和建筑物内在质量是否合格的重要方法。所有工程使用的材料,都必须事先经过材料试验,质量必须满足产品标准,并经工程师检查批准后,方可使用。材料试验包括水源、粗骨料、沥青、土工织物等各种原材料,不同等级混凝土的配合比试验,外购材料及成品质量证明和必要的试验鉴定,仪器设备的校调试验,加工后的成品强度及耐用性检验,工程检查等。没有试验数据的工程不予验收。

7.2.1.3 工序质量监控

1.工序质量监控的内容

工序质量监控主要包括对工序活动条件的监控和对工序活动效果的监控。

(1)工序活动条件的监控。所谓工序活动条件的监控,就是指对影响工程生产因素进行的控制。工序活动条件的监控是工序质量控制的手段。尽管在开工前对生产活动条件已进行了初步控制,但在工序活动中有的条件还会发生变化,使其基本性能达不到检验指标,这正是生产过程产生质量不稳定的重要原因。因此,只有对工序活动条件进行控制,才能达到对工程或产品的质量性能特性指标的控制。工序活动条件包括的因素较多,要通过分析,分清影响工序质量的主要因素,抓住主要矛盾,逐渐予以调节,以达到质量控制的目的。

(2)工序活动效果的监控。主要反映在对工序产品质量性能的特征指标的控制上。通过对工序活动的产品采取一定的检测手段进行检验,根据检验结果分析、判断该工序活动的质量效果,从而实现对工序质量的控制。其步骤如下:首先是工序活动前的控制,主要要求人、材料、机械、方法或工艺、环境能满足要求;其次采用必要的手段和工具,对抽出的工序子样进行质量检验;最后应用质量统计分析工具(如直方图、控制图、排列图等)对检验所得的数据进行分析,找出这些质量数据所遵循的规律。根据质量数据分布规律的结果,判断质量是否正常;若出现异常情况,寻找原因,找出影响工序质量的因素,尤其是那些主要因素,采取对策和措施进行调整;再重复前面的步骤,检查调整效果,直到满足要求,这样便可达到控制工序质量的目的。

2.工序质量监控实施要点

对工序活动质量监控,首先应确定质量控制计划,它是以完善的质量监控体系和质量检查制度为基础。一方面工序质量控制计划要明确规定质量监控的工作程序、流程和质量检查制度;另一方面需进行工序分析,在影响工序质量的因素中,找出对工序质量产生影响的重要因素,进行主动的、预防性的重点控制。例如,在振捣混凝土这一工序中,振捣的插点和振捣时间是影响质量的主要因素,为此应加强现场监督并要求施工单位严格予以控制。

同时,在整个施工活动中,应采取连续的动态跟踪控制,通过对工序产品的抽样检验,判定其产品质量波动状态,若工序活动处于异常状态,则应查出影响质量的原因,采取措施排除系统性因素的干扰,使工序活动恢复到正常状态,从而保证工序活动及其产品质量。此外,为确保工程质量,应在工序活动过程中设置质量控制点,进行预控。

3.质量控制点的设置

质量控制点的设置是进行工序质量预防控制的有效措施。质量控制点是指为保证工程质量而必须控制的重点工序、关键部位、薄弱环节。应在施工前,全面、合理地选择质量控制点,并对设置质量控制点的情况及拟采取的控制措施进行审核。必要时,应对质量控制实施过程进行跟踪检查或旁站监督,以确保质量控制点的施工质量。

设置质量控制点的点象,主要有以下几方面:

(1)关键的分项工程。如大体积混凝土工程,土石坝工程的坝体填筑,隧洞开挖工程等。

(2)关键的工程部位。如混凝土面板堆石坝面板趾板及周边缝的接缝,土基上水闸的地基基础,预制框架结构的梁板节点,关键设备的设备基础等。

(3)薄弱环节。指经常发生或容易发生质量问题的环节,或承包人无法把握的环节,或采用新工艺(材料)施工的环节等。

(4)关键工序。如钢筋混凝土工程的混凝土振捣,灌注桩钻孔,隧洞开挖的钻孔布置、方向、深度、用药量和填塞等。

(5)关键工序的关键质量特性。如混凝土的强度、耐久性,土石坝的干容重、黏性土的含水率等。

(6)关键质量特性的关键因素。如冬季混凝土强度的关键因素是环境(养护温度),支模的关键因素是支撑方法,泵送混凝土输送质量的关键因素是机械,墙体垂直度的关键因素是人等。

质量控制点的设置应准确有效,因此究竟选择哪些作为控制点,需要由有经验的质量控制人员进行选择。一般可根据工程性质和特点来确定,表7-1列举出某些分部分项工程的质量控制点,可供参考。

表 7-1　质量控制点的设置

分部分项工程		质量控制点
建筑物定位		标准轴线桩、定位轴线、标高
地基开挖及清理		开挖部位的位置、轮廓尺寸、标高,岩石地基钻爆过程中的钻孔、装药量、起爆方式,开挖清理后的建基面,断层、破碎带、软弱夹层、岩熔的处理,渗水的处理
基础处理	基础灌浆、帷幕灌浆	造孔工艺、孔位、孔斜,岩芯获得率,洗孔及压水情况,灌浆情况、灌浆压力、结束标准、封孔
	基础排水	造孔、洗孔工艺、孔口、孔口设施的安装工艺
	锚桩孔	造孔工艺,锚桩材料质量、规格、焊接,孔内回填
混凝土生产	砂石料生产	毛料开采、筛分、运输、堆存,砂石料质量(杂质含量、细度模数、超逊径、级配)、含水率、骨料降温措施
	混凝土拌和	原材料的品种、配合比、称量精度,混凝土拌和时间、温度均匀性,拌和物的坍落度,温控措施(骨料冷却、加冰、加冰水)、外加剂比例
混凝土浇筑	建基面清理	岩基面清理(冲洗、积水处理)
	模板、预埋件	位置、尺寸、标高、平整性、稳定性、刚度、内部清理,预埋件型号、规格、埋设位置、安装稳定性、保护措施
	钢筋	钢筋品种、规格、尺寸、搭接长度,钢筋焊接、根数、位置
	浇筑	浇筑层厚度、平仓、振捣、浇筑间歇时间、积水和泌水情况,埋设件保护,混凝土养护,混凝土表面平整度、麻面、蜂窝、露筋、裂缝,混凝土密实性、强度

续表 7-1

分部分项工程		质量控制点
土石料填筑	土石料	土料的黏粒含量、含水率,砾质土的粗粒含量、最大粒径,石料的粒径、级配、坚硬度、抗冻性
	土料填筑	防渗体与岩石面或混凝土面的结合处理,防渗体与砾质土、黏土地基的结合处理,填筑体的位置、轮廓尺寸、铺土厚度、铺填边线、土层接面处理、土料碾压、压实干密度
	石料砌筑	砌筑体位置、轮廓尺寸、石块重量、尺寸、表面顺直度、砌筑工艺、砌体密实度、砂浆配比、强度
	砌石护坡	石块尺寸、强度、抗冻性,砌石厚度、砌筑方法、砌石孔隙率、垫层级配、厚度、空隙率

4.见证点、停止点的概念

在工程项目实施控制中,通常是由承包人在分项工程施工前制订施工计划时,就选定设置控制点,并在相应的质量计划中进一步明确哪些是见证点,哪些是停止点。所谓"见证点"和"停止点",是国际上对于重要程度不同及监督控制要求不同的质量控制对象的一种区分方式。见证点监督也称为 W 点监督。凡是被列为见证点的质量控制对象,在规定的控制点施工前,施工单位应提前 24 小时通知监理人员在约定的时间内到现场进行见证并实施监督。如监理人员未按约定到场,施工单位有权对该点进行相应的操作和施工。停止点也称为待检查点或 H 点,它的重要性高于见证点,是针对那些由于施工过程或工序施工质量不易或不能通过其后的检验和试验而充分得到论证的"特殊过程"或"特殊工序"而言的。凡被列入停止点的控制点,要求必须在该控制点来临之前 24 小时通知监理人员到场试验监控,如监理人员未能在约定时间内到达现场,施工单位应停止该控制点的施工,并按合同规定等待监理方,未经认可不能超过该点继续施工,如水闸闸墩混凝土结构在钢筋架立后,混凝土浇筑之前,可设置停止点。

在施工过程中,应加强旁站和现场巡查的监督检查;严格实施隐蔽式工程工序间交接检查验收、工程施工预检等检查监督;严格执行对成品保护的质量检查。只有这样才能及早发现问题,及时纠正,防患于未然,确保工程质量,避免导致工程质量事故。

为了对施工期间的各分部、分项工程的各工序质量实施严密、细致和有效的监督、控制,应认真地填写跟踪档案,即施工和安装记录。

7.2.1.4 施工合同条件下的工程质量控制

工程施工是使业主及工程设计意图最终实现并形成工程实体的阶段,也是最终形成工程产品质量和工程项目使用价值的重要阶段。由此可见,施工阶段的质量控制不但是工程师的核心工作内容,也是工程项目质量控制的重点。

1.质量检查(验)的职责和权力

施工质量检查(验)是建设各方质量控制必不可少的一项工作,它可以起到监督、控制质量,及时纠正错误,避免事故扩大,消除隐患等作用。

1)承包商质量检查(验)的职责

提交质量保证计划措施报告。保证工程施工质量是承包商的基本义务。承包商应按ISO 9000 系列标准建立和健全所承包工程的质量保证计划,在组织上和制度上落实质量管理工作,以确保工程质量。

承包商质量检查(验)职责。根据合同规定和工程师的指示,承包商应对工程使用的材料和工程设备以及工程的所有部位及其施工工艺进行全过程的质量自检,并做质量检查(验)记录,定期向工程师提交工程质量报告。同时,承包商应建立一套全部工程的质量记录和报表,以便于工程师复核检验和日后发现质量问题时查找原因。当合同发生争议时,质量记录和报表还是重要的当时记录。

自检是检验的一种形式,它是由承包商自己来进行的。在合同环境下,承包商的自检包括:班组的"初检",施工队的"复检",公司的"终检"。自检的目的不仅在于判定被检验实体的质量特性是否符合合同要求,更为重要的是用于对过程的控制。因此,承包商的自检是质量检查(验)的基础,是控制质量的关键。为此,工程师有权拒绝对那些"三检"资料不完善或无"三检"资料的过程(工序)进行检验。

2)工程师的质量检查(验)权力

按照我国有关法律、法规的规定:工程师在不妨碍承包商正常作业的情况下,可以随时对作业质量进行检查(验)。这表明工程师有权对全部工程的所有部位及其任何一项工艺、材料和工程设备进行检查和检验,并具有质量否决权。具体内容包括:

(1)复核材料和工程设备的质量及承包商提交的检查结果。

(2)对建筑物开工前的定位定线进行复核签证,未经工程师签认不得开工。

(3)对隐蔽工程和工程的隐蔽部位进行覆盖前的检查(验),上道工序质量不合格的不得进入下一工序施工。

(4)对正在施工中的工程在现场进行质量跟踪检查(验),发现问题及时纠正等。

这里需要指出,承包商要求工程师进行检查(验)的意向,以及工程师要进行检查(验)的意向均应提前 24 小时通知对方。

2.材料、工程设备的检查和检验

《水利水电土建工程施工合同条件》通用条款及技术条款规定,材料和工程设备的采购分两种情况:①承包商负责采购的材料和工程设备;②业主负责采购的工程设备,承包商负责采购的材料。

对材料和工程设备进行检查和检验时应区别对待以上两种情况。

1)材料和工程设备的检验和交货验收

对承包商采购的材料和工程设备,其产品质量承包商应对业主负责。材料和工程设备的检验和交货验收由承包商负责实施,并承担所需费用,具体做法:承包商会同工程师进行检验和交货验收,查验材质证明和产品合格证书。此外,承包商还应按合同规定进行材料的抽样检验和工程设备的检验测试,并将检验结果提交给工程师。工程师参加交货验收不能减轻或免除承包商在检验和验收中应负的责任。

对业主采购的工程设备,为了简化验交手续和重复装运,业主应将其采购的工程设备由生产厂家直接移交给承包商。为此,业主和承包商在合同规定的交货地点(如生产厂家、工地或其他合适的地方)共同进行交货验收,由业主正式移交给承包商。在交货验收过程中,业主采购的工程设备检验及测试由承包商负责,业主不必再配备检验及测试用的设备和人员,但承包商必须将其检验结果提交工程师,并由工程师复核签认检验结果。

2)工程师检查或检验

工程师和承包商应商定对工程所用的材料和工程设备进行检查和检验的具体时间和地点。通常情况下,工程师应到场参加检查或检验,如果在商定时间内工程师未到场参加检查或检验,且工程师无其他指示(如延期检查或检验),承包商可自行检查或检验,并立即将检查或检验结果提交给工程师。除合同另有规定外,工程师应在事后确认承包商提交的检查或检验结果。

对于承包商未按合同规定检查或检验材料和工程设备,工程师指示承包商按合同规定补做检查或检验。此时,承包商应无条件地按工程师的指示和合同规定补做检查或检验,并应承担检查或检验所需的费用和可能带来的工期延误责任。

3)额外检验和重新检验

在合同履行过程中,如果工程师需要增加合同中未做规定的检查和检验项目,工程师有权指示承包商增加额外检验,承包商应遵照执行,但应由业主承担额外检验的费用和工期延误责任。

在任何情况下,如果工程师对以往的检验结果有疑问,有权指示承包商进行再次检验,即重新检验,承包商必须执行工程师指示,不得拒绝。"以往的检验结果"是指已按合同规定要求得到工程师的同意,如果承包商的检验结果未得到工程师同意,则工程师指示承包商进行的检验不能称为重新检验,应为合同内检测。

重新检验带来的费用增加和工期延误责任的承担视重新检验结果而定。如果重新检验结果证明这些材料、工程设备、工序不符合合同要求,则应由承包商承担重新检验的全部费用和工期延误责任;如果重新检验结果证明这些材料、工程设备、工序符合合同要求,则应由业主承担重新检验的费用和工期延误责任。

当承包商未按合同规定进行检查或检验,并且不执行工程师有关补做检查或检验指示和重新检验的指示时,工程师为了及时发现可能的质量隐患,减少可能造成的损失,可以指派自己的人员或委托其他人进行检查或检验,以保证质量。此时,不论检查或检验结果如何,工程师因采取上述检查或检验补救措施而造成的工期延误和增加的费用均应由承包商承担。

4)不合格工程、材料和工程设备

禁止使用不合格材料和工程设备。工程使用的一切材料、工程设备均应满足合同规定的等级、质量标准和技术特性。工程师在工程质量的检查或检验中发现承包商使用了不合格材料或工程设备时,可以随时发出指示,要求承包商立即改正,并禁止在工程中继续使用这些不合格的材料和工程设备。

如果承包商使用了不合格材料和工程设备,其造成的后果应由承包商承担责任,承包商应无条件地按工程师指示进行补救。业主提供的工程设备经验收不合格的应由业主承担相应责任。

不合格工程、材料和工程设备的处理。

(1)如果工程师的检查或检验结果表明承包商提供的材料或工程设备不符合合同要

求,工程师可以拒绝接收,并立即通知承包商。此时,承包商除立即停止使用外,应与工程师共同研究补救措施。如果在使用过程中发现不合格材料,工程师应视具体情况,下达运出现场或降级使用的指示。

(2)如果检查或检验结果表明业主提供的工程设备不符合合同要求,承包商有权拒绝接收,并要求业主予以更换。

(3)如果因承包商使用了不合格材料和工程设备造成了工程损害,工程师可以随时发出指示,要求承包商立即采取措施进行补救,直至彻底清除工程的不合格部位及不合格材料和工程设备。

(4)如果承包商无故拖延或拒绝执行工程师的有关指示,则业主有权委托其他承包商执行该项指示。由此而造成的工期延误和增加的费用由承包商承担。

3.隐蔽工程

隐蔽工程和工程隐蔽部位是指已完成的工作面经覆盖后将无法事后查看的任何工程部位和基础。由于隐蔽工程和工程隐蔽部位的特殊性及重要性,因此没有工程师的批准,工程的任何部分均不得覆盖或使之无法查看。

对于将被覆盖的部位和基础在进行下一道工序之前,首先由承包商进行自检("三检"),确认符合合同要求后,再通知工程师进行检查,工程师不得无故缺席或拖延,承包商通知时应考虑到工程师有足够的检查时间。工程师应按通知约定的时间到场进行检查,确认质量符合合同规定要求,并在检查记录上签字后,才能允许承包商进入下一道工序,进行覆盖。承包商在取得工程师的检查签证之前,不得以任何理由进行覆盖;否则,承包商应承担因补检而增加的费用和工期延误责任。如果由于工程师未及时到场检查,承包商因等待或延期检查而造成工期延误则承包商有权要求延长工期和赔偿其停工、窝工等损失。

4.放线

1)施工控制网

工程师应在合同规定的期限内向承包商提供测量基准点、基准线和水准点及其书面资料。业主和工程师应对测量点、基准线和水准点的正确性负责。

承包商应在合同规定期限内完成测设自己的施工控制网,并将施工控制网资料报送工程师审批。承包商应对施工控制网的正确性负责。此外,承包商还应负责保管全部测量基准和控制网点。工程完工后,应将施工控制网点完好地移交给业主。

工程师为了监理工作的需要,可以使用承包商的施工控制网,并不为此另行支付费用。此时,承包商应及时提供必要的协助,不得以任何理由加以拒绝。

2)施工测量

承包商应负责整个施工过程中的全部施工测量放线工作,包括地形测量、放样测量、断面测量和验收测量等,并应自行配置合格的人员、仪器、设备和其他物品。

承包商在施测前,应将施工测量措施报告报送工程师审批。

工程师应按合同规定对承包商的测量数据和放样成果进行检查。工程师认为必要时还可指示承包商在工程师的监督下进行抽样复测,并修正复测中发现的错误。

5.完工和保修

1)完工验收

完工验收指承包商基本完成合同中规定的工程项目后,移交给业主接收前的交工验收,不是国家或业主对整个项目的验收。基本完成是指不一定要合同规定的工程项目全部完成,有些不影响工程使用的尾工项目,经工程师批准,可待验收后在保修期中去完成。

当工程具备了下列条件,并经工程师确认,承包商即可向业主和工程师提交完工验收申请报告,并附上完工资料:

(1)除工程师同意可列入保修期完成的项目外,已完成了合同规定的全部工程项目。

(2)已按合同规定备齐了完工资料,包括工程实施概况和大事记,已完工程(含工程设备)清单,永久工程完工图,列入保修期完成的项目清单,未完成的缺陷修复清单,施工期观测资料,各类施工文件、施工原始记录等。

(3)已编制了在保修期内实施的项目清单和未修复的缺陷项目清单以及相应的施工措施计划。

①工程师审核。工程师在接到承包商完工验收申请报告后的 28 d 内进行审核并做出决定;或者提请业主进行工程验收;或者通知承包商在验收前尚应完成的工作和对申请报告的异议,承包商应在完成工作后或修改报告后重新提交完工验收申请报告。

②完工验收和移交证书。业主在接到工程师提请进行工程验收的通知后,应在收到完工验收申请报告后 56 d 内组织工程验收,并在验收通过后向承包商颁发移交证书。移交证书上应注明由业主、承包商、工程师协商核定的工程实际完工日期。此日期是计算承包商完工工期的依据,也是工程保修期的开始。从颁交证书之日起,照管工程的责任即应由业主承担,且在此后 14 d 内,业主应将保留金总额的 50% 退还给承包商。

③分阶段验收和施工期运行。水利水电工程中分阶段验收有两种情况:第一种情况是在全部工程验收前,某些单位工程,如船闸、隧洞等已完工,经业主同意可先行单独进行验收,通过后颁发单位工程移交证书,由业主先接管该单位工程。第二种情况是业主根据合同进度计划的安排,需提前使用尚未全部建成的工程,如大坝工程达到某一特定高程可以满足初期发电,可对该部分工程进行验收,以满足初期发电要求。验收通过应签发临时移交证书。工程未完成部分仍由承包商继续施工。对通过验收的部分工程由于在施工期运行而使承包商增加了修复缺陷的费用,业主应给予适当的补偿。

④业主拖延验收。如业主在收到承包商完工验收申请报告后,不及时进行验收,或在验收通过后无故不颁发移交证书,则业主应从承包商发出完工验收申请报告 56 d 后的次日起承担照管工程的费用。

2)工程保修

保修期,FIDIC 条款中称为缺陷通知期。工程移交前,虽然已通过验收,但是还未经过运行的考验,而且还可能有一些尾工项目和修补缺陷项目未完成,所以还必须有一段期间用来检验工程的正常运行,这就是保修期。水利水电土建工程保修期一般为一年,从移交证书中注明的全部工程完工日期开始起算。在全部工程完工验收前,业主已提前验收的单位工程或部分工程,若未投入正常运行,其保修期仍按全部工程完工日期起算;若验收后投入正常运行,其保修期应从该单位工程或部分工程移交证书上注明的完工日期起算。

(1)保修期内,承包商应负责修复完工资料中未完成的缺陷修复清单所列的全部项目。

(2)保修期内如发现新的缺陷和损坏,或原修复的缺陷又遭损坏,承包商应负责修复。至于修复费用由谁承担,需视缺陷和损坏的原因而定,由于承包商施工中的隐患或其他承包商原因所造成,应由承包商承担;若由于业主使用不当或业主其他原因所致,则由业主承担。

保修责任终止证书(F1DIC 条款中称为履约证书)。在全部工程保修期满,且承包商不遗留任何尾工项目和缺陷修补项目,业主或授权工程师应在 28 d 内向承包商颁发保修责任终止证书。

保修责任终止证书的颁发,表明承包商已履行了保修期的义务,工程师对其满意,也表明了承包商已按合同规定完成了全部工程的施工任务,业主接受了整个工程项目。但此时合同双方的财务账目尚未结清,可能有些争议还未解决,故并不意味合同已履行结束。

3)清理现场与撤离

圆满完成清场工作是承包商进行文明施工的一个重要标志。一般而言,在工程移交证书颁发前,承包商应按合同规定的工作内容对工地进行彻底清理,以便业主使用已完成的工程。经业主同意后也可留下部分清场工作在保修期满前完成。

承包商应按下列工作内容对工地进行彻底清理,并需经工程师检验合格:

(1)工程范围内残留的垃圾已全部焚毁、掩埋或清除出场。

(2)临时工程已按合同规定拆除,场地已按合同要求清理和平整。

(3)承包商设备和剩余的建筑材料已按计划撤离工地,废弃的施工设备和材料亦已清除。

(4)施工区内的永久道路和永久建筑物周围的排水沟道,均已按合同图纸要求和工程师指示进行疏通和修整。

(5)主体工程建筑物附近及其上、下游河道中的施工堆积场,已按工程师的指示予以清理。

此外,在全部工程的移交证书颁发后 42 d 内,除经工程师同意,由于保修期工作需要留下部分承包商人员、施工设备和临时工程外,承包商的队伍应撤离工地,并做好环境恢复工作。

7.2.2　全面质量管理的基本概念

全面质量管理(Total Quality Management,TQM)是企业管理的中心环节,是企业管理的纲,它和企业的经营目标是一致的。这就是要求将企业的生产经营管理和质量管理有机地结合起来。

7.2.2.1　全面质量管理的基本概念

全面质量管理是以组织全员参与为基础的质量管理模式,它代表了质量管理的最新阶段,最早起源于美国,菲根堡姆指出:全面质量管理是为了能够在最经济的水平上,并充分考虑到满足用户的要求的条件下进行市场研究、设计、生产和服务,把企业内各部门研制质量、维持质量和提高质量的活动构成为一体的一种有效体系。他的理论经过世界各国的继承和发展,得到了进一步的扩展和深化。1994 版 ISO 9000 族标准中对全面质量管理的定义为:一个组织以质量为中心,以全员参与为基础,目的在于通过让顾客满意和本组织所有成员及社会受益而达到长期成功的管理途径。

7.2.2.2　全面质量管理的基本要求

1.全过程的管理

任何一个工程(和产品)的质量,都有一个产生、形成和实现的过程;整个过程是由多个相互联系、相互影响的环节所组成的,每一环节都或重或轻地影响着最终的质量状况。因此,要搞好工程质量管理,必须把形成质量的全过程和有关因素控制起来,形成一个综合的管理体系,做到以防为主,防检结合,重在提高。

2.全员的质量管理

工程(产品)的质量是企业各方面、各部门、各环节工作质量的反映。每一环节,每一个人的工作质量都会不同程度地影响着工程(产品)最终质量。工程质量人人有责,只有人人都关心工程的质量,做好本职工作,才能生产出好质量的工程。

3.全企业的质量管理

全企业的质量管理一方面要求企业各管理层次都要有明确的质量管理内容,各层次的侧重点要突出,每个部门应有自己的质量计划、质量目标和对策,层层控制;另一方面就是要把分散在各部门的质量职能发挥出来。如水利水电工程中的"三检制",就充分反映这一观点。

4.多方法的管理

影响工程质量的因素越来越复杂:既有物质的因素,又有人为的因素;既有技术因素,又有管理因素;既有内部因素,又有企业外部因素。要搞好工程质量,就必须把这些影响因素控制起来,分析它们对工程质量的不同影响。灵活运用各种现代化管理方法来解决工程质量问题。

7.2.2.3 全面质量管理的基本指导思想

1.质量第一,以质量求生存

任何产品都必须达到所要求的质量水平,否则就没有或未实现其使用价值,从而给消费者、给社会带来损失。从这个意义上讲,质量必须是第一位的。贯彻"质量第一"就要求企业全员,尤其是领导层,要有强烈的质量意识;要求企业在确定质量目标时,首先应根据用户或市场的需求,科学地确定质量目标,并安排人力、物力、财力予以保证。当质量与数量、社会效益与企业效益、长远利益与眼前利益发生矛盾时,应把质量、社会效益和长远利益放在首位。

"质量第一"并非"质量至上"。质量不能脱离当前的市场水准,也不能不问成本一味的讲求质量。应该重视质量成本的分析,把质量与成本加以统一,确定最适合的质量。

2.用户至上

在全面质量管理中,这是一个十分重要的指导思想。"用户至上"就是要树立以用户为中心,为用户服务的思想。要使产品质量和服务质量尽可能满足用户的要求。产品质量的好坏最终应以用户的满意程度为标准。这里,所谓用户是广义的,不仅指产品出厂后的直接用户,还指在企业内部,下道工序是上道工序的用户。如混凝土工程、模板工程的质量直接影响混凝土浇筑这一下道关键工序的质量。每道工序的质量不仅影响下道工序质量,也会影响工程进度和费用。

3.质量是设计、制造出来的,而不是检验出来的

在生产过程中,检验是重要的,它可以起到不允许不合格品出厂的把关作用,同时还可以将检验信息反馈到有关部门。但影响产品质量好坏的真正原因并不在于检验,而主要在于设计和制造。设计质量是先天性的,在设计的时候就已经决定了质量的等级和水平;而制造只是实现设计质量,是符合性质量。二者不可偏废,都应重视。

4.强调用数据说话

这就是要求在全面质量管理工作中具有科学的工作作风,在研究问题时不能满足于一

知半解和表面,对问题不仅有定性分析还尽量有定量分析,做到心中有"数"。这样可以避免主观盲目性。

在全面质量管理中广泛地采用了各种统计方法和工具,其中用得最多的有"七种工具",即因果图、排列图、直方图、相关图、控制图、分层法和调查表。常用的数理统计方法有回归分析、方差分析、多元分析、实验分析、时间序列分析等。

5.突出人的积极因素

从某种意义上讲,在开展质量管理活动过程中,人的因素是最积极、最重要的因素。与质量检验阶段和统计质量控制阶段相比较,全面质量管理阶段格外强调调动人的积极因素的重要性。这是因为现代化生产多为大规模系统,环节众多,联系密切复杂,远非单纯靠质量检验或统计方法就能奏效的。必须调动人的积极因素,加强质量意识,发挥人的主观能动性,以确保产品和服务的质量。全面质量管理的特点之一就是全体人员参加的管理。

要提高质量意识,调动人的积极因素,一靠教育,二靠规范,需要通过教育培训和考核,同时还要依靠有关质量的立法以及必要的行政手段等各种激励及处罚措施。

7.2.2.4　全面质量管理的工作原则

1.预防原则

在企业的质量管理工作中,要认真贯彻预防为主的原则,凡事要防患于未然。在产品制造阶段应该采用科学方法对生产过程进行控制,尽量把不合格品消灭在发生之前。在产品的检验阶段,不论是对最终产品或是在制品,都要把质量信息及时反馈并认真处理。

2.经济原则

全面质量管理强调质量,但无论质量保证的水平或预防不合格的深度都是没有止境的,必须考虑经济性,建立合理的经济界限,这就是所谓经济原则。因此,在产品设计制定质量标准时,在生产过程进行质量控制时,在选择质量检验方式为抽样检验或全数检验时等场合,都必须考虑其经济效益。

3.协作原则

协作是大生产的必然要求。生产和管理分工越细,就越要求协作。一个具体单位的质量问题往往涉及许多部门,如无良好的协作是很难解决的。因此,强调协作是全面质量管理的一条重要原则,也反映了系统科学全局观点的要求。

4.按照 PDCA 循环组织活动

PDCA 循环是质量体系活动所应遵循的科学工作程序,周而复始,内外嵌套,循环不已,以求质量不断提高。

7.2.2.5　全面质量管理的运转方式

质量保证体系运转方式是按照计划(P)、执行(D)、检查(C)、处理(A)的管理循环进行的。它包括四个阶段和八个工作步骤。

1.四个阶段

(1)计划阶段。按使用者要求,根据具体生产技术条件,找出生产中存在的问题及其原因,拟订生产对策和措施计划。

(2)执行阶段。按预定对策和生产措施计划,组织实施。

(3)检查阶段。对生产成品进行必要的检查和测试,即把执行的工作结果与预定目标对比,检查执行过程中出现的情况和问题。

(4)处理阶段。把经过检查发现的各种问题及用户意见进行处理。凡符合计划要求的予以肯定,成文标准化。对不符合设计要求和不能解决的问题,转入下一循环以进一步研究解决。

2.八个步骤

(1)分析现状,找出问题不能凭印象和表面做判断。结论要用数据表示。

(2)分析各种影响因素,要把可能因素一一加以分析。

(3)找出主要影响因素,要努力找出主要因素进行解剖,才能改进工作,提高产品质量。

(4)研究对策,针对主要因素拟订措施,制订计划,确定目标。以上属计划阶段工作内容。

(5)执行措施为执行阶段的工作内容。

(6)检查工作成果,对执行情况进行检查,找出经验教训,为检查阶段的工作内容。

(7)巩固措施,制定标准,把成熟的措施制订成标准(规程、细则)形成制度。

(8)遗留问题转入下一个循环。

以上(7)和(8)为处理阶段的工作内容。PDCA 管理循环的工作程序如图 7-1 所示。

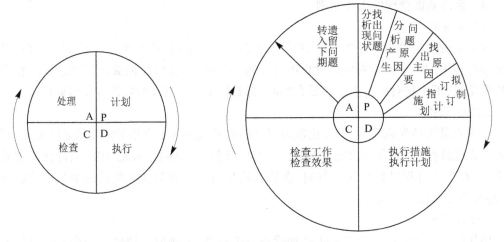

图 7-1　PDCA 管理循环的工作程序

3.PDCA 循环的特点

(1)四个阶段缺一不可,先后次序不能颠倒。就好像一只转动的车轮,在解决质量问题中滚动前进逐步使产品质量提高。

(2)企业的内部 PDCA 循环各级都有,整个企业是一个大循环,企业各部门又有自己的循环,如图 7-2 所示。大循环是小循环的依据,小循环又是大循环的具体和逐级贯彻落实的体现。

(3)PDCA 循环不是在原地转动,而是在转动中前进。每个循环结束,质量便提高一步。图 7-3 为循环上升示意图,它表明每一个 PDCA 循环都不是在原地周而复始地转动,而是像爬楼梯那样,每转一个循环都有新的目标和内容。因而就意味前进了一步,从原有水平上升到了新的水平,每经过一次循环,也就解决了一批问题,质量水平就有新的提高。

(4)处理阶段是一个循环的关键,这一阶段(处理阶段)的目的在于总结经验,巩固成果,纠正错误,以利于下一个管理循环。为此必须把成功和经验纳入标准,定为规程,使之标准化、制度化,以便在下一个循环中遵照办理,使质量水平逐步提高。

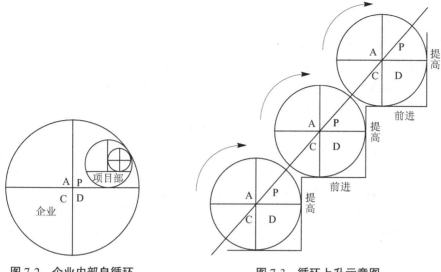

图 7-2　企业内部自循环　　　　　　图 7-3　循环上升示意图

必须指出,质量的好坏反映了人们质量意识的强弱,也反映了人们对提高产品质量意义的认识水平。有了较强的质量意识,还应使全体人员对全面质量管理的基本思想和方法有所了解。这就需要开展全面质量管理,必须加强质量教育的培训工作,贯彻执行质量责任制并形成制度,持之以恒,才能使工程施工质量水平不断提高。

7.2.2.6　质量保证体系的建立和运转

工程项目在实施过程中,要建立质量保证机构和质量保证体系。

7.3　工程质量统计与分析

7.3.1　质量数据

利用质量数据和统计分析方法进行项目质量控制,是控制工程质量的重要手段。通常通过收集和整理质量数据,进行统计分析比较,找出生产过程的质量规律,判断工程产品质量状况,发现存在的质量问题,找出引起质量问题的原因,并及时采取措施,预防和纠正质量事故,使工程质量始终处于受控状态。

质量数据是用以描述工程质量特征性能的数据。它是进行质量控制的基础,没有质量数据,就不可能有现代化的科学的质量控制。

7.3.1.1　质量数据的类型

质量数据按其自身特征,可分为计量值数据和计数值数据;按其收集目的可分为控制性数据和验收性数据。

(1)计量值数据。计量值数据是可以连续取值的连续型数据。如长度、重量、面积、标高等质量特征,一般都是可以用量测工具或仪器等量测,一般都带有小数。

(2)计数值数据。计数值数据是不连续的离散型数据。如不合格品数、不合格的构件数等,这些反映质量状况的数据是不能用量测器具来度量的,采用计数的办法,只能出现0、

1、2 等非负数的整数。

（3）控制性数据。控制性数据一般是以工序作为研究对象，是为分析、预测施工过程是否处于稳定状态，而定期随机地抽样检验获得的质量数据。

（4）验收性数据。验收性数据是以工程的最终实体内容为研究对象，以分析、判断其质量是否达到技术标准或用户的要求，采取随机抽样检验而获取的质量数据。

7.3.1.2　质量数据的波动及其原因

在工程施工过程中常可看到在相同的设备、原材料、工艺及操作人员条件下，生产的同一种产品的质量不同，反映在质量数据上，即具有波动性，其影响因素有偶然因素和系统因素两大类。偶然因素引起的质量数据波动属于正常波动，偶然因素是无法或难以控制的因素，所造成的质量数据的波动量不大，没有倾向性，作用是随机的，工程质量只有偶然因素影响时，生产才处于稳定状态。由系统因素造成的质量数据波动属于异常波动，系统因素是可控制、易消除的因素，这类因素不经常发生，但具有明显的倾向性，对工程质量的影响较大。

质量控制的目的就是要找出出现异常波动的原因，即系统性因素是什么，并加以排除，使质量只受随机性因素的影响。

7.3.1.3　质量数据的收集

质量数据的收集总的要求应当是随机地抽样，即整批数据中每一个数据都有被抽到的同样机会。常用的方法有随机法、系统抽样法、二次抽样法和分层抽样法。

7.3.1.4　样本数据特征

为了进行统计分析和运用特征数据对质量进行控制，经常要使用许多统计特征数据。统计特征数据主要有均值、中位数、极值、极差、标准偏差、变异系数，其中均值、中位数表示数据集中的位置；极差、标准偏差、变异系数表示数据的波动情况，即分散程度。

7.3.2　质量控制的统计方法简介

通过对质量数据的收集、整理和统计分析，找出质量的变化规律和存在的质量问题，提出进一步的改进措施，这种运用数学工具进行质量控制的方法是所有涉及质量管理的人员所必须掌握的，它可以使质量控制工作定量化和规范化。下面介绍几种在质量控制中常用的数学工具及方法。

7.3.2.1　直方图法

1.直方图的用途

直方图又称频率分布直方图，它们将产品质量频率的分布状态用直方图来表示，根据直方图形的分布形状和与公差界限的距离来观察、探索质量分布规律，分析和判断整个生产过程是否正常。

利用直方图可以制定质量标准，确定公差范围，可以判明质量分布情况是否符合标准的要求。

2.直方图的分析

直方图有以下几种分布形式，如图 7-4 所示。

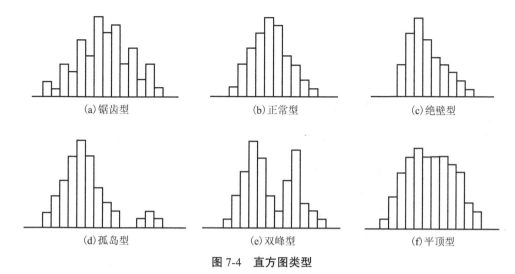

图 7-4　直方图类型

(1)锯齿型。其一般是分组不当或组距确定不当的,如图 7-4(a)所示。

(2)正常型。说明生产过程正常,质量稳定,如图 7-4(b)所示。

(3)绝壁型。一般是剔除下限以下的数据造成的,如图 7-4(c)所示。

(4)孤岛型。其一般是材质发生变化或他人临时替班的,如图 7-4(d)所示。

(5)双峰型。把两种不同的设备或工艺的数据混在一起造成的,如图 7-4(e)所示。

(6)平顶型。生产过程中有缓慢变化的因素起主导作用,如图 7-4(f)所示。

3.注意事项

(1)直方图属于静态的,不能反映质量的动态变化。

(2)画直方图时,数据不能太少,一般应大于 50 个数据,否则画出的直方图难以正确反映总体的分布状态。

(3)直方图出现异常时,应注意将收集的数据分层,然后画直方图。

(4)直方图呈正态分布时,可求平均值和标准差。

7.3.2.2　排列图法

排列图法又称巴雷特法、主次排列图法,是分析影响质量主要问题的有效方法,将众多的因素进行排列,主要因素就一目了然,如图 7-5 所示。

排列图法由一个横坐标、两个纵坐标、几个长方形和一条曲线组成。左侧的纵坐标是频数或件数,右侧的纵坐标是累计频率,横轴则是项目或因素,按项目频数大小顺序在横轴上自左而右画长方形,其高度为频数,再根据右侧的纵坐标,画出累计频率曲线,该曲线也称巴雷特曲线。

7.3.2.3　因果分析图法

因果分析图也叫鱼刺图、树枝图,这是一种逐步深入研究和讨论质量问题的图示方法。在工程建设过程中,任何一种质量问题的产生,一般都是多种原因造成的,这些原因有大有小,把这些原因按照大小顺序分别用主干、大枝、中枝、小枝来表示,这样,就可一目了然地观察出导致质量问题的原因,并以此为据,制订相应对策,如图 7-6 所示。

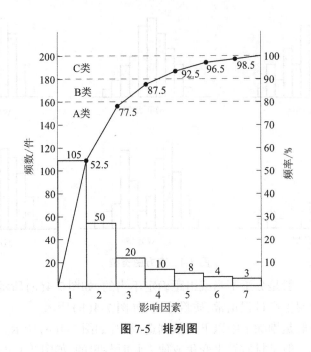

图 7-5　排列图

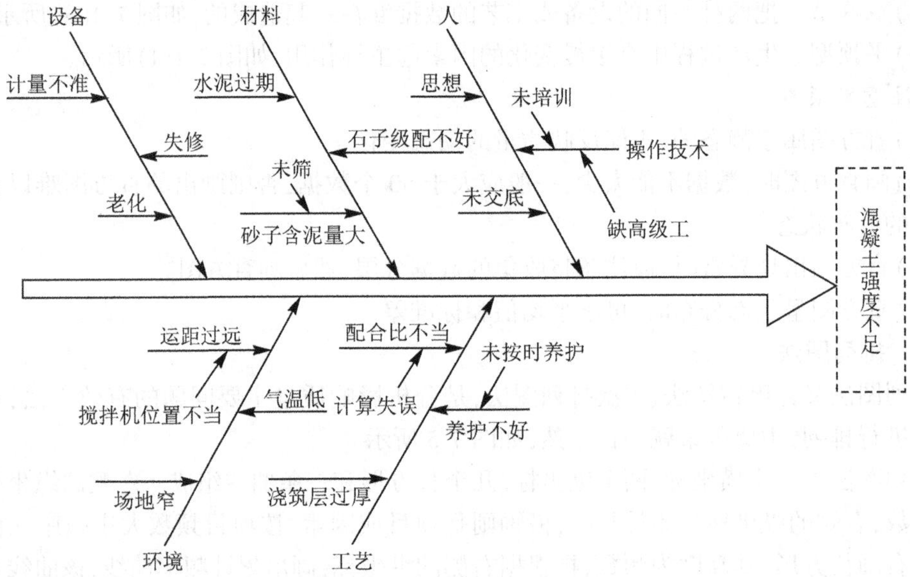

图 7-6　因果分析图

7.3.2.4 · 管理图法

管理图也称控制图,它是反映生产过程随时间变化而变化的质量动态,即反映生产过程中各个阶段质量波动状态的图形,如图 7-7 所示。管理图利用上下控制界限,将产品质量特性控制在正常波动范围内,一旦有异常反映,通过管理图就可以发现,并及时处理。

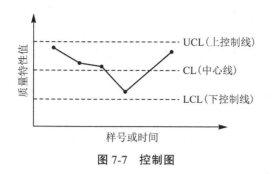

图 7-7　控制图

7.3.2.5　相关图法

产品质量与影响质量的因素之间,常有一定的相互关系,但不一定是严格的函数关系,这种关系称为相关关系,可利用直角坐标系将两个变量之间的关系表达出来。相关图的形式有正相关、负相关、非线性相关和无相关。

此外还有调查表法、分层法等。

7.4　工程质量事故的处理

工程建设项目不同于一般工业生产活动,其项目实施的一次性,生产组织特有的流动性、综合性、劳动的密集性、协作关系的复杂性和环境的影响,均导致建筑工程质量事故具有复杂性、严重性、可变性及多发性的特点,事故是很难完全避免的。因此,必须加强组织措施、经济措施和管理措施,严防事故发生,对发生的事故应调查清楚,按有关规定进行处理。

需要指出的是,不少事故开始时经常只被认为是一般的质量缺陷,容易被忽视。随着时间的推移,待认识到这些质量缺陷问题的严重性时,则往往处理困难,或难以补救,或导致建筑物失事。因此,除明显的不会有严重后果的缺陷外,对其他的质量问题,均应分析,进行必要处理,并做出处理意见。

7.4.1　工程事故与分类

凡水利水电工程在建设中或完工后,由于设计、施工、监理、材料、设备及工程管理和咨询等方面造成工程质量不符合规程、规范和合同要求的质量标准,影响工程的使用寿命或正常运行,一般需做补救措施或返工处理的,统称为工程质量事故。日常所说的事故大多指施工质量事故。

在水利水电工程中,按对工程的耐久性和正常使用的影响程度,检查和处理质量事故对工期影响时间的长短以及直接经济损失的大小,将质量事故分为一般质量事故、较大质量事故、重大质量事故和特大质量事故。

（1）一般质量事故。指对工程造成一定经济损失,经处理后不影响正常使用,不影响工程使用寿命的事故。小于一般质量事故的统称为质量缺陷。

（2）较大质量事故。指对工程造成较大经济损失或延误较短工期,经处理后不影响正常使用,但对工程使用寿命有较大影响的事故。

（3）重大质量事故。指对工程造成重大经济损失或延误较长工期,经处理后不影响正常使用,但对工程使用寿命有较大影响的事故。

（4）特大质量事故。指对工程造成特大经济损失或长时间延误工期,经处理后仍对工程正常使用和使用寿命有较大影响的事故。

如《水利工程质量事故处理暂行规定》规定:一般质量事故,它的直接经济损失在 20万~100 万元,事故处理的工期在一个月内,且不影响工程的正常使用与寿命。一般建筑工程对事故的分类略有不同,主要表现在经济损失大小的规定。

7.4.2　工程事故的处理方法

7.4.2.1　事故发生的原因

工程质量事故发生的原因很多,最基本的还是人、机械、材料、工艺和环境几方面。一般可分直接原因和间接原因两类。

直接原因主要有人的行为不规范和材料、机械的不符合规定状态。如设计人员不按规范设计、监理人员不按规范进行监理,施工人员违反规程操作等,属于人的行为不规范;又如水泥、钢材等某些指标不合格,属于材料不符合规定状态。

间接原因是指质量事故发生地的环境条件,如施工管理混乱,质量检查监督失职,质量保证体系不健全等。间接原因往往导致直接原因的发生。

事故原因也可从工程建设的参建各方来寻查,业主、监理、设计、施工和材料、机械、设备供应商的某些行为或各种方法也会造成质量事故。

7.4.2.2　事故处理的目的

工程质量事故分析与处理的目的主要是:正确分析事故原因,防止事故恶化;创造正常的施工条件;排除隐患,预防事故发生;总结经验教训,区分事故责任;采取有效的处理措施,尽量减少经济损失,保证工程质量。

7.4.2.3　事故处理的原则

质量事故发生后,应坚持"三不放过"的原则,即事故原因不查清不放过,事故主要责任人和职工未受到教育不放过,补救措施不落实不放过。

发生质量事故,应立即向有关部门(业主、监理单位、设计单位和质量监督机构等)汇报,并提交事故报告。

由质量事故而造成的损失费用,坚持事故责任是谁由谁承担的原则。如责任在施工承包商,则事故分析与处理的一切费用由承包商自己负责;施工中事故责任不在承包商,则承包商可依据合同向业主提出索赔;若事故责任在设计单位或监理单位,应按照有关合同条款给予相关单位必要的经济处罚。构成犯罪的,移交司法机关处理。

7.4.2.4　事故处理的程序方法

事故处理的程序是:①下达工程施工暂停令;②组织调查事故;③事故原因分析;④事故处理与检查验收;⑤下达复工令。

事故处理的方法有两大类:

（1）修补。这种方法适合于通过修补可以不影响工程的外观和正常使用的质量事故。此类事故是施工中多发的。

（2）返工。这类事故是严重违反规范或标准，影响工程使用和安全，且无法修补，必须返工。

有些工程质量问题，虽严重超过了规程、规范的要求，已具有质量事故的性质，但可针对工程的具体情况，通过分析论证，不需做专门处理，但要记录在案。如混凝土蜂窝、麻面等缺陷，可通过涂抹、打磨等方式处理；由于欠挖或模板问题使结构断面被削弱，经设计复核验算，仍能满足承载要求的，也可不做处理，但必须记录在案，并有设计单位和监理单位的鉴定意见。

7.5　工程质量验收与评定

7.5.1　工程质量评定

7.5.1.1　质量评定的意义

工程质量评定，是依据国家或部门统一制定的现行标准和方法，对照具体施工项目的质量结果，确定其质量等级的过程。水利水电工程按《水利水电工程施工质量检验与评定规程》（SL 176—2007）（简称《评定标准》）执行。其意义在于统一评定标准和方法，正确反映工程的质量，使之具有可比性；同时也考核企业等级和技术水平，促进施工企业提高质量。

工程质量评定以单元工程质量评定为基础，其评定的先后次序是单元工程、分部工程和单位工程。

工程质量评定在施工单位（承包商）自评的基础上，由建设（监理）单位复核，报政府质量监督机构核定。

7.5.1.2　评定依据

（1）国家与水利水电部门有关行业规程、规范和技术标准。

（2）经批准的设计文件、施工图纸、设计修改通知、厂家提供的设备安装说明书及有关技术文件。

（3）工程合同采用的技术标准。

（4）工程试运行期间的试验及观测分析成果。

7.5.1.3　评定标准

（1）单元工程质量评定标准。单元工程质量等级按《评定标准》进行。当单元工程质量达不到合格标准时，必须及时处理，其质量等级按如下确定：①全部返工重做的，可重新评定等级。②经加固补强并经过鉴定能达到设计要求，其质量只能评定为合格。③经鉴定达不到设计要求，但建设（监理）单位认为能基本满足安全和使用功能要求的，可不补强加固；或经补强加固后，改变外形尺寸或造成永久缺陷的，经建设（监理）单位认为能基本满足设计要求，其质量可按合格处理。

（2）分部工程质量评定标准。分部工程质量合格的条件是：①单元工程质量全部合格：②中间产品质量及原材料质量全部合格，金属结构及启闭机制造质量合格，机电产品质量合格。

分部工程质量优良的条件是：①单元工程质量全部合格，其中有50%以上达到优良，主要单元工程、重要隐蔽工程及关键部位的单位工程质量优良,且未发生过质量事故;②中间产品质量全部合格,其中混凝土拌和物质量达到优良,原材料质量、金属结构及启闭机制造质量合格,机电产品质量合格。

(3)单位工程质量评定标准。单位工程质量合格的条件是:①分部工程质量全部合格;②中间产品质量及原材料质量全部合格,金属结构及启闭机制造质量合格,机电产品质量合格;③外观质量得分率达 70%以上;④施工质量检验资料基本齐全。

单位工程质量优良的条件是:①分部工程质量全部合格,其中有 50%以上达到优良,主要分部工程质量优良,且未发生过重大质量事故;②中间产品质量全部合格,其中混凝土拌和物质量达到优良,原材料质量、金属结构及启闭机制造质量合格,机电产品质量合格;③外观质量得分率达 85%以上;④施工质量检验资料齐全。

(4)工程质量评定标准。单位工程质量全部合格,工程质量可评为合格;如其中 50%以上的单位工程优良,且主要建筑物单位工程质量优良,则工程质量可评为优良。

7.5.2 工程质量验收

7.5.2.1 概述

工程验收是在工程质量评定的基础上,依据一个既定的验收标准,采取一定的手段来检验工程产品的特性是否满足验收标准的过程。水利水电工程验收分为分部工程验收、阶段验收、单位工程验收和竣工验收。按照验收的性质,可分为投入使用验收和完工验收。工程验收的目的是:检查工程是否按照批准的设计进行建设;检查已完工程在设计、施工、设备制造安装等方面的质量,并对验收遗留问题提出处理要求;检查工程是否具备运行或进行下一阶段建设的条件;总结工程建设中的经验教训,并对工程做出评价;及时移交工程,尽早发挥投资效益。

工程验收的依据是:验收工作的依据是有关法律、规章和技术标准,主管部门有关文件,批准的设计文件及相应设计变更,施工合同,监理签发的施工图纸和说明,设备技术说明书等。当工程具备验收条件时,应及时组织验收。未经验收或验收不合格的工程不得交付使用或进行后续工程施工。验收工作应相互衔接,不应重复进行。

工程进行验收时必须要有质量评定意见,阶段验收和单位工程验收应有水利水电工程质量监督单位的工程质量评价意见;竣工验收必须有水利水电工程质量监督单位的工程质量评定报告,竣工验收委员会在其基础上鉴定工程质量等级。

7.5.2.2 工程验收的主要工作

(1)分部工程验收。分部工程验收应具备的条件是该分部工程的所有单元工程已经完建且质量全部合格。分部工程验收的主要工作是:鉴定工程是否达到设计标准;按现行国家或行业技术标准,评定工程质量等级;对验收遗留问题提出处理意见。分部工程验收的图纸、资料和成果是竣工验收资料的组成部分。

(2)阶段验收。根据工程建设需要,当工程建设达到一定关键阶段(如基础处理完毕、截流、水库蓄水、机组启动、输水工程通水等)时,应进行阶段验收。阶段验收的主要工作是:检查已完工程的质量和形象面貌;检查在建工程建设情况;检查待建工程的计划安排和主要技术措施落实情况,以及是否具备施工条件;检查拟投入使用工程是否具备运用条件;

对验收遗留问题提出处理要求。

（3）完工验收。完工验收应具备的条件是所有分部工程已经完建并验收合格。完工验收主要工作：检查工程是否按批准设计完成；检查工程质量，评定质量等级，对工程缺陷提出处理要求；对验收遗留问题提出处理要求；按照合同规定，施工单位向项目法人移交工程。

（4）竣工验收。工程在投入使用前必须通过竣工验收。竣工验收应在全部工程完建后3个月内进行。进行验收确有困难的，经工程验收主持单位同意，可以适当延长期限。竣工验收应具备以下条件：工程已按批准设计规定的内容全部建成；各单位工程能正常运行；历次验收所发现的问题已基本处理完毕；归档资料符合工程档案资料管理的有关规定；工程建设征地补偿及移民安置等问题已基本处理完毕，工程主要建筑物安全保护范围内的迁建和工程管理土地征用已经完成；工程投资已经全部到位；竣工决算已经完成并通过竣工审计。

竣工验收的主要工作：审查项目法人"工程建设管理工作报告"和初步验收工作组"初步验收工作报告"；检查工程建设和运行情况；协调处理有关问题；讨论并通过竣工。

第 8 章 施工成本管理

8.1 概 述

8.1.1 施工项目成本的概念

施工项目成本是指建筑施工企业完成单位施工项目所发生的全部生产费用的总和,施工项目成本包括完成该项目所发生的人工费、材料费、施工机械费、措施项目费、管理费。但是不包括利润和税金,也不包括构成施工项目价值的一切非生产性支出。施工项目成本见表 8-1。

表 8-1 施工项目成本

直接成本	直接工程费	人工费
		材料费
		施工机械使用费
	措施费	环境保护费、文明施工费、安全施工费
		临时设施费、夜间施工费、二次搬运费
		大型机械设备进出场及安装费
		混凝土、钢筋混凝土模板及支架费
		脚手架费,已完成工程及设备保护费,施工排水、降水费
间接成本	规费	工程排污费、工程定额测定费、住房公积金
		社会保障费,包括养老、失业、医疗保险费
		危险作业意外伤害保险费
	企业管理费	管理人员工资、办公费、差旅交通费、工会经费
		固定资产使用费、工具用具使用费、劳动保险费
		职工教育经费、财产保险费、财务费
		税金,包括房产税、车船使用税、土地使用税、印花税

8.1.2 施工项目成本的主要形式

8.1.2.1 直接成本和间接成本

按照生产费用计入成本的方法可分为直接成本和间接成本。直接成本是指直接用于并能够直接计入施工项目的费用,比如人工工资、材料费用等。间接成本是指不能够直接计入施工项目的费用,只能按照一定的计算基数和一定的比例分配计入施工项目的费用,比如管理费、规费等。

8.1.2.2　固定成本和变动成本

按照生产费用与产量的关系可分为固定成本和变动成本。固定成本是指在一定期间和一定工程量的范围内,成本的数量不会随工程量的变动而变动。比如折旧费、大修费等。变动成本是指成本的发生会随工程量的变化而变动的费用。比如人工费、材料费等。

8.1.2.3　预算成本、计划成本和实际成本

按照控制的目标,从发生的时间可分为预算成本、计划成本和实际成本。

预算成本是根据施工图结合国家或地区的预算定额及施工技术等条件计算出的工程费用。它是确定工程造价的依据,也是施工企业投标的依据,同时也是编制计划成本和考核实际成本的依据。它反映的是一定范围内的平均水平。

计划成本是施工项目经理在施工前,根据施工项目成本管理目的,结合施工项目的实际管理水平编制的计算成本。它有利于加强项目成本管理、建立健全施工项目成本责任制,控制成本消耗,提高经济效益。它反映的是企业的平均先进水平。

实际成本是施工项目在报告期内通过会计核算计算出的项目的实际消耗。

8.1.3　施工项目成本管理的基本内容

施工项目成本管理包括成本预测和决策、成本计划编制、成本计划实施、成本核算、成本检查、成本分析以及成本考核。成本计划的编制与实施是关键的环节。因此,进行施工项目成本管理的过程中,必须具体研究每一项内容的有效工作方式和关键控制措施,从而取得施工项目整体的成本控制效果。

8.1.3.1　施工项目成本预测

施工项目成本预测是根据一定的成本信息结合施工项目的具体情况,采取一定的方法对施工项目成本可能发生或发展的趋势做出的判断和推测。成本决策则是在预测的基础上确定出降低成本的方案,并从可选的方案中选择最佳的成本方案。

成本预测的方法有定性预测法和定量预测法。

1.定性预测法

定性预测是指具有一定经验的人员或有关专家依据自己的经验和能力水平对成本未来发展的态势或性质做出分析和判断。该方法受人为因素影响很大,并且不能量化。具体包括:专家会议法、专家调查法(特尔菲法)、主管概率预测法。

2.定量预测法

定量预测法是指根据收集的比较完备的历史数据,运用一定的方法计算分析,以此来判断成本变化的情况。此法数历史数据的影响较大,可以量化。具体包括:移动平均法、指数滑移法、回归预测法。

8.1.3.2　施工项目成本计划

计划管理是一切管理活动的首要环节,施工项目成本计划是在预测和决策的基础上对成本的实施做出计划性的安排和布置,是施工项目降低成本的指导性文件。

制订施工项目成本计划的原则如下:

（1）从实际出发。根据国家的方针政策,从企业的实际情况出发,充分挖掘企业内部潜力,使降低成本指标切实可行。

（2）与其他目标计划相结合。制订工程项目成本计划必须与其他各项计划如施工方案、生产进度、财务计划等密切结合。一方面,工程项目成本计划要根据项目的生产、技术组织措施、劳动工资、材料供应等计划来编制;另一方面,工程项目成本计划又影响着其他各种计划指标适应降低成本指标的要求。

（3）采用先进的经济技术定额的原则。根据施工的具体特点有针对地采取切实可行的技术组织措施来保证。

（4）统一领导、分级管理。在项目经理的领导下,以财务和计划部门为中心,发动全体职工共同总结降低成本的经验,找出降低成本的正确途径。

（5）弹性原则。应留有充分的余地,保持目标成本的一定弹性,在目标制定期内,项目经理部内外技术经济状况和供销条件会发生一些未预料的变化,尤其是供应材料,市场价格千变万化,给目标的制定带来了一定的困难,因而在制定目标时应充分考虑这些情况,使成本计划保持一定的适应能力。

8.1.3.3　施工项目成本控制

成本控制包括事前控制、事中控制和事后控制,成本计划属于事前控制,此处所讲的控制是指项目在施工过程中,通过一定的方法和技术措施,加强对各种影响成本的因素进行管理,将施工中所发生的各种消耗和支出尽量控制在成本计划内,属于事中控制。

1.工程前期的成本控制(事前控制)

成本的事前控制是通过成本的预测和决策,落实降低成本措施,编制目标成本计划而层层展开的。其中分为工程投标阶段和施工准备阶段。

2.实施期间成本控制(事中控制)

实施期间成本控制的任务是建立成本管理体系;项目经理部应将各项费用指标进行分解,以确定各个部门的成本指标;加强成本的控制。事中控制要根据合同造价为依据,从预算成本和实际成本两方面控制项目成本。实际成本控制应包括对主要工料的数量和单价、分包成本和各项费用等影响成本的主要因素进行控制。其中主要是加强施工任务单和限额领料单的管理;将施工任务单和限额领料单的结算资料与施工预算进行核对,计算分部分项工程成本差异,分析差异原因,采取相应的纠偏措施;做好月度成本原始资料的收集和整理核算;在月度成本核算的基础上,实行责任成本核算。经常检查对外经济合同履行情况;定期检查各责任部门和责任者的成本控制情况,检查责、权、利的落实情况。

3.竣工验收阶段的成本控制(事后控制)

事后控制主要是重视竣工验收工作,对照合同价的变化,将实际成本与目标成本之间的差距加以分析,进一步挖掘降低成本的潜力。其中主要是和安排时间,完成工程竣工扫尾工程,把时间降到最低;重视竣工验收工作,顺利交付使用;及时办理工程结算;在工程保修期间,应由项目经理指定保修工作者,并责成保修工作者提交保修计划;将实际成本与计划成本进行比较,计算成本差异,明确是节约还是浪费;分析成本节约或超支的原因和责任归属。

8.1.3.4　施工项目成本核算

施工项目成本核算是指对项目产生过程所发生的各种费用进行核算。它包括两个基本的环节：一是归集费用，计算成本实际发生额；二是采取一定的方法，计算施工项目的总成本和单位成本。

1.施工项目成本核算的对象

（1）一个单位工程由几个施工单位共同施工，各单位都应以同一单位工程作为成本核算对象。

（2）规模大、工期长的单位工程可以划分为若干部位，以分部位的工程作为成本的核算对象。

（3）同一建设项目，由同一施工单位施工，并在同一施工地点，属于同一结构类型，开竣工时间相近的若干单位工程可以合并作为一个成本核算对象。

（4）改、扩建的零星工程可以将开竣工时间相近属于同一个建设项目的各单位工程合并成一个成本核算对象。

（5）土方工程、打桩工程可以根据实际情况，以一个单位工程为成本核算对象。

2.工程项目成本核算的基本框架

工程项目成本核算的基本框架见表 8-2。

表 8-2　工程项目成本核算的基本框架

人工费核算	内包人工费
	外包人工费
材料费核算	编制材料消耗汇总表
周转材料费核算	实行内部租赁制
	项目经理部与出租方按月结算租赁费
	周转材料进出时，加强计量验收制度
	租用周转材料的进退场费，按照实际发生数，由调入方负担
	对 U 形卡、脚手架等零件，在竣工验收时进行清点，按实际情况计入成本
	实行租赁制周转材料不再分配负担周转材料差价
结构件费核算	按照单位工程使用对象编制结构耗用月报表
	结构单价以项目经理部与外加工单位签订合同为准
	结构件耗用的品种和数量应与施工产值相对应
	结构件的高进高出价差核算同材料费的高进高出价差核算一致
	如发生结构件的一般价差，可计入当月项目成本
	部位分项分包，按照企业通常采用的类似结构件管理核算方法
	在结构件外加工和部位分项分包施工过程中，尽量获取转嫁压价让利风险所产生的利益
机械使用费核算	机械设备实行内部租赁制
	租赁费根据机械使用台班、停用台班和内部租赁价计算，计入项目成本
	机械进出场费，按规定由承租项目承担

机械使用费核算	各类大中小型机械,其租赁费全额计入项目机械成本
	结算原始凭证由项目指定人签证开班和停班数,据以结算费用
	向外单位租赁机械,按当月租赁费用金额计入项目机械成本
其他直接费核算	材料二次搬运费
	临时设施摊销费
	生产工具用具使用费
	除上述外其他直接费均按实际发生的有效结算凭证计入项目成本
施工间接费核算	要求以项目经理部为单位编制工资单和奖金单列支工作人员薪金
	劳务公司所提供的炊事人员、服务、警卫人员提供承包服务费计入施工间接费
	内部银行的存贷利息,计入"内部利息"
	施工间接费,现在项目"施工间接费"总账归集,再按一定分配标准计收益成本入核算对象"工程施工—间接成本"
分包工程成本核算	包清工工程,纳入"人工费-外包人工费"内核算
	部分分项分包工程,纳入结构件费内核算
	双包工程
	机械作业分包工程
	项目经理部应增设"分建成本"项目,核算双包工程、机械作业分包工程成本状况

8.1.3.5 施工项目成本分析

施工项目成本分析就是在成本核算的基础上采取一定的方法,对所发生的成本进行比较分析,检查成本发生的合理性,找出成本的变动规律,寻求降低成本的途径。主要有对比分析法、连环替代法、差额计算法和挣值法。

1.比较法

比较法是通过实际完成成本与计划成本或承包成本进行对比,找出差异,分析原因以便改进。这种方法简单易行,但注意比较指标的内容要保持一致。

2.连环替代法

连环替代法可用来分析各种因素对成本形成的影响,例如某工程的材料成本资料,如表 8-3 所示。分析的顺序是:先绝对量指标,后相对量指标;先实物量指标,后货币量指标。材料成本影响因素分析见表 8-4。

表 8-3 材料成本情况

项目	单位	计划	实际	差异	差异率
工程量	m³	100	110	+10	+10.0%
单位材料消耗量	kg	320	310	−10	−3.1%
材料单价	元/kg	40	42	+2.0	+5.0%
材料成本	元	1 280 000	1 432 200	+152 200	+12.0%

表 8-4 材料成本影响因素分析

计算顺序	替换因素	影响成本的变动因素			成本	与前一次差异	差异原因
		工程量	单位材料消耗量	单价			
①替换基数		100	320	40.0	1 280 000		
②一次替换	工程量	110	320	40.0	1 408 000	128 000	工程量增加
③二次替换	单耗量	110	310	40.0	1 364 000	−44 000	单位耗量节约
④三次替换	单价	110	310	42.0	1 432 200	68 200	单价提高
合计						15 200	

3. 差额计算法

差额计算法是因素分析法的简化,仍按表 8-3 计算。

由于工程量增加使成本增加:

$$(110-100) \times 320 \times 40 = 128\ 000 (元)$$

由于单位耗量节约使成本降低:

$$(310-320) \times 110 \times 40 = -44\ 000 (元)$$

由于单价提高使成本增加:

$$(42-40) \times 110 \times 310 = 68\ 200 (元)$$

4. 挣值法

挣值法主要用来分析成本目标实施与期望之间的差异,是一种偏差分析方法,其分析过程如下:

(1) 明确三个关键变量。项目计划完成工作的预算成本(BCWS = 计划工作量×预算定额);项目已完成工作的实际成本(ACWP);项目已完成的预算成本(BCWP = 已完成工作量×该工作量的预算定额)。

(2) 两种偏差的计算。

项目成本偏差(CV) = BCWP−ACWP

当 CV 大于 0 时,表明项目实施处于节支状态;当 CV 小于 0 时,表明项目处于超支状态。

项目进度偏差(SV) = BCWP−BCWS

当 SV 大于 0 时,表明项目实施超过进度计划;当 SV 小于 0 时,表明项目实施落后于计划进度。

（3）两个指数变量。

$$计划完工指数\ SCI = BCWP/BCWS$$

当 SCI 大于 1 时，表明项目实际完成的工作量超过计划工作量；当 SCI 小于 1 时，表明项目实际完成的工作量少于计划工作量。

$$成本绩效指数\ CPI = ACWP/BCWP$$

当 CPI 大于 1 时，表明实际成本多于计划成本，资金使用率较低；当 CPI 小于 1 时，表明实际成本小于计划成本，资金使用率较高。

8.1.3.6 成本考核

成本考核就是在施工项目竣工后，对项目成本的负责人，考核其成本完成情况，以做到有奖有罚，避免"吃大锅饭"，以提高职工的劳动积极性。

（1）施工项目成本考核的目的是通过衡量项目成本降低的实际成果，对成本指标完成情况进行总结和评价。

（2）施工项目成本考核应分层进行，企业对项目经理部进行成本管理考核，项目经理部对项目部内部各作业队进行成本管理考核。

（3）施工项目成本考核的内容是：既要对计划目标成本的完成情况进行考核，又要对成本管理工作业绩进行考核。

（4）施工项目成本考核的要求：

①企业对项目经理部考核的时候，以责任目标成本为依据；

②项目经理部以控制过程为考核重点；

③成本考核要与进度、质量、安全指标的完成情况相联系；

④应形成考核文件，为对责任人进行奖罚提供依据。

8.2 施工项目成本控制的基本方法

施工项目成本控制过程中，因为一些因素的影响，会发生一定的偏差，所以应采取相应的措施、方法进行纠偏。

8.2.1 施工项目成本控制的原则

（1）以收定支的原则。
（2）全面控制的原则。
（3）动态性原则。
（4）目标管理原则。
（5）例外性原则。
（6）责、权、利、效相结合的原则。

8.2.2 施工项目成本控制的依据

（1）工程承包合同。

（2）施工进度计划。

（3）施工项目成本计划。

（4）各种变更资料。

8.2.3　施工项目成本控制步骤

（1）比较施工项目成本计划与实际的差值,确定是节约还是超支。

（2）分析是节约还是超支的原因。

（3）预测整个项目的施工成本,为决策提供依据。

（4）施工项目成本计划在执行过程中出现偏差,采取相应的措施加以纠正。

（5）检查成本完成情况,为今后的工作积累经验。

8.2.4　施工项目成本控制的手段

8.2.4.1　计划控制

计划控制是用计划的手段对施工项目成本进行控制。施工项目成本预测和决策为成本计划的编制提供依据。编制成本计划首先要设计降低成本技术组织措施,然后编制降低成本计划,将承包成本额降低而形成计划成本,成为施工过程中成本控制的标准。

成本计划编制方法如下:

（1）常用方法:

$$成本降低额 = 两算对比差额 + 技术措施节约额$$

（2）计划成本法。

施工预算法:

$$计划成本 = 施工预算成本 - 技术措施节约额$$

技术措施法:

$$计划成本 = 施工图预算成本 - 技术措施节约额$$

成本习性法:

$$计划成本 = 施工项目变动成本 + 施工项目固定成本$$

按实计算法:施工项目部以该项目的施工图预算的各种消耗量为依据,结合成本计划降低目标,由各职能部门结合本部门的实际情况,分别计算各部门的计划成本,最后汇总项目的总计划成本。

8.2.4.2　预算控制

预算控制是在施工前根据一定的标准(如定额)或者要求(如利润)计算的买卖(交易)价格,在市场经济中也可以叫作估算或承包价格。它作为一种收入的最高限额,减去预期利润,便是工程预算成本数额,也可以用来作为成本控制的标准。用预算控制成本可分为两种类型:一是包干预算,即一次性包死预算总额,不论中间有何变化,成本总额不予调整。二是弹性预算,即先确定包干总额,但是可根据工程的变化进行商洽,做出相应的变动,我国目前大部分是弹性预算控制。

8.2.4.3　会计控制

会计控制是指以会计方法为手段,以记录实际发生的经济业务及证明经济业务的合法凭证为依据,对成本的支出进行核算与监督,从而发挥成本控制作用。会计控制方法系统性强、严格、具体、计算准确、政策性强,是理想的也是必须的成本控制方法。

8.2.4.4 制度控制

制度是对例行活动应遵行的方法、程序、要求及标准做出的规定。成本的控制制度就是通过制定成本管理的制度,对成本控制做出具体的规定,作为行动的准则,约束管理人员和工人,达到控制成本的目的。如成本管理责任制度、技术组织措施制度、成本管理制度、定额管理制度、材料管理制度、劳动工资管理制度、固定资产管理制度等,都与成本控制关系非常密切。

在施工项目成本管理中,上述手段是同时进行,综合使用的,不应孤立地使用某一种成本控制手段。

8.2.5 施工项目成本的常用控制方法

8.2.5.1 偏差分析法

施工项目成本偏差 = 已完工程实际成本 - 已完工程计划成本

分析:结果为正数,表示施工项目成本超支;否则为节约。

该方法为事后控制的一种方法,也可以说是成本分析的一种方法。

8.2.5.2 以施工图预算控制成本

施工过程中的各种消耗量,包括人工工日、材料消耗、机械台班消耗量的控制依据,施工图预算所确定的消耗量为标准,人工单价、材料价格、机械台班单价按照承包合同所确定的单价为控制标准。用此法,要认真分析企业实际的管理水平与定额水平之间的差异,否则达不到成本控制的目的。

1.人工费的控制

项目经理与施工作业队签订劳动合同时,因该将人工费单价定得低一些,其余的部分可以用于定额外人工费和关键工序的奖励费。这样人工费就不会超支,而且还留有余地,以备关键工序之需。

2.材料费的控制

按"量价分离"方法计算工程造价的条件下,水泥、钢材、木材的价格以市场价格而定,实行高进高出,地方材料的预算价格为:基准价×(1+材差系数)。由于材料价格随市场价格变动频繁,所以项目材料管理人员必须经常关注材料市场价格的变动。

3.周转设备使用费的控制

施工图预算中的周转设备使用费等于耗用数乘以市场价格,而实际发生的周转设备使用费等于企业内部的租赁价格,或摊销率,由于两者计算方法不同,只能以周转设备预算费用的总量来控制实际发生的周转设备使用费的总量。

4.施工机械使用费的控制

施工图预算中的施工机械使用费等于工程量乘以定额台班单价。由于施工项目的特殊性,实际的机械使用率不可能达到预算定额的取定水平;加上机械的折旧率又有较大的滞后性,往往使施工图预算的施工机械使用费小于实际发生的机械使用费。在这种情况下,就可以以施工图预算的施工机械使用费和增加的机械费补贴来控制机械费的支出。

5.构件加工费和分包工程费的控制

在市场经济条件下,混凝土构件、金属构件、木制品和成型钢筋的加工,以及相关的打桩、吊装、安装、装饰和其他专项工程的分包,都要以经济合同来明确双方的权利和义务。签订这些合同的时候绝不允许合同金额超过施工图预算。

8.2.5.3　以施工预算控制成本消耗

施工过程中的各种消耗量,包括人工工日、材料消耗、机械台班消耗量的控制依据,施工图预算所确定的消耗量为标准,人工单价、材料价格、机械台班单价按照承包合同所确定的单价为控制标准。该方法由于所选的定额是企业定额,它反映企业的实际情况,控制标准相对能够结合企业的实际,比较切实可行。

(1)项目开工以前,编制整个工程项目的施工预算,作为指导和管理施工的依据。

(2)产班组的任务安排,必须签发施工任务单和限额领料单,并向生产班组进行技术交底。

(3)施工任务单和限额领料单的执行过程中,要求生产班组根据实际完成的工程量和实耗人工、实耗材料做好原始记录,作为施工任务单和限额领料单结算的依据。

(4)根据回收的施工任务单和限额领料单进行结算,并按照结算内容支付报酬。

8.3　施工成本降低的措施

降低施工项目成本的途径,应该是既开源又节流,只开源不节流或者说只节流不开源,都不可能达到降低成本的目的。其主要是用来控制各种消耗和单价的,另一方面是增加收入。

8.3.1　加强图纸会审,减少设计浪费

施工单位应该在满足用户要求和保证工程质量的前提下,联系项目施工的主客观条件,对设计图纸进行认真地会审,并提出积极的修改意见,在取得用户和设计单位的同意后,修改设计图纸,同时办理增减账。

8.3.2　加强合同预算管理,增加工程预算收入

深入研究招标文件、合同文件,正确编写施工图预算;把合同规定的"开口"项目作为增加预算收入的重要方面;根据工程变更资料及时办理增减账。因此,项目承包方应就工程变更对既定施工方法、机械设备使用、材料供应、劳动力调配和工期目标影响程度,以及实施变更内容所需要的各种资料进行合理估价,及时办理增减账手续,并通过工程结算从建设单位取得补偿。

8.3.3　制订先进合理的施工方案,减少不必要的窝工等损失

施工方案的不同、工期就不同,所需的机械业不同,因而发生的费用也不同。因此,制订施工方案要以合同工期和上级要求为依据,联系项目规模、性质、复杂程度、现场条件、装备情况、人员素质等因素综合考虑。

8.3.4　落实技术措施,组织均衡施工,保证施工质量,加快施工进度

(1)根据施工具体情况,合理规划施工现场平面布置(包括机械布置、材料、构件的对方

场地,车辆进出施工现场的运输道路,临时设施搭建数量和标准等),为文明施工、减少浪费创造条件。

(2)严格执行技术规范,以及预防为主的方针,确保工程质量,减少零星工程的修补,消灭质量事故,不断降低质量成本。

(3)根据工程设计特点和要求,运用自身的技术优势,采用有效的技术组织措施,实行经济与技术相结合的道路。

(4)严格执行安全施工操作规程,减少一般安全事故,确保安全生产,将事故损失降到最低。

8.3.5 降低材料因为量差和价差所产生的材料成本

(1)材料采购和构件加工,要求质优、价廉、运距短的供应单位。对到场的材料、构件要正确计量、认真验收,如遇到不合格产品或用量不足要进行索赔。切实做到降低材料、构件的采购成本,减少采购加工过程中的管理损耗。

(2)根据项目施工的进度计划,及时组织材料、构件的供应,保证项目施工顺利进行,防止因停工造成的损失。在构件生产过程中,要按照施工顺序组织配套供应,以免因规格不齐造成施工间隙,浪费时间和人力。

(3)在施工过程中,严格按照限额领料制度,控制材料消耗,同时,还要做好余料回收和利用,为考核材料的实际消耗水平提供正确的数据。

(4)根据施工需要,合理安排材料储备,减少资金占用率,提高资金利用效率。

8.3.6 提高机械的利用效果

(1)根据工程特点和施工方案,合理选择机械的型号、规格和数量。
(2)根据施工需要,合理安排机械施工,充分发挥机械的效能,减少机械使用成本。
(3)严格执行机械维修和养护制度,加强平时的机械维修保养,保证机械完好和在施工过程中运转良好。

8.3.7 重视人的因素,加强激励职能的利用,调动职工的积极性

(1)对关键工序施工的关键班组要实行重奖。
(2)对材料操作损耗特别大的工序,可由生产班组直接承包。
(3)实行钢模零件和脚手架螺栓有偿回收。
(4)实行班组"落手清"承包。

8.4 工程价款结算与索赔

8.4.1 工程价款的结算

8.4.1.1 预付工程款

预付工程款是指施工合同签订后工程开工前,发包方预先支付给承包方的工程价款

（该款项一般用于准备材料,所以又称工程备料款）。预付工程款不得超过合同金额的 30%。

8.4.1.2　工程进度款

工程进度款是指在施工过程中,根据合同约定按照工程形象进度,划分不同阶段支付的工程款。

8.4.1.3　竣工结算

竣工结算是指工程竣工后,根据施工合同、招标投标文件、竣工资料、现场签证等,编制的工程结算总造价的文件。根据竣工结算文件,承包方与发包方办理竣工总结算。

8.4.1.4　工程尾款

工程尾款是指工程竣工结算时,保留的工程质量保证（保修）金,待工程交付使用质保期满后清算的款项。

8.4.2　结算办法

根据中华人民共和国财政部、建设部 2004 年颁布的《建设工程价款结算暂行办法》（财建〔2004〕369 号）规定,工程结算办法如下。

8.4.2.1　预付工程款

（1）包工包料工程的预付款按合同约定拨付,原则上预付比例不低于合同金额的 10%,不高于合同金额的 30%,对重大工程项目,按年度工程计划逐年预付。

（2）在具备施工条件的前提下,发包人应在双方签订合同后的一个月内或不迟于约定的开工日期前 7 d 内预付工程款,发包人不按约定支付,承包人应在预付时间到期后 10 d 内向发包人发出要求预付的通知,发包人收到通知后仍不按要求预付,承包人发出通知 14 d 后停止施工,发包人应从约定应付之日起向承包人支付应付款利息,并承担违约责任。

（3）预付的工程款必须在合同中预定抵扣方式,并在工程进度款中进行抵扣。

（4）凡是没有签订合同或是不具备施工条件的工程,发包人不得预付工程款,不得以预付款的名义转移资金。

8.4.2.2　工程进度款

（1）按月结算与支付,即实行按月支付进度款、竣工后清算的方法。合同工期在两年以上的工程,在年终进行工程盘点,办理年度结算。

（2）分段结算与支付,即当年开工、当年不能竣工的工程按照工程形象进度,划分不同的阶段支付工程进度款。具体划分在合同中明确。

8.4.2.3　工程进度款支付

（1）根据工程计量结果,承包人向发包人提出支付工程进度款申请,14 天内,发包人应按不低于工程价款的 60%、不高于工程价款的 90%向承包人支付工程进度款。按约定的时间发包人应扣回的预付款,与工程进度款同期结算抵扣。

一般情况下,预付工程款是在剩余工程款中的材料费等于预付工程款时开始抵扣即"起扣点"。

（2）发包人超过约定的支付时间不支付工程进度款,承包人应及时向发包人发出要求付款额的通知,发包人收到承包人通知后仍不能按照要求付款,可与承包人协商签订延期付款的协议,经承包人统一后可延期付款,协议应明确延期支付的时间和从工程计量结果确认后第 15 天起计算应付款的利息。

(3)发包人不按合同约定支付工程进度款,双方又未达成延期付款的协议,导致施工无法进行,承包人可停止施工,由发包人承担违约责任。

8.4.3 竣工结算

工程竣工后,双方应按照合同价款及合同价款的调整内容以及索赔事项,进行工程竣工结算。

8.4.3.1 工程竣工结算的方式

工程竣工结算分为单位工程竣工结算、单项工程竣工结算和建设项目竣工总结算。

8.4.3.2 工程竣工结算的审编

单位工程竣工结算由承包人编制,发包人审查;若实行总承包的工程,由具体承包人编制,在总承包人审查的基础上,发包人审查。

单项工程竣工结算或者建设项目竣工总结算由总承包人编制,发包人可直接进行审查,也可以委托具有相关资质的工程造价机构进行审查。政府投资项目,由同级财政部门审查。单项工程竣工结算或建设项目竣工总结算经发承包人签字盖章后有效。

8.4.3.3 工程竣工结算审查期限

单项工程竣工后,承包人应在提交竣工验收报告的同时,向发包人递交竣工结算报告及完整的结算资料,发包人按以下规定时限进行核对并提交审查意见:

500 万元以下,从接到竣工结算报告和完整的竣工结算资料之日起 20 d。

500 万~2 000 万元,从接到竣工结算报告和完整的竣工结算资料之日起 30 d。

2 000 万~5 000 万元,从接到竣工结算报告和完整的竣工结算资料之日起 45 d。

5 000 万元以上,从接到竣工结算报告和完整的竣工结算资料之日起 60 d。

建设项目竣工总结算在最后一个单项工程竣工结算审查确认后 15 d 内汇总,送发包人后 30 d 内审查完毕。

8.4.3.4 合同外零星项目工程价款结算

发包人要求承包人完成合同意外零星项目,承包人应在接受发包人要求的 7 天内就用工数量和单价、机械台班数量和单价、使用材料金额等向发包人提出施工签证,发包人签证后施工,如发包人未签证,承包人施工后发生争议的,责任由承包人自负。

8.4.3.5 工程尾款

发包人根据确认的竣工结算报告向承包人支付竣工结算款,保留 5% 左右的质量保证金,待工程交付使用一年质保期到期后清算,质保期内如有反修,发生费用应在质量保证金中扣除。

8.4.4 工程索赔

8.4.4.1 索赔的原因

1.业主违约

业主违约常表现为业主或其委托人未能按合同约定为承包商提供施工的必要条件,或未能在约定的时间内支付工程款,有时也可能是监理工程师的不适当决定和苛刻的检查等。

2.合同缺陷

合同文件规定不严谨甚至矛盾、有遗漏或错误等。合同缺陷对于合同双方来说是不应该的,除非某一方存在恶意而另一方又太马虎。

3.施工条件变化

施工条件变化对工程造价和工期影响较大。

4.工程变更

施工中发现设计问题、改变质量等级或施工顺序、指令增加新的工作、变更建筑材料、暂停或加快施工等常常是工程变更。

5.工期拖延

施工中由于天气、水文地质等因素的影响常常出现工期拖延。

6.监理工程师的指令

监理工程师的指令可能造成工程成本增加或工期延长。

7.国家政策以及法律、法规变更

对直接影响工程造价的政策以及法律、法规的变更,合同双方应约定办法处理。

8.4.4.2　索赔的程序

(1)索赔意向通知书。

(2)递交索赔报告。

(3)监理工程师审查索赔报告。

(4)监理工程师与承包商协商补偿。

(5)监理工程师索赔处理决定。

(6)业主审查索赔处理。

(7)承包商对最终索赔处理态度。

8.4.4.3　索赔价款结算

发包人未能按合同约定履行自己的各项义务或发生错误,给另一方造成经济损失的,由受损方按合同约定条款提出索赔,索赔金额按合同约定支付。

第9章 施工进度管理

9.1 概 述

施工管理水平对于缩短建设工期、降低工程造价、提高施工质量、保证施工安全至关重要。施工管理工作涉及施工、技术、经济等活动。其管理活动是从制订计划开始，通过计划的制订，进行协调与优化，确定管理目标；然后在实施过程中按计划目标进行指挥、协调与控制；根据实施过程中反馈的信息调整原来的控制目标，通过施工项目的计划、组织、协调与控制，实现施工管理的目标。

9.1.1 进度的概念

进度通常是指工程项目实施结果的进展情况，在工程项目实施过程中要消耗时间(工期)、劳动力、材料、成本等才能完成项目的任务。当然项目实施结果应该以项目任务的完成情况，如工程的数量来表达。但由于工程项目对象系统(技术系统)的复杂性，常常很难选定一个恰当的、统一的指标来全面反映工程的进度。有时时间和费用与计划都吻合，但工程实物进度(工作量)未达到目标，则后期就必须投入更多的时间和费用。

在现代工程项目管理中，人们赋予进度以综合的含义，它将工程项目任务、工期、成本有机地结合起来，形成一个综合的指标，能全面反映项目的实施状况。进度控制不只是传统的工期控制，而且还将工期与工程实物、成本、劳动消耗、资源等统一起来。

9.1.2 进度指标

进度控制的基本对象是工程活动。它包括项目结构图上各个层次的单元，上至整个项目，下至各个工作包(有时直到最低层次网络上的工程活动)。项目进度状况通常是通过各工程活动完成程度(百分比)逐层统计汇总计算得到的。进度指标的确定对进度的表达、计算、控制有很大影响。由于一个工程有不同的子项目、工作包，其工作内容和性质不同，必须挑选一个共同的、对所有工程活动都适用的计量单位。

9.1.2.1 持续时间

持续时间(工程活动的或整个项目的)是进度的重要指标。人们常用已经使用的工期与计划工期相比较以描述工程完成程度。例如，计划工期 2 年，现已经进行了 1 年，则工期已达 50%。一个工程活动，计划持续时间为 30 d，现已经进行了 15 d，则已完成 50%。但通常还不能说工程进度已达 50%，因为工期与人们通常概念上的进度是不一致的，工程的效率和速度不是一条直线，如通常工程项目开始时工作效率很低，进度慢。到工程中期投入最大，进度最快。而后期投入又较少，所以工期达到一半，并不能表示进度达到了一半，何况在已进行的工期中还存在各种停工、窝工、干扰作用，实际效率可能远低于计划效率。

9.1.2.2　按工程活动的结果状态数量描述

这主要针对专门的领域,其生产对象简单、工程活动简单。例如:对设计工作按资料数量(图纸、规范等),混凝土工程按体积(墙、基础、柱),设备安装按吨位,管道、道路按长度,预制件按数量、重量、体积,运输量按吨、千米,土石方以体积或运载量等。

特别当项目的任务仅为完成这些分部工程时,以它们做指标比较反映实际。

9.1.2.3　已完成工程的价值量

即用已经完成的工作量与相应的合同价格(单价),或预算价格计算。它将不同种类的分项工程统一起来,能够较好地反映工程的进度状况,这是常用的进度指标。

9.1.2.4　资源消耗指标

最常用的有劳动工时、机械台班、成本的消耗等。它们有统一性和较好的可比性,即各个工程活动直到整个项目部可用它们作为指标,这样可以统一分析尺度。但在实际工程中要注意如下问题:

(1)投入资源数量和进度有时会有背离,会产生误导。例如,某活动计划需 100 工时,现已用了 60 工时,则进度已达 60%。这仅是偶然的,计划劳动效率和实际效率不会完全相等。

(2)实际工作量和计划经常有差别,即计划 100 工时,由于工程变更,工作难度增加,工作条件变化,应该需要 120 工时。现完成 60 工时,实质上仅完成 50%,而不是 60%,所以只有当计划正确(或反映最新情况),并按预定的效率施工时才能得到正确的结果。

(3)用成本反映工程进度是经常的,但这里有如下因素要剔除:

①不正常原因造成的成本损失,如返工、窝工、工程停工。

②由于价格原因(如材料涨价、工资提高)造成的成本增加。

③考虑实际工程量,工程(工作)范围的变化造成的影响。

9.1.3　进度控制和工期控制

工期和进度是两个既互相联系又有区别的概念。

由于工期计划可以得到各项目单元的计划工期的各个时间参数。它分别表示各层次的项目单元(包括整个项目)的持续时间、开始时间和结束时间、允许的变动余地(各种时差)等,它们作为项目的目标之一。

工期控制的目的是使工程实施活动与上述工期计划在时间上吻合,即保证各工程活动按计划及时开工、按时完成,保证总工期不推迟。

进度控制的总目标与工期控制是一致的,但控制过程中它不仅追求时间上的吻合,而且还追求在一定时间内工作量的完成程度(劳动效率和劳动成果)或消耗的一致性。

(1)工期常常作为进度的一个指标,它在表示进度计划及其完成情况时有重要作用,所以进度控制首先表现为工期控制,有效的工期控制能达到有效的进度控制,但仅用工期表达进度会产生误导。

(2)进度的拖延最终会表现为工期拖延。

(3)进度的调整常常表现为对工期的调整,为加快进度,改变施工次序、增加资源投入,则意味着通过采取措施使总工期提前。

9.1.4 进度控制的过程

（1）采用各种控制手段保证项目及各个工程活动按计划及时开始，在工程过程中记录各工程活动的开始时间和结束时间及完成程度。

（2）在各控制期末（如月末、季末，一个工程阶段结束）将各活动的完成程度与计划对比，确定整个项目的完成程度，并结合工期、生产成果、劳动效率、消耗等指标，评价项目进度状况，分析其中的问题。

（3）对下期工作做出安排，对一些已开始、但尚末结束的项目单元的剩余时间做估算，提出调整进度的措施，根据已完成状况做新的安排和计划，调整网络（如变更逻辑关系、延长或缩短持续时间、增加新的活动等），重新进行网络分析，预测新的工期状况。

（4）对调整措施和新计划做出评审，分析调整措施的效果，分析新的工期是否符合目标要求。

9.2 实际工期和进度的表达

9.2.1 工作包的实际工期和进度的表达

进度控制的对象是各个层次的项目单元，而最低层次的工作包是主要对象，有时进度控制还要细到具体的网络计划中的工程活动。有效的进度控制必须能迅速且正确地在项目参加者（工程小组、分包商、供应商等）的工作岗位上反映如下进度信息。

（1）项目正式开始后，必须监控项目的进度以确保每项活动按计划进行，掌握各工作包（或工程活动）的实际工期信息，如实际开始时间，记录并报告工期受到的影响及原因，这些必须明确反映在工作包的信息卡（报告）上。

（2）工作包（或工程活动）所达到的实际状态，即完成程度和已消耗的资源。在项目控制期末（一般为月底）对各工作包的实施状况、完成程度、资源消耗量进行统计。

在这时，如果一个工程活动已完成或未开始，则很好办：已完成的进度为100%，未开始的为0。但这时必然有许多工程活动已开始但尚未完成。为了便于比较精确地进行进度控制和成本核算，必须定义它的完成程度。通常有如下几种定义模式：

①0—100%，即开始后完成前一直为"0"，直到完成才为100%，这是一种比较悲观的反映。

②50%—50%，一经开始直到完成前都认为已完成50%，完成后才为100%。

③实物工作量或成本消耗、劳动消耗所占的比例，即按已完成的工作量占总计划工作量的比例计算。

④按已消耗工期与计划工期（持续时间）的比例计算。这在横道图计划与实际工期对比和网络调整中用到。

⑤按工序（工作步骤）分析定义。这里要分析该工作包的工作内容和步骤，并定义各个步骤的进度份额。例如，基础混凝土工程，它的步骤定义如表9-1所示。

表 9-1　基础混凝土工程工序步骤

步骤	时间/d	工时投入/工时	份额/%	累计进度/%
放样	0.5	24	3	3
支模	4	216	27	30
钢筋	6	240	30	60
隐蔽工程验收	0.5	0	0	60
混凝土浇捣	4	280	35	95
养护拆模	5	40	5	100
合计	20	800	100	100

各步骤占总进度的份额由进度描述指标的比例来计算,例如可以按工时投入比例,也可以按成本比例。如果到月底隐蔽工程刚验收完,则该分项工程完成 60%。而如果混凝土浇捣完成 1/2,则达 77%。

当工作包内容复杂,无法用统一的、均衡的指标衡量时,可以用这种方法,这个方法的好处是可以排除工时投入浪费、初期的低效率等造成的影响,可以较好地反映工程进度。例如:上述工程中,支模已经完成,绑扎钢筋工作量仅完成了 70%,则如果钢筋全完成为 60%,现钢筋仍有 30% 未完成,则该分项工程的进度为

$$60\% - 30\% \times (1 - 70\%) = 60\% - 9\% = 51\%$$

工程活动完成程度的定义不仅对进度描述和控制有重要作用,有时它还是业主与承包商之间工程价款结算的重要参数。

(3)预期该工作到结束尚需要的时间或结束的日期,需要考虑剩余工作量、已有的拖延、后期工作效率的提高等因素。

9.2.2　施工进度计划的控制方法

施工项目进度控制是工程项目进度控制的主要环节,常用的控制方法有横道图控制法、S 形曲线控制法、香蕉形曲线比较法等。

9.2.2.1　横道图控制法

人们常用的、最熟悉的方法是用横道图编制实施性进度计划,指导项目的实施。它简明、形象、直观,编制方法简单、使用方便。

横道图控制法是在项目过程实施中,收集检查实际进度的信息,经整理后直接用横道线表示,并直接与原计划的横道线进行比较。

利用横道控制图检查时,图示清楚明了,可在图中用粗细不同的线条分别表示实际进度与计划进度。在横道图中,完成任务量可以用实物工程量、劳动消耗量和工作量等不同方式表示。

9.2.2.2　S 形曲线控制法

S 形曲线是一个以横坐标表示时间、纵坐标表示完成工作量的曲线图。工作量的具体内容可以是实物工程量、工时消耗或费用，也可以是相对的百分比。对于大多数工程项目来说，在整个项目实施期内单位时间（以天、周、月、季等为单位）的资源消耗（人、财、物的消耗）通常是中间多而两头少。由于这一特性，资源消耗累加后便形成一条中间陡而两头平缓的形如"S"的曲线。

像横道图一样，S 形曲线也能直观反映工程项目的实际进展情况。项目进度控制工程师事先绘制进度计划的 S 形曲线。在项目施工过程中，每隔一定时间按项目实际进度情况绘制完工进度的 S 形曲线，并与原计划的 S 形曲线进行比较，如图 9-1 所示。

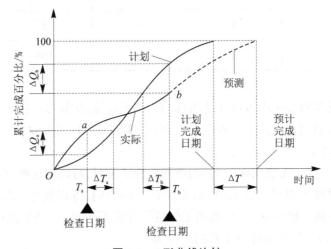

图 9-1　S 形曲线比较

（1）项目实际进展速度。如果项目实际进展的累计完成量在原计划的 S 形曲线左侧，表示此时的实际进度比计划进度超前，如图 9-1 中 a 点；反之，如果项目实际进展的累计完成量在原计划的 S 形曲线右侧，表示实际进度比计划进度拖后，如图 9-1 中 b 点。

（2）进度超前或拖延时间。在图 9-1 中，ΔT_a 表示 T_a 时刻进度超前时间；ΔT_b 表示 T_b 时刻进度拖延时间。

（3）工程量完成情况。在图 9-1 中，ΔQ_a 表示 T_a 时刻超额完成的工程量；ΔQ_b 表示 T_b 时刻拖欠的工程量。

（4）项目后续进度的预测。在图 9-1 中，虚线表示项目后续进度若仍按原计划速度实施，总工期拖延的预测值为 ΔT。

9.2.2.3　香蕉形曲线比较法

香蕉形曲线由两条以同一开始时间、同一结束时间的 S 形曲线组合而成。其中一条 S 形曲线是按最早开始时间安排进度所绘制的 S 形曲线，简称 ES 曲线；而另一条 S 形曲线是按最迟开始时间安排进度所绘制的 S 形曲线，简称 LS 曲线。除项目的开始点和结束点外，ES 曲线在 LS 曲线上方，同一时刻两条曲线所对应完成的工作量是不同的。在项目实施过程中，理想的状况是任一时刻的实际进度在两条曲线所包区域内的曲线 R，如图 9-2 所示。

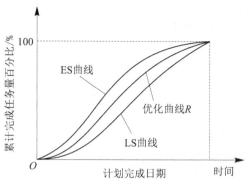

图 9-2　香蕉形曲线

香蕉形曲线的绘制步骤如下：

（1）计算时间参数。在项目的网络计划基础上，确定项目数目 n 和检查次数 m，计算项目工作的时间参数 ES_i、LS_i（$i=1,2,\cdots,n$）。

（2）确定在不同时间计划完成工程量。以项目的最早时标网络计划确定工作在各单位时间的计划完成工程量 q_{ij}^{ES}，即第 i 项工作按最早开始时间开工，第 j 时段内计划完成的工程量（$1 \leqslant i \leqslant n$；$0 \leqslant j \leqslant m$）；以项目的最迟时标网络计划确定工作在各单位时间的计划完成工程量 q_{ij}^{LS}，即第 i 项工作按最迟开始时间开工，第 j 时段内计划完成的工程量（$1 \leqslant i \leqslant n$；$0 \leqslant j \leqslant m$）。

（3）计算项目总工程量 Q。

（4）计算到 j 时段末完成的工程量。按最早时标网络计划计算完成的工程量为 Q_j^{ES}，按最迟时标网络计划计算完成的工程量为 Q_j^{LS}。

（5）计算到 j 时段末完成项目工程量百分比。

（6）绘制香蕉形曲线。以（μ_j^{ES},j）（$j=0,1,\cdots,m$）绘制 ES 曲线；以（μ_j^{LS},j）（$j=0,1,\cdots,m$）绘制 LS 曲线，由 ES 曲线和 LS 曲线构成项目的香蕉形曲线。

9.2.3　进度计划实施中的调整方法

9.2.3.1　分析偏差对后继工作及工期的影响

当进度计划出现偏差时，需要分析偏差对后继工作产生的影响。分析的方法主要是利用网络计划中工作的总时差和自由时差来判断。工作的总时差（TF）不影响项目工期，但影响后继工作的最早开始时间，是工作拥有的最大机动时间；而工作的自由时差是指在不影响后继工作的最早开始时间的条件下，工作拥有的最大机动时间。利用时差分析进度计划出现的偏差，可以了解进度偏差对进度计划的局部影响（后继工作）和对进度计划的总体影响（工期）。具体分析步骤如下：

（1）判断进度计划偏差是否在关键线路上。如果出现进度偏差的工作，则 TF = 0，说明该工作在关键线路上。无论其偏差有多大，都对其后继工作和工期产生影响，必须采取相应的调整措施；如果 TF ≠ 0，则说明工作在非关键线路上。偏差的大小对后继工作和工期是否产生影响以及影响程度，还需要进一步分析判断。

（2）判断进度偏差是否大于总时差。如果工作的进度偏差大于工作的总时差，说明偏差必将影响后继工作和总工期。如果偏差小于或等于工作的总时差，说明偏差不会影响项目的总工期。但它是否对后继工作产生影响,还需进一步与自由时差进行比较判断来确定。

（3）判断进度偏差是否大于自由时差。如果工作进度偏差大于工作的自由时差,说明偏差将对后继工作产生影响,但偏差不会影响项目的总工期;如果工作进度偏差小于或等于工作的自由时差,说明偏差不会对后继工作产生影响,原进度计划可不做调整。

采用上述分析方法,进度控制人员可以根据工作的偏差对后继工作的不同影响采取相应的进度调整措施,以指导项目进度计划的实施。

9.2.3.2 进度计划实施中的调整方法

当进度控制人员发现问题后,对实施进度进行调整。为了实现进度计划的控制目标,究竟采取何种调整方法,要在分析的基础上确定。从实现进度计划的控制目标来看,可行的调整方案可能有多种,存在一个方案优选的问题。一般来说,进度调整的方法主要有以下两种。

1.改变工作之间的逻辑关系

主要是通过改变关键线路上工作之间的先后顺序、逻辑关系来实现缩短工期的目的。例如,若原进度计划比较保守,各项工作依次实施,即某项工作结束后,另一项工作才开始。通过改变工作之间的逻辑关系,变顺序关系为平行搭接关系,便可达到缩短工期的目的。这样进行调整,由于增加了工作之间的平行搭接时间,进度控制工作就显得更加重要,实施中必须做好协调工作。

2.改变工作延续时间

主要是对关键线路上的工作进行调整,工作之间的逻辑关系并不发生变化。例如,某一项目的进度拖延后,为了加快进度,可采用压缩关键线路上工作的持续时间,增加相应的资源来达到加快进度的目的。这种调整通常在网络计划图上直接进行,其调整方法与限制条件及对后继工作的影响程度有关,一般可考虑以下三种情况:

（1）在网络图中,某项工作进度拖延,但拖延的时间在该工作的总时差范围内,自由时差以外。若用 Δ 表示此项工作拖延的时间,即

$$FF<\Delta<TF$$

根据前面的分析,这种情况不会对工期产生影响,只对后继工作产生影响。因此,在进行调整前,要确定后继工作允许拖延的时间限制,并作为进度调整的限制条件。确定这个限制条件有时很复杂,特别是当后继工作由多个平行的分包单位负责实施时,更是如此。

（2）在网络图中,某项工作进度的拖延时间大于项目工作的总时差,即

$$\Delta>TF$$

这时该项工作可能在关键线路上（TF=0）;也可能在非关键线路上,但拖延的时间超过了总时差（Δ>TF）。调整的方法是,以工期的限制时间作为规定工期,对末实施的网络计划进行工期-费用优化。通过压缩网络图中某些工作的持续时间,使总工期满足规定工期的要求。具体步骤如下:

①化简网络图,去掉已经执行的部分,以进度检查时间作为开始节点的起点时间,将实际数据代入简化网络图中。

②以简化的网络图和实际数据为基础,计算工作最早开始时间。

③以总工期允许拖延的极限时间作为计算工期,计算各工作最迟开始时间,形成调整后的计划。

在计划阶段所确定的工期目标,往往是综合考虑各方面因素优选的合理工期。正因为如此,网络计划中工作进度的任何变化,无论是拖延还是超前,都可能造成其他目标的失控,如造成费用增加等。例如,在一个施工总进度计划中,由于某项工作的超前,致使资源的使用发生变化。这不仅影响原进度计划的继续执行,也影响各项资源的合理安排。特别是施工项目采用多个分包单位进行平行施工时,因进度安排发生了变化,导致协调工作的复杂化。在这种情况下,对进度超前的项目也需要加以控制。

9.3 进度拖延原因分析及解决措施

9.3.1 进度拖延原因分析

项目管理者应按预定的项目计划定期评审实施进度情况,分析并确定拖延的根本原因。进度拖延是工程项目过程中经常发生的现象,各层次的项目单元,各个阶段都可能出现延误,分析进度拖延的原因可以采用许多方法,例如:

(1)通过工程活动(工作包)的实际工期记录与计划对比确定被拖延的工程活动及拖延量。

(2)采用关键线路分析的方法确定各拖延对总工期的影响。由于各工程活动(工作包)在网络中所处的位置(关键线路或非关键线路)不同,它们对整个工期拖延影响不同。

(3)采用因果关系分析图(表)、影响因素分析表、工程量、劳动效率对比分析等方法,详细分析各工程活动(工作包)对整个工期拖延的影响因素,以及各因素影响量的大小。

进度拖延的原因是多方面的,常见的原因如下。

9.3.1.1 工期及计划的失误

计划失误是常见的现象,人们在计划期将持续时间安排得过于乐观,包括:

(1)计划时忘记(遗漏)部分必需的功能或工作。

(2)计划值(例如计划工作量、持续时间)不足,相关的实际工作量增加。

(3)资源或能力不足,例如计划时没考虑到资源的限制或缺陷,没有考虑如何完成工作。

(4)出现了计划中未能考虑到的风险或状况,未能使工程实施达到预定的效率。

(5)在现代工程中,上级(业主、投资者、企业主管)常常在一开始就提出很紧迫的工期要求,使承包商或其他设计人、供应商的工期太紧,而且许多业主为了缩短工期,常常压缩承包商的做标期、前期准备的时间。

9.3.1.2 边界条件变化

(1)工作量的变化,可能是由于设计的修改、设计的错误、业主新的要求、修改项目的目标及系统范围的扩展造成的。

(2)外界(如政府、上层系统)对项目新的要求或限制,设计标准的提高可能造成项目资源的缺乏,使得工程无法及时完成。

(3)环境条件的变化,如不利的施工条件不仅造成对工程实施过程的干扰,有时直接要求调整已确定的计划。

（4）发生不可抗力事件，如地震、台风、动乱、战争等。

9.3.1.3　管理过程中的失误

（1）计划部门与实施者之间，总分包商之间，业主与承包商之间缺少沟通。

（2）工程实施者缺乏工期意识，例如管理者拖延了图纸的供应和批准，任务下达时缺少必要的工期说明和责任落实，拖延了工程活动。

（3）项目参加单位对各个活动（各专业工程和供应）之间的逻辑关系（活动链）没有清楚地了解，下达任务时也没有做详细的解释，同时对活动的必要的前提条件准备不足，各单位之间缺少协调和信息沟通，许多工作脱节，资源供应出现问题。

（4）由于其他方面未完成项目计划规定的任务造成拖延。例如设计单位拖延设计、运输不及时、上级机关拖延批准手续、质量检查拖延、业主不果断处理问题等。

（5）承包商没有集中力量施工，材料供应拖延，资金缺乏，工期控制不紧。这可能是由于承包商同期工程太多、力量不足造成的。

（6）业主没有集中资金的供应，拖欠工程款，或业主的材料、设备供应不及时。

9.3.1.4　其他原因

例如由于采取其他调整措施造成工期的拖延，如设计的变更，质量问题的返工，实施方案的修改。

9.3.2　解决进度拖延的措施

9.3.2.1　基本策略

对已产生的进度拖延可以有如下的基本策略：

（1）采取积极的措施赶工，以弥补或部分地弥补已经产生的拖延。主要通过调整后期计划，采取措施赶工，修改网络等方法解决进度拖延问题。

（2）不采取特别的措施，在目前进度状态的基础上，仍按照原计划安排后期工作。但通常情况下，拖延的影响会越来越大。有时刚开始仅一两周的拖延，到最后会导致一年拖延的结果。这是一种消极的办法，最终结果必然损害工期目标和经济效益，如被工期罚款，由于不能及时投产而不能实现预期收益。

9.3.2.2　可以采取的赶工措施

与在计划阶段压缩工期一样，解决进度拖延有许多方法，但每种方法都有它的适用条件、限制，必然会带来一些负面影响。在人们以往的讨论以及实际工作中，都将重点集中在时间问题上，这是不对的。许多措施常常没有效果，或引起其他更严重的问题，最典型的是增加成本开支、现场的混乱和引起质量问题。所以应该将它作为一个新的计划过程来处理。

在实际工程中经常采取如下赶工措施：

（1）增加资源投入，例如增加劳动力、材料、周转材料和设备的投入量，这是最常用的办法，它会带来如下问题：

①造成费用增加，如增加人员的调遣费用、周转材料一次性费用、设备的进出场费用。

②由于增加资源造成资源使用效率的降低。

③加剧资源供应困难，如有些资源没有增加的可能性，加剧项目之间或工序之间对资源激烈的竞争。

（2）重新分配资源,例如将服务部门的人员投入到生产中去,投入风险准备资源,采用加班或多班制工作。

（3）减少工作范围,包括减少工作量或删去一些工作包（或分项工程）。但这可能产生如下影响:

①损害工程的完整性、经济性、安全性、运行效率,或提高项目运行费用。

②必须经过上层管理者如投资者、业主的批准。

（4）改善工具器具以提高劳动效率。

（5）提高劳动生产率,主要通过辅助措施和合理的工作过程,这里要注意如下问题:

①加强培训,通常培训应尽可能地提前;

②注意工人级别与工人技能的协调;

③工作中的激励机制,例如奖金、小组精神发扬、个人负责制、目标明确;

④改善工作环境及项目的公用设施（需要花费）;

⑤项目小组时间上和空间上合理的组合和搭接;

⑥避免项目组织中的矛盾,多沟通。

（6）将部分任务转移,如分包、委托给另外的单位,将原计划由自己生产的结构构件改为外购等。当然这不仅有风险,产生新的费用,而且需要增加控制和协调工作。

（7）改变网络计划中工程活动的逻辑关系,如将前后顺序工作改为平行工作,或采用流水施工的方法。这又可能产生如下问题:

①工程活动逻辑上的矛盾性;

②资源的限制,平行施工要增加资源的投入强度,尽管投入总量不变;

③工作面限制及由此产生的现场混乱和低效率问题。

（8）将一些工作包合并,特别是在关键线路上按先后顺序实施的工作包合并,与实施者一道研究,通过局部的调整实施过程和人力、物力的分配,达到缩短工期的目的。

通常,A_1、A_2 两项工作如果由两个单位分包按次序施工,则持续时间较长。而如果将它们合并为 A,由一个单位来完成,则持续时间就大大地缩短。这是由于:

（1）两个单位分别负责,则它们都经过前期准备低效率,正常施工,后期低效率过程,则总的平均效率很低。

（2）由于由两个单位分别负责,中间有一个对 A_1 工作的检查、打扫和场地交接及对 A_2 工作准备的过程,会使工期延长,这是由分包合同或工作任务单所决定的。

（3）如果合并由一个单位完成,则平均效率会较高,而且许多工作能够穿插进行。

（4）实践证明。采用设计-施工总承包,或项目管理总承包,比分阶段、分专业平行包工期会大大缩短。

（5）修改实施方案,例如将现浇混凝土改为场外预制、现场安装,这样可以提高施工速度。例如,在某国际工程中,原施工方案为现浇混凝土,工期较长。进一步调查发现该国技术木工缺乏,劳动力的素质和可培训性较差,无法保证原工期,后来采用预制装配施工方案,则大大缩短了工期。当然这一方面必须有可用的资源,另一方面又考虑会造成成本的超支。

9.3.2.3　应注意的问题

（1）在选择措施时,要考虑到:

①赶工应符合项目的总目标与总战略。

②措施应是有效的、可以实现的。

③花费比较省。

④对项目的实施、承包商、供应商的影响面较小。

(2)在制订后续工作计划时,这些措施应与项目的其他过程协调。

(3)在实际工作中,人们常常采用了许多事先认为有效的措施,但实际效力却很小,常常达不到预期的缩短工期的效果。这是由于:

①这些计划是无正常计划期状态下的计划,常常是不周全的。

②缺少协调,没有将加速的要求、措施、新的计划、可能引起的问题通知相关各方,如其他分包商、供应商、运输单位、设计单位。

③人们对以前造成拖延的问题的影响认识不清。例如,由于外界干扰,到目前为止已造成 2 周的拖延,实质上,这些影响是有惯性的,还会继续扩大。所以,即使现在采取措施,在一段时间内,其效果很小,拖延仍会继续扩大。

第 10 章　施工合同管理

10.1　概　述

10.1.1　工程承包合同管理的概念

工程承包合同管理指工程承包合同双方当事人在合同实施过程中自觉地、认真严格地遵守所签订的合同的各项规定和要求,按照各自的权力、履行各自的义务、维护各自的权利,发扬协作精神,处理好"伙伴关系",做好各项管理工作,使项目目标得到完整的体现。

虽然工程承包合同是业主和承包商双方的一个协议,包括若干合同文件,但合同管理的深层含义,应该引申到合同协议签订之前,从下面 3 个方面来理解合同管理,才能做好合同管理工作。

10.1.1.1　做好合同签订前的各项准备工作

虽然合同尚未签订,但合同签订前各方的准备工作,对做好合同管理至关重要。

业主一方的准备工作包括合同文件草案的准备、各项招标工作的准备,做好评标工作,特别是要做好合同签订前的谈判和合同文稿的最终定稿。

合同中既要体现出在商务上和技术上的要求,有严谨明确的项目实施程序,又要明确合同双方的义务和权利。对风险的管理要按照合理分担的精神体现到合同条件中去。

业主一方的另一个重要准备工作即是选择好监理工程师(或业主代表、CM 经理等)。最好能提前选定监理单位,以使监理工程师能够参与合同的制定(包括谈判、签约等)过程,依据他们的经验,提出合理化建议,使合同的各项规定更为完善。

承包商一方在合同签订前的准备工作主要是制定投标战略,做好市场调研,在买到招标文件之后,要认真细心地分析研究招标文件,以便比较好地理解业主方的招标要求。在此基础上,一方面可以对招标文件中不完善以至错误之处向业主方提出建议,另一方面也必须做好风险分析,对招标文件中不合理的规定提出自己的建议,并力争在合同谈判中对这些规定进行适当的修改。

10.1.1.2　加强合同实施阶段的合同管理

这一阶段是实现合同内容的重要阶段,也是一个相当长的时期。在这个阶段中合同管理的具体内容十分丰富,而合同管理的好坏直接影响到合同双方的经济利益。

10.1.1.3　提倡协作精神

合同实施过程中应该提倡项目中各方的协作精神,共同实现合同的既定目标。在合同条件中,合同双方的权利和义务有时表现为相互间存在矛盾,相互制约的关系,但实际上,实现合同标的必然是一个相互协作解决矛盾的过程,在这个过程中工程师起着十分重要的协调作用。一个成功的项目,必定是业主、承包商以及工程师按照一种项目伙伴关系,以协作的团队精神来共同努力完成项目。

10.1.2 工程承包合同各方的合同管理

10.1.2.1 业主对合同的管理

业主对合同的管理主要体现在施工合同的前期策划和合同签订后的监督方面。业主要为承包商的合同实施提供必要的条件;向工地派驻具备相应资质的代表,或者聘请监理单位及具备相应资质的人员负责监督承包商履行合同。

10.1.2.2 承包商的合同管理

承包商的工程承包合同管理是最细致、最复杂,也是最困难的合同管理工作,我们主要以它作为论述对象。

在市场经济中,承包商的总体目标是,通过工程承包获得盈利。这个目标必须通过两步来实现:

(1)通过投标竞争,战胜竞争对手,承接工程,并签订一个有利的合同。

(2)在合同规定的工期和预算成本范围内完成合同规定的工程施工和保修责任,全面地、正确地履行自己的合同义务,争取盈利。同时,通过双方圆满的合作,工程顺利实施,承包商赢得了信誉,为将来在新的项目上的合作和扩展业务奠定基础。

这要求承包商在合同生命期的每个阶段都必须有详细的计划和有力的控制,以减少失误,减少双方的争执,减少延误和不可预见费用支出。这一切都必须通过合同管理来实现。

承包合同是承包商在工程中的最高行为准则。承包商在工程施工过程中的一切活动都是为了履行合同责任。所以,广义地说,承包工程项目的实施和管理全部工作都可以纳入合同管理的范围。合同管理贯穿于工程实施的全过程和工程实施的各个方面。在市场经济环境中,施工企业管理和工程项目管理必须以合同管理为核心。这是提高管理水平和经济效益的关键。

但从管理的角度出发,合同管理仅被看作项目管理的一个职能,它主要包括项目管理中所有涉及合同的服务性工作。其目的是,保证承包商全面地、正确地、有秩序地完成合同规定的责任和任务,它是承包工程项目管理的核心和灵魂。

10.1.2.3 监理工程师的合同管理

业主和承包商是合同的双方,监理单位受业主雇佣为其监理工程,进行合同管理。监理单位负责进行工程的进度控制、质量控制、投资控制以及做好协调工作。他是业主和承包商合同之外的第三方,是独立的法人单位。

监理工程师对合同的监督管理与承包商在实施工程时的管理的方法和要求都不一样。承包商是工程的具体实施者,他需要制定详细的施工进度和施工方法,研究人力、机械的配合和调度,安排各个部位施工的先后次序以及按照合同要求进行质量管理,以保证高速优质地完成工程。监理工程师则不去具体地安排施工和研究如何保证质量的具体措施,而是宏观上控制施工进度,按承包商在开工时提交的施工进度计划以及月计划、周计划进行检查督促,对施工质量则是按照合同中技术规范,图纸内的要求进行检查验收。监理工程师可以向承包商提出建议,但并不对如何保证质量负责,监理工程师提出的建议是否被采纳,由承包商自己决定,因为他要对工程质量和进度负责。对于成本问题,承包商要精心研究如何去降低成本,提高利润率。而工程师主要是按照合同规定,特别是工程量表的规定,严格为业主把住支付这一关,并且防止承包商的不合理的索赔要求,监理工程师的具体职责是在合同条件中规定的,如果业主要对监理工程师的某些职权做出限制,他应在合同专用条件中做出明确规定。

10.1.3　合同管理与企业管理的关系

对于企业来说,企业管理都是以盈利为目的的。而赢利来自所实施的各个项目,各个项目的利润来自每一个合同的履行过程,而在合同的履行过程中能否获利,又取决于合同管理的好坏。因此说,合同管理是企业管理的一部分,并且其主线应围绕着合同管理,否则就会与企业的盈利目标不一致。

10.1.4　合同管理的任务和主要工作

工程施工过程是承包合同的实施过程。要使合同顺利实施,合同双方必须共同完成各自的合同责任。在这一阶段承包商的根本任务要由项目部来完成,即项目部要按合同圆满地施工。

而国外有经验的承包商十分注重工程实施中的合同管理,通过合同实施管理不仅可以圆满地完成合同责任,而且可以挽回合同签订中的损失,改变自己的不利地位,通过索赔等手段增加工程利润。

10.1.4.1　工程施工中合同管理的任务

项目经理和企业法定代表人签订"项目管理目标责任书"后,项目经理部合同管理机构和人员如合同工程师、合同管理员向各工程小组负责人和分包商人员学习和分析合同,进行合同交底工作。项目经理部着手进行施工准备工作。现场的施工准备一经开始,合同管理的工作重点就转移到施工现场,直到工程全部结束。

在工程施工阶段合同管理的基本目标是,全面地完成合同责任,按合同规定的工期、质量、价格(成本)要求完成工程。在整个工程施工过程中,合同管理的主要任务如下:

(1)签订好分包合同、各类物资的供应合同及劳务分包合同。保证项目顺利实施。

(2)给项目经理和项目管理职能人员、各工程小组、所属的分包商在合同关系上以帮助,进行工作上的指导,如经常性地解释合同,对来往信件、会谈纪要等进行合同法律审查。

(3)对工程实施进行有力的合同控制,保证项目部正确履行合同,保证整个工程按合同、按计划、有步骤、有秩序地施工,防止工程中的失控现象。

(4)及时预见和防止合同问题,以及由此引起的各种责任,防止合同争执和避免合同争执造成的损失。对因干扰事件造成的损失进行索赔,同时又应使承包商免于对干扰事件和合同争执的责任,处于不能被索赔的地位(反索赔)。

(5)向各级管理人员和业主提供工程合同实施的情况报告,提供用于决策的资料、建议和意见。

在施工阶段,需要进行管理的合同包括:工程承包合同、施工分包合同、物资采购合同、租赁合同、保险合同、技术合同和货物运输合同等。因此,合同管理的内容比较广泛但重点应放在承包商与业主签订的工程承包合同,它是合同管理的核心。

10.1.4.2　合同管理的主要工作

合同管理人员在这一阶段的主要工作有如下几个方面:

(1)建立合同实施的保证体系,以保证合同实施过程中的一切日常事务性工作有秩序地进行,使工程项目的全部合同事件处于控制中,保证合同目标的实现。

(2)监督工程小组和分包商按合同施工,并做好各分合同的协调和管理工作。以积极合作的态度完成自己的合同责任,努力做好自我监督。

同时也应督促和协助业主和工程师完成他们的合同责任,以保证工程顺利进行。许多工程实践证明,合同所规定的权力,只有靠自己努力争取才能保证其行使,防止被侵犯。如果承包商自己放弃这个努力,虽然合同有规定,但也不能避免损失。例如承包商合同权益受到侵犯,按合同规定业主应该赔偿,但如果承包商不提出要求(如不会索赔,不敢索赔,超过索赔有效期,没有书面证据等),则承包商的权力得不到保护,索赔无效。

(3)对合同实施情况进行跟踪;收集合同实施的信息,收集各种工程资料,并做出相应的信息处理;将合同实施情况与合同分析资料进行对比分析,找出其中的偏离,对合同履行情况做出诊断;向项目经理提出合同实施方面的意见、建议,甚至警告。

(4)进行合同变更管理。这里主要包括参与变更谈判,对合同变更进行事务性处理,落实变更措施,修改变更相关的资料,检查变更措施落实情况。

(5)日常的索赔和反索赔。

这里包括两个方面:

①与业主之间的索赔和反索赔;

②与分包商及其他方面之间的索赔和反索赔。

在工程实施中,承包商与业主、总(分)包商、材料供应商、银行等之间都可能有索赔或反索赔。合同管理人员承担着主要的索赔(反索赔)任务,负责日常的索赔(反索赔)处理事务。主要有:

(1)对收到的对方的索赔报告进行审查分析,收集反驳理由和证据,复核索赔值,起草并提出反索赔报告。

(2)对由于干扰事件引起的损失,向责任者(业主或分包商等)提出索赔要求;收集索赔证据和理由,分析干扰事件的影响,计算索赔值,起草并提出索赔报告。

(3)参加索赔谈判,对索赔(反索赔)中所涉及的问题进行处理。

索赔和反索赔是合同管理人员的主要任务之一,所以他们必须精通索赔(反索赔)业务。

10.2 工程承包企业合同管理

10.2.1 工程承包企业合同管理的层次与内容

依据我国《建设工程项目管理规范》(GB/T 50326—2017)(简称《规范》),施工项目管理的含义为:企业运用系统的观点、理论和科学技术对施工项目进行的计划、协调、组织、监督、控制、协调等全过程管理。《规范》规定企业在进行施工项目管理时,应实行项目经理责任制。项目经理责任制确立了企业的层次及其相互关系。企业分为企业管理层、项目管理层和劳务作业层。企业管理层首先应制定和健全施工项目管理制度,规范项目管理;其次应加强计划管理,保证资源的合理分布和有序流动,并为项目生产要素的优化配置和动态管理服务;再次,应对项目管理层的工作进行全过程的指导、监督和检查。项目管理层对资源优化配置和动态管理,执行和服从企业管理层对项目管理工作的监督、检查和宏观调控。企业管理层与劳务作业层应签订劳务分包合同。项目管理层与劳务作业层应建立共同履行劳务分包合同的关系。

因此,承包企业的合同管理和实施模式,一般分为公司和项目经理部两级管理方法,重点突出具体施工工程的项目经理部的管理作用。

10.2.1.1　企业层次的合同管理

承包公司为获取盈利,促使企业不断发展,其合同管理的重点工作是了解各地工程信息,组织参加各工程项目的投标工作。对于中标的工程项目,做好合同谈判工作,合同签订后,在合同的实施阶段,承包商的中心任务就是按照合同的要求,认真负责地、保证质量地按规定的工期完成工程并负责维修。

因此,在合同签订后承包商的首要任务是选定工程的项目经理,负责组织工程项目的经理部及所需人员的调配、管理工作,协调各正在实施工程的各项目之间的人力、物力、财力安排和使用,重点工程材料和机械设备的采购供应工作。进行合同的履行分析,向项目经理和项目管理小组和其他成员、承包商的各工程小组、所属的分包商进行合同交底,给予在合同关系上的帮助和进行工作上的指导,如经常性的解释合同,对来往信件、会谈纪要等进行合同法律审查;对合同实施进行有力的合同控制,保证承包部正确履行合同,保证整个工程按合同、按计划、有步骤、有秩序地施工,防止工程中的失控现象,以获得赢利,实现企业的经营目标等。另外还有工程中的重大问题与业主的协商解决等。

10.2.1.2　项目层次的合同管理

项目经理部是工程承包公司派往工地现场实施工程的一个专门组织和权力机构,负责施工现场的全面工作。由他们全面负责工程施工过程中的合同管理工作,以成本控制为中心,防止合同争执和避免合同争执造成的损失,对因干扰事件造成的损失进行索赔,同时应使承包商免于干扰事件和合同争执的责任,而处于不能被索赔的地位;向各级管理人员和业主提供工程合同实施的情况报告,提供用于决策的资料、建议和意见。承包公司应合理地建立施工现场的组织机构并授予相应的职权,明确各部门的任务,使项目经理部的全体成员齐心协力地实现项目的总目标并为公司赢得可观的工程利润。其工作流程如图 10-1 所示。

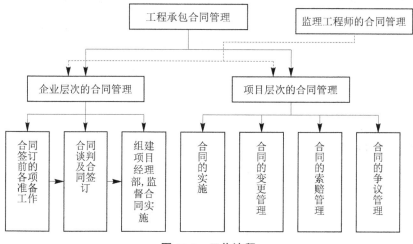

图 10-1　工作流程

10.2.2　工程承包合同管理的一般特点

10.2.2.1　承包合同管理期限长

由于工程承包活动是一个渐进的过程,工程施工工期长,这使得承包合同生命期长。它不仅包括施工期,而且包括招标投标和合同谈判以及保修期,所以一般至少 2 年,长的可达 5 年或更长的时间。合同管理必须在从领取标书直到合同完成并失效这么长的时间内连续地、不间断地进行。

10.2.2.2　合同管理的效益性

由于工程价值量大,合同价格高,合同管理的经济效益显著。合同管理对工程经济效益影响很大。合同管理得好,可使承包商避免亏本,赢得利润;否则,承包商要蒙受较大的经济损失。这已为许多工程实践所证明。

10.2.2.3　合同管理的动态性

由于工程过程中内外的干扰事件多,合同变更频繁。常常一个稍大的工程,合同实施中的变更能有几百项。合同实施必须按变化了的情况不断地调整,因此在合同实施过程中,合同控制和合同变更管理显得极为重要,这要求合同管理必须是动态的。

10.2.2.4　合同管理的复杂性

合同管理工作极为复杂、烦琐,是高度准确和精细的管理。其原因是:

(1)现代工程体积庞大,结构复杂,技术标准、质量标准高,要求相应的合同实施的技术水平和管理水平高。

(2)现代工程合同条件越来越复杂,这不仅表现在合同条款多,所属的合同文件多,而且与主合同相关的其他合同多。例如在工程承包合同范围内可能有许多分包、供应、劳务、租赁、保险等合同。它们之间存在极为复杂的关系,形成一个严密的合同网络。

(3)工程的参加单位和协作单位多,即使一个简单的工程就涉及业主、总包、分包、材料供应商、设备供应商、设计单位、监理单位、运输单位、保险公司、银行等十几家甚至几十家。各方面责任界限的划分,在时间上和空间上的衔接和协调极为重要,同时又极为复杂和困难。

(4)合同实施过程复杂,从购买标书到合同结束必须经历许多过程。签约前要完成许多手续和工作;签约后进行工程实施,有许多次落实任务,检查工作,会办,验收。要完整地履行一个承包合同,必须完成几百个甚至几千个相关的合同事件,从局部完成到全部完成。在整个过程中,稍有疏忽就会导致前功尽弃,造成经济损失。所以,必须保证合同在工程的全过程和每一个环节上都顺利实施。

(5)在工程施工过程中,合同相关文件,各种工程资料汗牛充栋。在合同管理中必须取得、处理、使用、保存这些文件和资料。

10.2.2.5　合同管理的风险性

一是由于工程实施时间长,涉及面广,受外界环境的影响大,如经济条件、社会条件、法律和自然条件的变化等。这些因素承包商难以预测,不能控制,但都会妨碍合同的正常实施,造成经济损失。

二是合同本身常常隐藏着许多难以预测的风险。由于建筑市场竞争激烈,不仅导致报价降低,而且业主常常提出一些苛刻的合同条款,如单方面约束性条款和责权利不平衡条款,甚至有的发包商包藏祸心,在合同中用不正常手段坑人。承包商对此必须有高度的重视,并有对策,否则必然会导致工程失败。

10.2.2.6　合同管理的特殊性

合同管理作为工程项目管理一项管理职能,有它自己的职责和任务,但又有其特殊性:

(1)由于它对项目的进度控制、质量管理、成本管理有总控制和总协调作用,所以它又是综合性的全面的高层次的管理工作。

(2)合同管理要处理与业主、与其他方面的经济关系,所以它又必须服从企业经营管理,服从企业战略,特别在投标报价、合同谈判、合同执行战略的制定和处理索赔问题时,更要注意这个问题。

10.2.3　合同管理组织机构的设置

合同管理的任务必须由一定的组织机构和人员来完成。要提高合同管理水平,必须使合同管理工作专门化和专业化,在承包企业和工程项目组织中设立专门的机构和人员负责合同管理工作。

对不同的企业组织和工程项目组织形式,合同管理组织的形式不一样,通常有如下几种情况。

10.2.3.1　工程承包企业设置合同管理部门

由合同管理部门专门负责企业所有工程合同的总体管理工作,主要包括:

(1)收集市场和工程信息。

(2)参与投标报价,对招标文件、合同草案进行审查和分析。

(3)对工程合同进行总体策划。

(4)参与合同谈判与合同的签订。

(5)向工程项目派遣合同管理人员。

(6)对工程项目的合同履行情况进行汇总、分析,对工程项目的进度、成本和质量进行总体计划和控制。

(7)协调各个项目的合同实施。

(8)处理与业主、与其他方面重大的合同关系。

(9)具体地组织重大索赔工作。

(10)对合同实施进行总的指导、分析和诊断。

10.2.3.2　设立专门的项目合同管理小组

对于大型的工程项目,设立项目的合同管理小组,专门负责与该项目有关的合同管理工作。

如在美国某公司的项目管理组织结构中,将合同管理小组纳入施工组织系统中。在工程项目组织中设立合同部,设有合同经理、合同工程师和合同管理员。

10.2.3.3　设合同管理员

对于一般的项目,较小的工程,可设合同管理员。他在项目经理领导下进行施工现场的合同管理工作。

而对于处于分包地位,且承担的工作量不大,工程不复杂的承包商,工地上可不设专门的合同管理人员,而将合同管理的任务分解下达给其他职能人员,由项目经理做总的协调工作。

10.2.3.4 聘请合同管理专家

对一些特大型的,合同关系复杂、风险大、争执多的项目,如在国际工程中,有些承包商聘请合同管理专家或将整个工程的合同管理工作委托给咨询公司或管理公司。这样会大大提高工程合同管理水平和工程经济效益,但花费也比较高。

10.2.4 建筑企业工程承包合同管理的主要工作

10.2.4.1 合同签订前的准备阶段的合同管理

1.概述

1)承包商合同管理的基本目标

合同签订前的准备阶段里,承包商的主要任务就是参加投标竞争并争取中标。招标投标是工程承包合同的形成过程。在承包工程中,合同是影响利润最主要的因素,因此每个承包商都十分重视招标投标阶段的每一个环节。

在招标投标过程中,承包商的主要目标有:

(1)提出有竞争力的有利报价。

投标报价是承包商对业主要约邀请(招标文件)做出的一种要约行为。它在投标截止期后即具有法律效力。报价是能否取得承包工程资格,以及取得合同的关键。报价必须符合两个基本要求:

①报价有利。承包商都期望通过工程承包取得盈利,所以报价应包含承包商为完成合同规定的义务的全部费用支出和期望获得的利润。

②报价有竞争力。由于通过资格预审,参加投标竞争的许多承包商都在争夺承包工程资格。他们之间主要通过报价进行竞争。承包商不仅要争取在开标时被业主选中,有资格和业主进行议价谈判,而且必须在议价谈判中击败竞争对手,中标。所以承包商的报价又应是低而合理的。一般地说,报价越高,竞争力越小。

(2)签订合理有利的合同。

签订一份完备的、周密的、含义清晰的同时又是责权利关系平衡的有利合同,以减少合同执行中的漏洞、争执和不确定性。

对承包商来说,有利的合同,可以从如下几个方面定性地评价:合同条款比较优惠或有利;合同价格较高,或适中;合同风险较小;合同双方责权利关系比较平衡;没有苛刻的、单方面的约束性条款等。

2)承包商的主要工作

在这一阶段承包商的主要工作如下所述。

A.投标决策

承包商通过承包市场调查,大量收集招标工程信息。在许多可选择的招标工程中,综合考虑工程特点、自己的实力、业主状况、承包市场状况和竞争者状况等,选择自己的投标方向。这是承包商的一次重要决策。

承包商在决定参加投标后,首先通过业主的资格预审,获得招标文件。这是合同双方的第一次互相选择:承包商有兴趣参加该工程的投标竞争,并证明自己能够很好地完成该工程的施工任务;业主觉得承包商符合招标工程的基本要求,是一个可靠的、有履约能力的公司。

只有通过资格预审,承包商才能有资格购买招标文件,参与投标竞争。

按照诚实信用原则,业主应提出完备的招标文件,尽可能详细地、如实地、具体地说明拟建工程情况、合同条件,出具准确及全面的规范、图纸、工程地质和水文资料,为承包商的合同分析和工程报价提供方便。所以,承包商一经取得招标文件,则合同管理工作即告开始。

B.承包商编标和投标

为了达到既能中标取得工程,又能在实施后赢得利润的目的,承包商必须做好如下几方面工作。

a.全面分析和正确理解招标文件

招标文件是业主向承包商的要约邀请,几乎包括了全部合同文件。它确定的招标条件和方式、合同条件、工程范围和工程的各种技术文件是承包商报价的依据,也是双方商谈的基础。承包商必须按照招标文件的各项要求进行报价、投标和施工。所以,承包商必须全面分析和正确理解招标文件,弄清楚业主的意图和要求,能够较正确地估算完成合同所需费用。

承包商一经提出报价,做出承诺(投标,业主授予合同),则它即具有法律约束力。一般合同都规定,承包商对招标文件的理解自行负责,即由于对招标文件理解错误造成的报价失误由承包商承担,业主不负责任。因此,招标文件的分析应准确、清楚,达到一定的深度。

承包商在招标文件分析中发现的问题,包括矛盾、错误、二义性,自己不理解的地方,应在标前会议上公开向业主(工程师)提出,或以书面的形式提出。按照招标规则和诚实信用原则,业主(工程师)应做出公开的明确的书面答复。这些答复作为这些问题的解释,有法律约束力。承包商切不可随意理解合同,导致盲目投标。

b.全面的环境调查

承包合同是在一定的环境条件下实施的。工程环境对工程实施方案、合同工期和费用有直接的影响。工程环境又是工程风险的主要根源。承包商必须收集、整理、保存一切可能对实施方案、工期和费用有影响的工程环境资料。这不仅是工程预算和报价的需要,而且是作施工方案、施工组织、合同控制及索赔(反索赔)的需要。

工程环境包括工程项目所在地,以及工程的具体环境。环境调查有极其广泛的内容,它包括:

(1)与工程项目相关的主要法律及其基本精神,如合同法、工程招标投标法、环保法等。工程所在地法规、规章或管理办法等。

(2)调查市场和价格,例如建筑工程、建材、劳动力、运输等的市场供应情况和价格水平,生活费用价格,通信、能源等的价格,设备购置和租赁条件和价格等。

(3)业主的经济状况、资信、建设资金的落实情况,业主和工程师能否公平合理地对待承包商等。

(4)自然条件方面的包括:气候,如气温、温度、降雨量、雨季分布及天数;可以利用的建筑材料资源,如砂、石、土壤等;工程的水文、地质情况、施工现场地形、平面布置、道路、给排水、交通工具及价格、能源供应、通信等;各种不可预见的自然灾害的情况,如地震、洪水、暴雨、风暴等。

(5)参加投标的竞争对手情况,如他们的能力、业绩、优势、目前所实施工程的情况、可能的报价水平等。

（6）过去同类工程的情况，包括价格水平、工期、合同及合同的执行情况、经验教训等。

（7）其他方面，例如当地有关部门的办事效率和所需各种费用；当地的风俗习惯、生活条件和方便程度；当地人的商业习惯；当地人的文化程度、技术水平等。

环境调查工作：第一，要保证真实可靠，反映实际。第二，要具有全面性，应包括对实施方案的编制、编标报价、合同实施有重大影响的各种信息，不能有任何遗漏。国外许多大的承包公司制定标准格式，固定调查内容（栏目）的调查表，并由专人负责处理这方面的事务。这样不仅不会遗漏应该调查的内容，而且使整个调查工作规范化、条理化。第三，工程环境的调查不仅要了解过去和目前情况，还需预测其趋势和将来情况。第四，所调查的资料应系统化，建立文档保存。因为许多资料不仅是报价的依据，而且是施工过程中索赔的依据。

c.确定实施方案

首先实施方案是工程预算的依据。不同的实施方案则有不同的工程预算成本，则有不同的报价。其次是业主选择承包商的重要决定因素。在投标书中承包商必须向业主说明拟采用的实施方案和工程总的进度安排。业主以此评价承包商投标的科学性、安全性、合理性和可靠性。

承包商的实施方案是按照自己的实际情况（如技术装备水平、管理水平、资源实应能力、资金等），在工程具体环境中完成合同所规定的义务（工程规模、业主总工期要求、技术标准）的措施和手段。

d.工程预算

工程预算是核算承包商为全面地完成招标文件所规定的义务所必需的费用支出。它是承包商的保本点，是工程报价的基础。而报价一经被确认，即成合同价格，则承包商必须按这个价格完成合同所规定的工程施工，并修补其任何缺陷。所以承包商必须按实际情况作工程预算。工程预算的计算基础包括：

（1）招标文件确定的承包商的合同责任、工程范围和详细的工作量。复核业主所给工程量表中的工程量。

（2）工程环境，特别是劳动力、材料、机械、分包工程以及其他费用项目的价格水平。

（3）具体的实施方案，以及在这种工程环境中，按这种实施方案施工的生产效率和资源消耗水平。

e.制订报价策略并做出报价

在预算成本的基础上承包商确定工程的投标报价。这里必须注意报价策略，承包商的报价策略是经营策略的重要组成部分。报价策略必须综合考虑承包商的经营总战略。

f.编制投标文件，递送标书

按照招标文件的要求填写投标文件，并准备相应的附件，在投标截止期前送达业主。投标文件作为合同的一部分，它是承包商提交的最重要的文件。

C.向业主澄清投标书中的有关问题

按照通常的招标投标规则，开标后，业主选 3~5 家投标有效且报价低而合理的投标商做详细评标。评标是业主（工程师）对投标文件进行全面分析，在分析中发现的问题、矛盾、错误、不清楚的地方，业主（工程师）一般要求承包商在澄清会议上做出答复、解释，也包括对不合理的实施方案、组织措施或工期做出修改。

澄清会议是承包商与业主的又一次重要的正式接触，入围的几家承包商进行更为激烈的竞争,任何人都不可以掉以轻心。虽然在招标文件中都规定定标前不允许调整合同价格,承包商提出的优惠条件也不作为评标依据,但许多的承包商常常提出优惠的条件吸引业主,提高自己报价的竞争力。

D.合同谈判(中标后谈判)

经过多方接触、商讨,业主对投标文件做最终评定,确定一中标人,并发出中标通知书,则双方应商签承包合同协议书。

在此过程中,承包商应利用机会进行认真的合同谈判。尽管按照招标文件要求,承包商在投标书中已明确表示对招标文件中的投标条件、合同条件的认可(完全响应和承诺),并受它的约束,但合同双方通常都希望进一步商谈。这对双方都有利,双方可以进一步讨价还价,业主希望得到更优惠的服务和价格,承包商希望得到一个合理的价格,或改善合同条件。议价谈判和修改合同条件是合同谈判的主要内容。因为,一方面,价格是合同的主要条款之一;另一方面,价格的调整常常伴随着合同条款的修改;反之,合同条款的修改也常常伴随着价格的调整。

对招标文件分析中发现的合同问题和风险,如不利的、单方面约束性的、风险型的条款,可以在这个阶段争取修改。承包商可以通过向业主提出更为优惠的条件,以换取对合同条件的修改,如进一步降低报价;缩短工期;延长保修期;提出更好的、更先进的实施方案,技术措施;提出新的服务项目,扩大服务范围等。

但中标后谈判的最终主动权在业主。如果虽经谈判,但双方未能达成一致,则还按原投标书和中标通知书内容确定合同。

3)承包商合同管理的基本任务

通过招标投标形成合同是工程承包合同的特点,又是承包商的业务承接方式。需完成好下列的合同管理工作:

(1)投标决策工作,例如投标方向的选择,投标策略的制定。

(2)招标文件及合同条件的审查分析工作。这通常由合同管理者承担。合同管理在承包合同形成过程中,即在报价和合同谈判中起着重要作用。它从如下几个方面积极配合承包商制定报价策略,配合主谈人的谈判:

①进行招标文件分析和合同文本审查。

②进行工程合同的策划。

③进行合同风险分析。

④为工程预算、报价、合同谈判和合同签订提供决策的信息、建议、意见,甚至警告,对合同修改进行法律方面的审查。

2.承包商的合同总体策划

1)合同总体策划基本概念

在建筑工程项目的开始阶段,必须对工程相关的合同进行总体策划,首先确定带根本性和方向性地对整个工程、对整个合同的实施有重大影响的问题。合同总体策划的目标是通过合同保证项目目标的实现。它必须反映建筑工程项目战略和企业战略,反映企业的经营指导方针。它主要确定如下一些重大问题:

(1)如何将项目分解成几个独立的合同? 每个合同有多大的工程范围?

(2)采用什么样的委托方式和承包方式? 采用什么样的合同形式及条件?

（3）合同中一些重要条款的确定。

（4）合同签订和实施过程中一些重大问题的决策。

（5）相关各个合同在内容上、时间上、组织上、技术上的协调等。

正确的合同总体策划能够保证圆满地履行各个合同,促使各个合同达到完善的协调,顺利地实现工程项目的整体目标。

2）合同总体策划的依据

合同双方有不同的立场和角度,但他们有相同或相似的策划研究内容。合同策划的依据主要有:

（1）业主方面。业主的资信、管理水平和能力,业主的目标和动机,期望对工程管理的介入深度,业主对承包商的信任程度,业主对工程的质量和工期要求等。

（2）承包商方面。承包商的能力、资信、企业规模、管理风格和水平、目标与动机、目前经营状况、过去同类工程经验、企业经营战略等。

（3）工程方面。工程的类型、规模、特点、技术复杂程度、工程技术设计准确程度、计划程度、招标时间和工期的限制、项目的盈利性、工程风险程度、工程资源（如资金等）供应及限制条件等。

（4）环境方面。建筑市场竞争激烈程度,物价的稳定性,地质、气候、自然条件、现场条件的确定性等。

以上诸方面是考虑和确定合同问题的基本点。

3）合同总体策划过程

通过合同总体策划,确定工程合同的一些重大问题。它对工程项目的顺利实施,对项目总目标的实现有决定性作用。上层管理者对它应有足够的重视。合同总体策划过程如下:

（1）研究企业战略和项目战略,确定企业和项目对合同的要求。合同必须体现和服从企业和项目战略。

（2）确定合同的总体原则和目标。

（3）分层次、分对象对合同的一些重大问题进行研究,列出可能的各种选择,按照上述策划的依据,综合分析各种选择的利弊得失。

（4）对合同的各个重大问题做出决策和安排,提出合同措施。

在合同策划中有时要采用各种预测、决策方法,风险分析方法、技术经济分析方法,例如专家咨询法、头脑风暴法、因素分析法、决策树、价值工程等。由于它不仅对一个具体的合同,而对整个工程产生影响,所以上层管理者对它要有足够的重视。

4）承包商的合同总体策划

在建筑工程市场中,业主处于主导地位。业主的合同决策,承包商常常必须执行或服从（如招标文件、合同条件）。但承包商有自己的合同策划问题,它服从于承包商的基本目标（取得利润）和企业经营战略。

A.投标方向的选择

承包商通过市场调查获得许多工程招标信息。承包商必须就投标方向做出战略决策,他的战略依据是:

（1）承包市场情况,竞争的形势,如市场处于发展阶段或处于不景气阶段。

（2）该工程竞争者的数量以及竞争对手状况,以预估自己投标的竞争力和中标的可能性。

（3）工程及业主状况。

①工程的特点：技术难度，时间紧迫程度，是否为重大的有影响的工程。

②业主的规定和要求，如承包方式、合同种类、招标方式、合同的主要条款。

③业主的资信，如业主是否为资信好的企业家或政府。业主的建设资金准备情况和企业的运行状况。

（4）承包商自身的情况，包括本公司的优势和劣势，技术水平，施工力量，资金状况，同类工程经验，现有的在手工程数量等。

投标方向的确定要能最大限度地发挥自己的优势，符合承包商的经营总战略，如正准备发展，力图打开局面，则应积极投标。

通过上述情况分析，可以预测中标的可能性，选择中标可能性大的工程投标。投标方向的选择不是一次性的，在投标过程中都有可能改变。

这几方面同样是承包商制定报价策略和合同谈判策略的基础。

B.合作方式的选择

在承包合同（主合同）投标前，承包商必须就如何完成合同范围的工程做出决定。因为任何承包商都有可能不能自己独立完成全部工程（即使是最大的公司），一方面可能没有这个能力，另一方面也可能不经济。他须与其他承包商（分包商）合作，就合作方式做出选择。无论是分包还是合伙或成立联合公司，都是为了合作，为了充分发挥各自的技术、管理、财力的优势，以共同承担风险，但不同合作形式其风险分担程度不一样，承包商要根据具体情况，权衡利弊以选择合适的合作形式。

C.在投标报价和合同谈判中一些重要问题的确定

（1）承包商所属各分包（包括劳务、租赁、运输等）合同之间的协调。

（2）分包合同的范围、委托方式、定价方式和主要合同条款的确定。

（3）承包合同投标报价策略的制定。

（4）合同谈判策略的制定等。

D.确定合同执行战略

合同执行战略是承包商按企业和工程具体情况确定的执行合同的基本方针，例如：

（1）企业必须考虑该工程在企业同期许多工程中的地位、重要性，确定优先等级。对重要的有重大影响的工程必须全力保证，在人力、物力、财力上优先考虑，如对企业信誉有重大影响的创牌子工程，大型、特大型工程，对企业准备发展业务的地区的工程等。

（2）承包商必须以积极合作的态度和热情圆满地履行合同。在工程中，特别在遇到重大问题时积极与业主合作，以赢得业主的信赖，赢得信誉。例如在中东，有些合同在签订后，或在执行中遇到不可抗力事件（如战争、革命），按规定可以撕毁合同，但有些承包商理解业主的困难，暂停施工，同时采取措施，保护现场，降低业主损失。待干扰事件结束后，继续履行合同。这样不仅保住了合同，取得了利润，而且赢得了信誉。

（3）对明显导致亏损的工程，特别是企业难以承受的亏损，或业主资信不好，难以继续合作有时不惜以撕毁合同来解决问题。

（4）对有些合理的索赔要求解决不了，承包商在合同执行上可以通过控制进度，通过间接表达履约热情和积极性向业主施加压力和影响以求得合理的解决。

5)工程合同体系中各个合同之间的协调

业主为了实现工程总目标,可能会签订许多主合同;承包商为了完成他的承包合同责任也可能会订立许多分合同。这些合同从宏观上构成项目的合同体系,从微观上它们定义并安排了一些工程活动,共同构成项目的实施过程。在这个合同体系中,相关的同级合同之间,以及主合同和分合同之间存在着复杂的关系,必须对此做出周密的计划和安排。在实际工作中由于这几方面的不协调而造成的工程失误是很多的。合同之间关系的安排及协调不仅是合同策划问题,而且是合同的具体管理问题。

承包商的各个分合同与拟由自己完成的工程(或工作)一起应能涵盖总承包合同责任。在工作内容上不应有缺陷或遗漏,要系统地进行项目的结构分解,在详细的项目结构分解的基础上列出各个合同的工程量表。要进行项目任务(各个合同或各个承包单位,或项目单元)之间的界面分析,确定各个界面上的工作责任、成本、工期、质量的定义。

分合同必须按照主合同的条件订立,全面反映主合同相关内容。主合同风险要反映在分合同中,由相关的分包商承担。为了保证主合同不折不扣地完成,分合同一般比主合同条款更为严格、周密和具体,对分包单位提出更为严格的要求,所以对分包商的风险更大。各合同所定义的专业工程之间应有明确的界面和合理的搭接。

一般在主合同估价前,就应向各分包商(供应商)询价,或进行洽商,在分包报价的基础上考虑到管理费等因素,作为总包报价,所以分包报价水平常常又直接影响总包报价水平和竞争力。

作为总承包商,周围最好要有一批长期合作的分包商和供应商,作为忠实的伙伴。这是有战略意义的。可以确定一些合作原则和价格水准,这样可以保证分包价格的稳定性。

由各个合同所确定的工程活动不仅要与项目计划(或主合同)的时间要求一致,而且它们之间时间上要协调,即各种工程活动形成一个有序的、有计划的主合同实施活动,例如设计图纸供应与施工,设备、材料供应与运输、土建和安装施工,工程交付与运行等之间应合理搭接。每一个合同都定义了许多工程活动,形成各自的子网络。它们又一起形成一个项目的总网络。

3.招标文件的分析

对一般常见的公开招标工程,由业主委托咨询工程师起草招标文件。它是承包商制订方案、工程估价、投标、合同谈判的基础。承包商取得(购得)招标文件后,通常首先进行总体检查,包括文件的完备性、工程招标的法律条件,然后分三部分进行全面分析:第一、招标条件分析。分析的对象是投标人须知,通过分析不仅掌握招标过程和各项要求,对投标报价工作做出具体安排,而且了解投标风险。第二、工程技术文件分析。即进行图纸会审,工程量复核,图纸和规范中的问题分析。在此基础上进行材料、设备的分析,作实施方案,进行询价。第三、合同文本分析。分析的对象是合同协议书和合同条件。这是合同管理的主要任务。

1)合同文本的基本要求

合同文本通常指合同协议书和合同条件等文件。它是合同的核心。它确定了当事人双方在工程中的义务和权益。合同一经签订,它即成为合同双方在工程过程中的最高法律。它的每项条款都与双方的利益相关,影响到双方的成本、费用和收入。所以,人们常说,合同字字千金。

由于建筑工程、建筑生产活动的特点和工程承包合同的作用,对工程承包合同文本有如下基本要求:

(1)内容齐全,条款完整,不能漏项。合同虽在工程实施前起草和签订,但应对工程实施过程中的各种情况都要做出预测、说明和规定,以防止扯皮和争执。

(2)定义清楚、准确,双方工程责任的界限明确,不能含混不清。合同条款应是肯定型的,可执行的。对具体问题,各方该做什么,不该做什么,谁负责,谁承担费用,应十分明确。

(3)内容具体、详细,不能笼统,不怕条文多。双方对合同条款应有统一的解释。在合同签订前,双方应就合同解释进行广泛接触。只有在谈判中麻烦多,纠缠多,才会使执行中争执少,损失少。

(4)合同应体现双方平等互利,即责任和权益,工程(工作)和报酬之间应平衡,合理分配风险,公平地分担工作和责任。但这仅是一般原则,它的具体体现还必须靠签约人努力争取,而且它难以具体地、明确地定界和责难,没有衡量的标准。

2)进行合同文本分析的原因

在工程实施过程中,常有如下情况发生:

(1)合同签订后才发现,合同中缺少某些重要的必不可少的条款,但双方已签字,难以或不可能再做修改或补充。

(2)在合同实施中发现,合同规定含糊,难以分清双方的责任和权益;不同的合同条款,不同的合同文件之间规定和要求不一致。

(3)合同条款本身缺陷和漏洞太多,对许多可能发生的情况未做估计和具体规定。有些合同条款都是一些原则性的、抽象的规定,可执行性太差,可操作性不强。合同中出现错误、矛盾和二义性。

(4)合同双方对同一合同条款的理解大相径庭。双方在签约前未就合同条款的理解进行沟通。在合同实施过程中,出现激烈的争执。

(5)合同一方在合同实施中才发现,合同的某些条款对自己极为不利,隐藏着极大的风险,或过于苛刻,甚至中了对方圈套。

(6)有些承包合同合法性不足,例如,合同的签订不符合法定程序;合同中的一些条款,合同实施过程中的有些经济活动与法律相抵触。结果导致整个合同,或合同的部分条款无效。

这在实际工程中都屡见不鲜,即使在一些大的国际工程中也时常发生这些情况。这将导致激烈的合同争执,工程不能顺利实施,合同一方或双方蒙受损失。因此,在取得招标文件之后,必须进行仔细分析,以便能及早解决或采取预防措施。

3)合同文本分析的内容

合同文本分析是一项综合性的、复杂的、技术性很强的工作。它要求合同管理者必须熟悉合同相关的法律、法规;精通合同条款;对工程环境有全面的了解;有承包合同管理的实际工作经验和经历。

通常承包合同文本分析主要有如下几个方面。

A.承包合同的合法性分析

承包合同必须在合同的法律基础的范围内签订和实施,否则会导致承包合同全部或部分无效。这是一个最严重的、影响最大的问题。承包合同的合法性分析通常包括如下内容:

（1）当事人（发包人）的资格审查。发包人具有发包工程、签订合同的资质和权能，例如为法人，或合法的代理人，且工程发包在他的代理业务范围内。

（2）工程项目已具备招标投标、签订和实施合同的一切条件，包括：

①完成相应的报建手续，具有各种工程建设的批准文件。

②各种工程建设的许可证，建设规划文件，城建部门的批准文件。

③招标投标过程符合法定的程序。

（3）工程承包合同的内容（条款）和所指的行为符合经济合同法和其他各种法律的要求，例如税赋和免税的规定、外汇额度条款、劳务进出口、劳动保护、环境保护等条款要符合相应的法律规定。

（4）有些合同需要公证，或由官方批准才能生效。这应在招标文件中做出特别说明。在国际工程中，有些国家项目、政府工程，在合同签订后，或业主向承包商发出授标意向书（甚至通知书）后，还得经政府批准，合同才能正式生效。这应特别予以注意。

在不同的国家，对不同的工程项目，合同合法性的具体内容可能不同。这方面的审查分析，通常由律师完成。这是对承包合同有效性的控制。

B.承包合同的完整性分析

一个工程承包合同是要完成一个确定范围的工程施工，则该承包合同所应包含的合同事件（或工程活动），工程本身各种问题的说明，工程过程中所涉及的及可能出现的各种问题的处理，以及双方责任和权益等，应有一定的范围。所以合同的内容应有一定范围。广义地说，承包合同的完整性包括相关的合同文件的完备性和合同条款的完备性。

（1）承包合同文件的完备性是指属于该合同的各种文件（特别是工程技术、环境、水文地质等方面的说明文件和技术设计文件等）齐全。在获取招标文件后应做这方面的检查。如果发现不足，则应要求业主（工程师）补充提供。

（2）合同条款的完备性是指合同条款齐全，对各种问题都有规定，不漏项。这是合同完整性分析的重点。通常它与使用什么样的合同文本有关：

①如果采用标准的合同文本，如在国际工程中使用 FIDIC 条件，则一般该合同完整性问题不太大。因为标准文本条款齐全，内容完整，如果又是一般的工程项目，则可以不做合同的完整性分析。但对特殊的工程，双方有一些特殊的要求，有时需要增加内容，即使 FIDIC 合同也须做一些补充。

②如果未使用标准文本，但存在该类合同的标准文件，则可以以标准文本为样板，将所签订的合同与标准文本的对应条款一一对照，则可以发现该合同缺少哪些必需条款。例如签订一个国际土木工程施工合同，而合同文本是由业主自己起草的，则可以将它与 FIDIC 条件相比，以检查所签订的合同条款的完整性。

③对无标准文本的合同类型（如分包合同、劳务合同），则起草者必须进行该类合同的结构分析，确定该类合同的范围和标准结构形式；再将被分析的合同按标准结构拆分开。这样很快即可分析出该合同是否缺少，或缺少哪些必需条款。

合同条件的不完备会造成合同双方对权利和责任理解的错误，会引起承包商和业主计划和组织的失误，最终造成工程不能顺利实施，增加双方合同争执。所以，合同双方都应努力签订一个完备的合同。

C.合同双方责任和权益及其关系分析

合同应公平合理地分配双方的责任和权益,使它们达到总体平衡。首先按合同条款列出双方各自的责任和权益,在此基础上进行它们的关系分析。

在合同中,合同双方的责任和权益是互为前提条件的。业主有一项合同权益,则必是承包商的一项合同责任;反之,承包商的一项权益,又必是业主的一项合同责任。而且合同事件之间有一定的连续关系(逻辑关系),构成合同事件网络。则通过这几方面的分析可以确定合同双方责权利是否平衡,合同有无逻辑问题(执行上的矛盾)。

在承包合同中要注意合同双方责任和权力的制约关系。

(1)如果合同规定业主有一项权力,则要分析该项权力的行使对承包商的影响;该项权力是否需要制约,业主有无滥用这个权力的可能。这样可以提出对这项权力的反制约。如果没有这个制约,则业主的权力不平衡。

例如,业主和工程师对承包商的工程和工作的检查权、认可权、满意权、指令权的限制,FIDIC 规定,工程师有权要求对承包商的材料、设备、工艺进行合同中未指明或规定的检查,承包商必须执行,甚至包括破坏性检查。但如果检查结果表明材料、工程设备和工艺符合合同规定,则业主应承担相应的损失(包括工期和费用赔偿)。这就是对业主和工程师检查权的限制,防止滥用检查权。

(2)如果合同规定承包商有一项责任,则应分析,完成这项合同责任有什么前提条件。如果这些前提条件应由业主提供或完成,则应作为业主的一项责任,在合同中做明确规定,进行反制约。如果缺少这些反制约,则合同双方责权利关系不平衡。

例如,承包合同规定,承包商必须按规定的日期开工,则同时应规定,业主必须按合同规定及时提供场地、图纸、道路、接通水电,及时划拨预付工程款,办理工程各种许可证,包括劳动力入境、居住、劳动许可证等。这是及时开工的前提条件,必须提出作为对业主的反制约。

(3)业主和承包商的责任和权益应尽可能具体、详细,并注意其范围的限定。作为承包商特别应注意合同中对自己的权益的保护条款,例如工期延误罚款的最高限额的规定,索赔条件,仲裁条款,在业主严重违约情况下中止合同的权力及索赔权力等。

例如,某合同中地质资料说明地下为普通地质,砂土。合同条件规定:如果出现岩石地质,则应根据商定的价格调整合同价。

这里只有"岩石地质"才能索赔,索赔范围太小,承包商的权益受到限制。因为在普通砂土地质和岩石地质之间还有许多种其他地质情况,也会造成承包商费用的增加和工期的延长。所以如果将"岩石地质"换成与标书规定的普通地质不符合的情况,则索赔范围就扩大了。

又如在某施工合同中,工期索赔条款规定:只要业主查明拖期是由于意外暴力造成的,则可以免去承包商的拖期责任。

这里"意外暴力"不具体,比较含糊,而且所指范围太狭窄。最好将"意外暴力"改为"非承包商责任的原因"。这样扩大了承包商的索赔权力范围。

D.合同条款之间的联系分析

通常合同分析首先针对具体的合同条款(或合同结构中的子项)。根据它的表达方式,分析它的执行将会带来什么问题和后果。在此基础上还应注意合同条款之间的内在联系。同样一种表达方式,在不同的合同环境中,有不同的上下文,则可能有不同的风险。

由于合同条款所定义的合同事件和合同问题具有一定的逻辑关系(如实施顺序关系,空间上和技术上的互相依赖关系,责任和权力的平衡和制约关系,完整性要求等),使得合同条款之间有一定的内在联系,共同构成一个有机的整体,即一份完整的合同。例如:

有关合同价格方面的问题涉及:合同计价方法,量方程序,进度款结算和支付,保留金,预付款,外汇比例,竣工结算和最终结算,合同价格的调整条件、程序、方法等。

工程变更问题涉及:工程范围,变更的权力和程序,有关价格的确定,索赔条件、程序、有效期等。

它们之间互相联系,构成一个有机的整体;通过内在联系分析可以看出合同中条款之间的缺陷、矛盾、不足之处和逻辑上的问题等。

E.合同实施的后果分析

在合同签订前必须充分考虑到一经合同签订,付诸实施会有什么样的后果,例如:

在合同实施中会有哪些意想不到的情况?

这些情况发生应如何处理?

自己如果完不成合同责任应承担什么样的法律责任?

对方如果完不成合同责任应承担什么样的法律责任?

4.合同风险分析

在任何经济活动中,要取得盈利,必然要承担相应的风险。这里的风险是指经济活动中的不确定性。风险如果发生,就会导致经济损失。一般风险应与盈利机会同时存在,并成正比,即经济活动的风险越大,盈利机会(或盈利率)就应越大。

这个体现在工程承包合同中,合同条款应公平合理;合同双方责权利关系应平衡;合同中如果包含的风险较大,则承包商应提高合同价格,加大不可预见风险费。

由于承包工程的特点和建筑市场的激烈竞争,承包工程风险很大,范围很广,是造成承包商失败的主要原因。现在,风险管理已成为衡量承包商管理水平的主要标志之一。

1)承包商风险管理的任务

承包商风险管理的任务主要有如下几方面:

(1)在合同签订前对风险做全面分析和预测。主要考虑如下问题:

①工程实施中可能出现的风险的类型、种类;

②风险发生的规律,如发生的可能性,发生的时间及分布规律;

③风险的影响,即风险如果发生,对承包商的施工过程,对工期和成本(费用)有哪些影响;承包商要承担哪些经济的和法律的责任等;

④各风险之间的内在联系,例如一起发生或伴随发生的可能。

(2)对风险进行有效的对策和计划,即考虑如果风险发生应采取什么措施予以防止,或降低它的不利影响,为风险做组织、技术、资金等方面的准备。

(3)在合同实施中对可能发生,或已经发生的风险进行有效的控制:

①采取措施防止或避免风险的发生;

②有效地转移风险,争取让其他方面承担风险造成的损失;

③降低风险的不利影响,减少自己的损失;

④在风险发生的情况下进行有效的决策,对工程施工进行有效的控制,保证工程项目的顺利实施。

2）承包工程的风险

承包工程中常见的风险有如下四类。

A.工程的技术、经济、法律等方面的风险

（1）现代工程规模大，功能要求高，需要新技术，特殊的工艺，特殊的施工设备，工期紧迫。

（2）现场条件复杂，干扰因素多；施工技术难度大，特殊的自然环境，如场地狭小，地质条件复杂，气候条件恶劣；水电供应、建材供应不能保证等。

（3）承包商的技术力量、施工力量、装备水平、工程管理水平不足，在投标报价和工程实施过程中会有这样或那样的失误，例如：技术设计、施工方案、施工计划和组织措施存在缺陷和漏洞，计划不周，报价失误。

（4）承包商资金供应不足，周转困难。

（5）在国际工程中还常常出现对当地法律、语言不熟悉，对技术文件、工程说明和规范理解不正确或出错的现象。

在国际工程中，以工程所在国的法律作为合同的法律基础，这本身就隐藏着很大的风险。而许多承包商对此常常不够重视，最终导致经济损失。另外，我国许多建筑企业初涉国际承包市场，不了解情况，不熟悉国际工程惯例和国际承包业务。这里也包含很大的风险。

B.业主资信风险

业主是工程的所有者，是承包商的最重要的合作者。业主资信情况对承包商的工程施工和工程经济效益有决定性影响。属于业主资信风险的有如下几方面：

（1）业主的经济情况变化，如经济状况恶化，濒于倒闭，无力继续实施工程，无力支付工程款，工程被迫中止。

（2）业主的信誉差，不诚实，有意拖欠工程款。

（3）业主为了达到不支付，或少支付工程款的目的，在工程中苛刻刁难承包商，滥用权力，施行罚款或扣款。

（4）业主经常改变主意，如改变设计方案、实施方案，打乱工程施工秩序，但又不愿意给承包商以补偿等。

这些情况无论在国际和国内工程中，都是经常发生的。在国内的许多地方，长期拖欠工程款已成为妨碍施工企业正常生产经营的主要原因之一。在国际工程中，也常有工程结束数年，而工程款仍未完全收回的实例。

C.外界环境的风险

（1）在国际工程中，工程所在国政治环境的变化，如发生战争、禁运、罢工、社会动乱等造成工程中断或终止。

（2）经济环境的变化，如通货膨胀、汇率调整、工资和物价上涨。物价和货币风险在承包工程中经常出现，而且影响非常大。

（3）合同所依据的法律的变化，如新的法律颁布，国家调整税率或增加新税种，新的外汇管理政策等。

（4）自然环境的变化，如百年未遇的洪水、地震、台风等，以及工程水文、地质条件的不确定性。

D.合同风险

上述列举的几类风险,反映在合同中,通过合同定义和分配,则成为合同风险。工程承包合同中一般都有风险条款和一些明显的或隐含着的对承包商不利的条款。它们常造成承包商的损失,是进行合同风险分析的重点。

3)承包合同中的风险分析

A.承包合同风险的特性

合同风险是指合同中的不确定性。它有两个特性:

(1)合同风险事件,可能发生,也可能不发生;但一经发生就会给承包商带来损失。风险的对立面是机会,它会带来收益。

但在一个具体的环境中,双方签订一个确定内容的合同,实施一个确定规模和技术要求的工程,则工程风险有一定的范围,它的发生和影响有一定的规律性。

(2)合同风险是相对的,通过合同条文定义风险及其承担者。在工程中,如果风险成为现实,则由承担者主要负责风险控制,并承担相应损失责任。所以对风险的定义属于双方责任划分问题,不同的表达,则有不同的风险,则有不同的风险承担者。如在某合同中规定:

"……乙方无权以任何理由要求增加合同价格,如……国家调整海关税……"。

"……乙方所用进口材料,机械设备的海关税和相关的其他费用都由乙方负责交纳……"。

则国家对海关的调整完全是承包商的风险,如果国家提高海关税率,则承包商要蒙受损失。

而如果在该条中规定,进口材料和机械设备的海关税由业主缴纳,乙方报价中不包括海关税,则这对承包商已不再是风险,海关税风险已被转嫁给业主。

而如果按国家规定,该工程进口材料和机械设备免收海关税,则不存在海关税风险。

作为一份完备的合同,不仅应对风险有全面地预测和定义,而且应全面地落实风险责任,在合同双方之间公平合理地分配风险。

B.承包合同风险的种类

具体地说,承包合同中的风险可能有如下几种:

(1)合同中明确规定的承包商应承担的风险。

一般工程承包合同中都有明确规定承包商应承担的风险条款,常见的有:

①工程变更的补偿范围和补偿条件。例如某合同规定,工程变更在15%的合同金额内,承包商得不到任何补偿。则在这个范围内的工程量可能的增加是承包商的风险。

②合同价格的调整条件。如对通货膨胀、汇率变化、税收增加等,合同规定不予调整,则承包商必须承担全部风险;如果在一定范围内可以调整,则承担部分风险。

③业主和工程师对设计、施工、材料供应的认可权和各种检查权。在工程中,合同和合同条件常赋予业主和工程师对承包商工程和工作的认可权和各种检查权。但这必须有一定的限制和条件,应防止写有"严格遵守工程师对本工程任何事项(不论本合同是否提出)所做的指示和指导"。如果有这一条,业主可能使用这个"认可权"或"满意权"提高工程的设计、施工、材料标准,而不对承包商补偿,则承包商必须承担这方面变更风险。

在工程过程中,业主和工程师有时提出对已完工程、隐蔽工程、材料、设备等的附加检查和试验要求,就会造成承包商材料、设备或已完工程的损坏和检查试验费用的增加。对此,合同中如果没有相应的限制和补偿条款,极容易造成承包商的损失。所以,在合同中应明确规定,如果承包商的工程或工作符合合同规定的质量标准,则业主应承担相应的检查费用和工期延误的责任。

④其他形式的风险型条款,如索赔有效期限制等。

(2)合同条文不全面、不完整,没有将合同双方的责权利关系全面表达清楚,没有预计到合同实施过程中可能发生的各种情况。这样导致合同过程中的激烈争执,最终导致承包商的损失。例如:

①缺少工期拖延罚款的最高限额的条款;

②缺少工期提前的奖励条款;

③缺少业主拖欠工程款的处罚条款。

对工程量变更、通货膨胀、汇率变化等引起的合同价格的调整没有具体规定调整方法、计算公式、计算基础等,如对材料价差的调整没有具体说明是否对所有的材料,是否对所有相关费用(包括基价、运输费、税收、采购保管费等)做调整,以及价差支付时间。

合同中缺少对承包商权益的保护条款,如在工程受到外界干扰情况下的工期和费用的索赔权等。

在某国际工程施工合同中遗漏工程价款的外汇额度条款。

由于没有具体规定,如果发生这些情况,业主完全可以以"合同中没有明确规定"为理由,推卸自己的合同责任,使承包商受到损失。

(3)合同条文不清楚、不细致、不严密。承包商不能清楚地理解合同内容,造成失误。这里有招标文件的语言表达方式,表达能力,承包商的外语水平,专业理解能力或工作不细致等问题。

例如在某些工程承包合同中有如下条款:"承包商为施工方便而设置的任何设施,均由他自己付款"。这种提法对承包商很不利,在工程过程中业主可能对某些永久性设施以"施工方便"为借口而拒绝支付。

又如合同中对一些问题不做具体规定,仅用"另行协商解决"等字眼。

对业主供应的材料和生产设备,合同中未明确规定详细的送达地点,没有"必须送达施工和安装现场"。这样很容易对场内运输,甚至场外运输责任引起争执。

(4)发包商为了转嫁风险提出单方面约束性的、过于苛刻的、责权利不平衡的合同条款。

明显属于这类条款的是,对业主责任的开脱条款。这在合同中经常表达为:"业主对……不负任何责任"。例如:

①业主对任何潜在的问题,如工期拖延、施工缺陷、付款不及时等所引起的损失不负责;

②业主对招标文件中所提供的地质资料、试验数据、工程环境资料的准确性不负责;

③业主对工程实施中发生的不可预见风险不负责;

④业主对由于第三方干扰造成的工程拖延不负责等。

这样将许多属于业主责任的风险推给承包商。与这一类条款相似的是,在承包合同有这样的表达形式:"在……情况下,不得调整合同价格",或"在……情况下,一切损失由承包商负责"。例如某合同规定:乙方无权以任何理由要求增加合同价格,如市场物价上涨,货币价格浮动,生活费用提高,调整税法,关税,国家增加新的赋税等。

这类风险型条款在分包合同中也特别明显。例如,某分包合同规定:由总包公司通知分包公司的有关业主的任何决定,将被认为是总包公司的决定而对本合同有效。则分包商承担了总包合同的所有相关的风险。

又如,分包合同规定:总承包商同意在分包商完成工程,经监理工程师签发证书并在业主支付总承包商该项工程款后若干天内,向分包商付款。这样,如果总包其他方面工程出现问题,业主拒绝付款,则分包商尽管按分包合同完成工程,但仍得不到工程款。

例如,某分包合同规定,对总承包商因管理失误造成的违约责任,仅当这种违约造成分包商人员和物品的损害时,总承包商才给分包商以赔偿,而其他情况不予赔偿。这样,总承包商管理失误造成分包商成本和费用的增加不在赔偿之内。

有时有些特殊的规定应注意,例如有一承包合同规定,合同变更的补偿仅对重大的变更,且仅按单个建筑物和设施地平以上体积变化量计算补偿。这实质上排除了工程变更索赔的可能。在这种情况下承包商的风险很大。

C.合同风险分析的影响因素

合同风险管理完全依赖风险分析的准确程度、详细程度和全面性。合同风险分析主要依靠如下几方面因素:

(1)承包商对环境状况的了解程度。要精确地分析风险必须做详细的环境调查,大量占有第一手资料。

(2)对招标文件分析的全面程度、详细程度和正确性,当然同时又依赖于招标文件的完备程度。

(3)对业主和工程师资信和意图了解的深度和准确性。

(4)对引起风险的各种因素的合理预测及预测的准确性。

(5)做标期的长短。

4)合同风险的防范对策

对于承包商,在任何一份工程承包合同中,问题和风险总是存在的,没有不承担风险,绝对完美和双方责权利关系绝对平衡的合同(除了成本加酬金合同)。对分析出来的合同风险必须认真地进行对策研究。对合同风险有对策和无对策,有准备和无准备是大不一样的。这常常关系到一个工程的成败,任何承包商都不能忽视这个问题。

在合同签订前,风险分析全面、充分,风险对策周密、科学,在合同实施中如果风险成为现实,则可以从容应付,立即采取补救措施。这样可以极大地降低风险的影响,减少损失。

反之,如果没有准备,没有预见风险,没有对策措施,一经风险发生,管理人员手足无措,不能及时地、有效地采取补救措施。这样会扩大风险的影响,增加损失。

对合同风险一般有如下几种对策。

A.在报价中考虑

(1)提高报价中的不可预见风险费。

对风险大的合同,承包商可以提高报价中的风险附加费,为风险作资金准备。风险附加费的数量一般依据风险发生的概率和风险一经发生承包商将要受到的费用损失量确定。所以风险越大,风险附加费应越高。但这受到很大限制。风险附加费太高对合同双方都不利:业主必须支付较高的合同价格;承包商的报价太高,失去竞争力,难以中标。

（2）采取一些报价策略。

采用一些报价策略，以降低、避免或转移风险。例如：开口升级报价法、多方案报价法等。在报价单中，建议将一些花费大、风险大的分项工程按成本加酬金的方式结算。

但由于业主和监理工程师管理水平的提高，招标程序的规范化和招标规定的健全，这些策略的应用余地和作用已经很小，弄得不好承包商会丧失承包工程资格或造成报价失误。

（3）在法律和招标文件允许的条件下，在投标书中使用保留条件、附加或补充说明。

B. 通过谈判，完善合同条文，双方合理分担风险

合同双方都希望签认一个有利的、风险较少的合同。但在工程过程中许多风险是客观存在的，问题是由谁来承担。减少或避免风险，是承包合同谈判的重点。合同双方都希望推卸和转嫁风险，所以在合同谈判中常常几经磋商，有许多讨价还价。

通过合同谈判，完善合同条文，使合同能体现双方责权利关系的平衡和公平合理。这是在实际工作中使用最广泛，也是最有效的对策。

（1）充分考虑合同实施过程中可能发生的各种情况，在合同中予以详细地、具体地规定，防止意外风险。所以，合同谈判的目标，首先是对合同条文拾遗补缺，使之完整。

（2）使风险型条款合理化，力争对责权利不平衡条款、单方面约束性条款做修改或限定，防止独立承担风险。例如：

合同规定，业主和工程师可以随时检查工程质量。同时应规定，如由此造成已完工程损失，影响工程施工，而承包商的工程和工作又符合合同要求，业主应予以赔偿损失。

合同规定，承包商应按合同工期交付工程，否则，必须支付相应的违约罚款。合同同时应规定，业主应及时交付图纸，交付施工场地、行驶道路，支付已完工程款等，否则工期应予以顺延。

对不符合工程惯例的单方面约束性条款，在谈判中可列举工程惯例，劝说业主取消。

（3）将一些风险较大的合同责任推给业主，以减少风险。当然，常常也相应地减少收益机会。例如，让业主负责提供价格变动大，供应渠道难保证的材料；由业主支付海关税，并完成材料、机械设备的入关手续；让业主承担业主的工程管理人员的现场办公设施、办公用品、交通工具、食宿等方面的费用。

（4）通过合同谈判争取在合同条款中增加对承包商权益的保护性条款。

C. 保险公司投保

工程保险是业主和承包商转移风险的一种重要手段。当出现保险范围内的风险，造成财务损失时，承包商可以向保险公司索赔，以获得一定数量的赔偿。一般在招标文件中，业主都已指定承包商投保的种类，并在工程开工后就承包商的保险做出审查和批准。通常承包工程保险有：

工程一切险；施工设备保险；第三方责任险；人身伤亡保险等。

承包商应充分了解这些保险所保的风险范围、保险金计算、赔偿方法、程序、赔偿额等详细情况。

D. 采取技术的、经济的和管理的措施

在承包合同的实施过程中，采取技术的、经济的和管理的措施，以提高应变能力和对风险的抵抗能力。例如：

（1）对风险大的工程派遣最得力的项目经理、技术人员、合同管理人员等，组成精干的项目管理小组；

（2）施工企业对风险大的工程,在技术力量、机械装备、材料供应、资金供应、劳务安排等方面予以特殊对待,全力保证合同实施;

（3）对风险大的工程,应做更周密的计划,采取有效的检查、监督和控制手段;

（4）风险大的工程应该作为施工企业的各职能部门管理工作的重点,从各个方面予以保证。

E.在工程过程中加强索赔管理

用索赔和反索赔来弥补或减少损失,这是一个很好的也是被广泛采用的对策。通过索赔可以提高合同价格,增加工程收益,补偿由风险造成的损失。

许多有经验的承包商在分析招标文件时就考虑其中的漏洞、矛盾和不完善的地方,考虑到可能的索赔,甚至在报价和合同谈判中为将来的索赔留下伏笔。但这本身常常又会有很大的风险。

F.其他对策

（1）将一些风险大的分项工程分包出去,向分包商转嫁风险。

（2）与其他承包商合伙承包,或建立联合体,共同承担风险等。

5.合同审查表分析

1）合同审查表的作用

将上述分析和研究的结果可以用合同审查表进行归纳整理。用合同审查表可以系统地进行合同文本中的问题和风险分析,提出相应的对策。合同审查表的主要作用有:

（1）将合同文本"解剖"开来,使它"透明"和易于理解,使承包商和合同主谈人对合同有一个全面的了解。

这个工作非常重要,因为合同条文常常不易读懂,连贯性差,对某一问题可能会在几个文件或条款中予以定义或说明。所以首先必须将它归纳整理,进行结构分析。

（2）检查合同内容上的完整性。用标准的合同结构对照该合同文本,即可发现它缺少哪些必需条款。

（3）分析评价每一合同条文执行的法律后果,将给承包商带来的问题和风险,为报价策略的制定提供资料,为合同谈判和签订提供决策依据。

（4）通过审查还可以发现:

①合同条款之间的矛盾性,即不同条款对同一具体问题规定或要求不一致;

②对承包商不利,甚至有害的条款,如过于苛刻、责权利不平衡、单方面约束性等条款;

③隐含着较大风险的条款;

④内容含糊,概念不清,或自己未能完全理解的条款。

所有这些均应向业主提出,要求解释和澄清。

对于一些重大的工程或合同关系和合同文本很复杂的工程,合同审查的结果应经律师或合同法律专家核对评价,或在他们的直接指导下进行审查。这会减少合同中的风险,减少合同谈判和签订中的失误。国外的一些管理公司在做合同审查后,还常常委托法律专家对审查结果做鉴定。

2）合同审查表

A.合同审查表的格式

要达到合同审查目的,合同审查表至少应具备如下功能:

（1）完整的审查项目和审查内容。通过合同审查表可以直接检查合同条文的完整性。

（2）被审查合同在对应审查项目上的具体条款和内容。

（3）对合同内容的分析评价,即合同中有什么样的问题和风险。

（4）针对分析出来的问题提出建议或对策。

表 10-1 为某承包商合同审查表的格式,按不同的要求,其栏目还可以增减。

表 10-1　合同审查表

审查项目编号	审查项目	合同条文	内容	说明	建议或对策
⋮	⋮	⋮	⋮	⋮	⋮
J020200	工程范围 …	合同第 13 条 …	包括在工程量清单中所列出的供应和工程,以及未列出的,但为工程经济地和安全地运行必不可少的供应和工程 …	工程范围不清楚,甲方可以随便扩大工程范围,增加新项目 …	1.限定工程范围仅为工程量清单所列 2.增加对新的附加工程重新商定价格的条款 …
⋮	⋮	⋮	⋮	⋮	⋮
S060201	海关手续 …	合同第 40 条 …	乙方负责缴纳海关税,办理材料和设备的入关手续 …	该国海关效率太低,经常拖延海关手续,故最好由甲方负责入关手续,这样风险较小 …	建议加上"在接到到货通知后×天内,甲方完成海关放行的一切手续" …
⋮	⋮	⋮	⋮	⋮	⋮
S080812	维修期 …	合同第 54 条 …	自甲方初步验收之日起,维修保证期为 1 年。在这期间发现缺点和不足,那么乙方应在收到甲方通知之日一周内进行维修,费用由乙方承担 …	这里未定义"缺点"和"不是"的责任,即由谁引起的 …	在"缺点和不足"前加上"由于乙方施工和材料质量原因引起的" …
⋮	⋮	⋮	⋮	⋮	⋮

B.审查项目

审查项目的建立和合同结构标准化是审查的关键。在实际工程中,某一类合同如国际土木工程施工合同,它的条款内容、性质和说明的对象常常有一致性,则可以将这类合同的结构(注意,不是合同文本形式)固定下来,作为该类合同的标准结构。合同审查可以以合同标准结构中的项目和子项目作为对象。它们即为审查项目。

合同审查工作可以用计算机来完成。先将合同标准结构存入计算机中,审查只需将被审查的合同按标准结构逐条拆分,输入计算机中,再按规定的程序进行审查分析。

C.编码

这是为了计算机数据处理的需要而设计的,以方便调用、对比、查询和储存。应设置统一的合同结构编码系统。

编码应能反映所审查项目的如下特征:

审查项目的类别:例如表 12-2,J 为技术方面的规定。

项目:如"02"为工程范围;

子项目:如"03"为工程变更条件。

则"J0203"可表示:"技术方面的规定,工程范围,工程变更条件"。

对复杂的合同还可细分。

D.合同条文

合同条文即对应审查项目上被审查合同的对应条款号。

E.内容

即被审查合同相应条款的内容。这是合同风险分析的对象。在表上可直接摘录(复印)原合同文本内容,即将合同文本按检查项目拆分开来。

F.说明

这是对该合同条款存在的问题和风险的分析。这里要具体地评价该条款执行的法律后果,将给承包商带来的风险。分析的依据有:

(1)合同审查者的合同和合同管理方面的知识、经验和能力。

(2)将每一审查项目的不同风险程度的表达方式存入计算机中,如风险很大,风险较大,没有风险,较为有利,很为有利的表达。审查时可以将它们调出与被审查合同的对应条款内容相对比,以分析该条款的风险程度。

这需要分析许多承包合同的构成和表达形式,分析这些合同实施的利弊得失。国外的一些承包公司和项目管理公司十分注重经验的积累。合同结束后,合同管理人员进行分析研究,总结经验,对照合同条款和合同执行的情况和结果,做合同后评价。这样,合同理解水平,合同谈判和合同管理水平将会不断提高。

G.建议或对策

针对审查分析得出的合同中存在的问题和风险,应采取相应的措施。这是合同管理者对报价和合同谈判提出的建议。

合同审查后,将合同审查结果以最简洁的形式表达出来,交承包商和合同谈判主谈人。合同谈判主谈人在谈判中可以针对审查出来的问题和风险与对手谈判,同时在谈判中落实审查表中的建议或对策,做到有的放矢。

6.投标文件检查分析

投标文件是承包商的报价文件,是对业主的招标文件的响应。它作为一份要约,一般从投标截止期之后,承包商即对它承担法律责任。

1)投标书中可能存在的问题

由于投标的准备期短,投标人对环境不熟悉,又不可能花许多时间和精力编标,使得投标书中会有这样或那样的问题,使得标书无效,或是中标后没有赢利、亏损甚至使项目失败。

例如：

（1）报价错误。包括运算错误、打印错误等。

（2）实施方案不科学、不安全、不完备、过于简略。

（3）未按招标文件的要求编标，缺少一些业主要求的内容。

（4）对业主的招标文件理解错误。

（5）不适当地使用了一些报价策略。例如有附加说明、严重的不平衡报价等。

因此投标文件在递交前还要进行全面的检查分析。

2）投标文件审查分析

（1）投标书的有效性分析，如印章、授权委托书是否符合要求。

（2）投标文件的完整性，即投标文件中是否包括招标文件规定应提交的全部文件，特别是授权委托书、投标保函和各种业主要求提交的文件。

（3）投标文件与招标文件一致性的审查。一般招标文件都要求投标人完全按招标文件的要求投标报价，完全响应招标要求。这里必须分析是否完全响应，有无修改或附带条件。

（4）报价分析。对报价本身的正确性、完整性、合理性进行分析。

①检查工程量表，是否所有要求报价的项目都已经报价。

②检查是否有明显的数字运算错误，单价、数量与合价之间是否一致，合同总价累计是否正确等。

③进一步分析报价策略的合理性。

报价分析可以分为如下几个层次：

①总报价分析。与以往同类工程总报价进行对比分析。

②各单位工程报价分析。与以往同类工程各单位工程报价进行对比分析。

③各分部工程报价分析。与以往同类工程各分部工程报价对比分析。

④各分项工程报价分析。与以往同类工程各分项工程报价对比分析。

⑤各专项费用（如间接费率）分析。与以往同类工程各专项费用（如间接费率）对比分析。

⑥不可预见费的分析。不可预见费是否打足？是否考虑了全部风险？

报价分析应特别注意工程量大、价格高、对总报价影响大的分项。在此基础上，考虑竞争因素等，分析报价及报价策略的合理性。

（5）进一步检查分析施工规划的可行性、合理性和全面性，确保中标后项目顺利实施。

①检查分析对该工程的性质、工程范围、难度、自己的工程责任的理解的正确性。评价施工方案、作业计划、施工进度计划的科学性和可行性，能保证合同目标的实现。

②工程按期完成的可能性。

③施工的安全、劳动保护、质量保证措施、现场布置的科学性。

④投标人用于该工程的人力、设备、材料计划的准确性，各供应方案的可行性。

⑤项目班子分析。主要是项目经理、主要工程技术人员的工作经历、经验。

通过对投标文件进行分析，可以检查对招标文件和业主意图理解的正确程度。如果投标文件出现大的偏差，如报价太低、施工方案不安全合理、工程范围与合同要求不一致，则必然会导致合同实施中的矛盾、失误、争执。

10.2.4.2 合同签订过程中的合同管理

开标之后,如果投标人列上了第一标或排在前几标,则说明投标人已具有进一步谈判和取得项目的可能性。从招标的程序上说,就进入了评标和决标阶段。对承包商来讲,这个阶段是通过谈判手段力争拿到项目的阶段。本阶段的主要任务是:

(1)合同谈判战略的确定。

(2)做好合同谈判工作。承包商应选择最熟悉合同,最有合同管理和合同谈判方面知识、经验和能力的人作为主谈者进行合同谈判。

按照常规,业主和承包商之间的合同谈判一般分两步走,即评标和决标阶段谈判及商签合同阶段的谈判。前一阶段中,业主与通过评审委员会初步评审出的最有可能被接受的几个投标人进行商谈。商谈的主要问题主要是技术答辩,也包括价格问题和合同条件等问题。通过商谈,双方讨价还价,反复磋商逐步达成谅解和一致,最终选定中标人。当业主已最终选定一家承包商作为唯一的中标者,并只和这家承包商进一步商谈时,就进入了商签合同阶段。一般先由业主发出中标通知函,然后约见和谈判,即将过去双方通过谈判达成的一致意见具体化,形成完整的合同文件,进一步协商和确认,并最终签订合同。有时由于规定的评标阶段长,业主也往往采用先选定中标者,进行商谈后再发中标通知函,同时发出合同协议书,进一步商谈并最终签订合同协议书。本阶段的谈判特点是,谈判局面已有所改变,承包商已由过去的时刻处于被人裁定的卖方的地位转变为可以与业主及其咨询人员(未来的项目监理工程师)同桌商谈的项目合伙人的地位。因此,承包商可以充分利用这一有利地位,对合同文件中的关键性条款,尤其是一些不够合理的条款,进一步展开有理、有利、有节的谈判,说服业主做出让步,力争合同条款公平合理。必要时还需要加入个别的保护承包商自身合法权益的条款。当然,这决不能对以前已经达成的一致进行翻案,言而无信,而是从合作搞好项目出发,进一步提出建设性意见。另外,也要看到在双方未签署合同协议书以前,买方仍然有权改变卖方,买方可以约见第二位卖方另行商谈。一般来说,买方不会轻易这样做,因为买方与第二位卖方的会谈将会更困难,第二位卖方的身价必然要升高,买方的有利地位将削弱。因此,形成的合同文件中如果确有不合理的条款,由于合同未签约,尚未缴纳履约担保,承包商不受合同的约束也不致蒙受巨大损失,在一些强加的不合理条款得不到公平合理的解决时,承包商往往宁可冒损失投标保证金的风险而退出谈判。然而,对承包商来说,毕竟还是要力争拿到项目的,并且还要考虑,一旦合同签约,这种有法律约束力的合同关系将会保持和延续很长时间,如果在本阶段的谈判中留有较强的阴影,必将在整个履行合同过程中导致一定程度的反映和报复。本阶段的谈判必须要坚持运用建设型谈判方式,谋求双方的共同利益,建立新的合作伙伴关系,使双方能在履行合同过程中创立最佳的合作意愿和气氛,保证项目的顺利实施和建设成功。本阶段的谈判重点一般都放在合同文件的组成、顺序,合同条款的内容和条件以及合同价款的确认上。

在谈判阶段,不但要做好谈判的各项准备工作,选用恰当的谈判技巧和策略,而且要注意下列问题。

1. 符合承包商的基本目标

承包商的基本目标是取得工程利润,所以"合于利而动,不合于利而止"(孙子兵法,火攻篇)。这个"利"可能是该工程的盈利,也可能为承包商的长远利益。合同谈判和签订应服从企业的整体经营战略。"不合于利",即使丧失工程承包资格,失去合同,也不能接受责权利不平衡,明显导致亏损的合同。这应作为基本方针。

承包商在签订承包合同中常常会犯这样的错误:

(1)由于长期承接不到工程而急于求战,急于使工程成交,而盲目签订合同。

(2)初到一个地方,急于打开局面,承接工程,而草率签订合同。

(3)由于竞争激烈,怕丧失承包资格而接受条件苛刻的合同。

上述这些情况很少有不失败的。

所以,作为承包商应牢固地确立:宁可不承接工程,也不能签订不利的,明显导致亏损的合同。"利益原则"不仅是合同谈判和签订的基本原则,而且是整个合同管理和工程项目管理的基本原则。

2.积极地争取自己的正当权益

合同法和其他经济法规赋予合同双方以平等的法律地位和权力。按公平原则,合同当事人双方应享有对等的权利和应尽的义务,任何一方得到的利益应与支付给对方的代价之间平衡。但在实际经济活动中,这个地位和权力还要靠承包商自己争取。而且在合同中,这个"平等"常常难以具体地衡量。如果合同一方自己放弃这个权力,盲目地、草率地签订合同,致使自己处于不利地位,受到损失,常常法律对他难以提供帮助和保护。所以在合同签订过程中放弃自己的正当权益,草率地签订合同是"自杀"行为。

承包商在合同谈判中应积极地争取自己的正当权益,争取主动。如有可能,应争取合同文本的拟稿权。对业主提出的合同文本,应进行全面地分析研究。在合同谈判中,双方应对每个条款做具体地商讨,争取修改对自己不利的苛刻的条款,增加承包商权益的保护条款。对重大问题不能客气和让步,针锋相对。承包商切不可在观念上把自己放在被动地位上,有处处"依附于人"的感觉。

当然,谈判策略和技巧是极为重要的。通常,在决标前,即承包商尚要与几个对手竞争时,必须慎重,处于守势,尽量少提出对合同文本做大的修改。在中标后,即业主已选定承包商作为中标人,应积极争取修改风险型条款和过于苛刻的条款,对原则问题不能退让和客气。

3.重视合同的法律性质

分析国际和国内承包工程的许多案例可以看出,许多承包合同失误是由于承包商不了解或忽视合同的法律性质,没有合同意识造成的。

合同一经签订,即成为合同双方的最高法律,它不是道德规范。合同中的每一条都与双方利害相关。签订合同是个法律行为,所以在合同谈判和签订中,既不能用道德观念和标准要求和指望对方,也不能用它们来束缚自己。这里要注意如下几点:

(1)一切问题,必须"先小人,后君子""丑话说在前"。对各种可能发生的情况和各个细节问题都要考虑到,并作明确的规定,不能有侥幸心理。

尽管从取得招标文件到投标截止时间很短,承包商也应将招标文件内容,包括投标人须知、合同条件、图纸、规范等弄清楚,并详细地了解合同签订前的环境,切不可期望到合同签订后再做这些工作。这方面的失误承包商自己负责,对此也不能有侥幸心理,不能为将来合同实施留下麻烦和"后遗症"。

(2)一切都应明确地、具体地、详细地规定。对方已"原则上同意""双方有这个意向"常常是不算数的。在合同文件中一般只有确定性、肯定性语言才有法律约束力,而商讨性、意向性用语很难具有约束力。通常意向书不属于确认文件,它不产生合同,实际用途较小。

在国际工程中,有些国家工程、政府项目,合同授予前须经政府批准或认可。对此,通常业主先给已选定的承包商一意向书。这一意向书不产生合同。如果在合同正式授予前,承包商为工程做前期准备工作(如调遣队伍,订购材料和设备,甚至做现场准备等),而由于各种原因合同最终没有签订,承包商很难获得业主的费用补偿。因为意向书对业主一般没有约束力,除非在意向书中业主指令承包商在中标函发出前进行某些准备工作(一般为了节省工期),而且明确表示对这些工作付款,否则,承包商的风险很大。

对此比较好的处理办法是,如果在中标函发出前业主要求承包商着手某些工作,则双方应签订一项单独施工准备合同。如果本工程承包合同不能签订,则业主对承包商做费用补偿。如果工程承包合同签订,则该施工准备合同无效(已包括在主合同中)。

(3)在合同的签订和实施过程中,不要轻易相信任何口头承诺和保证,少说多写。双方商讨的结果,作出的决定,或对方的承诺,只有写入合同,或双方文字签署才算确定;相信"一字千金",不相信"一诺千金"。

(4)对在标前会议上和合同签订前的澄清会议上的说明、允诺、解释和一些合同外要求,都应以书面的形式确认,如签署附加协议、会谈纪要、备忘录等,或直接修改合同文件,写入合同中。这些书面文件也作为合同的一部分,具有法律效力,常常可以作为索赔的理由。

但是在合同签订前,双方需要对合同条件、中标函、投标书中的部分内容做修改,或取消这些内容,则必须直接修改上述文件,通常不能以附加协议、信件、会谈纪要等修改或确认。因为合同签订前的这些确认文件、协议等法律优先地位较低。当它们与合同协议书、合同条件、中标函、投标书等内容不一致或相矛盾时,后者优先。同样,在工作量表、规范中也不能有违反合同条件的规定。

4.重视合同的审查和风险分析

不计后果地签订合同是危险的,也很少有不失败的。在合同签订前,承包商应认真地、全面地进行合同审查和风险分析,弄清楚自己的权益和责任,完不成合同责任的法律后果。对每一条款的利弊得失都应清楚了解。承包商应委派有丰富合同工作经验和经历的专家承担这项工作。

合同风险分析和对策一定要在报价和合同谈判前进行,以作为投标报价和合同谈判的依据。在合同谈判中,双方应对各合同条款和分析出来的风险进行认真商讨。

在谈判结束,合同签约前,还必须对合同做再一次的全面分析和审查。其重点为:

(1)前面合同审查所发现的问题是否都有了落实,得到解决,或都已处理过;不利的、苛刻的、风险型条款,是否都已做了修改。

(2)新确定的,经过修改或补充的合同条文还可能带来新的问题和风险,与原来合同条款之间可能有矛盾或不一致,仍可能存在漏洞和不确定性。在合同谈判中,投标书及合同条件的任何修改,签署任何新的附加协议、补充协议,都必须经过合同审查,并备案。

(3)对仍然存在的问题和风险,是否都已分析出来,承包商是否都十分明了或已认可,已有精神准备或有相应的对策。

(4)合同双方是否对合同条款的理解有完全的一致性。业主是否认可承包商对合同的分析和解释。对合同中仍存在着的不清楚、未理解的条款,应请业主做书面说明和解释。

最终将合同检查的结果以简洁的形式(如表和图)和精练的语言表达出来,交承包商,由承包商对合同的签约做最后决策。

在合同谈判中,合同主谈人是关键。其合同管理和合同谈判知识、能力和经验对合同的签订至关重要。但其谈判必须依赖于合同管理人员和其他职能人员的支持;对复杂的合同,只有充分地审查,分析风险,合同谈判才能有的放矢,才能在合同谈判中争取主动。

5.尽可能使用标准的合同文本

现在,无论在国际工程中或在国内工程中都有通用的、标准的合同文本。由于标准的合同文本内容完整,条款齐全;双方责权利关系明确,而且比较平衡;风险较小,而且易于分析;承包商能得到一个合理的合同条件,这样可以减少招标文件的编制和审核时间,减少漏洞,双方理解一致,极大地方便合同的签订和合同的实施控制,对双方都有利。作为承包商,如果有条件(如有这样的标准合同文本)则应建议采用标准合同文本。

6.加强沟通和了解

在招标投标阶段,双方本着真诚合作的精神多沟通,达到互相了解和理解。实践证明,双方理解越正确、越全面、越深刻,合同执行中对抗越少,合作越顺利,项目越容易成功。国际工程专家曾指出:"虽然工程项目的范围、规模、复杂性各不相同,但一个被业主、工程师、承包商都认为成功的项目,其最主要的原因之一是,业主、工程师、承包商能就项目目标达成共识,并将项目目标建立在各种完备的书面合同上,……它们应是平等的,并能明确工程的施工范围……。"

作为承包商应抓住如下几个环节:

(1)正确理解招标文件,吃透业主的意图和要求。

(2)有问题可以利用标前会议,或通过通信手段向业主提出。一定要多问,不可自以为是地解释合同。

(3)在澄清会议上将自己的投标意图和依据向业主说明,同时又可以进一步了解业主的要求。

(4)在合同谈判中进一步沟通,详细地交换意见。

10.2.4.3　工程承包合同履行过程中的合同管理

合同签订后,作为企业层次的合同管理工作主要是进行合同履行分析、协助企业建立合适的项目经理部及履行过程中的合同控制。

1.概述

1)承包合同履行分析的必要性

承包商在合同实施过程中的基本任务是使自己圆满地完成合同责任。整个合同责任的完成是靠在一段段时间内,完成一项项工程和一个个工程活动实现的,所以合同目标和责任必须贯彻落实在合同实施的具体问题上和各工程小组以及各分包商的具体工程活动中。承包商的各职能人员和各工程小组都必须熟练地掌握合同,用合同指导工程实施和工作,以合同作为行为准则。国外的承包商都强调必须"天天念合同经"。

但在实际工作中,承包商的各职能人员和各工程小组不能都手执一份合同,遇到具体问题都由各人查阅合同,因为合同本身有如下不足之处:

(1)合同条文往往不直观明了,一些法律语言不容易理解。在合同实施前进行合同分析,将合同规定用最简单易懂的语言和形式表达出来,使人一目了然。这样才能方便日常管理工作,承包商、项目经理、各职能人员和各工程小组也不必经常为合同文本和合同式的语言所累。

工程各参加者,包括业主、监理工程师和承包商、承包商的各工程小组、职能人员和分包商,对合同条文的解释必须有统一性和同一性。在业主与承包商之间,合同解释权归监理工程师。而在承包商的施工组织中,合同解释权必须归合同管理人员。如果在合同实施前,不对合同做分析和统一的解释,而让各人在执行中翻阅合同文本,极容易造成解释不统一,而导致工程实施的混乱。特别对复杂的合同,各方面关系比较复杂的工程,这个工作极为重要。

(2)合同内容没有条理,有时某一个问题可能在许多条款,甚至在许多合同文件中规定,在实际工作中使用极不方便。例如,对一分项工程,工程量和单价在工程量清单中,质量要求包含在工程图纸和规范中,工期按网络计划,而合同双方的责任、价格结算等又在合同文本的不同条款中。这容易导致执行中的混乱。

(3)合同事件和工程活动的具体要求(如工期、质量、技术、费用等),合同各方的责任关系,事件和活动之间的逻辑关系极为复杂。要使工程按计划有条理地进行,必须在工程开始前将它们落实下来,从工期、质量、成本、相互关系等各方面定义合同事件和工程活动。

(4)许多工程小组,项目管理职能人员所涉及的活动和问题不是全部合同文件,而仅为合同的部分内容。他们没有必要在工程实施中死抱着合同文件。

(5)在合同中依然存在问题和风险,这是必然的。它们包括两个方面:合同审查时已经发现的风险和还可能隐藏着的尚未发现的风险。合同中还必然存在用词含糊,规定不具体、不全面,甚至矛盾的条款。在合同实施前有必要做进一步的全面分析,对风险进行确认和定界,具体落实对策和措施。风险控制,在合同控制中占有十分重要的地位。如果不能透彻地分析出风险,就不可能对风险有充分的准备,则在实施中很难进行有效的控制。

(6)合同履行分析是对合同执行的计划,在分析过程中应具体落实合同执行战略。

(7)在合同实施过程中,合同双方会有许多争执。合同争执常常起因于合同双方对合同条款理解的不一致。要解决这些争执,首先必须做合同分析,按合同条文的表达分析它的意思,以判定争执的性质。要解决争执,双方必须就合同条文的理解达成一致。

在索赔中,索赔要求必须符合合同规定,通过合同分析可以提供索赔理由和根据。

合同履行分析,与前述招标文件的分析内容和侧重点略有不同。合同履行分析是解决"如何做"的问题,是从执行的角度解释合同。它是将合同目标和合同规定落实到合同实施的具体问题上和具体事件上,用以指导具体工作,使合同能符合日常工程管理的需要,使工程按合同施工。合同分析应作为承包商项目管理的起点。

2)合同分析的基本要求

(1)准确性和客观性。

合同分析的结果应准确,全面地反映合同内容。如果分析中出现误差,它必然反映在执行中,导致合同实施更大的失误。所以不能透彻、准确地分析合同,就不能有效、全面地执行合同。许多工程失误和争执都起源于不能准确地理解合同。

客观性,即合同分析不能自以为是和"想当然"。对合同的风险分析,合同双方责任和权益的划分,都必须实事求是地按照合同条文,按合同精神进行,而不能以当事人的主观愿望解释合同;否则,必然导致实施过程中的合同争执,导致承包商的损失。

（2）简易性。

合同分析的结果必须采用使不同层次的管理人员、工作人员能够接受的表达方式，如图表形式。对不同层次的管理人员提供不同要求、不同内容的合同分析资料。

（3）合同双方的一致性。

合同双方，承包商的所有工程小组、分包商等对合同理解应有一致性。合同分析实质上是承包商单方面对合同的详细解释。分析中要落实各方面的责任界面，这极容易引起争执。所以，合同分析结果应能为对方认可。如有不一致，应在合同实施前，最好在合同签订前解决，以避免合同执行中的争执和损失，这对双方都有利。合同争执的最终解决不是以单方面对合同理解为依据的。

（4）全面性。

①合同分析应是全面的，对全部的合同文件做解释。对合同中的每一条款、每句话，甚至每个词都应认真推敲，细心琢磨，全面落实。合同分析不能只观其大略，不能错过一些细节问题，这是一项非常细致的工作。在实际工作中，常常一个词，甚至一个标点能关系到争执的性质，关系到一项索赔的成败，关系到工程的盈亏。

②全面地、整体地理解，而不能断章取义，特别当不同文件、不同合同条款之间规定不一致，有矛盾时，更要注意这一点。

3）合同履行分析的内容和过程

按合同分析的性质、对象和内容，它可以分为：

（1）合同总体分析；

（2）合同详细分析；

（3）特殊问题的合同扩展分析。

2.合同总体分析

合同总体分析的主要对象是合同协议书和合同条件等。通过合同总体分析，将合同条款和合同规定落实到一些带全局性的具体问题上。合同总体分析通常在如下两种情况下进行：

（1）在合同签订后实施前，承包商首先必须确定合同规定的主要工程目标，划定各方面的义务和权利界限，分析各种活动的法律后果。合同总体分析的结果是工程施工总的指导性文件，此时分析的重点是：

①承包商的主要合同责任，工程范围；

②业主（包括工程师）的主要责任；

③合同价格、计价方法和价格补偿条件；

④工期要求和补偿条件；

⑤工程受干扰的法律后果；

⑥合同双方的违约责任；

⑦合同变更方式、程序和工程验收方法等；

⑧争执的解决等。

在分析中应对合同中的风险，执行中应注意的问题做出特别的说明和提示。

合同总体分析后，应将分析的结果以最简单的形式和最简洁的语言表达出来，交项目经理、各职能部门和各职能人员，以作为日常工程活动的指导。

（2）在重大的争执处理过程中,例如在重大的或一揽子索赔处理中,首先必须做合同总体分析。

这里总体分析的重点是合同文本中与索赔有关的条款。对不同的干扰事件,则有不同的分析对象和重点。它对整个索赔工作起如下作用：

①提供索赔（反索赔）的理由和根据；

②合同总体分析的结果直接作为索赔报告的一部分；

③作为索赔事件责任分析的依据；

④提供索赔值计算方式和计算基础的规定；

⑤索赔谈判中的主要攻守武器。

合同总体分析的内容和详细程度与如下因素有关：

第一,分析目的。如果在合同履行前做总体分析,一般比较详细、全面；而在处理重大索赔和合同争执时做总体分析,一般仅需分析与索赔和争执相关的内容。

第二,承包商的职能人员、分包商和工程小组对合同文本的熟悉程度。如果是一个熟悉的,以前经常采用的文本（例如国际工程中使用 FIDIC 文本）,则分析可简略,重点分析特殊条款和应重视的地方。

第三,工程和合同文本的特殊性。如果工程规模大,结构复杂,使用特殊的合同文本（如业主自己起草的非标准文本）,合同条款复杂,合同风险大,变更多,工程的合同关系复杂,相关的合同多,则应详细分析。

3.合同详细分析

承包合同的实施由许多具体的工程活动和合同双方的其他经济活动构成。这些活动也都是为了实现合同目标,履行合同责任,也必须受合同的制约和控制,所以它们又可以被称为合同事件。对一个确定的承包合同,承包商的工程范围,合同责任是一定的,则相关的合同事件也应是一定的。通常在一个工程中,这样的事件可能有几百件,甚至几千件。在工程中,合同事件之间存在一定的技术的、时间上的和空间上的逻辑关系,形成网络,所以在国外又被称为合同事件网络。

为了使工程有计划、有秩序、按合同实施,必须将承包合同目标、要求和合同双方的责权利关系分解落实到具体的工程活动上。这就是合同详细分析。

合同详细分析的对象是合同协议书、合同条件、规范、图纸、工作量表。它主要通过合同事件表、网络图、横道图和工程活动的工期表等定义各工程活动。合同详细分析的结果最重要的部分是合同事件表（见表 10-2）。

（1）事件编码。这是为了计算机数据处理的需要,对事件的各种数据处理都靠编码识别。所以编码要能反映该事件的各种特性,如所属的项目、单项工程、单位工程、专业性质、空间位置等。通常它应与网络事件的编码有一致性。

（2）事件名称和简要说明。

（3）变更次数和最近一次的变更日期。它记载着与本事件相关的工程变更。在接到变更指令后,应落实变更,修改相应栏目的内容。

最近一次的变更日期表示,从这一天以来的变更尚未考虑到。这样可以检查每个变更指令落实情况,既防止重复,又防止遗漏。

表 10-2　合同事件表

合同事件表		
子项目	事件编码	日期 变更次数
事件名称和简要说明		
事件内容说明		
前提条件		
本事件的主要活动		
负责人(单位)		
费用 计划 实际	其他参加者	工期 计划 实际

(4)事件内容说明。这里主要为该事件的目标,如某一分项工程的数量、质量、技术要求以及其他方面的要求。这由合同的工程量清单、工程说明、图纸、规范等定义,是承包商应完成的任务。

(5)前提条件。该事件进行前应有哪些准备工作? 应具备什么样的条件? 这些条件有的应由事件的责任人承担,有的应由其他工程小组、其他承包商或业主承担。这里不仅确定事件之间的逻辑关系,而且划定各参加者之间的责任界限。

例如,某工程中,承包商承包了设备基础的土建和设备的安装工程。按合同和施工进度计划规定:

在设备安装前 3 d,基础土建施工完成,并交付安装场地;

在设备安装前 3 d,业主应负责将生产设备运送到安装现场,同时由工程师、承包商和设备供应商一起开箱检验;

在设备安装前 15 d,业主应向承包商交付全部的安装图纸;

在安装前,安装工程小组应做好各种技术的和物资的准备工作等。

这样对设备安装这个事件可以确定它的前提条件,而且各方面的责任界限十分清楚。

(6)本事件的主要活动。即完成该事件的一些主要活动和它们的实施方法、技术、组织措施。这完全从施工过程的角度进行分析。这些活动组成该事件的子网络,例如上述设备安装可能有如下活动:

现场准备;施工设备进场、安装;基础找平、定位;设备就位;吊装;固定;施工设备拆卸、出场等。

(7)责任人。即负责该事件实施的工程小组负责人或分包商。

(8)成本(或费用)。这里包括计划成本和实际成本。有如下两种情况:

①若该事件由分包商承担,则计划费用为分包合同价格。如果有索赔,则应修改这个值。而相应的实际费用为最终实际结算账单金额总和。

②若该事件由承包商的工程小组承担,则计划成本可由成本计划得到,一般为直接费成本。而实际成本为会计核算的结果,在该事件完成后填写。

(9)计划和实际的工期。计划工期由网络分析得到。这里有计划开始期、结束期和持续时间。实际工期按实际情况,在该事件结束后填写。

(10)其他参加者。即对该事件的实施提供帮助的其他人员。

从上述内容可见,合同详细分析包括了工程施工前的整个计划工作。详细分析的结果实质上是承包商的合同执行计划,它包括:

①工程项目的结构分解,即工程活动的分解和工程活动逻辑关系的安排。

②技术会审工作。

③工程实施方案,总体计划和施工组织计划。在投标书中已包括这些内容,但在施工前,应进一步细化,做详细的安排。

④工程详细的成本计划。

⑤合同详细分析不仅针对承包合同,而且包括与承包合同同级的各个合同的协调,包括各个分合同的工作安排和各分合同之间的协调。

所以,合同详细分析是整个项目小组的工作,应由合同管理人员、工程技术人员、计划师、预算师(员)共同完成。

合同事件表是工程施工中最重要的文件,它从各个方面定义了该合同事件。这使得在工程施工中落实责任,安排工作,合同监督、跟踪、分析,索赔(反索赔)处理非常方便。

4.特殊问题的合同扩展分析

在合同的签订和实施过程中常常会有一些特殊问题发生,会遇到一些特殊情况:它们可能属于在合同总体分析和详细分析中发现的问题,也可能是在合同实施中出现的问题。这些问题和情况在合同签订时未预计到,合同中未明确规定或它们已超出合同的范围。而许多问题似是而非,合同管理人员对它们把握不准,为了避免损失和争执,则宜提出来进行特殊分析。由于实际工程问题非常复杂,所以对特殊问题分析要非常细致和耐心,需要实际工程经验和经历。

对重大的、难以确定的问题应请专家咨询或做法律鉴定。特殊问题的合同扩展分析一般用问答的形式进行。

1)特殊问题的合同分析

针对合同实施过程中出现的一些合同中未明确规定的特殊的细节问题做分析。它们会影响工程施工、双方合同责任界限的划分和争执的解决。对它们的分析通常仍在合同范围内进行。

由于这一类问题在合同中未明确规定,其分析的依据通常有两个:

(1)合同意义的拓广。通过整体地理解合同,再做推理,以得到问题的解答。当然这个解答不能违背合同精神。

(2)工程惯例。在国际工程中则使用国际工程惯例,即考虑在通常情况下,这一类问题的处理或解决方法。

这是与调解人或仲裁人分析和解决问题的方法和思路一致的。

由于实际工程非常复杂,这类问题面广量大,稍有不慎就会导致经济损失。

例如某工程,合同实施和索赔处理中有几个问题难以判定,提出做进一步分析:

(1)按合同规定的总工期,应于××××年××月××日开始现场搅拌混凝土。因承包商的混凝土拌和设备迟迟运不上工地,承包商决定使用商品混凝土,但被业主否决。而在承包合同中未明确规定使用何种混凝土。

问:只要商品混凝土符合合同规定的质量标准,它是否也要经过业主批准才能使用?

答:因为合同中未明确规定一定要用工地现场搅拌的混凝土,则商品混凝土只要符合合同规定的质量标准也可以使用,不必经过业主批准。因为按照惯例,实施工程的方法由承包商负责。在这个前提下,业主拒绝承包商使用商品混凝土,是一个变更指令,对此可以进行工期和费用索赔。但该项索赔必须在合同规定的索赔有效期内提出。

(2)合同规定,进口材料的关税不包括在承包商的材料报价中,由业主支付。但合同未规定业主的支付日期,仅规定,业主应在接到到货通知单 30 d 内完成海关放行的一切手续。现承包商急需材料,先垫支关税,以便及早取得材料,避免现场停工待料。

问:对此,承包商是否可向业主提出补偿关税要求?这项索赔是否也要受合同规定的索赔有效期的限制?

答:对此,如果业主拖延海关放行手续超过 30 d,造成停工待料,承包商可将它作为不可预见事件,在合同规定的索赔有效期内提出工期和费用索赔。而承包商先垫付了关税,以便及早取得材料,对此承包商可向业主提出海关税的补偿要求,因为按照国际工程惯例,承包商有责任和权力为降低损失采取措施。而业主行为对承包商并非违约,故这项索赔不受合同所规定的索赔有效期限制。

2)特殊问题的合同法律扩展分析

在工程承包合同的签订、实施或争执处理、索赔(反索赔)中,有时会遇到重大的法律问题。这通常有两种情况:

(1)这些问题已超过合同的范围,超过承包合同条款本身,例如有的干扰事件的处理合同未规定,或已构成民事侵权行为。

(2)承包商签订的是一个无效合同,或部分内容无效,则相关问题必须按照合同所适用的法律来解决。

在工程中,这些都是重大问题,对承包商非常重要,但承包商对它们把握不准,则必须对它们做合同法律的扩展分析,即分析合同的法律基础,在适用于合同关系的法律中寻求解答。这通常很艰难,一般要请法律专家做咨询或法律鉴定。

例如某国一公司总承包伊朗的一项工程。由于在合同实施中出现许多问题,有难以继续履行合同的可能,合同双方出现大的分歧和争执。承包商想解约,提出这方面的问题请法律专家做鉴定:

①在伊朗法律中是否存在合同解约的规定?

②伊朗法律中是否允许承包商提出解约?

③解约的条件是什么?

④解约的程序是什么?

法律专家必须精通适用于合同关系的法律,对这些问题做出明确答复,并对问题的解决提供意见或建议。在此基础上,承包商才能决定处理问题的方针、策略和具体措施。

由于这些问题都是一些重大问题,常常关系到承包工程的盈亏成败,所以必须认真对待。

5.项目经理部的建立

1)建立有效运行的项目经理部

根据《规范》,项目经理是企业法定代表人在承包的建设工程项目上的委托代理人。根据企业法定代表人的授权范围、时间和内容进行管理;负责从开工准备到竣工验收阶段的项目管理。项目经理的管理活动是全过程的,也是全面的即管理内容是全局性的,包含各个方面的管理。项目经理应接受法定代表人的领导,接受企业管理层、发包人和监理机构的检查与监督。

因此,建筑施工承包商在经过投标竞争获得工程项目承包资格后,首要任务是选定工程的项目经理。内部可以通过内部招标或委托方式,选聘项目经理,并由项目经理在企业支持下组建并领导、进行项目管理的组织机构即项目经理部。

项目经理部的作用是:作为企业在项目上的管理层,负责从开工准备到竣工验收的项目管理,对作业层有管理和服务的双重职能;作为项目经理的办事机构,为项目经理的决策提供信息和依据,当好参谋,并执行其决策;凝聚管理人员,形成组织力,代表企业履行施工合同,对发包人和项目产品负责;形成项目管理责任制和信息沟通系统,以形成项目管理的载体,为实现项目管理目标而有效运转。

建立有效运转的项目经理部应做到以下几点。

A.建立项目经理部应遵守的原则

(1)根据项目管理规划大纲确定的组织形式设立项目经理部。

项目管理规划大纲是由企业管理层依据招标文件及发包人对招标文件的解释;企业管理层对招标文件的分析研究结果;工程现场情况;发包人提供的信息和资料;有关市场信息。企业法定代表人的投标决策意见等资料编制的。包括项目概况;项目实施条件分析;项目投标活动及签订施工合同的策略;项目管理目标;项目组织结构;质量目标和施工方案;工期目标和施工总进度计划;成本目标;项目风险预测和安全目标;项目现场管理和施工平面图;投标和签订施工合同;文明施工及环境保护等内容。

(2)根据施工项目的规模、复杂程度和专业特点设立项目经理部。

(3)应使项目经理部成为弹性组织,随工程的变化而调整,不成为固化的组织;项目经理部的部门和人员设置应面向现场,满足目标控制的需要;项目经理部组建以后,应建立有益于组织运转的规章制度。

B.设立项目经理部的步骤

(1)确定项目经理部的管理任务和组织形式。

(2)确定项目经理部的层次、职能部门和工作岗位。

(3)确定人员、职责、权限。

(4)对项目管理目标责任书确定的目标进行分解。

(5)制定规章制度和目标考核、奖惩制度。

C.选择适当的组织形式

组织形式指组织结构类型,是指一个组织以什么样的结构方式去处理层次、跨度、部门设置和上下级关系。组织形式的选定,对项目经理部的管理效率有极大影响。因此要求做到以下几点:

(1)根据施工项目的规模、结构复杂程度、专业特点、人员素质和地域范围确定组织形式。

（2）当企业有多个大中型项目需要同时进行项目管理时,宜选用矩阵式组织形式。这种形式既能发挥职能部门的纵向优势,又能发挥项目的横向优势;既能满足企业长期例行性管理的需要,又能满足项目一次性管理的需要;一人多职,节省人员;具有弹性,调整方便,有利于企业对专业人才的有效使用和锻炼培养。

（3）远离企业管理层的大中型项目,且在某一地区有长期市场的,宜选用事业部式组织形式。这种形式的项目经理部对内可作为职能部门,对外可作为实体,有相对独立的经营权,可以迅速适应环境的变化,提高项目经理部的应变能力。

（4）如果企业在某一地区只有一个大型项目,而没有长期市场,可建立工作队式项目经理部,以使它具有独立作战能力,完成任务后能迅速解体。

（5）如果企业有许多小型施工项目,可设立部门控制式的项目经理部,几个小型项目组成一个较大型的项目,由一个项目经理部进行管理。这种项目经理部可以固化,不予解体。但是大中型项目不应采用固化的部门控制式项目经理部。

D.合理设置项目经理部的职能部门,适当配置人员

职能部门的设置应紧紧围绕各项项目管理内容的需要,贯彻精干高效的原则。对项目经理部人员的配置有两项关键要求:大型项目的项目经理必须有一级项目经理资质;管理人员中的高级职称人员不应低于 10%。

为了使项目部能有效而顺利的运行,正确地履行合同,企业的合同管理人员与项目的合同管理人员不要绝对分离,即应让项目部的有关人员进入前期工作,使他们熟悉项目及在投标准备过程中的对策和策略,很好地理解合同,以便缩短合同的准备时间,在签订合同后能尽快制定科学、合理、操作性更强的施工组织设计。

E.制定必要的规章制度

项目经理部必须执行企业的规章制度,当企业的规章制度不能满足项目经理部的需要时,项目经理部可以自行制定项目管理制度,但是应报企业或其授权的职能部门批准。

F.使项目经理部正常运行并解体

为使项目经理部有效运行,提出了三项要求:一是项目经理部应按规章制度运行,并根据运行状况检查信息控制运行,以实现项目目标;二是项目经理部应按责任制运行,以控制管理人员的管理行为;三是项目经理部应按合同运行,通过加强组织协调,以控制作业队伍和分包人员的行为。

项目经理部解体的理由有四点:一是有利于建立适应一次性项目管理需要的组织机构;二是有利于建立弹性的组织机构,以适时地进行调整;三是有利于对已完成的项目进行审计、总结、清算和清理;四是有利于企业管理层和项目管理层的两层分离和两层结合,既强化企业管理层,又强化项目管理层。实行项目经理部解体,是在组织体制改革中改变传统组织习惯的一项艰巨任务。

2）签订"项目管理目标责任书"

企业法定代表人与项目经理签订"项目管理目标责任书"。

"项目管理目标责任书"是企业法定代表人根据施工合同和经营管理目标要求明确规定项目经理应达到的成本、质量、进度和安全等控制目标的文件。"项目管理目标责任书"由企业法定代表人从企业全局利益出发确定的项目经理的具体责任、权限和利益。"项目

管理目标责任书"应括五项内容:企业各部门与项目经理部之间的关系;项目经理部所需作业队伍、材料、机械设备等的供应方式;应达到的项目质量、安全、进度和成本目标;在企业制度规定以外的、由企业法定代表人委托的事项;企业对项目经理部人员进行奖惩的依据、标准、办法及应承担的风险。

3)进行合同交底

企业的合同管理机构组织项目经理部的全体成员学习合同文件和合同分析的结果,对合同的主要内容做出解释和说明,统一认识。使大家熟悉合同中的主要内容、各种规定、管理程序,了解承包商的合同责任和工程范围,各种行为的法律后果等。

10.3 项目层次的合同管理

10.3.1 合同的实施控制

现代工程的特点,使得合同实施管理极为困难和复杂,日常的事务性工作极多。为了使工作有秩序、有计划地进行,保证正确地履行合同,就必须建立工程承包合同实施的保证体系,对工程项目的实施进行严格的合同控制。

10.3.1.1 建立合同实施的保证体系

1.落实合同责任,实行目标管理

合同和合同分析的资料是工程实施管理的依据。合同组人员的职责是根据合同分析的结果,把合同责任具体地落实到各责任人和合同实施的具体工作上。

(1)组织项目管理人员和各工程小组负责人学习合同条文和合同总体分析结果,对合同的主要内容做出解释和说明,使大家熟悉合同中的主要内容、各种规定、管理程序,了解承包商的合同责任和工程范围,各种行为的法律后果等。使大家都树立全局观念,避免在执行中的违约行为,同时使大家的工作协调一致。

(2)将各种合同事件的责任分解落实到各工程小组或分包商。分解落实如下合同和合同分析文件:

合同事件表(任务单,分包合同);施工图纸;设备安装图纸;详细的施工说明等。

对这些活动实施的技术的和法律的问题进行解释和说明,最重要的是如下几方面内容:

工程的质量、技术要求和实施中的注意点;工期要求;消耗标准;相关事件之间的搭接关系;各工程小组(分包商)责任界限的划分;完不成责任的影响和法律后果等。

(3)在合同实施过程中,定期地进行检查、监督,解释合同内容。

(4)通过其他经济手段保证合同责任的完成。

对分包商,主要通过分包合同确定双方的责权利关系,以保证分包商能及时地按质按量地完成合同责任。如果出现分包商违约或完不成合同,可对他进行合同处罚和索赔。

对承包商的工程小组可通过内部的经济责任制来保证。落实工期、质量、消耗等目标后,应将它们与工程小组经济利益挂钩,建立一整套经济奖罚制度,以保证目标的实现。

2.建立合同管理工作制度和程序

在工程实施过程中,合同管理的日常事务性工作很多。为了协调好各方面的工作,使合同实施工作程序化、规范化,应订立如下几个方面的工作程序。

1)建立协商会办制度

业主、工程师和各承包商(在项目上的委托代理人——项目经理)之间,项目经理部和分包商之间以及项目经理部的项目管理职能人员和各工程小组负责人之间都应有定期的协商会办。通过会办可以解决以下问题:

(1)检查合同实施进度和各种计划落实情况;

(2)协调各方面的工作,对后期工作做安排;

(3)讨论和解决目前已经发生的和以后可能发生的各种问题,并做出相应的决议;

(4)讨论合同变更问题,做出合同变更决议,落实变更措施,决定合同变更的工期和费用的补偿数量等。

承包商与业主,总包和分包之间会谈中的重大议题和决议,应用会谈纪要的形式确定下来。各方签署的会谈纪要,作为有约束力的合同变更,是合同的一部分。合同管理人员负责会议资料的准备,提出会议的议题,起草各种文件,提出对问题解决的意见或建议,组织会议;会后起草会谈纪要(有时,会谈纪要由业主的工程师起草),对会谈纪要进行合同法律方面的检查。

对工程中出现的特殊问题可不定期地召开特别会议讨论解决方法。这样保证合同实施一直得到很好的协调和控制。

2)建立合同管理的工作程序

对于一些经常性工作应订立工作程序,如各级别文件的审批、签字制度,使大家有章可循,合同管理人员也不必进行经常性的解释和指导。

具体的有:图纸批准程序;工程变更程序;分包商的索赔程序;分包商的账单审查程序;材料、设备、隐蔽工程、已完工程的检查验收程序;工程进度付款账单的审查批准程序;工程问题的请示报告程序等。

3.建立文档管理系统,实现各种文件资料的标准化管理

合同管理人员负责各种合同资料和工程资料的收集、整理和保存工作。这项工作非常烦琐和复杂,要花费大量的时间和精力。工程的原始资料在合同实施过程中产生,它必须由各职能人员、工程小组负责人、分包商提供。这个责任应明确地落实下去。

(1)各种数据、资料的标准化,规定各种文件、报表、单据等的格式和规定的数据结构要求。

(2)将原始资料收集整理的责任落实到人,由他对资料的及时性、准确性全面性负责。如工程小组负责人应提供:小组工作日记,记工单,小组施工进度计划,工程问题报告等。分包商应提供:分包工程进度表,质量报告,分包工程款进度表等。

(3)规定各种资料的提供时间。

(4)确定各种资料、数据的准确性要求。

(5)建立工程资料的索引系统,便于查询。

4.建立严格的质量检查验收制度

合同管理人员应主动地抓好工程和工作质量,协助做好全面质量管理工作,建立一整套质量检查和验收制度,例如:每道工序结束应有严格的检查和验收;工序之间、工程小组之间应有交接制度;材料进场和使用应有一定的检验措施等。

防止由于自己的工程质量问题造成被工程师检查验收不合格,试生产失败而承担违约责任。在工程中,由此引起的返工、窝工损失,工期的拖延应由承包商自己负责,得不到赔偿。

5.建立报告和行文制度,使合同文件和双方往来函件的内部、外部运行程序化

承包商和业主、监理工程师、分包商之间的沟通都应以书面形式进行,或以书面形式作为最终依据。这是合同的要求,还是经济法律的要求,还是工程管理的需要。在实际工作中这特别容易被忽略。报告和行文制度包括如下几方面内容:

(1)定期的工程实施情况报告,如日报、周报、旬报、月报等。应规定报告内容、格式、报告方式、时间以及负责人。

(2)工程过程中发生的特殊情况及其处理的书面文件,如特殊的气候条件,工程环境的突然变化等,应有书面记录,并由监理工程师签署。对在工程中合同双方的任何协商、意见、请示、指示等都应落实在纸上。相信"一字千金",切不可相信"一诺千金"。

在工程中,业主、承包商和工程师之间要保持经常联系,出现问题应经常向工程师请示、汇报。

(3)工程中所有涉及双方的工程活动,如材料、设备、各种工程的检查验收,场地、图纸的交接,各种文件(如会议纪要、索赔和反索赔报告、账单)的交接,都应有相应的手续,应有签收证据。

6.建立实施过程的动态控制系统

工程实施过程中,合同管理人员要进行跟踪、检查监督,收集合同实施的各种信息和资料,并进行整理和分析,将实际情况与合同计划资料进行对比分析。在出现偏差时,分析产生偏差的原因,提出纠偏建议。分析结果及时呈报项目经理审阅和决策。

10.3.1.2 合同实施控制

1.工程目标控制

合同确定的目标必须通过具体的工程实施实现。由于在工程施工中各种干扰的作用,常常使工程实施过程偏离总目标。控制就是为了保证工程实施按预定的计划进行,顺利地实现预定的目标。

1)工程中的目标控制程序

A.工程实施监督

目标控制,首先应表现在对工程活动的监督上,即保证按照预先确定的各种计划、设计、施工方案实施工程。工程实施状况反映在原始的工程资料(数据)上,例如质量检查报告、分项工程进度报告、记工单、用料单、成本核算凭证等。

工程实施监督是工程管理的日常事务性工作。

B.跟踪检查、分析、对比,发现问题

将收集到的工程资料和实际数据进行整理,得到能反映工程实施状况的各种信息,如各种质量报告,各种实际进度报表,各种成本和费用收支报表。

将这些信息与工程目标(如合同文件、合同分析的资料、各种计划、设计等)进行对比分析。这样可以发现两者的差异。差异的大小,即为工程实施偏离目标的程度。

如果没有差异,或差异较小,则可以按原计划继续实施工程。

C.诊断,即分析差异的原因,采取调整措施

差异表示工程实施偏离了工程目标,必须详细分析差异产生的原因,并对症下药;采取

措施进行调整,否则这种差异会逐渐积累,越来越大,最终导致工程实施远离目标,使承包商或合同双方受到很大的损失,甚至可能导致工程的失败。

所以,在工程实施过程中要不断地进行调整,使工程实施一直围绕合同目标进行。

2)工程实施控制的主要内容

工程实施控制包括如下几方面内容:成本控制、质量控制、进度控制、合同控制。各种控制的目的、目标、依据可如表 10-3 所示。

表 10-3　工程实施控制的内容

序号	控制内容	控制目的	控制目标	控制依据
1	成本控制	保证按计划成本完成工程,防止成本超支和费用增加	计划成本	各分项工程、分部工程、总工程计划成本,人力、材料、资金计划,计划成本曲线等
2	质量控制	保证按合同规定的质量完成工程,使工程顺利通过验收,交付使用,达到预定的功能	合同规定的质量标准	工程说明、规范、图纸等
3	进度控制	按预定进度计划进行施工,按期交付工程,防止因工程拖延受到罚款	合同规定的工期	合同规定的总工期计划,业主批准的详细的施工进度计划、网络图、横道图等
4	合同控制	按合同规定全面完成承包商的义务,防止违约	合同规定的各项义务	合同范围内的各种文件,合同分析资料

3)合同控制

在上述的控制内容中,合同控制有它的特殊性。因为承包商在任何情况下都要完成合同责任;成本、质量和进度是合同中规定的三个目标,而且承包商的根本任务就是圆满地完成他的合同责任,所以合同控制是其他控制的保证。由于:

(1)合同实施受到外界干扰,常常偏离目标,要不断地进行调整。

(2)合同目标本身不断地变化。例如在工程施工过程中不断出现合同变更,使工程的质量、工期、合同价格变化,使合同双方的责任和权益发生变化。

因此,合同控制必须是动态的,合同实施必须随变化了的情况和目标不断调整。

项目层次的合同控制不仅针对工程承包合同,而且包括与主合同相关的其他合同,如分包合同、供应合同、运输合同、租赁合同等,而且包括主合同与各分合同,各分合同之间的协调控制。

2.实施有效的合同监督

合同责任是通过具体的合同实施工作完成的。合同监督可以保证合同实施按合同和合同分析的结果进行。合同监督的主要工作有以下几点。

1)现场监督各工程小组、分包商的工作

合同管理人员与项目的其他职能人员一起检查合同实施计划的落实情况,如施工现场的安排,人工、材料、机械等计划的落实,工序间的搭接关系的安排和其他一些必要的准备工作。对照合同要求的数量、质量、技术标准和工程进度等,认真检查核对,发现问题及时采取措施。

对各工程小组和分包商进行工作指导,做经常性的合同解释,使各工程小组都有全局观念,对工程中发现的问题提出意见、建议或警告。

2)对业主、监理工程师进行合同监督

在工程施工过程中,业主、监理工程师常常变更合同内容,包括本应由其提供的条件未及时提供,本应及时参与的检查验收工作不及时参与;有时还提出合同内容以外的要求。对这些问题,合同管理人员应及时发现,及时解决或提出补偿要求。此外,承包方与业主或监理工程师会就合同中一些未明确划分责任的工程活动发生争执,对此,合同管理人员要协助项目部,及时进行判定和调解工作。

3)对其他合同方的合同监督

在工程施工过程中,不仅与业主打交道,还要在材料、设备的供应,运输,供用水、电、气、租赁、保管、筹集资金等方面,与众多企业或单位发生合同关系,这些关系在很大程度上影响施工合同的履行,因此合同管理部门和人员对这类合同的监督也不能忽视。

工程活动之间时间上和空间上的不协调。合同责任界面争执是工程实施中很常见的,常常出现互相推卸一些合同中或合同事件表中未明确划定的工程活动的责任。这会引起内部和外部的争执,对此合同管理人员必须做判定和调解工作。

4)对各种书面文件做合同方面的审查和控制

合同管理工作一进入施工现场后,合同的任何变更,都应由合同管理人员负责提出;对向分包商的任何指令,向业主的任何文字答复、请示,都必须经合同管理人员审查,并记录在案。承包商与业主的任何争议的协商和解决都必须有合同管理人员的参与,并对解决结果进行合同和法律方面的审查、分析和评价。

5)会同监理工程师对工程及所用材料和设备质量进行检查监督

按合同要求,对工程所用材料和设备进行开箱检查或验收,检查是否符合质量,是否符合图纸和技术规范等的要求。进行隐蔽工程和已完工程的检查验收,负责验收文件的起草和验收的组织工作。

6)对工程款申报表进行检查监督

会同造价工程师对向业主提出的工程款申报表和分包商提交来的工程款申报表进行审查和确认。

7)处理工程变更事宜

合同管理工作一经进入施工现场后,合同的任何变更,都应由合同管理人员负责提出;对向分包商的任何指令,向业主的任何文字答复、请示,都须经合同管理人员审查,并记录在案。承包商与业主、与总(分)包商的任何争议的协商和解决都必须有合同管理人员的参与,并对解决结果进行合同和法律方面的审查、分析和评价。这样不仅保证工程施工一直处于严格的合同控制中,而且使承包商的各项工作更有预见性,能及早地预计行为的法律后果。

由于在工程实施中的许多文件,例如业主和工程师的指令、会谈纪要、备忘录、修正案、附加协议等,也是合同的一部分,所以它们也应完备,没有缺陷、错误、矛盾和二义性。它们也应接受合同审查。在实际工程中这方面问题也特别多。例如,在我国的某外资项目中,业主与承包商协商采取加速措施,双方签署加速协议,同意工期提前 3 个月,业主支付一笔工期奖(包括赶工费用)。承包商采取了加速措施,但由于气候、业主其他方面的干扰、承包商问题等原因总工期未能提前。由于在加速协议中未能详细分清双方责任,特别是业主的合作责任;没有承包商权益保护条款(他应业主要求加速,只要采取加速措施,就应获得最低补偿);没有赶工费的支付时间的规定,结果承包商未能获得工期奖。

3.进行合同跟踪

1)合同跟踪的作用

在工程实施过程中,由于实际情况千变万化,导致合同实施与预定目标(计划和设计)的偏离。如果不采取措施,这种偏差常常由小到大,逐渐积累。合同跟踪可以不断地找出偏离,不断地调整合同实施,使之与总目标一致。这是合同控制的主要手段。合同跟踪的作用有:

(1)通过合同实施情况分析,找出偏离,以便及时采取措施,调整合同实施过程,达到合同总目标。

(2)在整个工程过程中,使项目管理人员一直清楚地了解合同实施情况,对合同实施现状、趋向和结果有一个清醒的认识,这是非常重要的。有些管理混乱,管理水平低的工程常常到工程结束才发现实际损失,这时已无法挽回。

例如,我国某承包公司在国外承包一项工程,合同签订时预计,该工程能盈利 30 万美元;开工时,发现合同有些不利,估计能持平,即可不盈不亏;待工程进行了几个月,发现合同很为不利,预计要亏损几十万美元;待工期达到一半,再做详细核算。才发现合同极为不利,是个陷阱,预计到工程结束,至少亏损 1 000 万美元以上,到这时才采取措施,损失已极为惨重。

在这个工程中如果及早对合同进行分析、跟踪、对比,发现问题及早采取措施,则可以把握主动权,避免或减少损失。

2)合同跟踪的依据

(1)合同和合同分析的成果,各种计划,方案,合同变更文件等。

(2)各种实际的工程文件,如原始记录,各种工程报表、报告、验收结果等。

(3)工程管理人员每天对现场情况的直观了解,如通过施工现场的巡视,与各种人谈话、召集小组会议,检查工程质量,量方等。这是最直观的感性知识,通常可比通过报表、报告更快地发现问题,更能透彻地了解问题,有助于迅速采取措施,减少损失。

这就要求合同管理人员在工程过程中一直立足于现场。

3)合同跟踪的对象

A.对具体的合同活动或事件进行跟踪

对具体的合同活动或事件进行跟踪是一项非常细致的工作,对照合同事件表的具体内容,分析该事件的实际完成情况。一般包括完成工作的数量、完成工作的质量、完成工作的时间,以及完成工作的费用等情况,这样可以检查每个合同活动或合同事件的执行情况。对一些有异常情况的特殊事件,即实际与计划存在较大偏差的事件,应做进一步的分析,找出偏差的原因和责任。这样也可以发现索赔机会。

如以设备安装事件为例分析:

(1)安装质量是否符合合同要求? 如标高、位置、安装精度、材料质量是否符合合同要求? 安装过程中设备有无损坏?

（2）工程数量，如是否全都安装完毕？有无合同规定以外的设备安装？有无其他附加工程？

（3）工期，是否在预定期限内施工？工期有无延长？延长的原因是什么？

该工程工期变化原因可能是：业主未及时交付施工图纸；生产设备未及时运到工地；基础土建施工拖延；业主指令增加附加工程；业主提供了错误的安装图纸，造成工程返工；工程师指令暂停工程施工等。

（4）成本的增加或减少。

B.对工程小组或分包商的工程和工作进行跟踪

一个工程小组或分包商可能承担许多专业相同、工艺相近的分项工程或许多合同事件，必须对它们实施的总情况进行检查分析。在实际工程中常常因为某一工程小组或分包商的工作质量不高或进度拖延而影响整个工程施工。合同管理人员在这方面给他们提供帮助，例如协调他们之间的工作；对工程缺陷提出意见、建议或警告；责成他们在一定时间内提高质量，加快工程进度等。

作为分包合同的发包商，总承包商必须对分包合同的实施进行有效的控制。这是总承包商合同管理的重要任务之一。分包合同控制的目的如下：

（1）严格控制分包商的工作，严格监督他们按分包合同完成工程责任。分包合同是总承包合同的一部分，分包商的工作对工程总承包工作的完成影响很大。如果分包商完不成他的合同责任，则总包就不能顺利完成总包合同责任。

（2）为与分包商之间的索赔和反索赔做准备。

总包和分包之间利益是不一致的，双方之间常常有尖锐的利益争执。在合同实施中，双方都在进行合同管理，都在寻求向对方索赔的机会。合同跟踪可以在发现问题时及时提出索赔或反索赔。

（3）对分包商的工程和工作，总承包商负有协调和管理的责任，并承担由此造成的损失，所以分包商的工程和工作必须纳入总承包工程的计划和控制中，防止因分包商工程管理失误而影响全局。

C.对业主和工程师的工作进行跟踪

业主和工程师是承包商的主要合同伙伴，对他们的工作进行监督和跟踪是十分重要的。

（1）业主和工程师必须正确地、及时地履行合同责任，及时提供各种工程实施条件，如及时发布图纸，提供场地，及时下达指令，做出答复，及时支付工程款。

（2）在工程中承包商应积极主动地做好工作，如提前催要图纸、材料，对工作事先通知。这样不仅让业主和工程师及早准备，建立良好的合作关系，保证工程顺利实施。及时收集各种工程资料，有问题及时与工程师沟通。

D.对总工程进行跟踪

在工程施工中，对工程项目的跟踪也非常重要。一些工程常常会出现如下问题：

（1）工程整体施工秩序问题，如实施现场混乱，拥挤不堪；合同事件之间和工程小组之间协调困难；出现事先未考虑到的情况和局面；发生较严重的工程事故等。

（2）已完工程未能通过验收，出现大的工程质量问题，工程试生产不成功，或达不到预定的生产能力等。

（3）施工进度未能达到预定计划，主要的工程活动出现拖期，在工程周报和月报上计划和实际进度出现大的偏差。

(4)计划和实际的成本曲线出现大的偏离。

这就要求合同管理人员明白合同的跟踪不是一时一事,而是一项长期的工作,贯穿于整个施工过程中。在工程管理中,可以采用累计成本曲线(S 形曲线)对合同的实施进行跟踪分析。

4.进行合同诊断

在合同跟踪的基础上可以进行合同诊断。合同诊断是对合同执行情况的评价、判断和趋向分析、预测。不论是对正在进行的,还是对将要进行的工程施工都有重要的影响。合同评价可以对实际工程资料进行分析、整理,或通过对现场的直接了解,获得反映工程实施状况的信息,分析工程实施状况与合同文件的差异及其原因、影响因素、责任等;确定各个影响因素由谁及如何引起,按合同规定,责任应由谁承担及承担多少;提出解决这些差异和问题的措施、方法。

1)合同执行差异的原因分析

合同管理人员通过对不同监督和跟踪对象的计划和实际的对比分析,不仅可以得到合同执行的差异,而且可以探索引起这个差异的原因。

例如,通过计划成本和实际成本累计曲线的对比分析,不仅可以得到总成本的偏差值,而且可以进一步分析差异产生的原因。通常,引起计划成本和实际成本累计曲线偏离的原因可能有:

(1)整个工程加速或延缓;

(2)工程施工次序被打乱;

(3)工程费用支出增加,如材料费、人工费上升;

(4)增加新的附加工程,主要工程的工程量增加;

(5)工作效率低下,资源消耗增加等。

进一步分析,还可以发现更具体的原因,如引起工作效率低下的原因可能有:

内部干扰:施工组织不周,夜间加班或人员调遣频繁;机械效率低,操作人员不熟悉新技术,违反操作规程,缺少培训;经济责任不落实,工人劳动积极性不高等。

外部干扰:图纸出错,设计修改频繁,气候条件差,场地狭窄,现场混乱,施工条件如水、电、道路等受到影响。

进一步可以分析各个原因的影响量大小。

2)合同差异责任分析

合同分析的目的是要明确责任。即这些原因由谁引起?该由谁承担责任?这常常是索赔的理由。一般只要原因分析详细,有根有据,则责任分析自然清楚。责任分析必须以合同为依据,按合同规定落实双方的责任。

3)合同实施趋向预测

对于合同实施中出现的偏差,分别考虑是否采取调控措施,以及采取不同的调控措施情况下,合同的最终执行后果,并以此指导后续的合同管理。

最终的工程状况,包括总工期的延误,总成本的超支,质量标准,所能达到的生产能力(或功能要求)等;

承包商将承担什么样的结果,如被罚款,被清算,甚至被起诉,对承包商资信、企业形象、经营战略的影响等；

最终工程经济效益(利润)水平。

综合上述各方面,即可以对合同执行情况做出综合评价和判断。

5.合同实施后评估

由于合同管理工作比较偏重于经验,只有不断总结经验,才能不断提高管理水平,才能通过工程不断培养出高水平的合同管理者,所以在合同执行后必须进行合同后评价,将合同签订和执行过程中的利弊得失、经验教训总结出来,作为以后工程合同管理的借鉴。这项工作十分重要。

合同实施后评价的包括如下内容：

(1)合同签订情况评价。

①预定的合同战略和策略是否正确？是否已经顺利实现？

②招标文件分析和合同风险分析的准确程度；

③该合同环境调查,实施方案,工程预算以及报价方面的问题及经验教训；

④合同谈判的问题及经验教训,以后签订同类合同的注意点；

⑤各个相关合同之间的协调问题等。

(2)合同执行情况评价。

①本合同执行战略是否正确,是否符合实际,是否达到预想的结果；

②在本合同执行中出现了哪些特殊情况,事先可以采取什么措施防止、避免或减少损失；

③合同风险控制的利弊得失；

④各个相关合同在执行中协调的问题等。

(3)合同管理工作评价。这是对合同管理本身,如工作职能、程序、工作成果的评价。

①合同管理工作对工程项目的总目标的贡献或影响；

②合同分析的准确程度；

③在招标投标和工程实施中,合同管理子系统与其他职能的协调问题,需要改进的地方；

④索赔处理和纠纷处理的经验教训等。

(4)合同条款分析。

①本合同的具体条款的表达和执行利弊得失,特别对本工程有重大影响的合同条款及其表达；

②本合同签订和执行过程中所遇到的特殊问题的分析结果；

③对具体的合同条款如何表达更为有利等。

④合同条款的分析可以按合同结构分析中的子目进行,并将其分析结果存入计算机中,供以后签订合同时参考。

10.3.2　合同变更管理

任何工程项目在实施过程中由于受到各种外界因素的干扰,都会发生程度不同的变更,它无法事先做出具体的预测,而在开工后又无法避免。而由于合同变更涉及工程价款的变更及时间的补偿等,这直接关系到项目效益。因此,变更管理在合同管理中就显得相当重要。

变更是指当事人在原合同的基础上对合同中的有关内容进行修改和补充,包括工程实施内容的变更和合同文件的变更。

10.3.2.1 合同变更的原因

合同内容频繁的变更是工程合同的特点之一。对一个较为复杂的工程合同,实施中的变更事件可能有几百项。合同变更产生的原因通常有如下几方面。

1.工程范围发生变化

(1)业主新的指令,对建筑新的要求,要求增加或删减某些项目、改变质量标准,项目用途发生变化。

(2)政府部门对工程项目有新的要求,如国家计划变化、环境保护要求、城市规划变动等。

2.设计原因

由于设计考虑不周,不能满足业主的需要或工程施工的需要,或设计错误等,必须对设计图纸进行修改。

3.施工条件变化

在施工中遇到的实际现场条件同招标文件中的描述有本质的差异,或发生不可抗力等。即预定的工程条件不准确。

4.合同实施过程中出现的问题

主要包括业主未及时交付设计图纸等及未按规定交付现场、水、电、道路等;由于产生新的技术和知识,有必要改变原实施方案以及业主或监理工程师的指令改变了原合同规定的施工顺序,打乱施工部署等。

10.3.2.2 工程变更对合同实施的影响

由于发生上述这些情况,造成原"合同状态"的变化,必须对原合同规定的内容做相应的调整。

合同变更实质上是对合同的修改,是双方新的要约和承诺。这种修改通常不能免除或改变承包商的工程责任,但对合同实施影响很大,主要表现在如下几方面:

(1)定义工程目标和工程实施情况的各种文件,如设计图纸、成本计划和支付计划、工期计划、施工方案、技术说明和适用的规范等,都应做相应的修改和变更。

当然相关的其他计划也应做相应调整,如材料采购订货计划,劳动力安排,机械使用计划等。所以,它不仅引起与承包合同平行的其他合同的变化,而且会引起所属的各个分合同,如供应合同、租赁合同、分包合同的变更。有些重大的变更会打乱整个施工部署。

(2)引起合同双方,承包商的工程小组之间,总承包商和分包商之间合同责任的变化。如工程量增加,则增加了承包商的工程责任,增加了费用开支和延长了工期,对此,按合同规定应有相应的补偿。这也极容易引起合同争执。

(3)有些工程变更还会引起已完工程的返工,现场工程施工的停滞,施工秩序打乱,已购材料的损失等,对此也应有相应的补偿。

10.3.2.3 工程变更方式和程序

1.工程变更方式

工程的任何变更都必须获得监理工程师的批准,监理工程师有权要求承包商进行其认为是适当的任何变更工作,承包商必须执行工程师为此发出的书面变更指示。如果监理工程师由于某种原因必须以口头形式发出变更指示,承包商应遵守该指示,并在合同规定的期限内要求监理工程师书面确认其口头指示;否则,承包商可能得不到变更工作的支付。

2.工程变更程序

工程变更应有一个正规的程序,应有一整套申请、审查、批准手续。

1)提出工程变更要求

监理工程师、业主和承包商均可提出工程变更请求。

(1)监理工程师提出工程变更。

在施工过程中,由于设计中的不足或错误或施工时环境发生变化,监理工程师以节约工程成本、加快工程进度和保证工程质量为原则,提出工程变更。

(2)承包商提出工程变更。

承包商在两种情况下提出工程变更:其一是工程施工中遇到不能预见的地质条件或地下障碍;其二是承包商考虑为便于施工,降低工程费用,缩短工期的目的。

(3)业主提出工程变更。

业主提出工程的变更则常常是为了满足使用上的要求。也要说明变更原因,提交设计图纸和有关计算书。

2)监理工程师的审查和批准

对工程的任何变更,无论是哪一方提出的,监理工程师都必须与项目业主进行充分的协商,最后由监理工程师发出书面变更指示。项目业主可以委任监理工程师一定的批准工程变更的权限(一般是规定工程变更的费用额),在此权限内,监理工程师可自主批准工程变更,超出此权限则由业主批准。

3)编制工程变更文件,发布工程变更指示

一项工程变更应包括以下文件:

(1)工程变更指令。

主要说明工程变更的原因及详细的变更内容说明(应说明根据合同的哪一条款发出变更指示;变更工作是马上实施,还是在确定变更工作的费用后实施;承包商发出要求增加变更工作费用和延长工期的通知的时间限制;变更工作的内容等。)

(2)工程变更指令的附件。

包括工程变更设计图纸、工程量表和其他与工程变更有关的文件等。

4)承包商项目部的合同管理负责人员向监理工程师发出合同款调整和/或工期延长的意向通知

(1)由承包商将变更工作所涉及的合同款变化量或变更费率或价格及工期变化量(如果有的话)的意图通知监理工程师。承包商在收到监理工程师签发的变更指示时,应在指示规定的时间内,向监理工程师发出该通知,否则承包商将被认为自动放弃调整合同价款和延长工期的权利。

(2)由监理工程师将其改变费率或价格的意图通知承包商。监理工程师改变费率或价格的意图,可在签发的变更指示中进行说明,也可单独向承包商发出此意向通知。

5)工程变更价款和工期延长量的确定

工程变更价款的确定原则如下:

（1）如监理工程师认为适当,应以合同中规定的费率和价格进行计算。

（2）如合同中未包括适用于该变更工作的费率和价格,则应在合理的范围内使用合同中的费率和价格作为估价的基础。

（3）如监理工程师认为合同中没有适用于该变更工作的费率和价格,则工程师在与业主和承包商进行适当的协商后,由监理工程师和承包商议定合适的费率和价格。

（4）如未能达成一致意见,则监理工程师应确定他认为适当的此类另外的费率和价格,并相应地通知承包商,同时将一份副本呈交业主。

上述费率和价格在同意或决定之前,工程师应确定暂行费率和价格以便有可能作为暂付款,包含在当月发出的证书中。

工期补偿量依据变更工程量和由此造成的返工、停工、窝工、修改计划等引起的损失情况由双方洽商来确定。

6）变更工作的费用支付及工期补偿

如果承包商已按工程师的指示实施变更工作,工程师应将已完成的变更工作或已部分完成的变更工作的费用加入合同总价中,同时列入当月的支付证书中支付给承包商。

将同意延长的工期加入合同工期。

10.3.2.4　工程变更的管理

（1）对业主(监理工程师)的口头变更指令,承包商也必须遵照执行,但应在规定的时间内书面向监理工程师索取书面确认。而如果监理工程师在规定的时间内未予书面否决,则承包商的书面要求信即可作为监理工程师对该工程变更的书面指令。监理工程师的书面变更指令是支付变更工程款的先决条件之一。

（2）工程变更不能超过合同规定的工程范围。如果超过这个范围,承包商有权不执行变更或坚持先商定价格后再进行变更。

（3）注意变更程序上的矛盾性。合同通常都规定,承包商必须无条件执行变更指令(即使是口头指令),所以应特别注意工程变更的实施、价格谈判和业主批准三者之间在时间上的矛盾性。在工程中常有这种情况,工程变更已成为事实,而价格谈判仍达不成协议,或业主对承包商的补偿要求不批准,价格的最终决定权却在监理工程师。这样承包商已处于被动地位。

例如,某合同的工程变更条款规定:

"由监理工程师下达书面变更指令给承包商,承包商请求监理工程师给以书面详细的变更证明。在接到变更证明后,承包商开始变更工作,同时进行价格调整谈判。在谈判中没有监理工程师的指令,承包商不得推迟或中断变更工作。"

"价格谈判在两个月内结束。在接到变更证明后4个月内,业主应向承包商递交有约束力的价格调整和工期延长的书面变更指令。超过这个期限承包商有权拖延或停止变更。"

一般工程变更在4个月内早已完成,"超过这个期限""停止""拖延"都是空话。在这种情况下,价格调整主动权完全在业主,承包商的地位很为不利。这常常会有较大的风险。

对此可采取如下措施:

①控制(拖延)施工进度,等待变更谈判结果。这样不仅损失较小,而且谈判回旋余地较大。

②争取以点工或按承包商的实际费用支出计算费用补偿,如采取成本加酬金方法。这样避免价格谈判中的争执。

③应有完整的变更实施的记录和照片,请业主、监理工程师签字,为索赔做准备。

(4)在合同实施中,合同内容的任何变更都必须由合同管理人员提出。与业主、与总(分)包商之间的任何书面信件、报告、指令等都应经合同管理人员进行技术和法律方面的审查。这样才能保证任何变更都在控制中,不会出现合同问题。

(5)在商讨变更、签订变更协议过程中,承包商必须提出变更补偿(索赔)问题。在变更执行前就应明确补偿范围、补偿方法、索赔值的计算方法、补偿款的支付时间等;双方应就这些问题达成一致。这是对索赔权的保留,以防日后争执。

在工程变更中,特别应注意因变更造成返工、停工、窝工、修改计划等引起的损失,注意这方面证据的收集。在变更谈判中应对此进行商谈。

10.3.3　工程索赔管理

10.3.3.1　工程索赔概述

在市场经济条件下,建筑市场中工程索赔是一种正常的现象。工程索赔在建筑市场上是承包商保护自身正当权益、补偿由风险造成的损失、提高经济效益的重要和有效手段。

许多有经验的承包商在分析招标文件时就考虑其中的漏洞、矛盾和不完善的地方,考虑到可能的索赔,但这本身常常又会有很大的风险。

1.工程索赔的概念

所谓索赔,就是作为合法的所有者,根据自己的权利提出对某一有关资格、财产、金钱等方面的要求。

工程索赔,是指当事人在合同实施过程中,根据法律、合同规定及惯例,对并非由于自己的过错,而是由于应由合同对方承担责任的情况造成的,且实际发生了损失,向对方提出给予补偿要求。在工程建设的各个阶段,都有可能发生索赔,但在施工阶段索赔发生较多。

对施工合同的双方来说,索赔是维护双方合法利益的权利。它与合同条件中双方的合同责任一样,构成严密的合同制约关系。承包商可以向业主提出索赔;业主也可以向承包商提出索赔。但在工程建设过程中,业主对承包商原因造成的损失可通过追究违约责任解决。此外,业主可以通过冲账、扣拨工程款、没收履约保函、扣保留金等方式来实现自己的索赔要求,不存在"索"。因此,在工程索赔实践中,一般把承包方向发包方提出的赔偿或补偿要求称为索赔;而把发包方向承包方提出的赔偿或补偿要求,以及发包方对承包方所提出的索赔要求进行反驳称为反索赔。

2.索赔的作用

(1)有利于促进双方加强管理,严格履行合同,维护市场正常秩序。

合同一经签订,合同双方即产生权利和义务关系。这种权益受法律保护,这种义务受法律制约。索赔是合同法律效力的具体体现,并且由合同的性质决定。如果没有索赔和关于索赔的法律规定,则合同形同虚设,对双方都难以形成约束,这样,合同的实施得不到保证,不会有正常的社会经济秩序。索赔能对违约者起警戒作用,使他考虑到违约的后果,以尽力避免违约事件发生。所以,索赔有助于工程承发包双方更紧密的合作,有助于合同目标的实现。

(2)使工程造价更合理。索赔的正常开展,可以把原来工程报价中的一些不可预见费用,改为实际发生的损失支付,有助于降低工程报价,使工程造价更为合理。

(3)有助于维护合同当事人的正当权益。索赔是一种保护自己、维护自己正当利益、避免损失、增加利润的手段。如果承包商不能进行有效的索赔,损失得不到合理的、及时的补偿,会影响生产经营活动的正常进行,甚至倒闭。

(4)有助于双方更快地熟悉国际惯例,熟练掌握索赔和处理索赔的方法与技巧,有助于对外开放和对外工程承包的开展。

3.索赔的分类

工程施工过程中发生索赔所涉及的内容是广泛的,为了探讨各种索赔问题的规律及特点,通常可做如下分类。

1)按索赔事件所处合同状态分类

(1)正常施工索赔。是指在正常履行合同中发生的各种违约、变更、不可预见因素、加速施工、政策变化等引起的索赔。

(2)工程停、缓建索赔。是指已经履行合同的工程因不可抗力、政府法令、资金或其他原因必须中途停止施工所引起的索赔。

(3)解除合同索赔。是指因合同中的一方严重违约,致使合同无法正常履行的情况下,合同的另一方行使解除合同的权力所产生的索赔。

2)按索赔依据的范围分类

(1)合同内索赔。是指索赔所涉及的内容可以在履行的合同中找到条款依据,并可根据合同条款或协议预先规定的责任和义务划分责任,业主或承包商可以据此提出索赔要求。按违约规定和索赔费用、工期的计算办法计算索赔值。一般情况下,合同内索赔的处理解决相对顺利些。

(2)合同外索赔。与合同内索赔依据恰恰相反。即索赔所涉及的内容难于在合同条款及有关协议中找到依据,但可能来自民法、经济法或政府有关部门颁布的有关法规所赋予的权力。如在民事侵权行为、民事伤害行为中找到依据所提出的索赔,就属合同外索赔。

(3)道义索赔。是指承包商无论在合同内或合同外都找不到进行索赔的依据。没有提出索赔的条件和理由。但他在合同履行中诚恳可信,为工程的质量、进度及配合上尽了最大的努力时,通情达理的业主看到承包商为完成某项困难的施工,承受了额外的费用损失,甚至承受重大亏损,出于善良意愿给承包商以经济补偿。因在合同条款中没有此项索赔的规定,所以也称"额外支付"。

3)按合同有关当事人的关系进行索赔分类

(1)承包商向业主的索赔。是指承包商在履行合同中因非己方责任事件产生的工期延误及额外支出后向业主提出的赔偿要求。这是施工索赔中最常发生的情况。

(2)总承包向其分包或分包之间的索赔。是指总承包单位与分包单位或分包单位之间为共同完成工程施工所签订的合同、协议在实施中的相互干扰事件影响利益平衡,其相互之间发生的赔偿要求。

(3)业主向承包商的索赔。是指业主向不能有效地管理控制施工全局,造成不能按期、按质、按量的完成合同内容的承包商提出损失赔偿要求。

(4)承包商同供货商之间的索赔。

(5)承包商向保险公司、运输公司索赔等。

4) 按照索赔的目的分类

(1) 工期延长索赔。是指承包商对施工中发生的非己方直接或间接责任事件造成计划工期延误后向业主提出的赔偿要求。

(2) 费用索赔。是指承包商对施工中发生的非己方直接或间接责任事件造成的合同价外费用支出向业主方提出的赔偿要求。

5) 按照索赔的处理方式分类

(1) 单项索赔。是指某一事件发生对承包商造成工期延长或额外费用支出时，承包商即可对这一事件的实际损失在合同规定的索赔有效期内提出的索赔。这是常用的一种索赔方式。

(2) 综合索赔。又称总索赔、一揽子索赔。是指承包商将施工过程中发生的多起索赔事件综合在一起，提出一个总索赔。

施工过程中的某些索赔事件，由于各方未能达成一致意见得到解决的或承包商对业主答复不满意的单项索赔集中起来，综合提出一份索赔报告，双方进行谈判协商。综合索赔中涉及的事件一般都是单项索赔中遗留下来的、意见分歧较大的难题，责任的划分、费用的计算等都各持己见，不能立即解决，在履行合同过程中对索赔事件保留索赔权，而在工程项目基本完工时提出，或在竣工报表和最终报表中提出。

6) 按引起索赔的原因分类

(1) 业主或业主代表违约索赔。

(2) 工程量增加索赔。

(3) 不可预见因素索赔。

(4) 不可抗力损失索赔。

(5) 加速施工索赔。

(6) 工程停建、缓建索赔。

(7) 解除合同索赔。

(8) 第三方因素索赔。

(9) 国家政策、法规变更索赔。

7) 按索赔管理策略上的主动性分类

(1) 索赔。主动寻找索赔机会，分析合同缺陷，抓住对方的失误，研究索赔的方法，总结索赔的经验，提高索赔的成功率。把索赔管理作为工程及合同管理的组成部分。

(2) 反索赔。在索赔管理策略上表现为防止被索赔，不给对方留有进行索赔的漏洞。使对方找不到索赔机会，在工程管理中体现为签署严密的合同条款，避免自方违约。当对方向自方提出索赔时，对索赔的证据进行质疑，对索赔理由进行反驳，以达到减少索赔额度甚至否定对方索赔要求的目的。

在实际工作中，索赔与反索赔是同时存在且相互为条件的，应当培养工作人员加强索赔与反索赔的意识。

10.3.3.2 工程中常见的索赔问题

1. 施工现场条件变化索赔

在工程施工中，施工现场条件变化对工期和造价的影响很大。由于不利的自然条件及人为障碍，经常导致设计变更、工期延长和工程成本大幅度增加。

不利的自然条件是指施工中遇到的实际自然条件比招标文件中所描述的更为困难和恶劣,这些不利的自然条件或人为障碍增加了施工的难度,导致承包方必须花费更多的时间和费用,在这种情况下,承包方可提出索赔要求。

1)招标文件中对现场条件的描述失误

在招标文件中对施工现场存在的不利条件虽已经提出,但描述严重失实,或位置差异极大,或其严重程度差异极大,从而使承包商原定的实施方案变得不再适合或根本没有意义。承包方可提出索赔。

2)有经验的承包商难以合理预见的现场条件

在招标文件中根本没有提到,而且该工程的一般工程实践完全是出乎意料的不利的现场条件。这种意外的不利条件,是有经验的承包商难以预见的情况。如在挖方工程中,承包方发现地下古代建筑遗迹物或文物,遇到高腐蚀性水或毒气等,处理方案导致承包商工程费用增加,工期增加,承包方即可提出索赔。

2.业主违约索赔

(1)业主未按工程承包合同规定的时间和要求向承包商提供施工场地、创造施工条件。如未按约定完成土地征用、房屋拆迁、清除地上地下障碍,保证施工用水、用电、材料运输、机械进场、通信联络需要,办理施工所需各种证件、批件及有关申报批准手续,提供地下管网线路资料等。

(2)业主未按工程承包合同规定的条件提供材料、设备。

业主所供应的材料、设备到货场、站与合同约定不符,单价、种类、规格、数量、质量等级与合同不符,到货日期与合同约定不符等。

(3)监理工程师未按规定时间提供施工图纸、指示或批复。

(4)业主未按规定向承包商支付工程款。

(5)监理工程师的工作不适当或失误。如提供数据不正确、下达错误指令等。

(6)业主指定的分包商违约。如其出现工程质量不合格、工程进度延误等。

上述情况的出现,会导致承包商的工程成本增加和/或工期的增加,所以承包商可以提出索赔。

3.变更指令与合同缺陷索赔

1)变更指令索赔

在施工过程中,监理工程师发现设计、质量标准或施工顺序等问题时,往往指令增加新工作,改换建筑材料,暂停施工或加速施工,等等。这些变更指令会使承包商的施工费用和费用增加,承包商就此提出索赔要求。

2)合同缺陷索赔

合同缺陷是指所签订的工程承包合同进入实施阶段才发现的,合同本身存在的(合同签订时没有预料的)现时不能再做修改或补充的问题。

大量的工程合同管理经验证明,合同在实施过程中,常发现有如下的情况:

(1)合同条款中有错误、用语含糊、不够准确等,难以分清甲乙双方的责任和权益。

(2)合同条款中存在着遗漏。对实际可能发生的情况未做预料和规定,缺少某些必不可少的条款。

(3)合同条款之间存在矛盾。即在不同的条款或条文中,对同一问题的规定或要求不一致。

这时,按惯例要由监理工程师做出解释。但是,若此指示使承包商的施工成本和工期增加时,则属于业主方面的责任,承包商有权提出索赔要求。

4.国家政策、法规变更索赔

由于国家或地方的任何法律法规、法令、政令或其他法律、规章发生了变更,导致承包商成本增加,承包商可以提出索赔。

5.物价上涨索赔

由于物价上涨的因素,带来人工费、材料费甚至机械费的增加,导致工程成本大幅度上升,也会引起承包商提出索赔要求。

6.因施工临时中断和工效降低引起的索赔

由于业主和监理工程师原因造成的临时停工或施工中断,特别是根据业主和监理工程师不合理指令造成了工效的大幅度降低,从而导致费用支出增加,承包商可提出索赔。

7.业主不正当地终止工程而引起的索赔

由于业主不正当地终止工程,承包商有权要求补偿损失,其数额是承包商在被终止工程上的人工、材料、机械设备的全部支出,以及各项管理费用、保险费、贷款利息、保函费用的支出(减去已结算的工程款),并有权要求赔偿其盈利损失。

8.业主风险和特殊风险引起的索赔

由于业主承担的风险而导致承包商的费用损失增大时,承包商可据此提出索赔。根据国际惯例,战争、敌对行动、入侵、外敌行动;叛乱、暴动、军事政变或篡夺权位,内战;核燃料或核燃料燃烧后的核废物、核辐射、放射线、核泄漏;音速或超音速飞行器所产生的压力波;暴乱、骚乱或混乱;由于业主提前使用或占用工程的未完工交付的任何一部分致使破坏;纯粹是由于工程设计所产生的事故或破坏,并且此设计不是由承包商设计或负责的;自然力所产生的作用,而对于此种自然力,即使是有经验的承包商也无法预见,无法抗拒,无法保护自己和使工程免遭损失等属于业主应承担的风险。

许多合同规定,承包商不仅对由此而造成工程、业主或第三方的财产的破坏和损失及人身伤亡不承担责任,而且业主应保护和保障承包商不受上述特殊风险后果的损害,并免于承担由此而引起的与之有关的一切索赔、诉讼及其费用。相反,承包商还应当可以得到由此损害引起的任何永久性工程及其材料的付款及合理的利润,以及一切修复费用、重建费用及上述特殊风险而导致的费用增加。如果由于特殊风险而导致合同终止,承包商除可以获得应付的一切工程款和损失费用外,还可以获得施工机械设备的撤离费用和人员遣返费用等。

10.3.3.3　工程索赔的依据和程序

1.工程索赔的依据

合同一方向另一方提出的索赔要求,都应该提出一份具有说服力的证据资料作为索赔的依据。这也是索赔能否成功的关键因素。由于索赔的具体事由不同,所需的论证资料也有所不同。索赔一般依据包括以下几点。

1)招标文件

招标文件是承包商投标报价的依据,它是工程项目合同文件的基础。招标文件中一般包括的通用条件、专用条件、施工图纸、施工技术规范、工程量表、工程范围说明、现场水文地质资料等文本,都是工程成本的基础资料。它们不仅是承包商参加投标竞争和编标报价的依据,也是索赔时计算附加成本的依据。

2)投标书

投标书是承包商依据招标文件并进行工地现场勘察后编标计价的成果资料,是投标竞争中标的依据。在投标报价文件中,承包商对各主要工种的施工单价进行了分析计算,对各主要工程量的施工效率和施工进度进行了分析,对施工所需的设备和材料列出了数量和价值,对施工过程中各阶段所需的资金数额提出了要求,等等。所有这些文件,在中标及签订合同协议书以后,都成为正式合同文件的组成部分,也成为索赔的基本依据。

3)合同协议书及其附属文件

合同协议书是合同双方(业主和承包商)正式进入合同关系的标志。在签订合同协议书以前,合同双方对于中标价格、工程计划、合同条件等问题的讨论纪要文件,亦是该工程项目合同文件的重要组成部分。在这些会议纪要中,如果对招标文件中的某个合同条款做了修改或解释,则这个纪要就是将来索赔计价的依据。

4)来往信函

在合同实施期间,合同双方有大量的往来信函。这些信件都具有合同效力,是结算和索赔的依据资料,如监理工程师(或业主)的工程变更指令,口头变更确认函,加速施工指令,工程单价变更通知,对承包商问题的书面回答等。这些信函(包括电传、传真资料)可能繁杂零碎,而且数量巨大,但应仔细分类存档。

5)会议记录

在工程项目从招标到建成移交的整个期间,合同双方要召开许多次的会议,讨论解决合同实施中的问题。所有这些会议记录,都是很重要的文件。工程和索赔中的许多重大问题,都是通过会议反复协商讨论后决定的。如标前会议纪要、工程协调会议纪要、工程进度变更会议纪要、技术讨论会议纪要、索赔会议纪要等。

对于重要的会议纪要,要建立审阅制度,即由作纪要的一方写好纪要稿后,送交对方(以及有关各方)传阅核签,如有不同意见,可在纪要稿上修改,也可规定一个核签的期限(如 7 d),如纪要稿送出后 7 d 以内不返回核签意见,即认为同意。这对会议纪要稿的合法性是很必要的。

6)施工现场纪录

承包商的施工管理水平的一个重要标志,是看他是否建立了一套完整的现场记录制度,并持之以恒地贯彻到底。这些资料的具体项目甚多,主要的如施工日志、施工检查记录、工时记录、质量检查记录、施工设备使用记录、材料使用记录、施工进度记录等。有的重要记录文本,如质量检查、验收记录,还应有工程师或其代表的签字认可。工程师同样要有自己完备的施工现场记录,以备核查。

7)工程财务记录

在工程实施过程中,对工程成本的开支和工程款的历次收入,均应做详细的记录,并输入计算机备查。这些财务资料如工程进度款每月的支付申请表,工人劳动计时卡和工资单,设备、材料和零配件采购单,付款收据,工程开支月报等。在索赔计价工作中,财务单证十分重要,应注意积累和分析整理。

8)现场气象记录

水文气象条件对工程实施的影响甚大,它经常引起工程施工的中断或工效降低,有时甚至造成在建工程的破损。许多工期拖延索赔均与气象条件有关。施工现场应注意记录的气象资料,如每月降水量、风力、气温、河水位、河水流量、洪水位、洪水流量、施工基坑地下水状况等。如遇到地震、海啸、飓风等特殊自然灾害,更应注意随时详细记录。

9)市场信息资料

大中型工程项目,一般工期长达数年,对物价变动等资料,应系统地收集整理。这些信息资料,不仅对工程款的调价计算是必不可少的,对索赔亦同样重要。如工程所在国官方出台的物价报导、外汇兑换率行情、工人工资调整决定等。

10)政策法令文件

这是指工程所在国的政府或立法机关公布的有关工程造价的决定或法令,如货币兑换限制指令、外汇兑换率的决定、调整工资的决定、税收变更指令、工程仲裁规则等。由于工程的合同条件是以适应工程所在国的法律为前提的,因此该国政府的这些法令对工程结算和索赔具有决定性的意义,应该引起高度重视。对于重大的索赔事项,如涉及大宗的索赔款额,或遇到复杂的法律问题时,还需要聘请律师,专门处理这方面的问题。

2.工程索赔的程序

合同实施阶段,在每一个索赔事件发生后,承包商都应抓住索赔机会,并按合同条件的具体规定和工程索赔的惯例,尽快协商解决索赔事项。工程索赔程序,一般包括发出索赔意向通知、收集索赔证据,并编制和提交索赔报告、评审索赔报告、举行索赔谈判、解决索赔争端等。

1)发出索赔意向通知

按照合同条件的规定,凡是非承包商原因引起工程拖期或工程成本增加时,承包商有权提出索赔。当索赔事件发生时,承包商一方面用书面形式向业主或监理工程师发出索赔意向通知书,另一方面,应继续施工,不影响施工的正常进行。索赔意向通知是一种维护自身索赔权利的文件。例如,按照 FIDIC 第四版的规定,在索赔事项发生后的 28 d 内向工程师正式提出书面的索赔通知,并抄送业主。项目部的合同管理人员或其中的索赔工作人员根据具体情况,在索赔事项发生后的规定时间内正式发出索赔通知书,以免丧失索赔权。

索赔意向通知,一般仅仅是向业主或监理工程师表明索赔意向,所以应当简明扼要。通常只要说明以下几点内容即可:索赔事由的名称、发生的时间、地点、简要事实情况和发展动态;索赔所引证的合同条款;索赔事件对工程成本和工期产生的不利影响,进而提出自己的索赔要求即可。至于要求的索赔款额,或工期应补偿天数及有关的证据资料在合同规定的时间内报送。

2)索赔资料的准备及索赔文件的提交

在正式提出索赔要求后,承包商应抓紧准备索赔资料,计算索赔值,编写索赔报告,并在合同规定的时间内正式提交。如果索赔事项的影响具有连续性,即事态还在继续发展,则按合同规定,每隔一定时间监理工程师报送一次补充资料,说明事态发展情况。在索赔事项的影响结束后的规定时间内报送此项索赔的最终报告,附上最终账目和全部证据资料,提出具体的索赔额,要求业主或监理工程师审定。

索赔的成功很大程度上取决于承包商对索赔权的论证和充分的证据材料。即使抓住合同履行中的索赔机会,如果拿不出索赔证据或证据不充分,其索赔要求往往难以成功或被大打折扣。因此,承包商在正式提出索赔报告前的资料准备工作极为重要。这就要求承包商注意记录和积累保存工程施工过程中的各种资料,并可随时从中索取与索赔事件有关的证明资料。

索赔报告的编写,应审慎、周密,索赔证据充分,计算结果正确。对于技术复杂或款额巨大的索赔事项,有必要聘用合同专家(律师)或技术权威人士担任咨询,以保证索赔取得较为满意的成果。

索赔报告书的具体内容,随该索赔事项的性质和特点而有所不同。但一份完整的索赔报告书的必要内容和文字结构方面,必须包括以下 4~5 个组成部分。至于每个部分的文字长短,则根据每一索赔事项的具体情况和需要来决定。

A.总论部分

每个索赔报告书的首页,应该是该索赔事项的一个综述。它概要地叙述发生索赔事项的日期和过程;说明承包商为了减轻该索赔事项造成的损失而做过的努力;索赔事项给承包商的施工增加的额外费用或工期延长的天数,以及自己的索赔要求。同时,在上述论述之后附上索赔报告书编写人、审核人的名单,注明各人的职称、职务及施工索赔经验,以表示该索赔报告书的权威性和可信性。

总论部分应简明扼要。对于较大的索赔事项,篇幅一般应以 3~5 页为限。

B.合同引证部分

合同引证部分是索赔报告关键部分之一,它的目的是承包商论述自己有索赔权,这是索赔成立的基础。合同引证的主要内容,是该工程项目的合同条件以及有关此项索赔的法律规定,说明自己理应得到经济补偿或工期延长,或二者均应获得。因此,工程索赔人员应通晓合同文件,善于在合同条件、技术规程、工程量表以及合同函件中寻找索赔的法律依据,使自己的索赔要求建立在合同、法律的基础上。

对于重要的条款引证,如不利的自然条件或人为障碍(施工条件变化),合同范围以外的额外工程,特殊风险等,应在索赔报告书中做详细的论证叙述,并引用有说服力的证据资料。因为在这些方面经常会有不同的观点,对合同条款的含义有不同的解释,往往是工程索赔争议的焦点。

在论述索赔事项的发生、发展、处理和最终解决的过程时,承包商应客观地描述事实,避免采用抱怨或夸张的用辞,以免使工程师和业主方面产生反感或怀疑。而且,这样的措辞,往往会使索赔工作复杂化。

综合上述,合同引证部分一般包括以下内容:

(1)概述索赔事项的处理过程。

(2)发出索赔通知书的时间。

(3)引证索赔要求的合同条款,如不利的自然条件;合同范围以外的工程;业主风险和特殊风险;工程变更指令;工期延长;合同价调整,等等。

(4)指明所附的证据资料。

C.索赔款额计算部分

在论证索赔权以后,应接着计算索赔款额,具体分析论证合理的经济补偿款额。这也是索赔报告书的主要部分,是经济索赔报告的第三部分。

索赔款额计算的目的,是以具体的计价方法和计算过程说明承包商应得到的经济补偿款额。如果说合同论证部分的目的是确立索赔权,则索赔款额计算部分的任务是确定应得的索赔款。

在索赔款额计算部分中,索赔工作人员首先应注意采用合适的计价方法。至于采用哪一种计价法,首先应根据索赔事项的特点及自己掌握的证据资料等因素来确定。其次,应注意每项开支的合理性,并指出相应的证据资料的名称及编号(这些资料均列入索赔报告书中)。只要计价方法合适,各项开支合理,则计算出的索赔总款额就有说服力。

索赔款计价的主要组成部分是:由于索赔事项引起的额外开支的人工费、材料费、设备费、工地管理费、总部管理费、投资利息、税收、利润等。每一项费用开支,应附以相应的证据或单据。

索赔款额计算部分在写法结构上,最好首先写出计价的结果,即列出索赔总款额汇总表。然后分项地论述各组成部分的计算过程,并指出所依据的证据资料的名称和编号。

在编写款额计算部分时,切忌采用笼统的计价方法和不实的开支款项。有的承包商对计价采取不严肃的态度,没有根据地扩大索赔款额,采取漫天要价的策略。这种做法是错误的,是不能成功的,有时甚至增加了索赔工作的难度。

索赔款额计算部分的篇幅可能较大。因为应论述各项计算的合理性,详细写出计算方法,并引证相应的证据资料,并在此基础上累计出索赔款总额。通过详细的论证和计算,使业主和工程师对索赔款的合理性有充分的了解,这对索赔要求的迅速解决很有关系。

总之,一份成功的索赔报告应注意事实的正确性,论述的逻辑性,善于利用成功的索赔案例来证明此项索赔成立的道理。逐项论述,层次分明,文字简练,论理透彻,使阅读者感到清楚明了,合情合理,有根有据。

D.工期延长论证部分

承包商在施工索赔报告中进行工期论证的目的,首先是为了获得施工期的延长,以免承担误期损害赔偿费的经济损失。其次承包商可能在此基础上,探索获得经济补偿的可能性。因为如果他投入了更多的资源,他就有权要求业主对他的附加开支进行补偿。对于工期索赔报告,工期延长论证是它的第三部分。

在索赔报告中论证工期的方法,主要有横道图表法、关键路线法、进度评估法、顺序作业法等。

在索赔报告中,应该对工期延长、实际工期、理论工期等工期的长短(天数)进行详细的论述,说明自己要求工期延长(天数)或加速施工费用(款数)的根据。

E.证据部分

证据部分通常以索赔报告书附件的形式出现,它包括了该索赔事项所涉及的一切有关证据资料以及对这些证据的说明。

证据是索赔文件的必要组成部分,要保证索赔证据的翔实可靠,使索赔取得成功。索赔证据资料的范围甚广,它可能包括工程项目施工过程中所涉及的有关政治、经济、技术、财务等许多方面的资料。这些资料,合同管理人员应该在整个施工过程中持续不断地收集整理,分类储存,最好是存入计算机中以便随时提出查询、整理或补充。

所收集的诸项证据资料,并不是都要放入索赔报告书的附件中,而是针对索赔文件中提到的开支项目,有选择、有目的地列入,并进行编号,以便审核查对。

在引用每个证据时,要注意该证据的效力或可信程度。为此,对重要的证据资料最好附以文字说明,或附以确认函件。例如,对一项重要的电话记录,仅附上自己的记录是不够有力的,最好附上经过对方签字确认过的电话记录;或附上发给对方的要求确认该电话记录的函件,即使对方当时未复函确认或予以修改,亦说明责任在对方,因为未复函确认或修改,按惯例应理解为他已默认。

除文字报表证据资料外,对于重大的索赔事项,承包商还应提供直观记录资料,如录像、摄影等证据资料。

综合本节的论述:如果把工期索赔和经济索赔分别地编写索赔报告,则它们除包括总论、合同引证和证据 3 个部分外,将分别包括工期延长论证或索赔款额计算部分。如果把工期索赔和经济索赔合并为一个报告,则应包括所有 5 个部分。

3)索赔报告的评审

业主或监理工程师在接到承包商的索赔报告后,应当站在公正的立场,以科学的态度及时认真地审阅报告,重点审查承包商索赔要求的合理性和合法性,审查索赔值的计算是否正确、合理。对不合理的索赔要求或不明确的地方提出反驳和质疑,或要求做出解释和补充。监理工程师可在业主的授权范围内做出自己独立的判断。

监理工程师判定承包商索赔成立的条件:

(1)与合同相对照,事件已造成了承包商施工成本的额外支出,或直接工期损失;

(2)造成费用增加或工期损失的原因,按合同约定不属于承包商的行为责任或风险责任;

(3)承包商按合同规定的程序提交了索赔意向通知和索赔报告。

上述三个条件没有先后主次之分,应当同时具备。只有工程师认定索赔成立后,才按一定程序处理。

4)监理工程师与承包商进行索赔谈判

业主或监理工程师经过对索赔报告的评审后,由于承包商常常需要做出进一步的解释和补充证据,而业主或监理工程师也需要对索赔报告提出的初步处理意见做出解释和说明。因此,业主、监理工程师和承包商三方就索赔的解决要进行进一步的讨论、磋商,即谈判。这里可能有复杂的谈判过程。对经谈判达成一致意见的,做出索赔决定。若意见达不成一致,则产生争执。

在经过认真分析研究与承包商、业主广泛讨论后,工程师应该向业主和承包商提出自己的《索赔处理决定》。监理工程师收到承包商送交的索赔报告和有关资料后,于合同规定的时间内(如 28 d)给予答复,或要求承包商进一步补充索赔理由和证据。工程师在规定时间内未予答复或未对承包商做出进一步要求,则视为该项索赔已经认可。

监理工程师在《索赔处理决定》中应该简明地叙述索赔事项、理由和建议给予补偿的金额及(或)延长的工期。《索赔评价报告》则是作为该决定的附件提供的。它根据监理工程师所掌握的实际情况详细叙述索赔的事实依据、合同及法律依据,论述承包商索赔的合理方面及不合理方面,详细计算应给予的补偿。《索赔评价报告》是监理工程师站在公正的立场上独立编制的。

当监理工程师确定的索赔额超过其权限范围时,必须报请业主批准。

业主首先根据事件发生的原因、责任范围、合同条款审核承包商的索赔申请和工程师的处理报告,再依据工程建设的目的、投资控制、竣工投产日期要求以及针对承包商在施工中的缺陷或违反合同规定等的有关情况,决定是否批准监理工程师的处理意见,而不能超越合同条款的约定范围。索赔报告经业主批准后,监理工程师即可签发有关证书。

5)索赔争端的解决

如果业主和承包商通过谈判不能协商解决索赔,就可以将争端提交给监理工程师解决,监理工程师在收到有关解决争端的申请后,在一定时间内要做出索赔决定。业主或承包商如果对监理工程师的决定不满意,可以申请仲裁或起诉。争议发生后,在一般情况下,双方都应继续履行合同,保持施工连续,保护好已完工程。只有当出现单方违约导致合同确已无法履行,双方协议停止施工;调解要求停止施工,且为双方接受;仲裁机关或法院要求停止施工等情况时,当事人方可停止履行施工合同。

10.3.3.4 索赔值的计算

工程索赔报告最主要的两部分是:合同论证部分和索赔计算部分,合同论证部分的任务是解决索赔权是否成立的问题,而索赔计算部分则确定应得到多少索赔款额或工期补偿,前者是定性的,后者是定量的。索赔的计算是索赔管理的一个重要组成部分。

1.工期索赔值的计算

1)工期索赔的原因

在施工过程中,由于各种因素的影响,使承包商不能在合同规定的工期内完成工程,造成工程拖期。造成工程拖期的一般原因如下。

A.非承包商的原因

由于下列非承包商原因造成的工程拖期,承包商有权获得工期延长:

(1)合同文件含义模糊或歧义;

(2)工程师未在合同规定的时间内颁发图纸和指示;

(3)承包商遇到一个有经验的承包商无法合理预见到的障碍或条件;

(4)处理现场发掘出的具有地质或考古价值的遗迹或物品;

(5)工程师指示进行未规定的检验;

(6)工程师指示暂时停工;

(7)业主未能按合同规定的时间提供施工所需的现场和道路;

(8)业主违约;

(9)工程变更;

(10)异常恶劣的气候条件。

上述的几种原因可归结为以下三大类:

第一类是业主的原因,如未按规定时间提供现场和道路占有权,增加额外工程等;第二类是工程师的原因,如设计变更、未及时提供施工图纸等;第三类是不可抗力,如地震、洪水等。

B.承包商原因

承包商在施工过程中可能由于下列原因,造成工程延误:

(1)对施工条件估计不充分,制订的进度计划过于乐观;

(2)施工组织不当;

(3)承包商自身的其他原因。

2)工程拖期的种类及处理措施

工程拖期可分为如下两种情况:

（1）由于承包商的原因造成的工程拖期,定义为工程延误,承包商须向业主支付误期损害赔偿费。工程延误也称为不可原谅的工程拖期。如承包商内部施工组织不好,设备材料供应不及时等。这种情况下,承包商无权获得工期延长。

（2）由于非承包商原因造成的工程拖期,定义为工程延期,则承包商有权要求业主给予工期延长。工程延期也称为可原谅的工程拖期。它是由于业主、监理工程师或其他客观因素造成的,承包商有权获得工期延长,但是否能获得经济补偿要视具体情况而定。因此,可原谅的工程拖期又可分为:①可原谅并给予补偿的拖期,是承包商有权同时要求延长工期和经济补偿的延误,拖期的责任者是业主或工程师。②可原谅但不给予补偿的拖期,是指可给予工期延长,但不能对相应经济损失给予补偿的可原谅延误。这往往是由于客观因素造成的拖延。

上述两种情况下的工期索赔可按表 10-4 处理。

表 10-4　工期索赔处理原则

索赔原因	是否可原谅	拖期原因	责任者	处理原则	索赔结果
工程进度拖延	可原谅拖期	修改设计 施工条件变化 业主原因拖期 工程师原因拖期	业主	可给予工期延长,可补偿经济损失	工期+经济补偿
		异常恶劣气候 工人罢工 天灾	客观原因	可给予工期延长,不给予经济补偿	工期
	不可原谅拖期	工效不高 施工组织不好 设备、材料供应不及时	承包商	不延长工期,不补偿损失,向业主支付误期损害赔偿费	索赔失败;无权索赔

3) 共同延误下工期索赔的处理方法

承包商、工程师或业主,或某些客观因素均可造成工程拖期。但在实际施工过程中,工程拖期经常是由上述两种以上的原因共同作用产生的,在这种情况下,称为共同延误。

主要有两种情况:在同一项工作上同时发生两项或两项以上延误;在不同的工作上同时发生两项或两项以上延误。

第一种情况比较简单。共同延误主要有以下几种基本组合:

（1）可补偿延误与不可原谅延误同时存在。在这种情况下,承包商不能要求工期延长及经济补偿,因为即便是没有可补偿延误,不可原谅延误也已经造成工程延误。

（2）不可补偿延误与不可原谅延误同时存在。在这种情况下,承包商无权要求延长工期,因为即便是没有不可补偿延误,不可原谅延误也已经导致施工延误。

（3）不可补偿延误与可补偿延误同时存在。在这种情况下,承包商可以获得工期延长,但不能得到经济补偿,因为即便是没有可补偿延误,不可补偿延误也已经造成工程施工延误。

(4)两项可补偿延误同时存在。在这种情况下,承包商只能得到一项工期延长或经济补偿。

第二种情况比较复杂。由于各项工作在工程总进度表中所处的地位和重要性不同,同等时间的相应延误对工程进度所产生的影响也就不同。所以,对这种共同延误的分析就不像第一种情况那样简单。比如,业主延误(可补偿延误)和承包商延误(不可原谅延误)同时存在,承包商能否获得工期延长及经济补偿? 对此应通过具体分析才能回答。

关于业主延误与承包商延误同时存在的共同延误,一般认为应该用一定的方法按双方过错的大小及所造成影响的大小按比例分担。如果该延误无法分解开,不允许承包商获得经济补偿。

4)工期补偿量的计算

A.有关工期的概念

(1)计划工期,就是承包商在投标报价文件中申明的施工期,即从正式开工日起至建成工程所需的施工天数。一般即为业主在招标文件中所提出的施工期。

(2)实际工期,就是在项目施工过程中,由于多方面干扰或工程变更,建成该项工程上所花费的施工天数。如果实际工期比计划工期长的原因不属于承包商的责任,则承包商有权获得相应的工期延长,即工期延长量=实际工期-计划工期。

(3)理论工期,是指较原计划拖延了的工期。如果在施工过程中受到工效降低和工程量增加等诸多因素的影响,仍按照原定的工作效率施工,而且未采取加速施工措施时,该工程项目的施工期可能拖延甚久,这个被拖延了的工期,被称为理论工期,即在工程量变化、施工受干扰的条件下,仍按原定效率施工、而不采取加速施工措施时,在理论上所需要的总施工时间。在这种情况下,理论工期即是实际工期。

B.工期补偿量的计算方法

工程承包实践中,对工期补偿量的计算有下面几种方法。

(1)工期分析法。即依据合同工期的网络进度计划图或横道图计划,考察承包商按监理工程师的指示,完成各种原因增加的工程量所需用的工时,以及工序改变的影响,算出实际工期以确定工期补偿量。

(2)实测法。承包商按监理工程师的书面工程变更指令,完成变更工程所用的实际工时。

(3)类推法。按照合同文件中规定的同类工作进度计算工期延长。

(4)工时分析法。某一工种的分项工程项目延误事件发生后,按实际施工的程序统计出所用的工时总量,然后按延误期间承担该分项工程工种的全部人员投入来计算要延长的工期。

2.费用索赔值的计算

1)索赔款的组成

工程索赔时可索赔费用的组成部分,同工程承包合同价所包含的组成部分一样,包括直接费、间接费和利润及其他应补偿的费用。其组成项目如下。

(1)直接费:

①人工费,包括人员闲置费、加班工作费、额外工作所需人工费用、劳动效率降低费和人工费的价格上涨费用等。

②材料费,包括额外材料使用费、增加的材料运杂费、增加的材料采购及保管费用和材料价格上涨费用等。

③施工机械费,包括机械闲置费、额外增加的机械使用费和机械作业效率降低费等。

(2)间接费:

①现场管理费,包括工期延长期间增加的现场管理费,如管理人员工资及各项开支、交通设施费以及其他费用等。

②上级管理费,包括办公费、通信费、旅差费和职工福利费等。

③利润,一般包括合同变更利润、合同延期机会利润、合同解除利润和其他利润补偿。

④其他应予以补偿的费用,包括利息、分包费、保险费用和各种担保费等。

2)索赔款的计价方法

根据合同条件的规定有权利要求索赔时,采用正确的计价方法论证应获得的索赔款数额,对顺利地解决索赔要求有着决定性的意义。实践证明,如果采用不合理的计价方法,没有事实根据地扩大索赔款额,漫天要价,往往使本来可以顺利解决的索赔要求搁浅,甚至失败。因此,客观地分析索赔款的组成部分,并采取合理的计价方法,是取得索赔成功的重要环节。

在工程索赔中,索赔款额的计价方法甚多。每个工程项目的索赔款计价方法,也往往因索赔事项的不同而相异。

A.实际费用法

实际费用法亦称为实际成本法,是工程索赔计价时最常用的计价方法,它实质上就是额外费用法(或称额外成本法)。

实际费用法计算的原则是:以承包商为某项索赔工作所支付的实际开支为根据,向业主要求经济补偿。每一项工程索赔的费用,仅限于由于索赔事项引起的、超过原计划的费用,即额外费用,也就是在该项工程施工中所发生的额外人工费、材料费和设备费,以及相应的管理费。这些费用即是施工索赔所要求补偿的经济部分。

用实际费用法计价时,在直接费(人工费、材料费、设备费等)的额外费用部分的基础上,再加上应得的间接费和利润,即是承包商应得的索赔金额。因此,实际费用法(额外费用法)客观地反映了承包商的额外开支或损失,为经济索赔提供了精确而合理的证据。

由于实际费用法所依据的是实际发生的成本记录或单据,所以在施工过程中系统而准确地积累记录资料,是非常重要的。这些记录资料不仅是施工索赔所必不可少的,亦是工程项目施工总结的基础依据。

B.总费用法

总费用法即总成本法,就是当发生多次索赔事项以后,重新计算出该工程项目的实际总费用,再从这个实际总费用中减去投标报价时的估算总费用,即为要求补偿的索赔总款额,即

$$索赔款额 = 实际总费用 - 投标报价估算费用$$

采用总成本法时,一般要有以下的条件:

(1)由于该项索赔在施工时的特殊性质,难于或不可能精准地计算出承包商损失的款额,即额外费用。

(2)承包商对工程项目的报价(投标时的估算总费用)是比较合理的。

(3)已开支的实际总费用经过逐项审核,认为是比较合理的。

（4）承包商对已发生的费用增加没有责任。

（5）承包商有较丰富的工程施工管理经验和能力。

在施工索赔工作中，不少人对采用总费用法持批评态度。因为在实际发生的总费用中，可能包括了由于承包商的原因（如施工组织不善，工效太低，浪费材料等）而增加了的费用；同时，投标报价时的估算费用却因想竞争中标而过低。因此，这种方法只有在实际费用难以计算时才使用。

C.修正的总费用法

修正的总费用法是对总费用法的改进，即在总费用计算的原则上，对总费用法进行相应的修改和调整，去掉一些比较不确切的可能因素，使其更合理。

用修正的总费用法进行的修改和调整内容，主要如下：

（1）将计算索赔款的时段仅局限于受到外界影响的时间（如雨季），而不是整个施工期。

（2）只计算受影响时段内的某项工作所受影响的损失，而不是计算该时段内所有施工工作所受的损失。

（3）在受影响时段内某项工程施工中，使用的人工、设备、材料等资源均有可靠的记录资料，如工程师的施工日志、现场施工记录等。

（4）与该项工作无关的费用，不列入总费用中。

（5）对投标报价时的估算费用重新进行核算。按受影响时段内该项工作的实际单价进行计算，乘以实际完成的该项工作的工程量，得出调整后的报价费用。

经过上述各项调整修正后的总费用，已相当准确地反映出实际增加的费用，作为给承包商补偿的款额。

据此，按修正后的总费用法支付索赔款的公式是：

索赔款额＝某项工作调整后的实际总费用－该项工作的报价费用

修正的总费用法，同未经修正的总费用法相比较，有了实质性地改进，使它的准确程度接近于实际费用法，容易被业主及工程师所接受。因为修正的总费用法仅考虑实际上已受到索赔事项影响的那一部分工作的实际费用，再从这一实际费用中减去投标报价书中的相应部分的估算费用。如果投标报价的费用是准确而合理的，则采用此修正的总费用法计算出来的索赔款额，很可能同采用实际费用法计算出来的索赔款额十分贴近。

D.分项法

分项法是按每个索赔事件所引起损失的费用项目分别分析计算索赔值的一种方法。在实际中，绝大多数工程的索赔都采用分项法计算。

分项法计算通常分三步：

（1）分析每个或每类索赔事件所影响的费用项目，不得有遗漏。这些费用项目通常应与合同报价中的费用项目一致。

（2）计算每个费用项目受索赔事件影响后的数值，通过与合同价中的费用值进行比较即可得到该项费用的索赔值。

（3）将各费用项目的索赔值汇总，得到总费用索赔值。分项法中索赔费用主要包括该项工程施工过程中所发生的额外人工费、材料费、施工机械使用费、相应的管理费以及应得的间接费和利润等。由于分项法所依据的是实际发生的成本记录或单据，所以施工过程中，对第一手资料的收集整理就显得非常重要了。

E.合理价值法

合理价值法是一种按照公正调整理论进行补偿的做法,亦称为按价偿还法。

在施工过程中,当承包商完成了某项工程但受到经济亏损时,其有权根据公正调整理论要求经济补偿。但是,或由于该工程项目的合同条款对此没有明确的规定,或者由于合同已被终止,在这种情况下,承包商按照合理价值法的原则仍然有权要求对自己已经完成的工作取得公正合理的经济补偿。

对于合同范围以外的额外工程,或者施工条件完全变化了的施工项目,承包商亦可根据合理价值法的原则,得到合理的索赔款额。

一般认为,如果该工程项目的合同条款中有明确的规定,即可按此合同条款的规定计算索赔款额,而不必采用合理价值法来索取经济补偿。

在施工索赔实践中,按照合理价值法获得索赔比较困难。这是因为工程项目的合同条款中没有经济亏损补偿的具体规定,而且工程已经完成,业主和工程师一般不会轻易地再予以支付。在这种情况下,一般是通过调解机构,如合同上诉委员会,或通过法律判决途径,按照合理价值法原则判定索赔款额,解决索赔争端。

在工程承包施工阶段的技术经济管理工作中,工程索赔管理是一项艰难的工作。要想在工程索赔工作中取得成功,需要具备丰富的工程承包施工经验,以及相当高的经营管理水平。在索赔工作中,要充分论证索赔权,合理计算索赔值,在合同规定的时间内提出索赔要求,编写好索赔报告并提供充分的索赔证据。力争友好协商解决索赔。在索赔事件发生后随时随地提出单项索赔,力争单独解决、逐月支付,把索赔款的支付纳入按月结算支付的轨道,同工程进度款的结算支付同步处理。必要时采取一定的制约手段,促使索赔问题尽快解决。

10.3.4　工程承包合同争议管理

工程承包合同争议,是指工程承包合同自订立至履行完毕之前,承包合同的双方当事人因对合同的条款理解产生歧义或因当事人未按合同的约定履行合同,或不履行合同中应承担的义务等原因所产生的纠纷。产生工程承包合同纠纷的原因十分复杂,但一般归纳为合同订立引起的纠纷,在合同履行中发生的纠纷,变更合同而产生的纠纷,解除合同而发生的纠纷等几个方面。

当争议出现时,有关双方首先应从整体、全局利益的目标出发,做好合同管理工作。《中华人民共和国合同法》规定,当事人可以通过和解或者调解解决合同争议。当事人不愿和解、调解或者和解、调解不成的,可以根据仲裁协议向仲裁机构申请仲裁。当事人没有订立仲裁协议或者仲裁协议无效的,可以向人民法院起诉。当事人应当履行发生法律效力的判决、仲裁裁决、调解书;拒不履行的,对方可以请求人民法院执行。从上述规定可以看出,在我国,合同争议解决的方式主要有和解、调解、仲裁和诉讼四种。在这四种解决争议的方式中,和解和调解的结果没有强制执行的法律效力,要靠当事人的自觉履行。当然,这里所说的和解和调解是狭义的,不包括仲裁和诉讼程序中在仲裁庭和法院的主持下的和解和调解。这两种情况下的和解和调解属于法定程序,其解决方法仍有强制执行的法律效力。

10.3.4.1　和解

1.和解的概念

和解是指在发生合同纠纷后,合同当事人在自愿、友好、互谅基础上,依照法律、法规的规定和合同的约定,自行协商解决合同争议的一种方式。

工程承包合同争议的和解,是由工程承包合同当事人双方自己或由当事人双方委托的律师出面进行的。在协商解决合同争议的过程中,当事人双方依照平等自愿原则,可以自由、充分地进行意思表示,弄清争议的内容、要求和焦点所在,分清责任是非,在互谅互让的基础上,使合同争议得到及时、圆满的解决。

2.工程承包合同争议采用和解方式解决的优点

合同发生争议时,当事人应首先考虑通过和解解决。合同争议的和解解决有以下优点:

(1)简便易行,能经济、及时地解决纠纷。工程承包合同争议的和解解决不受法律程序约束,没有仲裁程序或诉讼程序那样有一套较为严格的法律规定,当事人可以随时发现问题,随时要求解决,不受时间、地点的限制,从而防止矛盾的激化、纠纷的逐步升级。便于对合同争议的及时处理,有可以省去一笔仲裁费或诉讼费。

(2)有利于维护双方当事人团结和协作氛围,使合同更好地履行。

合同双方当事人在平等自愿、互谅互让的基础上就工程合同争议的事项进行协商,气氛比较融洽,有利于缓解双方的矛盾,消除双方的隔阂和对立,加强团结和协作;同时,由于协议是在双方当事人统一认识的基础上自愿达成的,所以可以使纠纷得到比较彻底的解决,协议的内容也比较容易顺利执行。

(3)针对性强,便于抓住主要矛盾。由于工程合同双方当事人对事态的发展经过有亲身的经历,了解合同纠纷的起因、发展以及结果的全过程,便于双方当事人抓住纠纷产生的关键原因,有针对性地加以解决。因合同当事人双方一旦关系恶化,常常会在一些枝节上纠缠不休,使问题扩大化、复杂化,而合同争议的和解就可以避免走这些不必要的弯路。

(4)可以避免当事人把大量的精力、人力、物力放在诉讼活动上。工程合同发生纠纷后,往往合同当事人各方都认为自己有理,特别在诉讼中败诉的一方,会一直把官司打到底,牵扯巨大的精力,而且可能由此结下怨恨。如果和解解决,就可以避免这些问题,对双方当事人都有好处。

10.3.4.2 调解

1.调解的概念

调解是指在合同发生纠纷后,在第三人的参加和主持下,对双方当事人进行说服、协调和疏导工作,使双方当事人互相谅解并按照法律的规定及合同的有关约定达成解决合同纠纷协议的一种争议解决方式。

工程合同争议的调解是解决合同争议的一种重要方式,也是我国解决建设工程合同争议的一种传统方法。它是在第三人的参加与主持下,通过查明事实,分清是非,说服教育,促使当事人双方做出适当让步,平息争端,促使双方在互谅互让的基础上自愿达成调解协议,消除纷争。第三人进行调解必须实事求是、公正合理,不能压制双方当事人,而应促使他们自愿达成协议。

《中华人民共和国合同法》规定了当事人之间首先可以通过自行和解来解决合同的纠纷,同时也规定了当事人还可以通过调解的方式来解决合同的纠纷,这两种方式当事人可以自愿选择其中一种或两种。调解与和解的主要区别在于:前者有第三人参加,并主要是通过第三人的说服教育和协调来达成解决纠纷的协议;而后者则完全是通过当事人自行协商来达成解决合同纠纷的协议。两者的相同之处在于:它们都是在诉讼程序之外所进行的解决合同纠纷的活动,达成的协议都是靠当事人自觉履行来实现的。

2.调解解决建设工程合同争议的意义

(1)有利于化解合同双方当事人的对立情绪,迅速解决合同纠纷。当合同出现纠纷时,合同双方当事人会采取自行协商的方式去解决,但当事人意见不一致时,如果不及时采取措施,就极有可能使矛盾激化。在我国,调解之所以成为解决建设工程合同争议的重要方式之一,就是因为调解有第三人从中做说服教育和劝导工作,化解矛盾,增进理解,有利于迅速解决合同纠纷。

(2)有利于各方当事人依法办事。用调解方式解决建设工程合同纠纷,不是让第三人充当无原则的"和事佬",事实上调解合同纠纷的过程是一个宣传法律、加强法制观念的过程。在调解过程中,调解人的一个很重要的任务就是使双方当事人懂得依法办事和依合同办事的重要性。它可以起到既不伤和气,又受到一定的法制教育的作用,有利于维护社会安定团结和社会经济秩序。

(3)有利于当事人集中精力干好本职工作。通过调解解决建设工程合同纠纷,能够使双方当事人在自愿、合法的基础上,排除隔阂,达成调解协议,同时可以简化解决纠纷的程序,减少仲裁、起诉和上诉所花费的时间和精力,争取到更多的时间迅速集中精力进行经营活动。这不仅有利于维护双方当事人的合法权益,而且有利于促进社会主义现代化建设的发展。

合同纠纷的调解往往是当事人经过和解仍不能解决纠纷后采取的方式,因此与和解相比,它面临的纠纷要大一些。与诉讼、仲裁相比,调解仍具有与和解相似的优点:能够较经济、较及时地解决纠纷;有利于消除合同当事人的对立情绪,维护双方的长期合作关系。

10.3.4.3 仲裁

1.仲裁的概念

仲裁亦称"公断",是当事人双方在争议发生前或争议发生后达成协议,自愿将争议交给第三者做出裁决,并负有自动履行义务的一种解决争议的方式。这种争议解决方式必须是自愿的,因此必须有仲裁协议。如果当事人之间有仲裁协议,争议发生后又无法通过和解和调解解决,则应及时将争议提交仲裁机构仲裁。

2.仲裁的原则

1)自愿原则

解决合同争议是否选择仲裁方式以及选择仲裁机构本身并无强制力。当事人采用仲裁方式解决纠纷,应当贯彻双方自愿原则,达成仲裁协议。如有一方不同意进行仲裁的,仲裁机构即无权受理合同纠纷。

2)公平合理原则

仲裁的公平合理,是仲裁制度的生命力所在。这一原则要求仲裁机构要充分收集证据,听取纠纷双方的意见。仲裁应当根据事实。同时,仲裁应当符合法律规定。

3)仲裁依法独立进行原则

仲裁机构是独立的组织,相互间也无隶属关系。仲裁依法独立进行,不受行政机关、社会团体和个人的干涉。

4)一裁终局原则

由于仲裁是当事人基于对仲裁机构的信任做出的选择,因此其裁决是立即生效的。裁决做出后,当事人就同一纠纷再申请仲裁或者向人民法院起诉的,仲裁委员会或者人民法院不予受理。

3.仲裁委员会

仲裁委员会可以在直辖市和省、自治区人民政府所在地的市设立,也可以根据需要在其他设区的市设立,不按行政区划层层设立。

仲裁委员会由主任 1 人、副主任 2~4 人和委员 7~11 人组成。仲裁委员会应当从公道正派的人员中聘任仲裁员。

仲裁委员会独立于行政机关,与行政机关没有隶属关系。仲裁委员会之间也没有隶属关系。

4.仲裁协议

1)仲裁协议的内容

仲裁协议是纠纷当事人愿意将纠纷提交仲裁机构仲裁的协议。它应包括以下内容:

(1)请求仲裁的意思表示;

(2)仲裁事项;

(3)选定的仲裁委员会。

在以上 3 项内容中,选定的仲裁委员会具有特别重要的意义。因为仲裁没有法定管辖,如果当事人不约定明确的仲裁委员会,仲裁将无法操作,仲裁协议将是无效的。至于请求仲裁的意思表示和仲裁事项则可以通过默示的方式来体现。可以认为在合同中选定仲裁委员会就是希望通过仲裁解决争议,同时,合同范围内的争议就是仲裁事项。

2)仲裁协议的作用

(1)合同当事人均受仲裁协议的约束;

(2)是仲裁机构对纠纷进行仲裁的先决条件;

(3)排除了法院对纠纷的管辖权;

(4)仲裁机构应按仲裁协议进行仲裁。

5.仲裁庭的组成

仲裁庭的组成有以下两种方式。

1)当事人约定由 3 名仲裁员组成仲裁庭

当事人如果约定由 3 名仲裁员组成仲裁庭,应当各自选定或者各自委托仲裁委员会主任指定 1 名仲裁员,第 3 名仲裁员由当事人共同选定或者共同委托仲裁委员会主任指定。第 3 名仲裁员是首席仲裁员。

2)当事人约定由 1 名仲裁员组成仲裁庭

仲裁庭也可以由 1 名仲裁员组成。当事人如果约定由 1 名仲裁员组成仲裁庭的,应当由当事人共同选定或者共同委托仲裁委员会主任指定仲裁员。

6.开庭和裁决

1)开庭

仲裁应当开庭进行。当事人协议不开庭的,仲裁庭可以根据仲裁申请书、答辩书以及其他材料做出裁决,仲裁不公开进行。当事人协议公开的,可以公开进行,但涉及国家秘密的除外。

申请人经书面通知,无正当理由不到庭或者未经仲裁庭许可中途退庭的,可以视为撤回仲裁申请。被申请人经书面通知,无正当理由不到庭或者未经仲裁庭许可中途退庭的,可以缺席裁决。

2)证据

当事人应当对自己的主张提供证据。仲裁庭对专门性问题认为需要鉴定的,可以交由当事人约定的鉴定部门鉴定,也可以由仲裁庭指定的鉴定部门鉴定。根据当事人的请求或者仲裁庭的要求,鉴定部门应当派鉴定人参加开庭。当事人经仲裁庭许可,可以向鉴定人提问。

建设工程合同纠纷往往涉及工程质量、工程造价等专门性的问题,一般需要进行鉴定。

3)辩论

当事人在仲裁过程中有权进行辩论。辩论终结时,首席仲裁员或者独任仲裁员应当征询当事人的最后意见。

4)裁决

裁决应当按照多数仲裁员的意见做出,少数仲裁员的不同意见可以记入笔录。仲裁庭不能形成多数意见时,裁决应当按照首席仲裁员的意见做出。

仲裁庭仲裁纠纷时,其中一部分事实已经清楚,可以就该部分先行裁决。

对裁决书中的文字、计算错误或者仲裁庭已经裁决但在裁决书中遗漏的事项,仲裁庭应当补正;当事人自收到裁决书之日起 30 日内,可以请求仲裁补正。

裁决书自做出之日起发生法律效力。

7.申请撤销裁决

当事人提出证据证明裁决有下列情形之一的,可以向仲裁委员会所在地的中级人民法院申请撤销裁决:

(1)没有仲裁协议的;

(2)裁决的事项不属于仲裁协议的范围或者仲裁委员会无权仲裁的;

(3)仲裁庭的组成或者仲裁的程序违反法定程序的;

(4)裁决所根据的证据是伪造的;

(5)对方当事人隐瞒了是以影响公正裁决的证据的;

(6)仲裁员在仲裁该案时有索贿受贿,徇私舞弊,枉法裁决行为的。

人民法院经组成合议庭审查核实裁决有前款规定情形之一的,应当裁定撤销。当事人申请撤销裁决的,应当自收到裁决书之日起 6 个月内提出。人民法院应当在受理撤销裁决申请之日起 2 个月内做出撤销裁决或者驳回申请的裁定。

人民法院受理撤销裁决的申请后,认为可以由仲裁庭重新仲裁的,通知仲裁庭在一定期限内重新仲裁,并裁定中止撤销程序。仲裁庭拒绝重新仲裁的,人民法院应当裁定恢复撤销程序。

8.执行

仲裁裁决的执行。仲裁委员会的裁决做出后,当事人应当履行。由于仲裁委员会本身并无强制执行的权力,因此当一方当事人不履行仲裁裁决时,另一方当事人可以依照《中华人民共和国民事诉讼法》的有关规定向人民法院申请执行。接受申请的人民法院应当执行。

10.3.4.4　诉讼

1.诉讼的概念

诉讼是指合同当事人依法请求人民法院行使审判权,审理双方之间发生的合同争议,做出有国家强制保证实现其合法权益、从而解决纠纷的审判活动。合同双方当事人如果未约定仲裁协议,则只能以诉讼作为解决争议的最终方式。

人民法院审理民事案件,依照法律规定实行合议、回避、公开审判和两审终审制度。

2.建设工程合同纠纷的管辖

建设工程合同纠纷的管辖,既涉及地域管辖,也涉及级别管辖。

1)级别管辖

级别管辖是指不同级别人民法院受理第一审建设工程合同纠纷的权限分工。一般情况下基层人民法院管辖第一审民事案件。中级人民法院管辖以下案件:重大涉外案件、在本辖区有重大影响的案件、最高人民法院确定由中级人民法院管辖的案件。在建设工程合同纠纷中,判断是否在本辖区有重大影响的依据主要是合同争议的标的额。由于建设工程合同纠纷争议的标的额往往较大,因此往往由中级人民法院受理一审诉讼,有时甚至由高级人民法院受理一审诉讼。

2)地域管辖

地域管辖是指同级人民法院在受理第一审建设工程合同纠纷的权限分工。对于一般的合同争议,由被告住所地或合同履行地人民法院管辖。《中华人民共和国民事诉讼法》也允许合同当事人在书面协议中选择被告住所地、合同履行地、合同签订地、原告住所地、标的物所在地人民法院管辖。对于建设工程合同的纠纷一般都适用不动产所在地的专属管辖,由工程所在地人民法院管辖。

3.诉讼中的证据

证据有下列几种:①书证;②物证;③视听资料;④证人证言;⑤当事人的陈述;⑥鉴定结论;⑦勘验笔录。

当事人对自己提出的主张,有责任提供证据。当事人及其诉讼代理人因客观原因不能自行收集的证据,或者人民法院认为审理案件需要的证据,人民法院应当调查收集。人民法院应当按照法定程序,全面地、客观地审查核实证据。

证据应当在法庭上出示,并由当事人互相质证。对涉及国家秘密、商业秘密和个人隐私的证据应当保密,需要在法庭出示的,不得在公开开庭时出示。经过法定程序公证证明的法律行为、法律事实和文书,人民法院应当作为认定事实的根据。但有相反证据足以推翻公证证明的除外。书证应当提交原件。物证应当提交原物。提交原件或者原物确有困难的,可以提交复制品、照片、副本、节录本。提交外文书证,必须附有中文译本。

人民法院对视听资料,应当辨别真伪,并结合本案的其他证据,审查确定能否作为认定事实的根据。

人民法院对专门性问题认为需要鉴定的,应当交由法定鉴定部门鉴定;没有法定鉴定部门的,由人民法院指定的鉴定部门鉴定。鉴定部门及其指定的鉴定人有权了解进行鉴定所需要的案件材料,必要时可以询问当事人、证人。鉴定部门和鉴定人应当提出书面鉴定结论,在鉴定书上签名或者盖章。与仲裁中的情况相似,建设工程合同纠纷往往涉及工程质量、工程造价等专门性的问题,在诉讼中一般也需要进行鉴定。

第 11 章　施工安全与环境管理

11.1　施工安全管理

11.1.1　施工安全管理的目的和任务

施工安全管理的目的是最大限度地保护生产者的人身安全,控制影响工作环境内所有员工(包括临时工作人员、合同方人员、访问者和其他有关人员)安全的条件和因素,避免因使用不当对使用者造成安全危急,防止安全事故的发生。

施工安全管理的任务是建筑生产安全企业为达到建筑施工过程中安全的目的,所进行的组织、控制和协调活动,主要内容包括括制定、实施、实现、评审和保持安全方针所需的组织机构、策划活动、管理职责、实施程序、所需资源等。施工企业应根据自身实际情况制定方针,并通过实施、实现、评审、保持、改进来建立组织机构、策划活动、明确职责、遵守安全法律法规、编制程序控制文件、实施过程控制,提供人员、设备、资金、信息等资源,对安全与环境管理体系按国家标准进行评审,按计划、实施、检查、总结循还过程进行提高。

11.1.2　施工安全管理的特点

11.1.2.1　安全管理的复杂性

水利工程施工具有项目固定性、生产的流动性、外部环境影响的不确定性,决定了施工安全管理的复杂性。

(1)生产的流动性主要指生产要素的流动性,它是指生产过程中人员、工具和设备的流动,主要表现有以下几个方面:①同一工地不同工序之间的流动;②同一工序不同工程部位之间的流动;③同一工程部位不同时间段之间的流动;④施工企业向新建项目迁移的流动。

(2)外部环境对施工安全影响因素很多,主要表现在:①露天作业多;②气候变化大;③地质条件变化;④地形条件影响;⑤地域、人员交流障碍影响。

以上生产因素和环境因素的影响,使施工安全管理变得复杂,考虑不周会出现安全问题。

11.1.2.2　安全管理的多样性

受客观因素影响,水利工程项目具有多样性的特点,使得建筑产品具有单件性,每一个施工项目都要根据特定条件和要求进行施工生产。安全管理具有多样性特点,表现有以下几个方面:

(1)不能按相同的图纸、工艺和设备进行批量重复生产;

(2)因项目需要设置组织机构,项目结束组织机构不存在,生产经营的一次性特征突出;

(3)新技术、新工艺、新设备、新材料的应用给安全管理带来新的难题;

（4）人员的改变、安全意识、经验不同带来安全隐患。

11.1.2.3 安全管理的协调性

施工过程的连续性和分工决定了施工安全管理的协调性。水利施工项目不能像其他工业产品一样可以分成若干部分或零部件同时生产，必需在同一个固定的场地按严格的程序连续生产，上一道工序完成才能进行下一道工序，上一道工序生产的结果往往被下一道工序所掩盖，而每一道工序都是由不同的部门和人员来完成的，这样，就要求在安全管理中，要求不同部门和人员做好横向配合和协调，共同注意各施工生产过程接口部分的安全管理的协调，确保整个生产过程和安全。

11.1.2.4 安全管理的强制性

工程建设项目建设前，已经通过招标投标程序确定了施工单位。由于目前建筑市场供大于求，施工单位大多以较低的标价中标，实施中安全管理费用投入严重不足，不符合安全管理规定的现象时有发生，从而要求建设单位和施工单位重视安全管理经费用的投入，达到安全管理的要求，政府也要加大对安全生产的监管力度。

11.1.3 施工安全控制的特点、程序、要求

11.1.3.1 施工安全控制的概念

1.安全生产的概念

安全生产是指施工企业使生产过程避免人身伤害、设备损害及其不可接受的损害风险的壮态。

不可接受的损害风险通常是指超出了法律、法规和规章的要求，超出了方针、目标和企业规定的其他要求，超出了人们普遍接受的要求（通常是隐含的要求）。

安全与否是一个相对的概念，根据风险接受程度来判断。

2.施工安全控制的概念

施工安全控制是指企业通过对安全生产过程中涉及的计划、组织、监控、调节和改进等一系列致力于满足施工安全措施所进行的管理活动。

11.1.3.2 施工安全控制的方针与目标

1.施工安全控制的方针

施工安全控制的目的是安全生产，因此安全控制的方针是"安全第一，预防为主"。

安全第一是指把人身的安全放在第一位，安全为了生产，生产必须保证人身安全，充分体现以人为本的理念。

预防为主是实现安全第一的手段，采取正确的措施和方法进行安全控制，从而减少甚至消除事故隐患，尽量把事故消除在萌芽状态，这是安全控制最重要的思想。

2.安全控制的目标

安全控制的目标是减少和消除生产过程中的事故，保证人员健康安全，避免财产损失。安全控制的目标具体包括：①减少和消除人的不安全行为的目标；②减少和消除设备、材料的不安全状态的目标；③改善生产环境和保护自然环境的目标；④安全管理的目标。

11.1.3.3 施工安全控制的特点

1.安全控制面大

水利工程，由于规模大、生产工序多、工艺复杂、流动施工作业多、野外作业多、高空作业

多、作业位置多、施工中不确定因素多,因此施工中安全控制涉及范围广、控制面大。

2.安全控制动态性强

水利工程建设项目的单件性,使得每个工程所处的条件不同,危险因素和措施也会有所不同,员工进驻一个新的工地,面对新的环境,需要量时间去熟悉、对工作制度和安全措施进行调整。

工程施工项目施工的分散性,现场施工分散于场地的不同位置和建筑物的不同部位,面对新的具体的生产环境,熟悉各种安全规间制度和技术措施外,还需做出自己的研判和处理。有经验的人员也必须适应不断变化的新问题、新情况。

3.安全控制体系交叉性

工程项目施工是一个系统工程,受自然和社会环境影响大,施工安全控制和工程系统、质量管理体系、环境和社会系统联系密切,交叉影响,建立和运行安全控制体系要相互结合。

4.安全控制的严谨性

安全事故的出现是随机的,偶然中存在必然性,一旦失控,就会造成伤害和损失,因此安全状态的控制必须严谨。

11.1.3.4　施工安全控制程序

(1)确定项目的安全目标。按目标管理的方法,在以项目经理为首的项目管理理系统内进行分解,从而确定每个岗位的安全目标,实现全员安全控制。

(2)编制项目安全技术措施计划。对生产过程中的不安全因素,应采取技术手段加以控制和消除,并采用书面文件的形式,作为工程项目安全控制的指导性文件,落实预防为主的方针。

(3)落实项目安全技术措施计划。安全技术措施包括安全生责任制、安全生产设施、安全教育和培训、安全信息的沟通和交流,通过安全控制使生产作业的安全状况处于可控状态。

(4)安全技术措施计划的验证。验证包括安全检查、纠正不符合因素、检查安全记录、安全技术措施修改与再验证。

(5)安全生产控制的持续改进,直到完成工程项目全面工作的结束。

11.1.3.5　施工安全控制的基本要求

(1)必须取得安全行政主管部门颁发的《安全施工许可证》后方可施工。

(2)总承包企业和每一个分包单位都应持有《施工企业安全资格审查认可证》。

(3)各类人员必须具备相应的执业资格才能上岗。

(4)新员工都必须经过安全教育和必要的培训。

(5)特种工种作业人员必须持有特种工种作业上岗证,并严格按期复查。

(6)对查出的安全隐患要做到五个落实:落实责任人、落实整改措施、落实整改时间、落实整改完成人、落实整改验收人。

(7)必须控制好安全生的六个节点,即技术措施、技术交底、安全教育、安全防护、安全检查、安全改进。

(8)现场的安全警示设施齐全、所有现场人员必须戴安全帽,高空作业人员必须系安全带等防护工具、并符合国家和地方的有关安全规定。

(9)现场施工机械尤其是起重机械等设备必须经安全检查合格后方可使用。

11.1.4　施工安全控制的方法

11.1.4.1　危险源

1.危险源的定义

危险源是可能导致人身伤害或疾病、财产损失、工作环境破坏或出现几种情况同时出现的危险和有害因素。

危险因素强调突发性和瞬时作用,有害因素强调在一定时间内的慢性损害和积累作用。

危险源是安全控制的主要对象,也可以将安全控制称为危险源控制或安全风险控制。

2.危险源分类

施工生产中的危险源是以多种多样的形式存在的,危险源所所导致的事故主要有能量的意外释放和有害物质的泄露。根据危险源在事故中的作用,把危险源分为两大类,即第一类危险源和第二类危险源。

(1)第一类危险源。可能发生能量意外释放的载体或危险物质称为第一类危险源。能量或危险物质的意外释放是事故发生的物理本质,通常把产生能量的能量源或拥有能量的载体作为第一类危险源进行处理。

(2)第二类危险源。造成约束、限制能量的措施破坏或失效的各种不安全因素称为第二类危险源。

在施工生产中,为了利用能量,使用各种施工设备和机器,让能量在施工过程中流动、转换、做功,加快施工进度,而这些设备和设施以可以看成约束能量的工具,正常情况下,生产过程中的能量和危险物是受到控制和约束,不会发生意外释放,也就是不会发生事故,一旦这些约定或限制措施受到破坏或者失效,包括出现故障,则会发生安全事故。这类危险源包括三个方面:人的不安全行为、物的不安全状态、环境的不良条件。

3.危险源与事故

安全事故的发生是以上两种危险源共同作用的结果。第一类危险源是事故发生的前提,第二类危险源的出现是第一类危险源导致安全事故的必要条件。在事故发生和发展过程中,两类危险源相互依存和作用,第一类危险源出现是事故的主体,决定事故的严重程度,第二类危险源出现决定事故发生的大小。

11.1.4.2　危险源控制方法

1.危险源识别方法与风险评价

1)危险源识别方法

(1)专家调查法。

专家调查法是通过向有经验的专家咨询、调查、分析、评价危险源的方法。

专家调查表的优点是简便、易行;缺点是受专家的知识、经验限制,可能出现疏漏。常用方法是头脑风暴法和德尔菲法。

(2)安全检查表法。

安全检查表法就是运用事先编制好的检查表实施安全检查和诊断项目,进行系统的安全检查,识别工程项目存在的危险源。检查表的内容一般包括项目类型、检查内容及要求、检查后处理意见等。可用回答是、否或做符号标识,注明检查日期,并由检查人和被检查部门或单位签字。

安全检查表法的优点是简单扼要,容易掌握,可以先组织专家编制检查表,制定检查项目,使施工安全检查系统化、规范化;缺点是只做一些定性分析和评价。

2)风险评价方法

风险评价是评估危险源所带来的风险大小,以及确定风险是否允许的过程。根据评结果对风险进行分级,按不同的风险等级有针对性地采取风险控制措施。

2.危险源的控制方法

1)第一类危险源的控制方法

(1)防止事故发生的方法:消除危险源,限制能量,对危险物质进行隔离。

(2)避免或减少事故损失的方法:隔离、个体防护、使能量或危险物质按事先要求释放,采取避难、援救措施。

2)第二类危险源的控制方法

(1)减少故障:增加安全系数、提高可靠度、设置安全监控系统。

(2)故障安全设计:包括最乐观方案(故障发生后,在没有采取措施前,使用系统和设备处于安全的能量状态之下)、最悲观方案(故障发生后,系统处于最低能量状态下,直到采取措施前,不能运转)、最可能方案(保证采取措前,设备、系统发挥正常功能)。

3.危险源的控制策划

(1)尽可能完全消除有不可接受风险的危险源,如用安全品取代危险品;

(2)不可能消除时,应努力采取降低风险的措施,如使用低压电器等;

(3)在条件允许时,应使工作环境适合于人,如考虑降低人精神压力和体能消耗;

(4)应尽可能利用先进技术来改善安全控制措施;

(5)应考虑采取保护每个工作人员的措施;

(6)应将技术管理与程序控制结合起来;

(7)应考虑引入设备安全防护装置维护计划的要求;

(8)应考虑使用个人防护用品;

(9)应有可行有效的应急方案;

(10)预防性测定指标要符合监视控制措施计划要求;

(11)组织应根据自身的风险选择适合的控制策略。

11.1.5　施工安全生产组织机构建立

人人都知道安全的重要,但是安全事故却又频频发生,为了保证施工过程不发生安全事故,必须建立安全管理的组织机构,建全安全管理规章制度。统一施工生产项目的安全管理目标、安全措施、检查制度、考核办法、安全教育措施等。具体工作如下:

(1)成立以项目经理为首的安全生产施工领导小组,具体负责施工期间的安全工作。

(2)项目副经理、技术负责人、各科负责人和生产工段的负责人作为安全小组成员,共同负责安全工作。

(3)设立专职安全员,聘用有国家安全员职业资格或经培训持证上岗,专门负责施工过程中安全工作,只要施工现场有施工作业人员,安全员就要上岗值班,在每个工序开工前,安全员要检查工程环境和设施情况,认定安全后方可进行工序施工。

(4)各技术及其他管理科室和施工段队要设兼职安全员,负责本部门的安全生产预防和检查工作,各作业班组组长要兼本班组的安全检员,具本负责本班组的安全检查。

(5)工程项目部应定期召开安全生产工作会议,总结前期工作,找出问题,布置落实后面工作,利用施工空闲时间进行安全生产工作培训,在培训工作中和其他安全工作会议上,安全小组领导成员要讲解安全工作的重要意义,学习安全知识,增强员工安全警觉意识,把安全工作落实在预防阶段。根据工程的具体特点,把不安全的因素和相应措施制定成册,使全体员工学习和掌握。

(6)严格按国家有关安全生产规定,在施工现场设置安全警示标识,在不安全因素的部位设立警示牌,严格检查进场人员配戴安全帽、高空作业配戴安全带,严格持证上岗工作,风雨天禁止高空作业工作,施工设备专人使用制度,严禁在场内乱拉用电线路,严禁非电工人员从事电工作。

(7)安全生产工作和现场管理结合起来,同时进行,防止因管理不善产生安全隐患,工地防风、防雨、防火、防盗、防疾病等预防措施要健全,都有专人负责,以确保各项措施及时落实到位。

(8)完善安全生考核制度,实行安全问题一票否决制、安全生产互相监督制,提高自检自查意识,开展科室、班组经验交流和安全教育活动。

(9)对构件和设备吊装、爆破、高空作业、拆除、上下交叉作业、夜间作业、疲劳作业、带电作业、汛期施工、地下施工、脚手架搭设拆除等重要安全环节,必须开工前进行技术交底、安全交底、联合检查后,确认安全,方可开工。施工过程中,加强安全员的旁站检查,加强专职指挥协调工作。

11.1.6 施工安全技术措施计划与实施

11.1.6.1 工程施工措施计划

(1)施工措施计划的主要内容。包括工程概况、控制目标、控制程序、组织机构、职责权限、规章制度、资源配置、安全措施、检查评价、激励机制等。

(2)特殊情况应考虑安全计划措施。

①对高处作业、井下作业等专性强的作业,电器、压力容器等特殊工种作业,应制定单项安全技术规程,并对管理人员和操作人员的安全作业资格和身体状况进行检查。

②对结构复杂、施工难度大、专业性较强的工程项目,除制定总体安全安全保证计划外,还须制定单位工程和分部分项工程安全技术措施。

(3)制定和完善施工安全操作规程,编制各施工工种,特别是危险性大的工种的施工安全操作要求,作为施工安全生产规范和考核的依据。

(4)施工安全技术措施包括安全防护设施和安全预防措施,主要有防火、防毒、防爆、防洪、防尘、防雷击、防触电、防坍塌、防物体打击、防机械伤害、防起重机械滑落、防高空坠落、防交通事故、防寒、防暑、防疫、防环境污染等方面的措施。

11.1.6.2 施工安全措施计划的落实

1.安全生产责任制

安全生产责任制是指企业对项目经理部各部门、各类人员所规定的在他们各自职责范围内对安全生产应负责任的制度,建立安全生产责任制是施工安全技术措施的重要保证。

2.安全教育

要树立全员安全意识,安全教育的要求如下:

(1)广泛开展安全生产的宣传教育,使全体员工真正认识到安全生产的重要性、必要性,掌握安全生产的的基础知识,牢固树立安全第一的思想,自觉遵守安全生产的各项法规、法规和规章制度。

(2)安全教育的主要内容有安全知识、安全技能、设备性能、操作规程、安全法规等。

(3)对安全教育要建立经常性的安全教育考核制度。考核结果要记入员工人事档案。

(4)一些特殊工种,如电工、电焊工、架子工、司炉工、爆破工、机操工、起重工、机械司机、机动车辆司机等,除一般安全教育外,还要进行专业技能培训,经考试合格后,取得资格,才能上岗工作。

(5)工程施工中采用新技术、新工艺、新设备时,或人员调动新工作岗位,也要进行安全教育和培训,否则不能上岗。

3.安全技术交底

1)基本要求

(1)实行逐级安全技术交底制度,从上到下,直到全体作业人员。

(2)安全技术交底工作必需具体、明确、有针对性。

(3)交底的内容要针对分部分项工程施工中给作业人员带来的潜在危害。

(4)应优先采用新的安全技术措施。

(5)应将施工方法、施工程序、安全技术措施等优先向工段长、班级组长进行详细交底。

(6)定期向多工种交叉施工或多个作业队同时施工的作业队进行书面交底,并保持书面交底的交接的书面签字记录。

2)主要内容

(1)工程施工项目作业特点和危险点。

(2)针对各危险点具体措施。

(3)应注意的安全事项。

(4)对应的安全操作规程和标准。

(5)发生事故应及时采取的应急措施。

11.1.7　施工安全检查

施工项目安全检查的目的是消除安全隐患、防止安全事故发生、改善劳动条件及提高员工的安全生产意识,是施工安全控制工作的工项重要内容,通过安全检可以发现可以发现工程中的危险因素,以便有计划地采取相应措施,保证安全生产的顺利进行。项目的施工生产安全检查应由项目经理组织,定期进行检查。

11.1.7.1　安全检查的类型

施工项目安全检查类型分为日常性检查、专业性检查、季节性检查、节假日前后检查及不定期检查等。

1.日常性检查

日常性检查是经常的、普遍的检查,一般每年进行1~4次。项目部、科室每月至少进行1次,施工班组每周、每班次都应进行检查,专职安全技术人员的日常检查应有计划、有部位、有记录、有总结,周期性进行。

2.专业性检查

专业性检查是指针对特种作业、特种设备、特殊场地进行的必要检查,如电焊、气焊、起重设备、运输车辆、锅炉压力熔器、易燃易爆场所等,由专业检查员进行。

3.季节性检查

季节性检查是根据季节性的特点,为保障安全生产的特殊要求所进行的检查,如春季空气干燥、风大,重点查防火、防爆;夏季多雨雷电、高温,重点防暑、降温、防汛、防雷击、防触电;冬季防寒、防冻等。

4.节假日前后检查

节假日前后检查是针对节假期间容易产生的麻痹思想的特点而进行的安全检查,包括假前的综合检查和假后的遵章守纪检查等。

5.不定期检查

不定期检查是指在工程开工前、停工前、施工中、竣工、试运转时进行的安全检查。

11.1.7.2 安全检查的注意事项

(1)安全检查要深入基层,紧紧依靠员工,坚持领导与群众相结合的原则,组织好检查工作。

(2)建立检查的组织领导机构,配备适当的检查力量,选聘具有较高的技术业务水平的专业人员。

(3)做好检查各项准备工作,包括思想、业务知识、法规政策、检查设备和奖励等准备工作。

(4)明确检查的目的、要求,即严格要求,又防止"一刀切",从实际出发,分清主次,力求实效。

(5)把自查与互查相结合,基层以自查为主,管理部门之间相互检查,互相学习,取长补短,交流经验。

(6)检查与整改相结合,检查是手段,整改是目的,发现问题及时采取切实可行的防范措施。

(7)建立检查档案,结合安全检查的实施,逐步建立健全检查档案,收集基本数据,掌握基本安全状态,为及时消除隐患提供数据,同时也为以后的职业健康安全检查打下基础。

(8)制定安全检查表时,应根据用途和目的具体确定安全检查表的种类。安全检查表的种类主要有设计用安全检查表、厂级安全检查表、车间安全检查表、班组安全检查表、岗位安全检查表、专业安全检查表,制定检查表要在安全技术部门指导下,充分依靠员工来进行,初步制定检查表后,经过讨论、试用再加以修订,制定安全检查表。

11.1.7.3 安全检查的主要内容

安全生产检查应做好以下五查:

(1)查思想。主要检查企业干部和员工对安全生产工作的认识。

(2)查管理。主要检查安全管理是否有效。包括安全生产责任制、安全技术措施计划、安全组织机构、安全保证措施、安全技术交底、安全教育、持证上岗、安全设施、安全标识、操作规程、违规行为、安全记录等。

(3)检隐患。主要检查作业现场是否符合安全生产的要求,存在的不安全因素。

（4）查事故。查明安全事故的原因，明确责任，对责任人做出处理，明确落实整改措施等要求。还要检查对伤亡事故是否及时报告、认真调查、严肃处理。

（5）查整改。主要检查对过去提出的问题的整改情况。

11.1.7.4　安全检查的主要规定

（1）定期对安全控制计划的执行情况进行检查、记录、评价、考核，对作业中存在的安全隐患，签发安全整改通知单，要求相应部门落实整改措施并进行检查。

（2）根据工程施工过程的特点和安全目标的要求确定安全检查的内容。

（3）安全检查应配备必要的设备，确定检查组成人员、明确检查方法和要求。

（4）检查方法采取随机抽样、现场观察、实地检测等，记录检查结果，纠正违章指挥和违章作业。

（5）对检查结果进行分析，找出安全隐患，评价安全状态。

（6）编写安全检查报告并上交。

11.1.7.5　安全事故处理的原则

安全事故处理要坚持四个原则：

（1）事故原因不清楚不放过。

（2）事故责任者和员工未受教育不放过。

（3）事故责任者没受处理不放过。

（4）没有制定防范措施不放过。

11.1.8　安全事故处理程序

（1）报告安全事故。

（2）处理安全事故，抢救伤员、排除险情、防止事故扩大，做好标识、保护现场。

（3）进行安全事故调查。

（4）对事故责任者进行处理。

（5）编写调查报告并上报。

11.2　环境安全管理

11.2.1　环境安全管理的概念及意义

11.2.1.1　环境安全管理的概念

（1）环境是指在工程项目施工过程中保持施工现场良好的作业环境、卫生环境和工作秩序。环境安全主要包括以下几个方面的工作：

①规范施工现场的场容，保持作业环境的清洁卫生。

②科学组织施工，使生产有序进行。

③减少施工对当地居民、过路车辆和人员及环境的影响。

④保证职工的安全和身体健康。

（2）环境保护是按照法律法规、各级主管部门和企业的要求，保护和改善作业现场的环境，控制现场的各种粉尘、废水、固体废弃物、噪声、振动等对环境的污染和危害。环境保护也是文明施工的重要内容之一。

11.2.1.2　环境安全的意义

（1）文明施工能促进企业综合管理水平的提高。保持良好的作业环境和秩序，对促进安全生产、加快施工进度、保证工程质量、降低工程成本、提高经济和社会效益有较大作用。文明施工涉及人、财、物各个方面，贯穿于施工全过程之中，体现了企业在工程项目施工现场的综合管理水平，也是项目部人员素质的充分反映。

（2）文明施工是适应现代化施工的客观要求。现代化施工更需要采用先进的技术、工艺、材料、设备和科学的施工方案，需要严密组织、严格要求、标准化管理和较好的职工素质等。文明施工能适应现代化施工的要求，是实现优质、高效、低耗、安全、清洁、卫生的有效手段。

（3）文明施工代表企业的形象。良好的施工环境与施工秩序能赢得社会的支持和信赖，提高企业的知名度和市场竞争力。

（4）文明施工有利于员工的身心健康，有利于培养和提高施工队伍的整体素质。文明施工可以提高职工队伍的文化、技术和思想素质，培养尊重科学、遵守纪律、团结协作的大生产意识，促进企业精神文明建设，从而达到促进施工队伍整体素质的提高。

11.2.1.3　现场环境保护的意义

（1）保护和改善施工环境是保证人们身体健康和社会文明的需要。采取专项措施防止粉尘、噪声和水源污染，保护好作业现场及其周围的环境是保证职工和相关人员身体健康、体现社会总体文明的一项利国利民的重要工作。

（2）保护和改善施工现场环境是消除外部干扰、保护施工顺利进行的需要。随着人们的法制观念和自我保护意识的增强，尤其对距离当地居民或公路等较近的项目，施工扰民和影响交通的问题比较突出，项目部应针对具体情况及时采取防治措施，减少对环境的污染和对他人的干扰，这也是施工生产顺利进行的基本条件。

（3）保护和改善施工环境是现代化大生产的客观要求。现代化施工广泛应用新设备、新技术、新的生产工艺，对环境质量要求很高，如果粉尘、振动超标就可能损坏设备、影响功能发挥，使设备难以发挥作用。

（4）技能能源、保护人类生存环境、保证社会和企业可持续发展的需要。人类社会即将面临环境污染危机的挑战。为了保护子孙后代赖以生存的环境为条件，每个公民和企业都有责任和义务保护环境。良好的环境和生存条件，也是企业发展的基础和动力。

11.2.2　环境安全的组织与管理

11.2.2.1　组织和制度管理

（1）施工现场应成立以项目经理为第一责任人的文明施工管理组织。分单位应服从总包单位的文明施工管理组织的统一管理，并接受监督检查。

（2）各项施工现场管理制度应有文明施工的规定。包括个人岗位责任制、经济责任制、安全检查制度、持证上岗制度、奖惩制度、竞赛制度和各项专业管理制度等。

（3）加强和落实现场文明检查、考核及奖惩管理，以促进施工文明和管理工作的提高。检查范围和内容应全面周到，包括生产区、生活区、场容场貌、环境文明及制度落实等内容。应对检查发现的问题采取整改措施。

11.2.2.2　收集环境安全管理材料

（1）上级关于文明施工的标准、规定、法律法规等资料。

（2）施工组织设计(方案)中对施工环境安全的管理规定、各阶段施工现场环境安全的措施。

（3）施工环境安全自检资料。

（4）施工环境安全教育、培训、考核计划的资料。

（5）施工环境安全活动各项记录资料。

11.2.2.3　加强环境安全的宣传和教育

（1）在坚持岗位"练兵"的基础上,要采取派出去、请进来、短期培训、上技术课、登黑板报、广播、看录像、看电视等方法狠抓教育工作。

（2）要特别注意对临时工的岗前教育。

（3）专业管理人员应熟练掌握文明施工的规定。

11.2.3　现场环境安全的基本要求

（1）施工现场必须设置明显的标牌,标明工程项目名称、建设单位、设计单位、施工单位、项目经理和施工现场总代理人的姓名、开工日期、竣工日期、施工许可证批准文号等。施工单位负责施工现场标牌的保护工作。

（2）施工现场的管理人员在施工现场应当佩戴证明其身份的证卡。

（3）应当按照施工中平面布置图设置各项临时设施。现场堆放的大宗材料、成品、半成品和机具设备不得侵占场内道路及安全防护设施。

（4）施工现场的用电线路、用电设施的安装和使用必须符合安装规范和安全操作规程,并按照施工组织设计进行架设,严禁任意拉线接电。施工现场必须设有保证施工安全要求的夜间照明;危险潮湿场所的照明以及手持照明灯具,必须采用符合安全要求的电压。

（5）施工机械应当按照施工总平面布置图规定的位置和线路设置,不得任意侵占场内道路。施工机械进场需经过安全检查,经检查合格的方能使用。施工机械人员必须建立机组责任制,并依照有关规定安全检查,经检查合格的方能使用。施工机械操作人员必须建立机组责任制,并依照有关规定持证上岗,禁止无证人员操作。

（6）应保持施工现场道路畅通,排水系统处于良好使用状态;保持场容场貌的整洁,随时清理建筑垃圾。在车辆、行人通行的地方施工,应当设置施工标志,并对沟井坎穴进行覆盖和铺垫。

（7）施工现场的各种安全设施和劳动保护器具,必须定期进行检查和维护,及时消除隐患,保证其安全有效。

（8）施工现场应当设置各类必要的职工生活设施,并符合卫生、通风、照明等要求。职工的膳食、饮水供应等应当符合卫生要求。

（9）应当做好施工现场安全保卫工作,采取必要的防盗措施,在现场周边设立围护设施。

（10）应当严格依照《中华人民共和国消防法》的规定,在施工现场建立和执行防火管理制度,设置符合消防要求的消防设施,并保持完好的备用状态。在容易发生火灾的地区施工,或者储存、使用易燃易爆器材时,应当采取特殊的消防安全措施。

（11）施工现场发生工程建设重大事故的处理,应依照《工程建设重大事故报告和调查程序规定》执行。

（12）对项目部所有人员应进行言行规范教育工作,大力提倡精神文明建设,用强有力的制度和频繁的检查教育,杜绝不良行为的出现。对经常外出的采购、财务、后勤等人员,应进行专门的用语和礼貌培训,增强交流和协调能力,对预防因用语不当或不礼貌、无能力等原因发生争执和纠纷。

（13）大力提倡团结协作精神,鼓励内部工作经验交流和传帮学活动,专人负责并认真组织参建人员业余生活,订购健康文明的书刊,组织职工收看、收听健康活泼的音像节目,定期参加组织项目部进行友谊联欢和简单的体育比赛活动,丰富职工的业余生活。

（14）重要节假日项目部应安排专人负责采购生活物品,集体组织轻松活泼的宴会活动,并尽可能地提供条件让所有职工与家人进行短时间的通话交流,以改善他们的心情。定期将职工在工地上的良好的表现反馈给企业人事部门和职工家属,以激励他们的积极性。

11.2.4 现场环境污染防治

11.2.4.1 现场环境安全管理

要达到环境安全管理的基本要求,主要是应防治施工现场的空气污染、水污染、噪声污染,同时对原有的及新产生的固体废弃物进行必要的处理。

（1）施工现场垃圾清理渣土要及时清理出现场。

（2）上部结构清理施工垃圾时,要使用封闭式的容器或者采取其他措施处理高空废弃物,严禁临空随意抛撒。

（3）施工现场道路应指定专人定期洒水清扫,形成制度,防止道路扬尘。

（4）对于细颗粒散体材料（如水泥、粉煤灰、白灰等）的运输、储存要注意遮盖、密封,防止和减少飞扬。

（5）车辆开出工地要做到不带泥沙,基本做到不洒土、不扬尘,减少对周围环境的污染。

（6）除设有符合规定的装置外,禁止在施工现场焚烧油毡、橡胶、塑料、皮革、树叶、枯草、各种包装物等废弃物品,以及其他会产生有毒、有害烟尘和恶臭气体的物质。

（7）机动车都要安装减少尾气排放的装置,确保符合国家标准。

（8）工地锅炉应尽量采用电热水器。若只能使用烧煤锅炉,应选用消烟除尘型锅炉,大灶应选用消烟节能回风炉灶,使烟尘降至允许排放范围为止。

（9）在离村庄较近的工地应当将搅拌站封闭严密,并在进料仓上方安装除尘装置,采用可靠措施控制工地粉尘污染。

（10）拆除旧建筑物时,应适当洒水,防止扬尘。

11.2.4.2 施工现场水污染的防治

1.水污染主要来源

（1）工业污染源:指各种工业废水向自然水体的排放。

（2）生活污染源:主要有食物废渣、食油、粪便、合成洗涤剂、杀虫剂、病原微生物等。

（3）农业污染源:主要有化肥、农药等。

（4）施工现场废水和固体废弃物随水流流入水体的部分,包括泥浆、水泥、油罐、各种油类、混凝土外加剂、重金属、酸碱盐和非金属无机毒物等。

2.施工过程水污染的防治措施

(1)禁止将有毒有害废弃物作土方回填。

(2)施工现场搅拌站废水、现制水磨石的污水、电石(碳化钙)的污水必须经沉淀池沉淀合格后在排放,最好将沉淀水用于工地洒水降尘或采取措施回收利用。

(3)现场存放油料的,必须对库房地面进行防渗处理,如采取防渗混凝土地面、铺油毡等措施。使用时,要采取防止油料跑、冒、滴、漏的措施,以免污染水体。

(4)施工现场100人以上的临时食堂,污水排放时可设置简易有效的隔油池,定期清理,防止污染。

(5)工地临时厕所、化粪池应采取防渗漏措施。中心城市施工现场的临时厕所可采取水冲式厕所,并有防蝇、灭蛆措施,防止污染水体和环境。

11.2.4.3　施工现场的噪声控制

1.施工现场噪声的控制措施

噪声控制技术可以从声源、传播途径、接收者的防护等方面来考虑。

(1)从噪声产生的声源上控制:

①尽量采用低噪声设备和工艺代替高噪声设备与工艺,如低噪声振捣器、风机、电机空压机、电锯等。

②在声源处安装消声器消声,即在通风机、压缩机、燃气机、内燃机及各类排气放空装置等进出风管的适当位置设置消声器。

(2)从噪声传播的途径上控制:

在传播途径上控制噪声的方法主要有以下几种:

①吸声。利用吸声材料(大多由多孔材料制成)或由吸声结构形成的共振结构(金属或木质薄板钻孔制成的空腔体)吸收声能,降低噪声。

②隔声。应用隔声结构,阻碍噪声向空间传播,将接收者与噪声声源分隔。隔声结构包括隔声室、隔声罩、隔声屏障、隔声墙等。

③消声。利用消声器阻止传播。允许气流通过消声器降噪是防治空气动力性噪声的主要装置,如控制空气压缩机、内燃机产生的噪声等。

④减振降噪。对来自振动引起的噪声,通过降低机械振动减小噪声,如将阻尼材料涂在振动源上,或改变振动源与其他刚性结构的连接方式等。

(3)对接收者的防护:让处于噪声环境下的人员使用耳塞、耳罩等防护用品,减少相关人员在噪声环境中的暴露时间,以减轻噪声对人体的危害。

(4)严格控制人为噪声:进入施工现场不得高声呐喊、无故甩打模板、乱吹口哨,限制高音喇叭的使用,最大限度地减少噪声扰民。

(5)控制强噪声作业的时间。

2.施工现场噪声的控制标准

凡在人口稠密区进行强噪声作业时,须严格控制作业时间,一般晚10点到次日早6点之间停止强噪声作业。确系特殊情况必须昼夜施工时,尽量采取降低噪声的措施,并会同建设单位找当地居委会、村委会或当地居民协调,出安民告示,求得群众谅解。

根据国家标准《建筑施工场界环境噪声排放标准》(GB 12523—2011)的要求,对不同施工作业的噪声限值如表11-1所列。在距离村庄较近的工程施工中,要特别注意噪声尽量不得超过国家标准的限值,尤其是夜间工作时。

表 11-1　不同施工阶段作业噪声限值　　　　　　　　　　　单位:db

施工阶段	主要噪声源	噪声限值	
		昼间	夜间
土石方	推土机、挖掘机、装载机等	75	75
打桩	各种打桩机	85	禁止施工
结构	混凝土、振捣棒、电锯等	70	55
装修	吊车、升降机等	62	55

11.2.4.4　固体废物的处理

1.建筑工地常见的固体废弃物

(1)建筑渣土,包括砖瓦、碎石、渣土、混凝土碎块、废钢铁、废屑、废弃材料等。

(2)废弃建筑材料,如袋装水泥、石灰等。

(3)生活垃圾,包括炊厨废弃物、丢弃食品、废纸、生活用具、碎玻璃、陶瓷碎片、废电池、废旧日用品、废塑料制品、煤灰渣、废交通工具等。

(4)设备、材料等的废弃包装材料。

(5)粪便。

2.固体废弃物的处理和处置

(1)回收利用。回收利用是对固体废弃物进行资源化、减量化处理的重要手段之一。建筑渣土可视其情况加以利用,废钢可按需要用作金属原材料,废电池等废弃物应分散回收,集中处理。

(2)减量化处理。减量化是对已经产生的固体废弃物进行分选、破碎、压实浓缩、脱水等减少器最终处置量,降低处理成本,减少随环境的污染。减量化处理的过程中,也包括和其他处理技术相关的工艺方法,如焚烧、热解、堆肥等。

(3)焚烧技术。焚烧用于不适合再利用且不宜直接予以填埋处理的废弃物,尤其是对与受到病菌、病毒污染的物品,可以用焚烧进行无害化处理。焚烧处理应使用符合环境要求的处理装置,注意避免对大气的二次污染。

(4)稳定的固化技术。利用水泥、沥青等胶结材料,将松散的废物包裹起来,减少废弃物的毒性和可迁移,减少二次污染。

(5)填埋。填埋是固体废弃物处理的最终技术,对经过无害化、减量化处理的废弃物残渣集中的填埋场进行处置。填埋场利用天然或人工屏障,尽量使需处理的废弃物与周围的生态环境隔离,并注意废弃物的稳定性和长期安全性。

第 12 章　BIM 在水利工程中的应用

12.1　BIM 在水电工程施工总布置设计中的应用

BIM 是一个设施(建设项目)物理和功能特性的数字表达;是一个共享的知识资源,是一个分享有关这个设施的信息,为该设施从建设到拆除的全生命周期中的所有决策提供可靠依据的过程;在项目的不同阶段,不同利益相关方通过在 BIM 中插入、提取、更新和修改信息,以支持和反映其各自职责的协同作业。

12.1.1　总体规划

AutoCAD Civil 3D 强大地形处理功能,可帮助实现工程三维枢纽方案布置以及立体施工规划,结合 BIM 快速直观的建模和分析功能,则可轻松、快速帮助布设施工场地规划,有效传递设计意图,并进行多方案比选。

12.1.2　枢纽布置建模

枢纽布置、厂房机电等需由水工、机电、金属结构等专业按照相关规定建立基本模型与施工总布置进行联合布置。

12.1.2.1　基础开挖处理

结合 AutoCAD Civil 3D 建立的三角网数字地面模型,在坝基开挖中建立开挖设计曲面,可帮助生成准确施工图和工程量。

12.1.2.2　土建结构

水工专业利用 Autodesk Revit Architecture 进行大坝及厂房三维体型建模,实现坝体参数化设计,协同施工组织实现总体方案布置。

12.1.2.3　机电及金属结构

机电及金属结构专业在土建 BIM 模型的基础上,利用 Autodesk Revit MEP 和 Autodesk Revit Architecture 同时进行设计工作,完成各自专业的设计,在三维施工总布置中则可以起到细化应用的目的。

12.1.3　施工导流

导流建筑物如围堰、导流隧洞及闸阀设施等及相关布置由导截流专业按照规定进行三维建模设计,AutoCAD Civil 3D 帮助建立准确的导流设计方案,AIM 利用 AutoCAD Civil 3D 数据进行可视化布置设计,可实现数据关联与信息管理。

12.1.4　场内交通

在 AutoCAD Civil 3D 强大的地形处理能力以及道路、边坡等设计功能的支撑下,通过装配模型可快速动态生成道路挖填曲面,可准确计算道路工程量,通过 AIM 可进行概念化直观表达。

12.1.5 渣场与料场布置

在 AutoCAD Civil 3D 中,以数字地面模型为参照,可快速实现渣场、料场三维设计,并准确计算工程量,且通过 AIM 实现直观表达及智能信息管理。

12.1.6 施工工厂

施工工厂模型包含场地模型和工厂三维模型,Autodesk Inventor 帮助参数化定义造型复杂施工机械设备,联合 AutoCAD Civil 3D 可实现准确的施工设施部署,AIM 则帮助三维布置与信息表达。

12.1.7 营地布置

施工营地布置主要包含营地场地模型和营地建筑模型,其中营地建筑模型可通过 AutoCAD Civil 3D进行二维规划,然后导入 AIM 进行三维信息化和可视化建模,可快速实现施工生产区、生活区等的布置,有效传递设计意图。

12.1.8 施工总布置设计集成

BIM 信息化建模过程中将设计信息与设计文件进行同步关联,可实现整体设计模型的碰撞检查、综合校审、漫游浏览与动画输出。其中,AIM 将信息化与可视化进行完美整合,不仅提高了设计效率和设计质量,而且大大减少了不同专业之间协同和交流的成本。

12.1.9 施工总布置面貌

在进行施工总布置三维一体信息化设计中,通过 BIM 模型的信息化集成,可实现工程整体模型的全面信息化和可视化,而且通过 AIM 的漫游功能可从坝体到整个施工区,快速全面地了解项目建设的整体和细部面貌,并可输出高清效果展示图片及漫游制作视频文件。

12.2 BIM 技术在水利工程造价中的应用

水利工程牵扯面广,投资大,专业性强,建筑结构形式复杂多样,尤其是水库、水电站、泵站工程,水工结构复杂、机电设备多、管线密集,传统的二维图纸设计方法,无法直观地从图纸上展示设计的实际效果,造成各专业之间"打架碰撞",导致设计变更、工程量漏记或重计、投资浪费等现象出现。

采用基于 BIM 技术的三维设计和协同设计技术为有效地解决上述问题提供了机遇。通过基于 BIM 技术的设计软件,建立设计、施工、造价等人员的协同工作平台,设计人员可以在不改变原来设计习惯的情况下,通过二维方法绘图,自动生成三维建筑模型,并为下游各专业提供含有 BIM 信息的布置条件图,增加专业沟通,实现了工程信息的紧密连接。

由于水利工程造价具有大额性、个别性、动态性、层次性、兼容性的特点,BIM 技术在水利建设项目造价管理信息化方面有着传统技术不可比拟的优势:一是大大提高了造价工作的效率和准确性,通过 BIM 技术建立三维模型自动识别各类构件,快速抽调计算工程量,及时捕捉动态变化的结构设计,有效避免漏项和错算,提高清单计价工作的准确性;二是利用BIM 技术的模型碰撞检查工具优化方案、消除工艺管线冲突,造价工程师可以与设计人员协同工作,从造价控制的角度对工艺和方案进行比选优化,可有效控制设计变更,降低工程投资。

　　BIM 技术的出现,使工程造价管理与信息技术高度融合,必将引发工程造价的一次革命性变革。目前,国内部分水利水电勘测设计单位已引进三维设计平台,并利用 BIM 技术实现了协同设计,在提高水利工程造价的准确性和及时性方面进行了有益探索,值得借鉴。

12.3　BIM 在水利建设中应用实例

12.3.1　南水北调工程

　　在南水北调工程中,长江勘测规划设计研究院(简称长江设计院)将建筑信息模型 BIM 的理念引入其承建的南水北调中线工程的勘察设计工作中,并且由于 AutoCAD Civil 3D 良好的标准化、一致性和协调性,最终确定该软件为最佳解决方案。利用 Civil 3D 快速地完成勘察测绘、土方开挖、场地规划和道路建设等的三维建模、设计和分析等工作,提高设计效率,简化设计流程。基于 BIM 理念的解决方案帮助南水北调项目的工程师和施工人员,在真正的施工之前,以数字化的方式看到施工过程,甚至整个使用周期中的各个阶段。该解决方案在项目各参与方之间实现信息共享,从而有效避免了可能产生的设计与施工、结构与材料之间的矛盾,避免了人力、资本和资源等不必要的浪费。

12.3.2　云南金沙江阿海水电站的设计

　　中国水电顾问集团昆明勘测设计研究院在水电设计中也引入了 BIM 的概念。在云南金沙江阿海水电站的设计过程中,其水工专业部分利用 Autodesk Revit Architecture 完成大坝及厂房的三维形体建模;利用 Autodesk Revit MEP 软件平台,机电专业(包括水力机械、通风、电气一次、电气二次、金属结构等)建立完备的机电设备三维族库,最终完成整个水电站的 BIM 设计工作。BIM 设计同时提供了多种高质量的施工设计产品,如工程施工图、PDF三维模型等。最后利用 Autodesk Navisworks 软件平台制作漫游视频文件。

12.3.3　BIM 技术在南宁市邕宁水利枢纽工程的施工阶段应用

　　由中铁二十局集团有限公司承建的南宁市邕宁水利枢纽,总库容 7.1 亿 m^3,电站装机容量 5.76 万 kW,多年平均发电量 2.27 亿 kW·h,船闸通航标准为 2 000 吨级。

　　由中铁二十局集团有限公司承建的南宁市邕宁水利枢纽,总库容 7.1 亿 m^3,电站装机容量 5.76 万 kW,多年平均发电量 2.27 亿 kW·h,船闸通航标准为 2 000 吨级。南宁市邕宁水利枢纽工程合同总投资 36.36 亿元,其中建安工程费 23.27 亿元,合同工期 46 个月。建成后,将为南宁市防洪排涝安全,打造西江黄金水道和百里秀丽邕江,加快“中国水城”的建设步伐做出重大贡献。

　　承载着“中国水城”关键项目“邕宁水利枢纽工程”建设重任的中铁二十局集团有限公

司与中国建筑西北设计研究院 BIM 设计研究中心合作,自 2016 年初引入 BIM 技术,目前已完成大坝一期所有土建模型和部分设备预埋模型,并组织中铁二十局集团有限公司邕宁水利枢纽工程项目部工程技术人员进行了各专业的 BIM 技术培训。在中铁二十局集团有限公司各级领导的大力支持下,项目部管理团队以及工程技术人员进行了 BIM 技术的全面运用,并在施工管理和生产中取得了巨大价值成果。

邕宁水利枢纽工程的施工阶段 BIM 技术的具体应用:

(1)图纸校核。数千张水工图纸的整理和校核,及时发现图纸问题。

(2)可视化沟通。项目部技术人员通过 BIM 模型更直观地了解设计意图,通过模型和图纸对比、模型和现场对比,及时发现问题。

(3)复杂节点模板校核。通过 BIM 模型生成流道模板展开图,与传统方法生成图纸进行对比,准确指导异形模板制作。

(4)分区建立钢筋模型,生成钢筋下料单。水利工程异形钢筋较多,传统图纸表达方法不详细、不准确。通过创建钢筋模型,校核图纸问题。根据模型快速生成钢筋下料单,指导施工管理。

(5)根据施工分层分缝图纸,生成分成分缝模型。组织施工模拟,进行预建造,快速提取各个阶段混凝土浇筑工程量,合理安排施工流程。

(6)设备预埋模型创建。通过创建预埋设备模型并分区统计,及时发现漏埋、错埋构件,减少返工。

(7)引入 5D 管理平台。通过 BIM 5D 平台将 Revit 模型进行轻量化,在云端进行多人工作协同。采用多端技术,使后方领导及时掌握工程进度、质量、安全、成本信息。

(8)培养团队,提升企业竞争力。通过 BIM 技术培训,项目部培养出多专业的 BIM 团队,能够独立创建项目模型,并根据 BIM 模型提取所需信息。

部分项目截图见图 12-1~图 12-5。

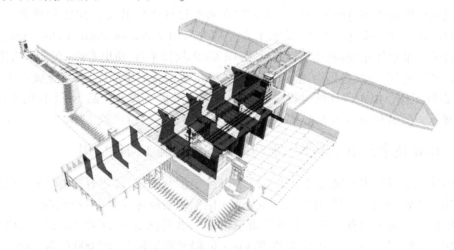

图 12-1 聚乙烯闭孔泡沫板填缝

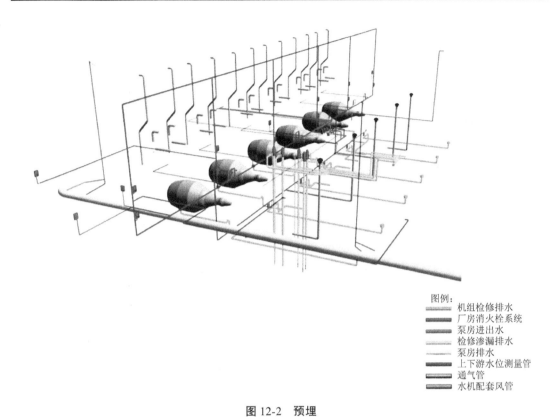

图例:

▨▨ 机组检修排水
▨▨ 厂房消火栓系统
▨▨ 泵房进出水
▨▨ 检修渗漏排水
▨▨ 泵房排水
▨▨ 上下游水位测量管
▨▨ 通气管
▨▨ 水机配套风管

图 12-2　预埋

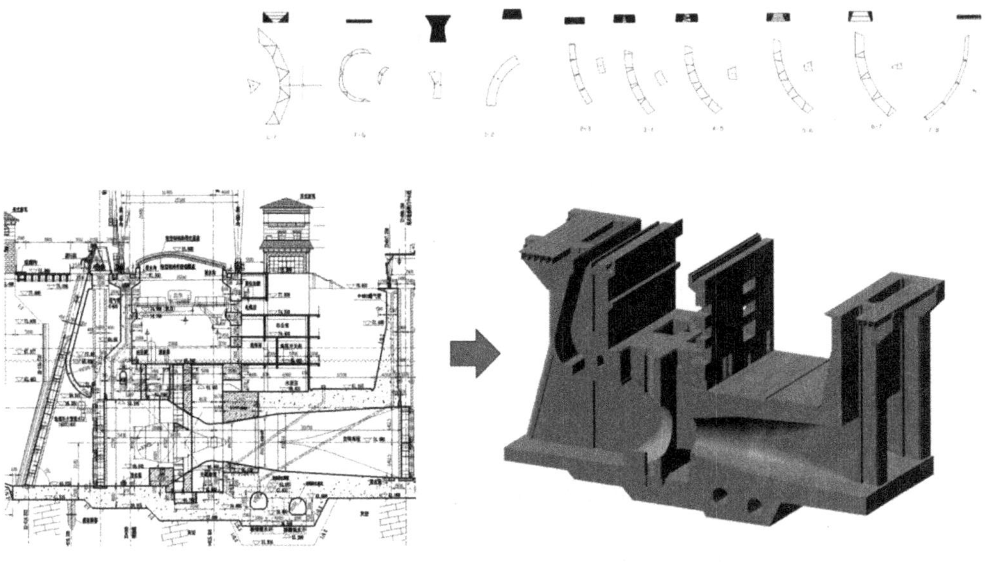

二维图纸　　　　　　　　　　　　　　三维模型

图 12-3　图纸校核异形模板展开

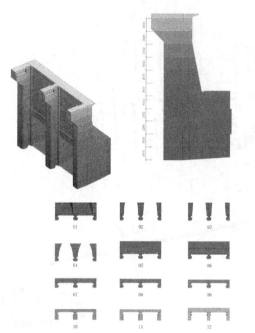

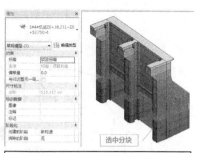

3#4#机组Z0+38.231-Z0+53.750明细表		
序号	名称	体积
1	3#4#机组20+38.231~20+53.750-01	527.72 m³
2	3#4#机组20+38.231~20+53.750-02	531.56 m³
3	3#4#机组20+38.231~Z0+53.750-03	531.27 m³
4	3#4#机组Z0+38.231~70+53.750-04	515.32 m³
5	3#4#机组20+38.231~20+53.750-05	1210.19 m³
6	3#4#机组20+38.231~Z0+53.750-06	893.34 m³
7	3#4#机组20+38.231~20+53.750-07	524.93 m³
8	3#4#机组20+38.231~Z0+53.750-08	457.23 m³
9	3#4#机组Z0+38.231~Z0+53.750-09	389.53 m³
10	3#4#机组Z0+38.231~20+53.750- 10	378.48 m³
11	3#4#机组20+38.231~Z0+53.750- II	435.40 m³
12	3#4#机组20+38.231~20+53.750- 12	169.53 m³
13	总计： 12	6 564.49 m³

图 12-4　施工进度及成本控制

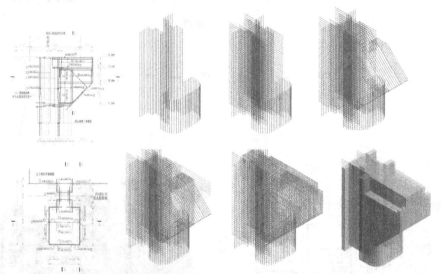

注： 针对复杂节点及钢筋布置进行模拟建造，通过模型发现施工的可能存在的工艺冲突，辅助制作有效可行的施工方案。

图 12-5　辅助施工方案优化

12.3.4　阿尔塔什水利枢纽工程项目

叶尔羌河流域地处我国新疆西南部喀什地区，塔里木盆地西南边缘，曾是塔里木河的第一大支流。阿尔塔什水利枢纽工程是叶尔羌河干流山区下游河段的控制性水利枢纽工程，在保证塔里木河生态供水条件下，具有防洪、灌溉、发电等综合利用功能。

水库总库容 22.5 亿 m³,最大坝高 164.8 m,控制灌溉面积 477.96 万亩,电站装机容量 730 MW,为大(1)型一等工程。枢纽工程由拦河坝,1#、2#表孔溢洪洞,中孔泄洪洞,1#、2#深孔放空排沙洞,发电引水系统,电站厂房等主要建筑物组成,工程总投资 102.11 亿元。

项目部分图示展示如下:

(1)地形处理(见图 12-6~图 12-8)。

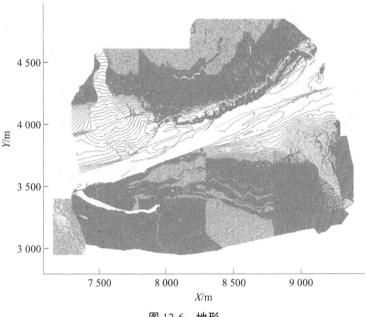

图 12-6　地形

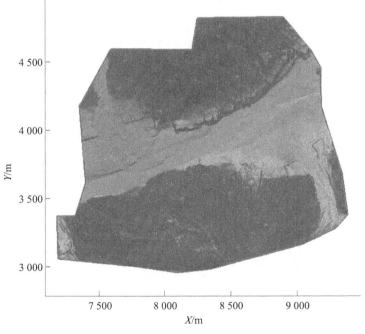

图 12-7　地形曲面模型

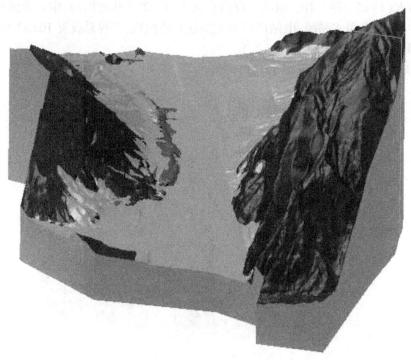

图 12-8　地质三维实体模型

（2）场地分析。

通过三维地形曲面可以直观地反映出右岸为高陡边坡,不利于水工建筑物布置。因此,主要泄水建筑物布置在左岸,针对右岸发电引水系统进口进行位置比选,如图 12-9 所示。

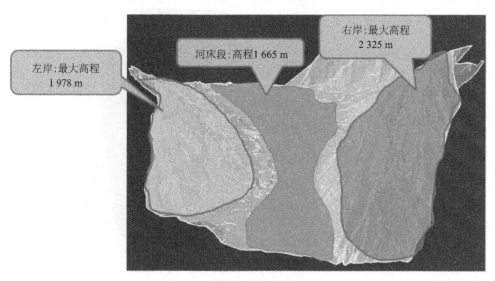

图 12-9　场地分析

（3）枢纽布置模型（见图 12-10）。

图 12-10　枢纽布置模型

（4）参与比选建筑物（见图 12-11）。

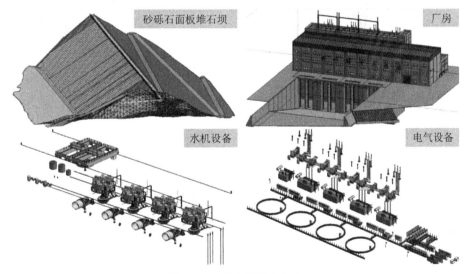

图 12-11　参与比选建筑物

（5）水工模型设计（见图 12-12、图 12-13）。

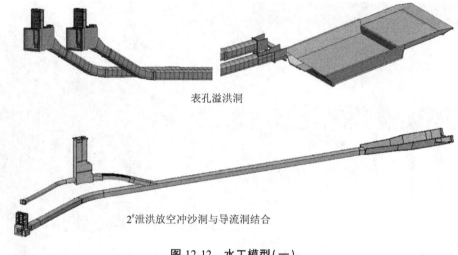

表孔溢洪洞

2#泄洪放空冲沙洞与导流洞结合

图 12-12 水工模型(一)

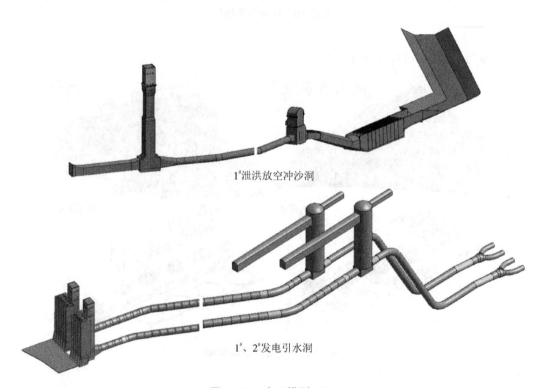

1#泄洪放空冲沙洞

1#、2#发电引水洞

图 12-13 水工模型(二)

(6)建筑场模型设计(见图 12-14~图 12-17)。

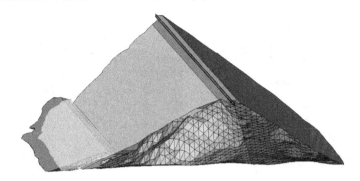

图 12-14　坝体分区参数化模型

图 12-15　趾板参数化模型

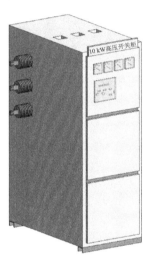

图 12-16　开关柜三维模型

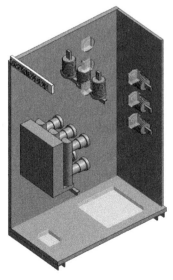

图 12-17　内部结构模型

(7)多专业 BIM 成果见图 12-18。

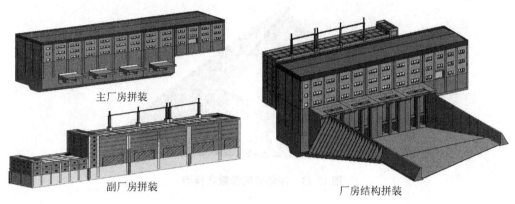

主厂房拼装

副厂房拼装

厂房结构拼装

图 12-18　多专业 BIM 成果

参考文献

[1] 牛立军,黄俊超.BIM 技术在水利工程设计中的应用[M].北京:中国水利水电出版社,2019.

[2] 陈蓓,陆永涛,李玲.基于 BIM 技术的施工组织设计[M].武汉:武汉理工大学出版社,2018.

[3] 刘辉.水利 BIM 从 0 到 1[M].北京:中国水利水电出版社,2018.

[4] 徐勋柏.BIM 在水利工程设计施工中的应用[J].江西建材,2022(5):233-235.

[5] 吴晓飞,吴斌,兰飞.BIM 技术在水利工程中的应用研究[J].居舍,2022(9):166-167,177.

[6] 董灵莉,丰景春,杨志祥,等.BIM 在水利工程中应用的影响因素研究[J].水利经济,2021,39(6):10-15,77-78.

[7] 朱琛.水利工程施工管理的质量控制措施探究[J].工程与建设,2022,36(2):571-573.

[8] 高月.施工质量管理在水利工程项目中的应用研究[D].大连:大连海事大学,2017.

[9] 王明明.基于 BIM 技术的土石坝施工进度管理研究[D].绵阳:西南科技大学,2017.

[10] 郑丽娟.水利水电工程施工安全评价与管理系统研究[D].保定:河北农业大学,2015.